"十四五"国家重点图书

ELSEVIER 精选翻译图书

黑龙江省精品图书出版工程

U0211699

协作和认知卫星系统

Cooperative and Cognitive Satellite Systems

［希］Symeon Chatzinotas

［瑞典］Björn Ottersten   编

［意］Riccardo De Gaudenzi

杨明川　李　明　鲁　佳　叶　亮　巴　璐　译

哈尔滨工业大学出版社
HARBIN INSTITUTE OF TECHNOLOGY PRESS

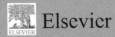

Elsevier

内 容 简 介

本书是卫星通信领域内的最新力作。全书分两大部分:协作卫星系统和认知卫星系统。第一部分协作卫星系统,包括第 1~9 章,主要介绍多波束联合检测、高性能随机接入方案、多波束联合预编码——基于帧的设计、实现多载波高效放大的地基信号处理技术、地基波束成形技术在移动卫星系统中的应用、陆地移动卫星网络的协同覆盖范围扩展、协作卫星系统的用户调度、日渐成熟的卫星 MIMO、网络编码及其在卫星系统中的应用。第二部分认知卫星系统,包括第 10~14 章,主要介绍卫星通信中的认知无线电场景——CoRaSat 项目、混合星地系统——使用卫星扩展地面系统、认知双卫星系统、混合卫星系统频谱共存的认知波束成形、认知卫星系统中动态频谱管理的数据库使用。

本书适用于从事卫星通信系统研究的广大工程技术人员,也可作为相关院校通信、电子等专业的教材或教学辅助用书。

图书在版编目(CIP)数据

协作和认知卫星系统/(希)西蒙·查兹诺塔斯(Symeon Chatzinotas),(瑞典)比约恩·奥特斯滕(Björn Ottersten),(意)里卡多·德高登兹(Riccardo De Gaudenzi)编;杨明川,等译. —哈尔滨:哈尔滨工业大学出版社,2022.3
　　ISBN 978 - 7 - 5603 - 9949 - 2

　　Ⅰ.①协… Ⅱ.①西…②比…③里…④杨… Ⅲ.①卫星通信系统 Ⅳ.①V474.2

　　中国版本图书馆 CIP 数据核字(2022)第 022787 号

策划编辑　许雅莹　李长波
责任编辑　周一曈　周轩毅　苗金英
封面设计　高永利
出版发行　哈尔滨工业大学出版社
社　　址　哈尔滨市南岗区复华四道街 10 号　邮编 150006
传　　真　0451 - 86414749
网　　址　http://hitpress.hit.edu.cn
印　　刷　哈尔滨博奇印刷有限公司
开　　本　660 mm×980 mm　1/16　印张 31.75　字数 569 千字
版　　次　2022 年 3 月第 1 版　2022 年 3 月第 1 次印刷
书　　号　ISBN 978 - 7 - 5603 - 9949 - 2
定　　价　98.00 元

黑版贸审字 08－2020－086 号

Elsevier (Singapore) Pte Ltd.

3 Killiney Road，♯08－01Winsland House I，Singapore 239519

Tel：(65) 6349－0200；Fax：(65) 6733

注意

本书涉及的领域知识和实践标准在不断变化。新的研究和经验拓展我们的理解，因此须对研究方法、专业实践或医疗方法做出调整。从业者和研究人员必须始终依靠自身经验和知识来评估和使用本书中提到的所有信息、方法、化合物或本书中描述的实验。在使用这些信息或方法时，他们应注意自身和他人的安全，包括注意他们负有专业责任的当事人的安全。在法律允许的最大范围内，爱思唯尔、译文的原文作者、原文编辑及原文内容提供者均不对因产品责任、疏忽或其他人身或财产伤害及/或损失承担责任，亦不对因使用或操作文中提到的方法、产品、说明或思想而导致的人身或财产伤害及/或损失承担责任。

译 者 序

随着全球"经济一体化"的迅速发展,人们对通信的要求越来越高,在全球范围内实现"无缝通信"已成为移动通信未来的必然需求。在此需求之下,作为全球信息基础设施重要组成部分的卫星通信系统也经历了快速发展,取得了令人瞩目的成就。Inmarsat、Thuraya、O3b、Iridium、Globalstar、Orbcomm 等商用卫星移动通信系统经过更新换代,为海上、应急及个人移动通信等应用提供了有效的解决方案;最新提出并处于建设中的 OneWeb、Starlink、Leosat、Telesat 和鸿雁、虹云等低轨卫星物联网星座将卫星通信服务与互联网业务相融合,为卫星通信产业注入了新的活力。随着容量、性能和设计寿命的不断提升,通信卫星在轨工作期间如何更加高效地满足不同区域及不同时域的不同应用需求、提升转发器的利用效率、提高收入回报,是通信卫星运营商近年来关注的焦点问题。

本书是卫星通信领域内多位专家和学者共同合作的结果。本书以协作卫星系统和认知卫星系统为重点研究内容,结合实际的科研项目,深入分析了上述两种技术需要突破的关键技术,并进行了仿真验证。书中的许多内容都来源于欧盟的最新科研项目结果。随着我国综合国力的日益增强,我们也正有条不紊地向着成为航天强国迈进,这正是建设我国天地一体化信息网络的好时机。国内已经有越来越多的科研院所和高校师生在从事卫星通信和星地一体化网络方面的相关研究,相信本书的出版会受到相关科研人员和高校师生的欢迎。

本书第 1~4 章由李明翻译,第 5 章、第 7 章及第 10~14 章由杨明川翻译,第 6 章由叶亮翻译,第 8 章由鲁佳翻译,第 9 章由巴璐翻译。杨明川负责全书的统稿工作。

本书的译者都是从事卫星通信系统研究多年的人员,但是卫星通信系统涉及的知识面很广,因此对于原著内容的理解难免会有偏差,翻译若有不当之处,恳请各位同行和专家指正。另外,卫星通信系统正在快速发展中,本书的内容仅涵盖了2015年以前的相关研究结论。

本书相关的翻译工作得到了国家自然科学基金项目(62071146)的大力资助,在此一并致谢。

译　者

2021 年 12 月

前　言

卫星系统给研究人员带来了一系列独特的挑战,它们与地面系统带来的挑战截然不同。在过去的几十年中,单用户卫星链路得到了逐步优化,通过诸如 DVB－S、DVB－SH 和 DVB－RCS 等一系列最先进的标准达到了接近香农定理的性能。这个优化过程在当前的文献中被很好地记录,并且进一步的优化通常只能提供有限的性能提升。考虑到这一点,目前的卫星通信研究已转向在地面系统中展示出广阔前景的多用户通信技术。在这个研究方向上,协作通信和认知通信将是实现下一代卫星标准的两大类技术。本书汇集了协作和认知卫星通信领域的最新成果,其目的是传播最先进的成果,并启发这一领域的未来研究。

编者们要表达对所有撰稿人的感谢,尤其是对 Alberto Ginesi、Aarne Mämmelä、Aaron Byman、Alessandro Guidotti、Alessandro Vanelli-Coralli、Ana Perez-Neira、Angeles Vazquez-Castro、Antti Roivainen、Ari Hulkkonen、Barry Evans、M. R. Bhavani Shankar、Carlos Mosquera、Christian Ibars、Claudio Campa、Daniel E. Lucani、Daniele Tarchi、Dimitrios Christopoulos、Elisabetta Primo、Enzo Candreva、Eugenio Rossini、Fausto Vieira、Filippo Di Cecca、Gennaro Gallinaro、Giorgio Taricco、Giuseppe Cocco、Janne Janhunen、Jerome Tronc、Jesús Arnau、Joel Grotz、Juha Ylitalo、Konstantinos Liolis、Marko Höyhtyä、Marko Leinonen、Miguel Angel Vazquez、Miguel Lopez-Benitez、Nader Alagha、Nicolas Chuberre、Oscar del Rio Herrero、Pantelis-Daniel Arapoglou、Piero Angeletti、Ricard Alegre-Godoy、Roberto Piazza、Roberto Prieto-Cerdeira、Rodrigo de Lamare、Rosalba Suffritti、Shree Krishna Sharma、Sina Maleki、Smrati Gupta、Stefano Cioni、Wuchen Tang、Xianfu Chen 等人的感谢。感谢他们在编撰过程中的通力合作。此外,还要特别感谢审阅小组提供了具有建设性的反馈意见并提高了本书内容的质量。最后,编者们还要感谢来自爱思唯尔的 Charlotte Kent 和 Nicky Carter 为本书提供的支持。

目　　录

第1章　多波束联合检测

1.1　引　　言

现代通信卫星中使用的多点波束是一种综合技术[1,2],它通过空间复用优化系统频谱资源,提高吞吐量,从而降低单位比特的成本。只要多个用户之间的相互干扰被控制在一定的水平,那么就可以通过在不同波束间共享同一频带来提高系统的整体吞吐量。多用户干扰与频谱的复用程度有关,是由波束方向图的非零旁瓣引起的,一般通过禁止相邻波束使用相同的频谱(或颜色)来降低这类干扰,采用部分频率复用方案的系统模型如图 1.1 所示。然而,文献[3-5]提出了更有效的频率复用方案,其目的是提高系统整体的频谱效率。

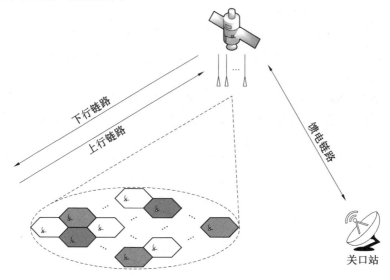

图 1.1　采用部分频率复用方案的系统模型

本节给出一个将系统频谱资源划分成不同“颜色”的典型例子。该系统的可用带宽首先分成两部分,然后分别考虑每种极化方式,这样就存在

1

四个互不交叉的极化/频率带可供使用。通常将相邻波束分配到不同频段,这样形成的波束覆盖与充满不同颜色棋子的棋盘非常相似。

所采用的复用方案决定了频谱效率的上限,同时需要为那些采用更为激进的频率复用因子(如为 1(全频复用)或 2 的)系统使用多用户检测(Multi-User Detection,MUD)等联合处理技术。搭载星载数字透明转发器的移动卫星系统(Mobile Satellite System,MSS)可实现更为灵活的非均匀频谱复用方案。目前,宽带多波束卫星的频率复用标准[①]是 4。高频率复用带来的前向链路和反向链路干扰可以分别在发送端或接收端通过一些先进的处理技术来抑制[6,7]。当前的宽带卫星由于受到星上有效载荷复杂度及馈电链路带宽的限制,因此并不支持这类处理技术。这些技术在 L/S 波段的 MSS 卫星上部署起来更加容易,主要是因为这类卫星本身的吞吐量不是很高。需要注意的是,在这种场景下,即使在反向链路上,要获取信道状态信息也是极为复杂的。因为信道变化很快,所以必须使用更多的导频信号。

本章主要介绍在多波束通信卫星反向链路上应用多用户干扰消除方案时需要考虑的问题,详细介绍了考虑多波束卫星设置规范的基本性能限制,并对接收机的架构进行了综述,其中大部分都来源于研究多用户通信的各类文献。只要满足基本的数学模型,所得到的大部分结论就都适用于固定和移动系统。只有当特定的场景或技术对理论产生影响时,才会指出这些结论的变化。假设所有的信号处理都在地面设备中进行,具体而言,地面关口站负责处理各个受影响的波束信号,每个波束只处理一个单一信号,也就是假设信号的数量和用户的数量相同,因为在波束内部会通过多路复用机制(在时间或频率上)来控制接入,这也同样适用于那些天线馈源数多于信号数的卫星(常见于 MSS 多波束卫星)。星上的固定波束成形网络从馈源信号中每波束输出一个信号,这些信号被转发至信关站。此外,在地面关口站进行波束成形会给系统带来更多的灵活性,但需要以更高的馈线链路带宽为代价。波束成形和多用户干扰消除技术可以进行联合设计。本章主要介绍在现代卫星技术中应用广泛的以波束为单位的处理技术。以馈源为单位的处理技术又称地基波束成形技术,它将在其他章节中介绍。

---

① 极化给予了复用频率的额外自由度,同时避免了相关波束间的干扰。

1.1.1　信号描述

本章重点介绍形成 K 个波束的多波束卫星的反向链路,该链路上每次接收的信号都来自于每个波束中的一个单天线终端(图 1.2)。假设馈电链路透明转发,且星载链路上的处理是理想的[①],那么这些信号对应于卫星上位于 K 个用户链路天线的信号的基带形式。如果卫星的天线馈源数量大于 K,则这些信号可以在星载波束形成网络输出端获取。

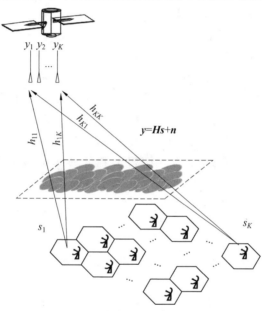

图 1.2　卫星回程链路示意图

当时间用 i 表示时,接收信号模型表示为

$$y[i] = H[i]s[i] + n[i] \tag{1.1}$$

式中,$s[i]$ 是发射信号,$s \in C^{K \times 1}$;$y[i]$ 是接收信号,$y \in C^{K \times 1}$;$n[i]$ 是协方差矩阵为 $\boldsymbol{\Sigma}$ 的复噪声向量,$n \sim \text{CN}(0, \boldsymbol{\Sigma})$。矩阵 $H \in C^{K \times K}$ 代表复信道,其可表示为[8-10]

$$H = GD \tag{1.2}$$

式中,G 是代表天线响应的列满秩矩阵,$G \in C^{K \times K}$;D 是表示传播损耗的随

---

①　也可将发生在上行链路接收机和关口站基带处理器间的幅度和相位效应包含在本章使用的数学模型中。

机对角阵，$\boldsymbol{D} = \mathrm{diag}(\delta)$，$\boldsymbol{D} \in C^{K \times K}$。考虑所有可能的衰落，假设用户与所有天线馈源间的损耗均相同。在一个符号周期内，假定信道保持不变。尽管本章并不涉及联合多波束检测和抗衰落策略，但本模型可以与工作在链路层的抗衰落机制共存，如自适应调制和编码技术或功率控制技术。该信号模型（式(1.1)）假定系统已经同步，也就是说，关口站在处理时，所有用户终端(User Terminal，UT)波形在时间和频率上已经对齐。1.4 节会进一步讨论相关细节。帧同步可以使用因不同波束间用户重分配而导致的 $\boldsymbol{H}$ 的变化降到最小，但该信号模型没有假设不同波束信号的帧同步。下面（除非特殊需要）将忽略式(1.1)的时间标识。

1. 波束辐射图

矩阵 $\boldsymbol{G}$ 表示波束辐射图在波束内用户位置方向的值，$\boldsymbol{G} \in C^{K \times K}$。$\boldsymbol{G}$ 随着给定时刻移动用户位置的变化而变化。研究表明，$\boldsymbol{G}$ 的值可以从专业的天线设计软件中获得，但许多参考文献也选择了通过一系列贝塞尔函数对锥形孔径天线进行建模。设 d_a 为天线孔径的直径，T 是天线孔径边缘锥度（当 $T = 0$ 时，天线孔径场为均匀的）（p 与场的衰减有关，$p = 1, 2, 3, \cdots$），则有

$$g_{ij}(\theta_{ij}) = G_{\max} \left[\frac{(p+1)(1-T)}{(p+1)(1-T)+T} \left(\frac{J_1(u_{ij})}{u_{ij}} + 2^{p+1} p! \ \frac{T}{1-T} \frac{J_{p+1}(u_{ij})}{u_{ij}^{p+1}} \right) \right]^2$$

$$(1.3)$$

式中，$J_p(u)$ 是第一类 p 阶贝塞尔函数；$G_{\max}$ 是天线的最大轴向增益；θ_{ij} 是相对于波束瞄准线的离轴角，且有

$$u_{ij} = \frac{\pi d_a}{\lambda} \sin \theta_{ij} \tag{1.4}$$

波束轮廓对应的值通常在 3～4 dB。现阶段以透明转发馈电链路为场景来描述矩阵 $\boldsymbol{G}$，后续将在 1.4.2 节中对非透明转发馈电链路带来的影响进行分析。

2. 衰落

除将卫星天线的方向性在 $\boldsymbol{G}$ 中表示外，式(1.2)将信号传播的影响都整合到了矩阵 $\boldsymbol{D}$ 中。该矩阵是一个对角矩阵，与地面系统中传统多输入多输出(Multi-Input Multi-Output，MIMO)模型相反，该系统中单个用户到不同天线所历经的信道是相同的[8,10]，这是因为天线之间的间距相对于卫星的高度来说非常小，这也是卫星与地面系统的主要差异。除自由空间传播损耗外，$\boldsymbol{D}$ 中还包含了所有其他影响接收信号的衰落现象。下面给出本章着重考虑的两个衰落。

（1）雨衰。

雨衰又称降雨衰减。对于载波频率在 10 GHz 以上，尤其是对 Ka 及以上波段的固定卫星系统来说，大气损耗尤其是雨衰在传播损耗中占主导地位。可用于计算降雨衰减系数的统计模型有很多，都是通过利用不同的分布来拟合试验数据而获得的。例如，ITU－R P.1853 建议书假定这些系数呈对数正态分布（以 dB 为单位）[12]，衰落系数 δ_l 将服从如下分布：

$$-20\lg \delta_l \sim \mathrm{LN}(\mu_l, \sigma_l) \tag{1.5}$$

式中，μ_l 和 σ_l 分别为以 dB 为单位的对数正态均值和方差。

考虑到对衰落和多用户消除技术的影响，也可以对雨衰的时间与空间相关性进行描述[13-15]。

（2）地面移动卫星信道。

一方面，移动卫星系统通常工作在 L 波段或 S 波段（近期也采用了 Ku 波段）。通常用马尔可夫链模型来描绘直射信号时不时被遮挡的现象，在这个模型的每个状态内叠加一些小尺度（快）和大尺度（慢）衰落[16-19]。慢衰落可以通过干扰消除技术来解决式（1.2）中有关多用户消除技术模型的内容。另一方面，译码方案则需要考虑如何在信号级解决快衰落的问题，增益估计算法无法正确跟踪快衰落的变化。

对于星地之间的链路，还有很多其他物理现象会影响到信号的幅度、相位甚至是极化，这些影响与信号的频率有很大关系。例如，基于功率控制的抗衰落技术可以将处理过程嵌入到矩阵 $\boldsymbol{D}$ 中。本章的所有技术都有一个共同的假设条件，即接收机端已知信道矩阵 $\boldsymbol{H}$。1.4 节中将介绍非理想信道估计的影响。

1.1.2　多波束技术综述

简单起见，忽略时间标识，考虑式（1.1）标识符号层面的信号模型：

$$\boldsymbol{y} = \boldsymbol{H}\boldsymbol{s} + \boldsymbol{n} \tag{1.6}$$

在关口站处，从接收信号 $\boldsymbol{y}$ 中提取出符号 $\boldsymbol{s}$，这些符号由该关口站（可与其他关口站共存）服务波束下的用户发送。每个关口站都服务一组波束，称为簇。由簇间的干扰产生的一些其他问题会在 1.3 节中介绍。目前，假定单一的关口站架构，所有波束中的用户都由相同的关口站管理。

当噪声为高斯噪声时，最优的最大似然（Maximum Likelihood，ML）检测器可描述为

$$\hat{\boldsymbol{s}}_{\mathrm{ML}} = \arg \min_{\boldsymbol{s}} \| \boldsymbol{y} - \boldsymbol{H}\boldsymbol{s} \| \tag{1.7}$$

式中，s 为 $K \times 1$ 数据向量，包含 K 位用户的数据符号。

ML 检测器的成本随用户数量 K 和调制阶数呈指数增长，当同时存在大量用户时，关口站中实施起来过于复杂。还可以用球形译码（Sphere Decoder，SD）算法（对具有较小数量天线的系统十分高效）来计算 ML 的解[20,21]，但 SD 算法的代价与噪声方差、待检测的数据流量和信号星座图有关，所以在低信噪比（Signal-to-Noise Ratio，SNR）、高阶星座图和大量用户的情况下，SD 算法仍然具有较大的计算量。

由于卫星场景中 ML 检测器和 SD 算法的计算复杂度高，因此提出一种联合检测策略，该策略通过接收滤波器进行信号处理。联合检测策略的主要优势在于，信号处理成本不受调制方式的限制，并且对于每个数据包，接收机只需进行一次接收滤波器计算然后进行检测。能够以较低代价计算滤波器参数的算法在多波束卫星系统中显得十分重要。

接下来将介绍一些相关的次优检测器，包括线性检测器和非线性检测器。有关这些检测器更详细的阐述参见 1.3 节。文献 [22] 对多用户通信技术进行了很好的综述。

（1）线性处理器通过对用户输入信号的线性变换来得到输出，用户输入信号会受到噪声影响。为每个用户流分别执行的符号解码独立于 MUD 线性方案，如图 1.3(a) 所示。这些接收机，包括迫零（Zero-Forcing，ZF）和最小均方误差（Minimum Mean-Square Error，MMSE）检测器，将在 1.3.1 节介绍。

（2）假定接收信号为线性模型，对于这样的数据结构，非线性检测也能提高线性算法的性能。垂直－贝尔分层空时（Vertical－Bell Laboratories Layered Space-Time，V－BLAST）系统[23-25]和决策反馈[26-30]检测器中使用的串行干扰消除（Successive Interference Cancellation，SIC）方法可以在性能和复杂度上提供很好的折中。具体而言，MMSE 与 SIC 滤波结合（MMSE－SIC）可实现多用户 MIMO 信道下最优的总传输速率性能[31]。这些技术的工作方式如图 1.3(b) 所示，将在 1.3.1 节介绍。

（3）如果能够承受更高的复杂度，则可利用编码数据的结构来改善 MUD 处理性能。按照 turbo 原则，软输入软输出（Soft-Input Soft-Output，SISO）检测和 SISO 译码可按 1.3.2 节所描述的方法进行结合。迭代检测与译码（Iterative Detection and Decoding，IDD）过程如图 1.3(c) 所示。

1.3 节中将详细描述并给出一些在自适应编码和调制增强的 DVB－RCS 物理层上结合多波束检测技术的实际性能结果。

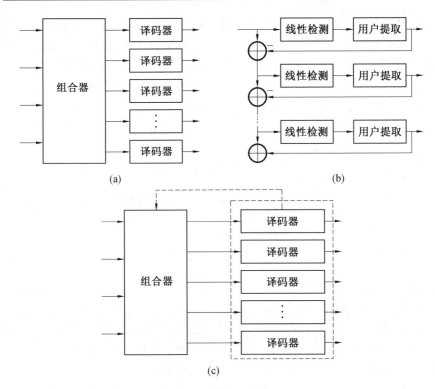

图 1.3　通用接收机架构示意图

1.2　理论性能极限

本节综述多波束卫星反向链路的性能极限,可以看成一个多用户 MIMO(Multi-User MIMO,MU－MIMO)通信场景的实例;简要研究和速率及大量终端和天线可能带来的影响;从中断的角度研究信道性能,重点关注系统的中断容量。

1.2.1　和速率

在给定的时刻,用户和速率 R_l 受以下限制[32]:

$$C_{\text{sum}} = \sum_{l=1}^{K} R_1 \leqslant \log_2 \det(\boldsymbol{I} + \gamma \boldsymbol{D}^2 \boldsymbol{G}^{\text{H}} \boldsymbol{G})$$

$$= \sum_{l=1}^{K} \log_2 (1 + \gamma \lambda_l [\boldsymbol{D}^2 \boldsymbol{G}^{\text{H}} \boldsymbol{G}]) \tag{1.8}$$

式中,λ_l 表示矩阵的第 l 个特征值。

和容量是在某个特定时刻信道传输的互信息量,该参量对确定一个通信系统的理论性能限至关重要。由于信道模型特殊,因此它的特征难以描述。对 C_{sum} 建模需要知道矩阵积 $\boldsymbol{D}^2\boldsymbol{G}^{\text{H}}\boldsymbol{G}$ 的特征值,其中 $\boldsymbol{D}$ 是随机对角阵,$\boldsymbol{G}$ 的表达式比较复杂,如1.1节所述。注意,此处与地面多用户通信有所不同,在地面多用户通信中,衰落和大气损耗不在对角阵中表示。

随机矩阵理论(Random Matrix Theory,RMT)[33,34] 为这个问题提供了一些解决方法。当 K 增大时,对于许多信道模型,其特征值的经验分布都被收敛于一个确定函数。在这种情况下,可将式(1.8)重写为[33]

$$
\begin{aligned}
\lim_{K\to\infty} C_{\text{sum}} &= \lim_{K\to\infty} \sum_{l=1}^{K} \log_2(1+\gamma\lambda_l[\boldsymbol{D}^2\boldsymbol{G}^{\text{H}}\boldsymbol{G}]) \\
&= K\mathbf{E}_{\boldsymbol{D}}[\log_2(1+\gamma\lambda_l[\boldsymbol{D}^2\boldsymbol{G}^{\text{H}}\boldsymbol{G}])] \\
&= K\int \log_2(1+\gamma x)\,\mathrm{d}F_{\boldsymbol{D}^2\boldsymbol{G}^{\text{H}}\boldsymbol{G}}(x) \quad\quad (1.9)
\end{aligned}
$$

式中,$F_{\boldsymbol{D}^2\boldsymbol{G}^{\text{H}}\boldsymbol{G}}(x)$ 是矩阵 $\boldsymbol{D}^2\boldsymbol{G}^{\text{H}}\boldsymbol{G}$ 特征值的累积分布函数(Cumulative Distribution Function,CDF)。

式(1.9)表明,随着 K 增大,C_{sum} 收敛到一个确定的期望值。但这个值很难计算,且对于一些特定的模型,C_{sum} 可能不收敛;又或者在 K 相同时,C_{sum} 取值不稳定。在基于 RMT 算法的解决方案中,文献[35]通过一个与之相似的模型获得 C_{sum},但矩阵 $\boldsymbol{G}$ 和 $\boldsymbol{D}$ 是渐近自由的[33];文献[8]依赖于 $\boldsymbol{G}$ 特征值的近似。无论是哪种情况,所获得的结果都不理想。

另一种思路是利用系统的大规模性质[9],有可能得到严格界限[10,36]或是高 SNR 和低 SNR 下的近似。接下来,将重新推导高 SNR 和低 SNR 时的一些结果。需要指出的是,只有在接收机采用连续消除策略的条件下才能达到给出的和速率,此时假定信道状态信息已知,且信道编码能够达到信道容量。该策略称为 MMSE − SIC,将在1.3节中介绍。

1. 高 SNR

在高 SNR 条件下,可通过以下等式近似求解 C_{sum}:

$$
\begin{aligned}
C_{\text{sum}} &\approx \log_2\det(\gamma\boldsymbol{D}^2\boldsymbol{G}^{\text{H}}\boldsymbol{G}) \\
&= \log_2\det(\gamma\boldsymbol{G}^{\text{H}}\boldsymbol{G}) - \log_2\det\boldsymbol{D}^2 \\
&= C_{\text{awgn}}^{\text{H}} - \Delta_c \quad\quad\quad\quad\quad\quad (1.10)
\end{aligned}
$$

式中,定义 $\Delta_c = \log_2\det\boldsymbol{D}^2$,即由衰落导致的频谱效率损失,有

$$
\Delta_c = -2\sum_{l=1}^{K}\log_2\delta_l \quad\quad\quad\quad (1.11)
$$

衰落随机变量 δ_l 通常是在 $0\sim1$ 取值,代表自然单位中的衰减。因此,随机

变量 $-2\log_2\delta_l$ 取值均为正。信道对角矩阵 $\boldsymbol{D}$ 在高 SNR 环境下导致了递减的损失,该损失是形如 $2\log_2\delta_l$ 的 K 个随机变量的和。有趣的是,其分布并不依赖于工作点上的 SNR[①]。

获得 Δ_c 的分布一般比较困难。对于一些简化的情况,可以在相关文献中找到结论。如果随机变量 δ_l 不相关,可应用中心极限定理,用高斯随机变量[9] 来近似 Δ_c。这里,随着 K 增大,Δ_c 将收敛到一个确定值。

相关的情况将变得更为复杂,因为收敛性得不到保证,而且相关的随机变量和的分布难以获得。在这种情况下,通过高斯、伽马或正态对数分布来近似随机变量的和也是比较常见的做法[13]。在获得均值和方差后,就可以对 Δ_c 进行建模。

2. 低 SNR

在低 SNR 条件下,有

$$C_{\text{sum}} \approx \gamma \text{trace}(\boldsymbol{D}^2 \boldsymbol{G}^{\text{H}} \boldsymbol{G}) = \gamma \sum_{l=1}^{K} \delta_l \parallel \boldsymbol{g}_l \parallel^2 \tag{1.12}$$

信道容量与功率成比例,比例参数为 γ。信道容量等于 γ 与用户信道功率 $\boldsymbol{g}_l$($\boldsymbol{G}$ 中的列)的乘积,且信道功率与随机系数 δ_l(在 $0 \sim 1$ 取值)成反比。

值得注意的是,衰减的影响在高 SNR 下是减性的,而在低 SNR 下是乘性的。

3. 数值示例

针对工作在 K 波段且受雨衰影响的固定卫星系统,简要给出一些能说明 C_{sum} 性质的数值示例。图 1.4 所示为损失 Δ_c(由用户数量 $K=200$ 和两组不同参数下损耗超过横坐标数值的概率,每种情况均通过对 δ_l 的 200 次独立的蒙特卡洛(Monte-Carlo,MC)来实现)。随机变量 δ_l 呈独立对数正态分布 $-20\lg\delta_l \sim \text{LN}(\mu, \sigma)$。从图 1.4 中可以看到利用两组降雨分布参数得出的不同结果:$\mu=-1.013, \sigma=1.076$ 对应奥尔胡斯市的降雨分布[14];而 $\mu=-2.6, \sigma=1.3$ 对应罗马市的降雨分布[9]。为说明通过已知分布对损耗进行拟合的局限性,还给出了高斯和对数正态的近似,它们的 CDF 分别由以下等式决定:

$$\begin{cases} F_N = \dfrac{1}{2} + \dfrac{1}{2}\text{erf}\left(\dfrac{x - m_1}{\sqrt{2(m_2 - m_1^2)}}\right) \\ F_{LN} = \dfrac{1}{2} + \dfrac{1}{2}\text{erf}\left(\dfrac{\log_2 x - M}{\sqrt{2}\,\Omega}\right) \end{cases} \tag{1.13}$$

---

① 需指出的是,尽管理论上 C_{sum} 的近似值可取负值,但现实中损伤值如此之大的概率很小。

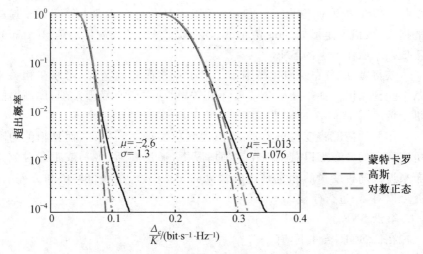

图 1.4   损失 Δ_c（由用户数量 K 归一化）超过横坐标数值的概率

式中，m_1 和 m_2 是损耗的前两个非中心矩，在不相关情况下由下式决定：[13]

$$\begin{cases} m_1 = \dfrac{\log_2 10}{10} K e^{\mu + (1/2)\sigma^2} \\[2mm] m_2 = \left(\dfrac{\log_2 10}{10}\right)^2 K e^{2\mu + \sigma^2} (e^{\sigma^2} + K - 1) \end{cases} \qquad (1.14)$$

由此可以直接求得 M 和 Ω：

$$\begin{cases} \Omega^2 = \log_2 \dfrac{m_2}{m_1^2} \\[2mm] M = \log_2 m_1 - \dfrac{1}{2}\Omega^2 \end{cases} \qquad (1.15)$$

从图 1.4 中可以看出，高斯近似的性能不如对数正态近似的性能，并且二者均随着超出概率的降低而偏离理论曲线。当处理中断容量时，这些近似值的作用会更加明显。

1.2.2   中断容量

当相关性存在或 K 取值不够大时，C_{sum} 在其期望值附近波动，因为 C_{sum} 取极低值的概率变得不可忽略。从系统总体的角度来看，在这种情况下，中断概率和中断容量是两个互相关联的指标。

在慢衰落信道中，对于给定的速率 R，瞬时容量 C_{sum} 低于 R 的概率由中断概率表示：

$$p_{\text{out}}(R) \doteq P[C_{\text{sum}} < R] \tag{1.16}$$

同样具有实际意义的还有 ε — 中断容量，它表示满足中断概率小于 ε 的最大传输速率[31]。等价地，以 $1-\varepsilon$ 概率表示支持的信道最大速率。

在上文描述的场景中，由式(1.16)可以看出，C_ε 是满足以下等式的最大值：

$$P[\log_2 \det(I + \gamma \boldsymbol{D}^2 \boldsymbol{B}^{\text{H}} \boldsymbol{B}) < C_\varepsilon] = \varepsilon \tag{1.17}$$

1. 高 SNR

在高 SNR 下，中断容量可写为

$$C_\varepsilon^{\text{H}} = C_{\text{awgn}} - F_{\Delta_c}^{-1}(1-\varepsilon) \tag{1.18}$$

式中，F_{Δ_c} 是 Δ_c 的 CDF。

注意，右边的项减小了中断容量。对于任何的 Δ_c 分布，损失随着 ε 的增大而增大。

要获得闭环表达式，可以考虑与 1.2.1 节中类似的条件。假设使用 Δ_c 的对数正态近似，中断容量可表示为

$$C_\varepsilon^{\text{H}} = C_{\text{awgn}} - \text{e}^{Q^{-1}(\varepsilon)\Omega + M_H} \tag{1.19}$$

式中，$Q(\cdot)$ 是高斯 Q 函数，且有

$$\begin{cases} \Omega = \log_2\left(1 + \dfrac{\text{Var}[\Delta_c]}{\mathbf{E}[\Delta_c]^2}\right) \\ M = \log_2 \mathbf{E}[\Delta_c] - \dfrac{1}{2}\Omega^2 \end{cases} \tag{1.20}$$

2. 数值示例

现在给出一个多波束卫星系统在高 SNR 下的中断容量的数值计算示例。选择一个受雨衰影响的固定卫星系统，使用以 dB 为单位的对数正态分布建模。变量 δ_l 服从式(1.5)的分布，其中参数 $\mu = -1.03, \sigma = 1.076$，二者均以 dB 为单位。在该情况下，假定二者按照式 $r'_{lj} = 0.94\text{e}^{d_{lj}/30} + 0.06\text{e}^{-(d_{lj}/500)^2}$ 相关联，其中 r'_{lj} 是随机变量 $\log_2\delta_l$ 和 $\log_2\delta_j$ 的相关系数。为获得距离 d_{lj}，假定了一个 10×10 的六角形蜂窝向量，其中相邻中心间具有不同的距离 d_0。

图 1.5 所示为降雨引起的中断容量随 d_0（相邻小区中心的距离）的变化[13]，d_0 为不同中断系数 ε 时相邻波束中心的距离。可以得出，当 $\varepsilon = 10^{-4}$，$d = 100$ km 时，总损失约等于 42 bit $\cdot$ s^{-1} $\cdot$ Hz^{-1}，平均到每个用户后，用户损失约为 0.42 bit $\cdot$ s^{-1} $\cdot$ Hz^{-1}。

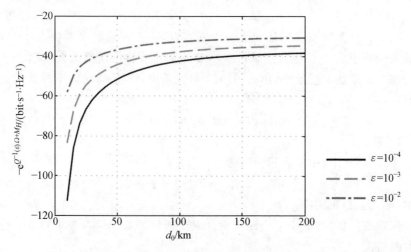

图 1.5　降雨引起的中断容量随 d_0（相邻小区中心的距离）的变化[13]

1.3　多波束处理：线性和非线性联合检测

本节介绍联合检测算法的主要原理，应用该算法可以消除多波束之间的相互干扰。不同用户符号序列中的冗余信息可以与 MUD 相结合，这种交互机制遵循 Turbo 原理，以增大复杂度为代价，提升系统性能。

1.3.1　联合检测算法

接收信号的输入－输出关系可以描述为

$$\boldsymbol{y} = \boldsymbol{Hs} + \boldsymbol{n} \tag{1.21}$$

该模型广泛应用于多用户、多天线和多址接入通信，且现有文献已经给出了大量结果。信道矩阵 $\boldsymbol{H}$ 的特性对于描述不同接收机算法的性能是十分有用的，在大多数情况下，均假设接收机具有理想信道估计，信道矩阵已知。后续章节中会讨论一些关于 $\boldsymbol{H}$ 的估计问题。

式(1.21)隐含着这样的假设：对于共享频谱的不同波束的用户信号，采用集中式接收和处理。在窄带系统中，来自用户的累积吞吐量可以通过一条馈电链路通道传输，因此这个单一关口站的假设是合理的。然而，在宽带系统中，更加可行的方案是部署多个关口站，且这些关口站复用馈电链路频谱。每个关口站负责处理一组（又称一簇）波束的信号，所以全频率复用不仅会导致簇内干扰，也会导致簇间干扰。相对于集中处理的方式，其每个关口站的信号处理复杂度降低。实际上，最优检测器的复杂性随用

户数量 K 呈指数变化。下面将利用式(1.21)介绍几个经典的检测 s 的次优方法,首先假设单个网关集中接收所有信号的情况,随后去掉这个假设,考虑一种新方法来解决簇间干扰。

1. 线性检测器

最常用于消除式(1.21)中干扰的次优检测器是那些对接收天线上的采样信号只执行线性运算的检测器,其检测规则是[37]

$$\hat{s} = Q(\pmb{W}^{\mathrm{H}} \pmb{y}) \tag{1.22}$$

式中,$Q(\cdot)$ 表示与用于检测的最优判决区相关的限制器;$\pmb{W}$ 是一个决定了线性检测器特征的 $K \times K$ 的矩阵。

利用最小均方误差

$$\pmb{W} = \arg \min_{\pmb{W}} \mathbf{E}\big[\|\pmb{s} - \pmb{W}^{\mathrm{H}} \pmb{y}\|_2^2\big] \tag{1.23}$$

可以得到 MMSE 接收滤波器的显性表达式:

$$\pmb{W}_{\mathrm{MMSE}}^{\mathrm{H}} = (\pmb{H}^{\mathrm{H}} \pmb{\Sigma}^{-1} \pmb{H} + \pmb{I})^{-1} \pmb{H}^{\mathrm{H}} \pmb{\Sigma}^{-1} \tag{1.24}$$

该接收机最小化了滤波后的 SNR[38,39],因此被普遍采用。除信道矩阵 $\pmb{H}$ 外,还需要知道噪声的统计特性。

另一个经典的检测器消除干扰时忽略了噪声。相应的 ZF 接收机可表示为

$$\pmb{W}_{\mathrm{ZF}}^{\mathrm{H}} = (\pmb{H}^{\mathrm{H}} \pmb{H})^{-1} \pmb{H}^{\mathrm{H}} \tag{1.25}$$

这个方法无须知道噪声的统计特性。这个检测器在码分多址(Code Division Multiple Access,CDMA),系统中称为解相关检测器。

MMSE 检测误差的协方差矩阵为[39]

$$\pmb{Q}_{\mathrm{MMSE}} = \mathbf{E}\big[(\pmb{s} - \hat{\pmb{s}})(\pmb{s} - \hat{\pmb{s}})^{\mathrm{H}}\big] = (\pmb{I} + \pmb{H}^{\mathrm{H}} \pmb{\Sigma}^{-1} \pmb{H})^{-1} \tag{1.26}$$

其方便了对每个用户随 $\pmb{Q}_{\mathrm{MMSE}}$ 变化的单个信号与干扰加噪声比(Signal to Interference Plus Noise Ratio,SINR)的计算,即

$$\mathrm{sinr}_l = \frac{1}{[\pmb{Q}_{\mathrm{MMSE}}]_{ll}} - 1 \tag{1.27}$$

假定理想干扰抵消的 ZF 接收机上的相应 snr_l 为

$$\mathrm{snr}_l = \frac{1}{[(\pmb{H}^{\mathrm{H}} \pmb{H})^{-1} \pmb{H}^{\mathrm{H}} \pmb{\Sigma}^{-1} \pmb{H} (\pmb{H}^{\mathrm{H}} \pmb{H})^{-1}]_{ll}} \tag{1.28}$$

当 $\pmb{\Sigma} = \sigma^2 \pmb{I}$ 时,其可简化为

$$\mathrm{snr}_l = \frac{1}{\sigma^2 [(\pmb{H}^{\mathrm{H}} \pmb{H})^{-1}]_{ll}} \tag{1.29}$$

从其各自的表达式可知,这两个估计量在高 SINR 环境下的性能与此类似。

可以发现,这两种情况都首先应用了 $\pmb{H}^{\mathrm{H}}$(已预先在 MMSE 接收机中

执行噪声白化操作),也就是空间匹配滤波器。检测复杂度是与用户数量 K 有关的多项式,由于在两种情况中需要对 $K \times K$ 矩阵求逆,在运算过程中线性代数方程会产生大量的解,因此采用迭代策略来避免复杂的运算[22]。这些递归过程用来以串并行干扰消除(Parallel Interference Cancellation,PIC)的形式做多级检测。假定式(1.24)中 $\boldsymbol{\Sigma} = \sigma^2 \boldsymbol{I}$,则有

$$\hat{s} = \boldsymbol{M}^{-1} \boldsymbol{H}^{\mathrm{H}} \boldsymbol{y} \tag{1.30}$$

式中,对于 MMSE 检测器,$\boldsymbol{M} = \boldsymbol{H}^{\mathrm{H}} \boldsymbol{H} + \sigma^2 \boldsymbol{I}$;对于 ZF 检测器,$\boldsymbol{M} = \boldsymbol{H}^{\mathrm{H}} \boldsymbol{H}$。例如,当 $\boldsymbol{M}$ 的频谱半径小于 2 时,$\boldsymbol{M}^{-1}$ 可表示为泰勒序列:

$$\boldsymbol{M}^{-1} = \sum_{n=0}^{\infty} (\boldsymbol{I} - \boldsymbol{M})^n \tag{1.31}$$

该序列的真实值依赖于用以确保良好估计的项的数量。许多经典的串行检测器都与式(1.31)等表达式有关,可通过以下递归过程实现[40]:

$$\hat{s}^{(n+1)} = \boldsymbol{H}^{\mathrm{H}} \boldsymbol{y} + (\boldsymbol{I} - \boldsymbol{M}) \hat{s}^{(n)}, \quad n = 0, 1, \cdots \tag{1.32}$$

式中,$\hat{s}^{(0)}$ 是一个并行干扰消除器,与求解线性代数系统的雅可比方法等价。根据矩阵 $\boldsymbol{M}$ 分解方式的不同,存在许多不同形式的干扰消除方法。例如,将矩阵 $\boldsymbol{M}$ 按另一种形式分解,可以得到串行干扰消除器。当 $\boldsymbol{M} \doteq \boldsymbol{D} + \boldsymbol{L} + \boldsymbol{L}^{\mathrm{H}}$(其中,$\boldsymbol{D}$ 为对角阵,$\boldsymbol{L}$ 是严格的下三角阵)时,迭代过程变为

$$\hat{s}^{(n+1)} = \boldsymbol{D}^{-1} (\boldsymbol{H}^{\mathrm{H}} \boldsymbol{y} - \boldsymbol{L}^{\mathrm{H}} \hat{s}^{(n)} - \boldsymbol{L} \hat{s}^{(n+1)}), \quad n = 0, 1, \cdots \tag{1.33}$$

式中,每位用户的干扰估计一旦可用,即可被消除。这种迭代方法称为高斯-赛德尔迭代。下面将介绍一些非线性检测方法,这些方法在每级干扰消除的输出端进行了硬判决等非线性操作。

在式(1.21)中,假定信道矩阵 $\boldsymbol{H}$ 已知,以此来推导各种检测方案。实际的信道估计方法将在下面介绍。当信道矩阵 $\boldsymbol{H}$ 有部分未知时,也存在一些能在特定情况下应用的多用户检测方法。例如,MMSE 检测器可看作一组单用户检测器集,其中

$$\hat{s}_i = \boldsymbol{w}_i^{\mathrm{H}} \boldsymbol{y}, \quad i = 1, \cdots, K \tag{1.34}$$

用户 i 的单用户检测响应 $\boldsymbol{w}_i$ 为

$$\boldsymbol{w}_i = (\boldsymbol{H} \boldsymbol{H}^{\mathrm{H}} + \sigma^2 \boldsymbol{I})^{-1} \boldsymbol{h}_i, \quad i = 1, \cdots, K \tag{1.35}$$

假定噪声方差均匀,且不同天线上的噪声不相关。可以看出,当其他用户信道响应未知时[41],表达式 $\boldsymbol{w}_i$ 是输入协方差矩阵;而 $\boldsymbol{H}$ 中相应列 $\boldsymbol{h}_i$ 已知时,其可从输入数据估计中得出。另外,若 MMSE 解与最小化输出能量获得的解一致,则向量 $\boldsymbol{w}_i$ 可表示为

$$w_i = h_i + p_i \qquad (1.36)$$

式中，p_i 需要与 h_i 互相正交，这样可以最小化输出能量；w_i 称为盲最小化输出能量，其受 h_i 中的信息完整度影响大，并需要引入不同变量来避免非理想的干扰消除[41]。综上所述，该方法属于盲子空间法系列。

式(1.35)可用于多网关场景中。在多网关场景中，一个特定的网关用于检测一组用户，其他网关则负责抑制相邻波束产生的干扰，它们都不需要访问被中继到其他网关的信号。该方法在宽带服务中具有巨大发展潜力，近期在多波束卫星领域开始受到关注。下面将介绍一种无须网关间信息交换的解耦方法，如文献[2]所述，该方法在前向链路中具有重要作用。

首先将信号模型分割定义为

$$\begin{bmatrix} y_1 \\ y_2 \\ \vdots \\ y_{N_{gw}} \end{bmatrix} = \begin{bmatrix} H_1 \\ H_2 \\ \vdots \\ H_{N_{gw}} \end{bmatrix} \begin{bmatrix} s_1 \\ s_2 \\ \vdots \\ s_{N_{gw}} \end{bmatrix} + n \qquad (1.37)$$

式中，N_{gw} 是网关数量，每个网关服务 K_n 个波束。影响信号传输到第 n 个网关的信道矩阵 H_n 可表示为

$$H_n = [\widetilde{H}_n, \overline{H}_n], \quad n = 1, 2, \cdots, N_{gw} \qquad (1.38)$$

式中，$\widetilde{H}_n$ 包括来自第 n 个网关服务的用户的信道，$\widetilde{H}_n \in C^{K_n \times K_n}$；$\overline{H}_n$ 代表了其他所有信道，$\overline{H}_n \in C^{K_n \times (K-K_n)}$。

每个网关均可估计 $\widetilde{H}_n$，但 $\overline{H}_n$ 只能通过其他网关间通信得到。重定义式(1.35)：

$$w_i = \hat{R}_y^{-1} \widetilde{h}_i \qquad (1.39)$$

式中，$\hat{R}_y$ 是对 y 协方差矩阵的估计。

按照这样的方法，只要获得单个网关的合理 $\hat{R}_y$ 估计，便可在无须网关间通信的情况下减少簇间干扰。

2. 非线性检测器

通过使用某些串行干扰消除方法或近似求解最优检测器等非线性处理，可以改善线性检测器的性能。串行干扰消除可看作上述迭代过程中的变量，而近似的最优检测器则可通过提高复杂度来换取性能的改善。次优方案的一个不足之处在于其无法实现 ML 算法的全接收分集阶数，因此研究人员转而研究栅格简化方案[43,44]、QR 分解 M 算法（QR Decomposition

M — Algorithm,QRD — M)[45]和概率数据关联[46,47]等检测策略,这些检测策略能够以小型到较大型系统可接受的成本处理 ML 性能。

非线性决策函数包含在串行干扰消除器每一级的输出中。尽管最初是作为点对点方案进行开发的,但非线性初步决策函数与上述的递归线性更新有关。式(1.32)可扩展为

$$\hat{s}^{(n+1)} = \psi(\boldsymbol{H}^{H}\boldsymbol{y} + (\boldsymbol{I} - \boldsymbol{M})\hat{s}^{(n)}), \quad n = 0,1,\cdots \qquad (1.40)$$

式中,ψ 为每个干扰消除阶段后的非线性运算。

在 PIC 中,函数 ψ 可作为初步决策 $Q(\cdot)$ 使用。若在式(1.33)中增加一个决策步骤,则有

$$\hat{s}^{(n+1)} = Q(\boldsymbol{D}^{-1}(\boldsymbol{H}^{H}\boldsymbol{y} - \boldsymbol{L}^{H}\hat{s}^{(n)} - \boldsymbol{L}\hat{s}^{(n+1)})), \quad n = 0,1,\cdots \quad (1.41)$$

这是 SIC 方案(图 1.6)。在现有文献中均可找到这些方案中的不同变量。

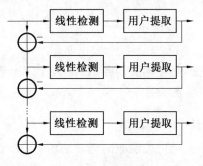

图 1.6　SIC 检测框图

另一种非线性方案是受 DF 均衡器强烈激发产生的 DF 检测器。它们在以下场景中使用了一个前馈矩阵和一个反馈矩阵:

$$\hat{s} = Q(\boldsymbol{W}^{H}\boldsymbol{y} + \boldsymbol{F}^{H}\hat{s}) \qquad (1.42)$$

在基于回代的实际运算中,$\boldsymbol{F}$ 须严格为下(或上)对角型。在匹配滤波器输出端可以看出,DF 检测器[26-30]使用了信道矩阵的对角分解,如丘拉斯基分解 $\boldsymbol{H}^{H}\boldsymbol{H} = \boldsymbol{B}^{H}\boldsymbol{B}$,其中 $\boldsymbol{B}$ 为下三角阵(对角线元素等于 1)。作为例证,式(1.42)中的 ZF、DF 检测器分别对应 $\boldsymbol{W} = \boldsymbol{B}^{-1}$ 和 $\boldsymbol{F} = \boldsymbol{I} - \boldsymbol{B}^{H}$。①

在相关文献中可找到前述概念的许多变量,在 SIC、DF 和 V — BLAST 方法中,变量间的关系具有丰富的物理意义,如减小误差的机制等。有关例子请参阅文献[48]。

要注意,s 中用户的排序可影响减少干扰的方式,因为在每个阶段,在

---

①　如果事先未使用归一化,分解时需使用另外的对角矩阵。

处理剩余用户前,被译码的用户总是被减去。

对于 MMSE－SIC 接收机来说,排序不影响信道容量,但系统中存在传播误差,排序会对误比特率有影响。由于获得优化排序需要进行大量的组合尝试,因此经常采用一些次优方法。例如,根据用户信道范数来排序,计算复杂度就很低;根据每一级的输出 SINR 来排序,整体性能就更好。对于 ZF－SIC 情况,根据每一级的最佳用户排序可以达到最优[49]。

从这个意义上看,多分支串行干扰消除(Multi-Branch－Successive Interference Cancellation,MB－SIC)算法归纳了平行分支中的多种 SIC 算法,一般化了标准 SIC 算法[30]。MB－SIC 算法根据不同的排序方式,产生多个候选检测对象,以获得与 ML 检测器相接近的性能。第一个分支的排序与标准 SIC 算法的排序相同,剩余分支的排序相对于第一分支做循环移位。

3. 数值示例

图 1.7 所示为系统总平均吞吐量与终端等效全向辐射功率(Equivalent Isotropic Radiated Power,EIRP)的仿真结果。该仿真使用了文献[3,7]提供的系统参数(表 1.1)。文献[50]中综述了更多有关 MSS 的近期研究结果。

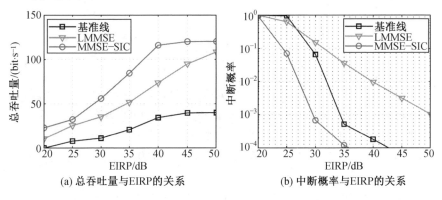

(a) 总吞吐量与 EIRP 的关系　　　(b) 中断概率与 EIRP 的关系

图 1.7　系统总平均吞吐量与终端等效全向辐射功率的仿真结果

表 1.1　文献[3,7]提供的系统参数

地点	罗马市	中心频率	30 GHz
波束数量	100(图 1.8)	每波束带宽	500 MHz
UT 位置	均匀分布	载波速率	4 MBaud
保护带比例	11%	滤波器滚降因子	0.25
总接收噪声温度	517 K		

本书主要研究固定星载波束形成场景。在本章中假设网关接收信号数量与波束数量相同。该场景展示了一个工作在 Ka 波段、受雨衰和轻度莱斯衰落影响,且采用全频复用和 MUD 的固定卫星场景,结果仅在其链路处于工作状态时进行统计。

在笛卡儿网格上平均分布着 16 384 个可能的 UT 位置,但仿真过程只考虑 4.3 dB 覆盖范围内的位置,导致真正使用的位置数量很少(图 1.8)。在仿真过程中,每个波束上仅有一个用户生成,其位置在波束覆盖范围内均匀分布。

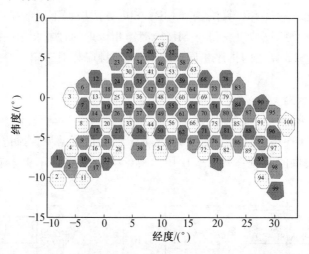

图 1.8　波束覆盖仿真结果(其中地理坐标是虚构值)

为得到真实的性能结果,假定终端使用 DVB－RCS2 规范[51]及表 1.2 中的调制和编码(Modulation and Coding,MODCOD)方案。仿真程序如下:首先在每一步中,在随机位置上生成 100 个用户,加入雨衰和莱斯衰落影响,形成新的数值;然后计算每个用户的 SINR,并将数值记录在表 1.2 中。

以频率复用系数为 3 且无 MUD 的基准场景作为参考,比较 MMSE 和 MMSE－SIC 检测器的性能。二者均采用了全频复用,后者使用递减的后置滤波器 SINR 次序检测。从图 1.7 中可以看出,MUD 的使用给吞吐量带来了明显的提升。其中,使用 SIC 检测器可使线性检测的吞吐量翻倍,甚至能达到基准场景吞吐量的 3 倍。值得注意的是,吞吐量随线性 MUD 提升的代价为中断概率的提高。

表 1.2　DVB－RCS2 调制编码方式描述

调制编码方式	频谱效率/(bit · s⁻¹ · Hz⁻¹)	需要的 $\dfrac{E_s}{N_0}$/dB
QPSK_13	0.53	−0.45
QPSK_12	0.8	1.80
QPSK_23	1.07	3.75
QPSK_34	1.2	4.85
QPSK_56	1.33	6.10
8PSK_23	1.6	7.60
8PSK_34	1.8	8.90
8PSK_56	2	10.30
16QAM_34	2.4	11.20
16QAM_56	2.67	12.20

1.3.2　IDD 技术

随着 Turbo 码[52]的发展及其在减小多干扰源方面的应用,IDD 技术在过去几年取得了长足的进步。近期,对 IDD 技术的研究已扩展到了低密度奇偶校验(Low-Density Parity-Check,LDPC)编码[56,59]及其变体。LDPC 码相对于 Turbo 码具有解码简单和易操作等优势。然而,LDPC 编码往往需要进行大量的译码迭代运算,这会导致时延和复杂度的增加。使用独立的检测和译码技术时,译码器可以独立运行。具体而言,卷积码使用 Viterbi 算法或按序算法等更简单的策略即可完成译码,而 Turbo 码和 LDPC 码由消息传递算法解码,只需内部迭代即可。1.1.2 节中曾提到,IDD 系统结合了高效的 SISO 检测算法和 SISO 译码技术(图 1.9)。检测器产生了与解码比特相关的对数似然比(Log-Likelihood Ratio,LLR),并且这些 LLR 作为译码器的输入。检测/译码迭代的第二个阶段,译码器进行大量的译码迭代运算后生成后验概率(A Posteriori Probability,APP)。检测器和译码器(外部迭代)间每次进行交换时,APP 均输入到检测器中,随后以迭代的方式重复检测/译码联合处理过程,直到达到最大(内部和外部)迭代数量。

具体而言,这个阶段考虑了 SISO 检测器和最大后验概率(Maximum a Posteriori,MAP)译码器,这些阶段被交织器和解交织器分割开。检测

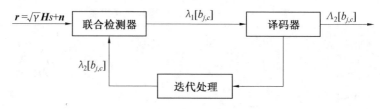

图 1.9　IDD 方案系统框图

器产生的软输出被用于估计 LLR,这些软输出是交织的,且作为传统编码中 MAP 译码器的输入。MAP 译码器[54]计算每个数据流编码符号的APP,这些 APP 随后被用于生成软估计,估计结果继而被用于更新检测器的接收滤波器,通过反馈滤波器解交织和反馈。检测器按下式计算每个数据流比特传输符号(+1 或 −1)的后验 LLR:

$$\Lambda_1[b_{j,c}] = \log_2 \frac{P[\boldsymbol{y} \mid b_{j,c} = +1]}{P[\boldsymbol{y} \mid b_{j,c} = -1]} + \log_2 \frac{P[b_{j,c} = +1]}{P[b_{j,c} = -1]} = \lambda_1[b_{j,c}] + \lambda_2^p[b_{j,c}]$$

(1.43)

式中,c 是用于映射信号群的比特数;$\lambda_2^p[b_{j,c}]$ 是编码比特 $b_{j,c}$ 的先验 LLR,$\lambda_2^p[b_{j,c}] = \log_2 \dfrac{P[b_{j,c} = +1]}{P[b_{j,c} = -1]}$,其由之前迭代处理第 j 个数据 / 用户流的MAP 译码器计算得出、交织并反馈到检测器,上标 p 指之前迭代得到的数量。假定有同样的比特概率,在所有数据流 / 用户的第一次迭代中有 $\lambda_2^p[b_{j,c}[i]] = 0$,数量 $\lambda_1[b_{j,c}[i]] = \log_2 \dfrac{P[y[i] \mid b_{j,c} = +1]}{P[y[i] \mid b_{j,c} = -1]}$ 代表 SISO 检测器基于接收到的数据 $\boldsymbol{y}$、有关编码比特 $\lambda_2^p[b_{j,c}]$($j = 1, \cdots, N_T, c = 1, \cdots, C$)的先验信息和第 i 个数据符号获得的外部信息。外部信息 $\lambda_1[b_{j,c}]$ 从检测器和 MAP 译码器提供的先验信息中获得,如同接下来迭代中的先验信息,解交织并反馈到第 j 个数据 / 用户数据流的 MAP 译码器中。

对于 MAP 译码,假定在接收滤波器输出 $z_j[i]$ 上的干扰加噪声呈高斯分布。该假定已在之前的内容中提到过,并给出了一种计算外部信息的高效且准确的方法。对于之前例子中描述的仿真场景,图 1.10 所示为三个选定波束上的干扰加噪声直方图,证明其可以用高斯随机变量来近似。

因此,对于第 j 个数据流 / 用户和第 q 个迭代,检测器的软输出为

$$z_j^q = V_j^q s_j + \xi_j^q$$

(1.44)

式中,V_j^q 是标量变量,其大小与第 j 个数据流对应的信道矩阵幅度相等;ξ_j^q 是方差为 $\sigma_{\xi_j^q}^2$ 的高斯随机变量。

通过对接收符号的样本进行统计平均,接收机可以得到 V_j^q 和 $\sigma_{\xi_j^q}^2$ 的估

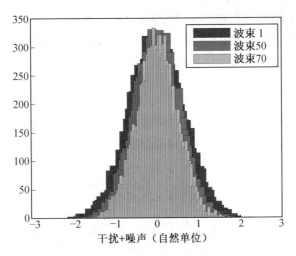

图 1.10 三个选定波束上的干扰加噪声直方图

计值,并用其计算 APP,$P[b_{j,c} = \pm 1 \mid z_{j,t}^q]$,APP 值随后被解交织,并用作 MAP 译码器的输入。接下来,假设 MAP 译码器生成 APP,$P[b_{j,c} = \pm 1]$,该值被用于计算接收机的输入。由式(1.44)可得,迭代译码器生成的外部信息为

$$\lambda_1[b_{j,c}] = \log_2 \frac{P[z_j^q \mid b_{j,c} = +1]}{P[z_j^q \mid b_{j,c} = -1]} = \log_2 \frac{\sum_{s \in S_c^{+1}} \mathrm{e}^{-\frac{|z_j^q - V^q S|^2}{2\sigma_{\xi j}^2 q}}}{\sum_{s \in S_c^{-1}} \mathrm{e}^{-\frac{|z_j^q - V^q S|^2}{2\sigma_{\xi j}^2 q}}} \quad (1.45)$$

式中,S_c^{+1} 和 S_c^{-1} 分别是可令符号的第 c 个比特为 1 和 -1 的所有可能信号群的集合。根据编码结构,在处理第 j 个数据流时,MAP 译码器计算每个编码比特的后验 LLR,其计算过程为

$$\Lambda_2[b_{j,c}] = \log_2 \frac{P[b_{j,c} = +1 \mid \lambda_1^p[b_{j,c}; \mathrm{decoding}]]}{P[b_{j,c} = -1 \mid \lambda_1^p[b_{j,c}; \mathrm{decoding}]]}$$

$$= \lambda_2[b_{j,c}] + \lambda_1^p[b_{j,c}], \quad j = 1, \cdots, N_T; c = 1, \cdots, C \quad (1.46)$$

使用最大对数似然算法,可以大大减少计算量。综上,MAP 译码器的输出是初始信息 $\lambda_1^p[b_{j,c}]$ 和外部信息 $\lambda_2[b_{j,c}]$ 的总和。该外部信息是关于编码比特 $b_{j,c}$ 的信息,它可以从其他编码比特 $\lambda_1^1[b_{j,c}]$($j \neq i$)选定的初始信息中获得。MAP 译码器还计算了每个信息比特的先验 LLR,用于在最后一次迭代中对解码位做出判断。交织后,由 MAP 译码器得出的外部信息 $\lambda_2[b_{j,c}]$($j = 1, \cdots, N_T$)又反馈到译码器,作为后续迭代中所有数据流编码比特的初始信息。第一次迭代时,$\lambda_1[b_{j,c}[i]]$ 和 $\lambda_2[b_{j,c}]$ 统计独立。随着

迭代次数的增加,它们的相关性增大,但相关性的增加量随着迭代次数的增加而减小。通常,迭代次数不超过 10,便可得到迭代方案具有的全部优势。

1.3.3　复杂性分析

不同检测器的计算复杂度可通过有关用户数量 K 的函数获得。按文献[62]中表 2 的方式在表 1.3 中给出近似比较。对于表 1.3,信号星座中的点数用 $|S|$ 表示,假设使用高斯－约旦消去法,矩阵求逆所需计算量为 K^3。必须要指出的是,在 MMSE－SIC 算法中,应用平方根 MMSE－SIC 方法有效降低了计算复杂度[63]。

可以以提高复杂度为代价获得更好的性能,或以某种程度的误差为代价获得效率的提高。前者以 IDD 方案为例,后者以迭代类方案(如式(1.32)和式(1.33))为例。

表 1.3　不同检测器的近似计算复杂性

MMSE	$\overset{\text{反转}}{2K^3} + \overset{\text{积}}{K^2}$
MMSE－SIC	$K(2K^3 + K^2)$
MAP	$K^2 \, |S|^K$

1.4　实际损伤

多波束处理技术应用的过程中,不完整的信道参数或可用性问题等环境因素均会对预设的性能产生影响。本节将介绍不精确的信道估计、馈线链路带宽及可用性问题带来的限制。

1.4.1　不精确信道估计

前面介绍中假定信道矩阵为 **H**,其对于 MUD 中线性滤波器的计算等极为重要。但在实际计算中,该矩阵的估计误差将影响到检测器性能,该估计通常依赖于特征(或训练)序列和信号处理算法。本节将介绍几种估计方法,重点关注估计方法的预期性能和返回链路的特性。

1. 信道估计技术综述

对于网关处的信道估计,假定长度为 L 的不同序列由每个终端发射。鉴于所有 UT 间的传输是同步的,网关接收到的一系列信号为

$$Y = HC + N \qquad (1.47)$$

式中, H 是信道矩阵, $H \in C^{K \times K}$; Y 是接收序列栈(每个天线元素上有一个), $Y \in C^{K \times L}$; C 是发射序列栈, $C \in C^{K \times L}$; N 包含加性噪声样本, $N \in C^{K \times K}$ 。

由于计算复杂度有限,因此通常采用线性估计技术。这些技术按下式估计信道:

$$\hat{H} = YA \qquad (1.48)$$

式中, A 是可遵照不同的标准获得的矩阵(如文献[64]中的总结)。例如, MMSE 的解为

$$A = \arg \min_{A} \mathrm{E}\left[\parallel H - YA \parallel^{2} \right] \qquad (1.49)$$

另外,如果噪声呈高斯分布[38],最小平方(Least Square,LS)估计与 ML 解一致,为

$$\hat{H} = YC^{\dagger} = H + NC^{\dagger} \qquad (1.50)$$

式中, $C^{\dagger}$ 是 C 的(右手侧)广义逆矩阵。当 C 为满秩时,广义逆矩阵存在,因此 $L \geqslant K$ 是必要条件。正如文献[64]中证明的,正交序列可最小化均方估计误差,因此沃尔什－哈达码最常用。

LS 估计是卫星通信中最常见的信道估计算法[7,65,66],该算法无须已知噪声的统计特性或任何信道特性。还需注意的是,在移动场景中,接收机可能需要使用自适应算法来跟踪信道变化。

2. 回程链路中的异步性

尽管系统层存在同步性机制,但来自不同终端的信号还是在网关上存在一定的异步性,这会对信道估计产生影响。从长度 L 向量 $c_k = (c_{k1}, c_{k2}, \cdots, c_{kL})$ 开始,可以得到

$$c_k(t) = \sum_{n=1}^{L} c_{kn} g(t - nT), \quad k = 1, \cdots, K \qquad (1.51)$$

式中, $g(t)$ 是发射脉冲; T 是符号周期。在特定的时刻 t ,第 k 个训练序列的相应接收基带波形可写为[65]

$$c_k(t + \tau_k) \mathrm{e}^{\mathrm{j}\omega_k t + \theta_k}, \quad k = 1, \cdots, K \qquad (1.52)$$

式中, $\tau_k, \omega_k, \theta_k$ 分别是第 k 个接收波形的特定定时、频率和相位参数。

在符号周期对上述序列进行采样,可在式(1.47)中产生一个含未知项的矩阵 C ,除非对于所有 k 值, $\tau_k, \omega_k, \theta_k$ 都精确已知。用 MUD 的返回链路测试不同的定时和频率恢复技术[67],文献[67]提出了一种通过利用导频模式定义非数据辅助估计的混合算法,并得出结论:如果帧的开端可正确

编码,便可获得良好的性能结果,即使这可能需要更好的特征序列。

即使接收的训练序列可以估计得出一个完全已知的矩阵 C,但它们的属性相对于传输序列的属性可能也已经丢失。通过减少正交性,可以获得一些鲁棒性。文献[65]提出使用伪随机序列来替代沃尔什—哈达码序列,试图在没有满足正交的情况下依然保持性能。正如文献[3]中指出,当使用非正交序列时,线性多用户检测器在高 SNR 环境中出现了误差平层。为估计这一误差,文献[66]中量化了不同类型伪随机序列来计算这种误差平层。

3. 不精确信道估计的性能

在信道估计存在误差的情况下,预测系统性能是一项艰难的任务。假设序列正交时,估计结果可写为 $\hat{H}=H+E$,其中 E 是与 H 独立的随机误差矩阵。文献[68]研究了任何确定矩阵 H 和满足一定误差条件的误差矩阵在 MMSE 检测后的误差。针对 RMT 结果中存在的中和高 SNR 环境的分析结果表明,随着 K 增大,误差收敛为一个确定的值,这个值可以通过求解 $2K$ 方程组获得。

含伪随机序列的情况更为复杂。在这种情况下,即使在高 SNR 环境中,不精确的估计也将引入无法移除的干扰。文献[3]中给出了 MMSE 检测后的用户渐近 SNR 表达式,表明结果仅取决于序列的特征。其中的数值结果表明,与精确信道状态信息(Channel State Information, CSI)情况相比,使用同样长度为 1 000 的训练序列时,其吞吐量减小了一半。

1.4.2 馈线链路的限制

在应用任何地面处理技术之前,卫星上接收到的信号必须被中继到地面上的网关中。该馈线链路通信通常被看作是透明转发的,不过存在一些会影响系统性能的限制因素。例如,Tronc 等在文献[69]中指出,即使传输是无差错的,对被中继的信号应用不同相位变化也具有重要的研究意义。

馈线链路中两个最重要的问题是其对可靠性的需求和有限的容量。馈线链路设计需要确保大部分时间内的通信可靠性,由于大气衰减,因此在高频带(如 Ka 波段,尤其是 Q/V 波段)中,通信面临着不稳定的风险。Q/V 波段是一个极具吸引力的波段,因为其可利用带宽高达 5 GHz,比 Ka 波段中的 2 GHz 大得多。因此,需要增大发射功率及应用其他衰落减缓技术来防止系统频繁中断,甚至需要采用多网关技术来保证馈线链路的功能在任何时候都有效。已有大量的研究工作致力于多网关系统中断的建模,其重点考虑雨衰影响(参见文献[70-72]及其中的参考文献)。

另外,多网关技术可提高馈线链路容量。若用 B_b 表示每条波束的可用带宽,K 为波束数量,f_r 为波束频率复用因子(复用 1 指所有波束共享同样的频带),B_F 为馈线链路带宽,则馈线链路需要的带宽至少需为 $K \times B_b / f_r$ (Hz)。这意味着,馈线链路需要比用户链路更高数量级的带宽。如果使用更高频率的带宽仍然不够,系统就需要按照图 1.11 所示部署多个网关。需要的网关数量为

$$\left\lceil \frac{B_b \cdot K}{f_r \cdot B_F} \right\rceil \tag{1.53}$$

该值可能非常大。对于 100 个波束和合计 500 MHz 的波束带宽,全频复用将需要 25 个网关(图 1.12)。

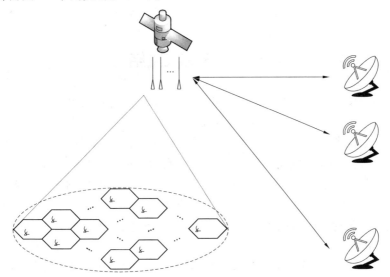

图 1.11　多网关服务的多波束卫星系统(馈线链路中通常使用单个接收天线)

如果地面上各网关充分独立,那么通过定向天线可以避免干扰,因此可复用相同馈线链路带宽;否则,只能对部分频带进行复用,这将导致频谱效率降低,或是需要额外的干扰消除技术。每个网关管理一组或一簇波束,并且可将多波束检测方案应用于相应信号。正如之前所介绍的,全频复用的组态设定可能导致严重的簇间干扰。关于地面网络的文献提出使用网关间协作来降低这些效应[42,73],这种协作最终可通过高速光纤链路来实现。

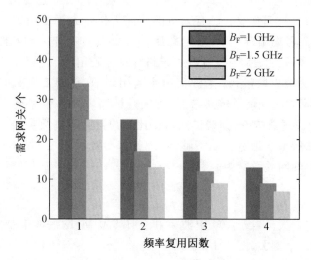

图 1.12　不同馈线带宽值 B_F 和 $K＝100$ 的情况下不同频率复用因数需要的网关

1.5　本章小结

用户发射信号的空间特性可用于降低波束间高效频率复用时产生的干扰。从这个意义上来说，对于多波束干扰的管理，可以借鉴大量现有的多用户通信结果。将该问题与多用户 CDMA 系统或地面多用户 MIMO 通信进行类比，在卫星场景中应用特定的混合矩阵。这些矩阵受卫星天线方向图和可能的波束形成网络的强烈制约。然而，即使使用简单的多波束检测方案，回程链路的频谱效率也依然有很大的提升空间。实际的系统性能受许多非理想因素和条件限制，如馈线链路容量、较高的计算复杂度和不精确的信道信息等。

目前，许多工作的研究还没有结束，多用户抑制技术在卫星多波束场景中广泛应用之前还需要进一步的深入研究，其中包含以下内容。

（1）考虑所有实际影响，验证具有有限复杂度和良好性能的多用户检测器。

（2）针对含多个网关处理不同波束组（簇）的情况的簇间干扰抑制。

（3）针对含高干扰全频复用环境的实用同步算法。必须获得强干扰条件下的信道估计和同步，以帮助减弱同频干扰。

（4）多波束检测和衰落抑制技术联合优化。用户链路在适应时，通常不考虑对其他用户的影响，即使过程中使用了多用户处理技术，也仅仅基于单用户性能进行链路适应。基于联合适应过程，可提高总体吞吐量。例如,对于给定的 MUD 架构,有一个最佳的接收功率范围,非线性消除方案在异步场景中性能良好。

本章参考文献

［1］ T. M. Braun,Satellite Communications Payload and System,Wiley- IEEE Press,Hoboken,New Jersey,2012.

［2］ E. Lutz,M. Werner,A. Jahn,Satellite Systems for Personal and Broadband Communications,Springer,Berlin,2000.

［3］ J. Arnau-Yanez,M. Bergmann,E. A. Candreva,G. E. Corazza,R. de Gaudenzi,B. Devillers,W. Gappmair,F. Lombardo,C. Mosquera,A. Perez-Neira,I. Thibault,A. Vanelli- Coralli,Hybrid space-ground processing for high-capacity multi-beam satellite systems,in: Proceedings of the Globecom,Houston,TX,December,2011,pp. 1-6.

［4］ G. Gallinaro,G. Caire,M. Debbah,Perspectives of adopting inteference mitigation techniques in the context of broadband multimedia satellite systems,in: Proceeding of the AIAA ICSSC,Rome,Italy,2005,pp. 1-8.

［5］ N. Letzepis,A. Grant,Information capacity of multiple spot beam satellite channels,in Proceedings of the AusCTW,Brisbane,Australia,February 2005,pp. 168-174.

［6］ M. Moher,Multiuser decoding for multibeam systems,IEEE Trans. Veh. Technol. 49(4)(2000)1226-1234.

［7］ J. Arnau,B. Devillers,C. Mosquera,A. Pérez-Neira,Performance study of multiuser interference mitigation schemes for hybrid broadband multibeam satellite architectures,EURASIP J. Wirel. Commun. Netw. 2012(1)(2012)132.

［8］ N. Letzepis,A. J. Grant,Capacity of the multiple spot beam satellite channel with rician fading,IEEE Trans. Inf. Theory 54（11）5210-5222.

［9］ J. Arnau,C. Mosquera,Performance analysis of multiuser detection for multibeam satellites under rain fading,in: Proceedings ASMS & SPSC,Baiona,Spain,September,2012,pp. 212-219.

［10］ D. Christopoulos, S. Chatzinotas, M. Matthaiou, B. Ottersten, Capacity analysis of multibeam joint decoding over composite satellite channels, in: Proceedings of the ASILOMAR, Pacifc Grove, CA, November2011, pp. 1795-1799.

［11］ C. Caini, G. Corazza, G. Falciasecca, M. Ruggieri, F. Vatalaro, A spectrum- and power-effcient EHF mobile satellite system to be integrated with terrestrial cellular systems, IEEE J. Sel. Areas Commun. 10(8)(1992)1315-1325.

［12］ ITU-R P. 1853, Tropospheric attenuation time series synthesis, Geneva, 2012.

［13］ J. Arnau, D. Christopoulos, S. Chatzinotas, C. Mosquera, B. Ottersten, Performance of the multibeam satellite return link with correlated rain attenuation, IEEE Trans. Wireless Commun. 13 (November)(2014)6286-6299.

［14］ M. Cheffena, L. E. Braten, T. Ekman, On the space-time variations of rain attenuation, IEEE Trans. Antennas Propag. 57(6)(2009) 1771-1782.

［15］ B. Gremont, M. Filip, Spatio-temporal rain attenuation model for application to fade mitigation techniques, IEEE Trans. Antennas Propag. 52(5)(2004)1245-1256.

［16］ C. Loo, A statistical model for a land mobile satellite link, IEEE Trans. Veh. Technol. 34(3)(1985)122-127.

［17］ F. Fontan, M. Vazquez-Castro, C. Cabado, J. Garcia, E. Kubista, Statistical modeling of the LMS channel, IEEE Trans. Veh. Technol. 50(6)(2001)1549-1567.

［18］ R. Prieto-Cerdeira, F. Perez-Fontan, P. Burzigotti, A. Bolea-Alamañac, I. Sanchez-Lago, Versatile two-state land mobile satellite channel model with frst application to DVB-SH analysis, Int. J. Satell. Commun. Netw. 28(5-6)(2010)291-315.

［19］ A. Abdi, W. Lau, M.-S. Alouini, M. Kaveh, A new simple model for land mobile satellite channels: frst- and second-order statistics, IEEE Trans. Wirel. Commun. 2(3)(2003)519-528.

［20］ C. Studer, A. Burg, H. Bolcskei, Soft-output sphere decoding: algorithms and VLSI implementation, IEEE J. Selected Areas

Commun. 26(2)(2008)986-996.

[21] B. Shim, I. Kang, On further reduction of complexity in tree pruning based sphere search, IEEE Trans. Commun. 58(2)(2010) 417-422.

[22] C. Schlegel, A. Grant, Coordinated Multiuser Communications, Springer, Berlin, 2006.

[23] G. D. Golden, C. J. Foschini, R. A. Valenzuela, P. W. Wolniansky, Detection algorithm and initial laboratory results using V-BLAST space-time communication architecture, Electron. Lett. 35(1)(1999)14-16.

[24] A. Rontogiannis, V. Kekatos, K. Berberidis, A square-root adaptive V-BLAST algorithm for fast time-varying MIMO channels, IEEE Signal Process. Lett. 13(5)(2006)265-268.

[25] P. Li, R. C. de Lamare, R. Fa, Multiple feedback successive interference cancellation detection for multiuser MIMO systems, IEEE Trans. Wireless Commun. 10(8)(2011)2434-2439.

[26] M. K. Varanasi, Decision feedback multiuser detection: a systematic approach, IEEE Trans. Inf. Theory 45(1)(1999)219-240.

[27] G. Woodward, R. Ratasuk, M. L. Honig, P. Rapajic, Minimum mean-squared error multiuser decision-feedback detectors for DS-CDMA, IEEE Trans. Commun. 50(12)(2002)2104-2112.

[28] J. H. Choi, H. Y. Yu, Y. H. Lee, Adaptive MIMO decision feedback equalization for receivers with time-varying channels, IEEE Trans. Signal Process. 53(11)(2005)4295-4303.

[29] R. C. de Lamare, R. Sampaio-Neto, Minimum mean-squared error iterative successive parallel arbitrated decision feedback detectors for DS-CDMA systems, IEEE Trans. Commun. 45(1)(2008) 778-789.

[30] R. C. de Lamare, Adaptive and iterative multi-branch MMSE decision feedback detection algorithms for multi-antenna systems, IEEE Trans. Wireless Commun. 12(10)(2013).

[31] D. Tse, P. Viswanath, Fundamentals of Wireless Communication, Cambridge University Press, New York, NY, USA, 2005.

[32] E. Telatar, Capacity of multi-antenna gaussian channels, Eur.

Trans. Telecommun. 10(6)(1999)585-595.

[33] A. M. Tulino, S. Verdú, Random matrix theory and wireless communications, Found. Trends TM Commun. Inf. Theory1(1) (2004)1-182.

[34] R. Couillet, M. Debbah, Random Matrix Methods for Wireless Communications, Cambridge University Press, Cambridge, UK,2011.

[35] N. Letzepis, A. Grant, Shannon transform of certain matrix products, Proc. ISIT1(6)(2007)1646-1650.

[36] D. Christopoulos, J. Arnau, S. Chatzinotas, C. Mosquera, B. Ottersten, MMSE performance analysis of generalized multibeam satellite channels, IEEE Commun. Lett. 17(7)(2013)1332-1335.

[37] A. Duel-Hallen, Performance characteristics of cellular systems with different link adaptation strategies, IEEE J. Select. Areas Commun. 10(4)(1992)630-639.

[38] S. Haykin, Adaptive Filter Theory, Prentice-Hall, Englewood Cliffs, NJ, USA,2002.

[39] J. Choi, Optimal Combining and Detection: Statistical Signal Processing for Communications, frst ed. , Cambridge University Press, New York, NY, USA,2010.

[40] M. L. Honig (Ed.), Advances in Multiuser Detection, Wiley, Hoboken, NJ,2009.

[41] M. L. Honig, M. Tsatsanis, Adaptive techniques for multiuser CDMA receivers, IEEE Signal Process. Mag. 17(3)(2000).

[42] G. Zheng, S. Chatzinotas, B. Ottersten, Multi-gateway cooperation in multibeam satellite systems, in: Proceedings of the PIMRC, Sydney, Australia, September2012, pp. 1360-1364.

[43] C. Windpassinger, L. Lampe, R. Fischer, T. Hehn, A performance study of MIMO detectors, IEEE Trans. Wireless Commun. 5(8) (2006)2004-2008.

[44] Y. H. Gan, C. Ling, W. H. Mow, Complex lattice reduction algorithm for low-complexity full-diversity MIMO detection, IEEE Trans. Signal Process. 56(7)(2009)2701-2710.

[45] K. J. Kim, J. Yue, R. A. Iltis, J. D. Gibson, A QRD-M/Kalman

flter-based detection and channel estimation algorithm for MIMO-OFDM systems, IEEE Trans. Wireless Commun. 4 (3) (2005) 710-721.

[46] Y. Jia, C. M. Vithanage, C. Andrieu, R. J. Piechocki, Probabilistic data association for symbol detection in MIMO systems, Electron. Lett. 42(1)(2006)38-40.

[47] S. Yang, T. Lv, R. Maunder, L. Hanzo, Probabilistic data association aided MIMO detection for high-order QAM constellations, IEEE Trans. Veh. Technol. 60(3)(2011)981-991.

[48] G. Ginis, J. Cioff, On the relation between V-BLAST and the GDFE, IEEE Commun. Lett. 5(9)(2001)364-366.

[49] P. Wolniansky, G. Foschini, G. Golden, R. Valenzuela, V-BLAST: an architecture for realizing very high data rates over the rich-scattering wireless channel, in: Proceedings of the ISSSE, Pisa, Italy, September1998, pp. 295-300.

[50] G. Gallinaro, E. Tirrò, F. D. Cecca, M. Migliorelli, N. Gatti, S. Cioni, Next generation interactive S-band mobile systems: challenges and solutions, Int. J. Sat. Commun. Network. 32(4) (2013)247-262.

[51] Digital video broadcasting (DVB); second generation DVB interactive satellite system (DVB-RCS2); part1: Overview and system level specifcation, ETSI TS101545-1V1. 1. 1(2012-05).

[52] C. Berrou, A. Glavieux, Near optimum error-correcting coding and decoding: turbo codes, IEEE Trans. Commun. 44 (10) (1996) 1261-1271.

[53] C. Douillard, M. Jézéquel, C. Berrou, A. Picart, P. Didier, A. Glavieux, Iterative correction of intersymbol interference: turbo equalization, Eur. Trans. Telecommun. 6(5)(1995)507-511.

[54] X. Wang, H. V. Poor, Iterative(turbo)soft interference cancellation and decoding for coded CDMA, IEEE Trans. Commun. 47(7)1046-1061,1999.

[55] M. Tuchler, A. Singer, R. Koetter, Minimum mean square error equalization using a priori information, IEEE Trans. Signal Process. 50(4)(2002)673-683.

［56］B. Hochwald, S. ten Brink, Achieving near-capacity on a multiple antenna channel, IEEE Trans. Commun. 51(3)(2003)389-399.

［57］J. Hou, P. H. Siegel, L. B. Milstein, Design of multi-input multi-output systems based on low-density parity-check codes, IEEE Trans. Commun. 53(4)(2005)601-611.

［58］H. Lee, B. Lee, I. Lee, Iterative detection and decoding with an improved V-BLAST for MIMO-OFDM systems, IEEE J. Sel. Areas Commun. 24(3)(2006)504-513.

［59］J. Wu, H. -N. Lee, Performance analysis for LDPC-coded modulation in MIMO multiple-accesssystems, IEEE Trans. Commun. 55(7) (2007)1417-1426.

［60］X. Yuan, Q. Guo, X. Wang, L. Ping, Evolution analysis of low cost iterative equalization in coded linear systems with cyclic prefxes, IEEE J. Select. Areas Commun. 26(2)(2008)301-310.

［61］J. W. Choi, A. C. Singer, J. Lee, N. I. Cho, Improved linear soft-input soft-output detection via soft feedback successive interference cancellation, IEEE Trans. Commun. 58(3)(2010)986-996.

［62］F. Rusek, D. Persson, E. G. Larsson, T. L. Marzetta, F. Tufvesson, Scaling up MIMO: opportunities and challenges with very large arrays, IEEE Signal Process. Mag. 30(1)(2013)40-60.

［63］B. Hassibi, An effcient square-root algorithm for BLAST, in: Proceedings of the IEEE ICASSP, Istanbul, Turkey, vol. 2, June 2000, pp. II737-II740.

［64］M. Biguesh, A. Gershman, Training-based MIMO channel estimation: a study of estimator tradeoffs and optimal training signals, IEEE Trans. Signal Process. 54(3)(2006)884-893.

［65］M. Debbah, G. Gallinaro, R. Müller, R. Rinaldo, A. Vernucci, Interference mitigation for the reverse-link of interactive satellite networks, in: 9th International Working Signal Process. Sp. Commun. , September 2006.

［66］M. Bergmann, W. Gappmair, C. Mosquera, O. Koudelka, Channel estimation on the forward link of multi-beam satellite systems, in: G. Giambene, C. Sacchi(Eds.), Personal Satellite Services, Lecture Notes of the Institute for Computer Sciences, Social Informatics and Telecommunications Engineering, vol. 71, Springer, Berlin Heidelberg,2011,pp. 250-259.

[67] Z. Abu-Shaban, B. Shankar, D. Christopoulos, P. -D. Arapoglou, Timing and frequency synchronisation for ultiuser detection on the return Link of interactive mobile satellite networks, in: Proceedings of the 31st AIAA ICSSC,Firenze,Italy,October2013.

[68] J. Arnau, C. Mosquera, Multiuser detection performance in multibeam satellite links under imperfect CSI, in: Proceedings of the ASILOMAR,Pacifc Grove,CA,November2012,pp. 468-472.

[69] J. Tronc, P. Angeletti, N. Song, M. Haardt, J. Arendt, G. Gallinaro, Overview and comparison of on-ground and on-board beamforming techniques in mobile satellite service applications, Int. J. Satell. Commun. Netw. 32(2013)291-308.

[70] A. Gharanjik, B. Rao, P. -D. Arapoglou, B. Ottersten, Gateway switching in Q/V band satellite feeder links,IEEE Commun. Lett. 17(7)(2013)1384-1387.

[71] C. I. Kourogiorgas, A. D. Panagopoulos, J. D. Kanellopoulos, On the Earth-space site diversity modeling: a novel physical-mathematical outage prediction model, IEEE Trans. Antennas Propag. (60)(9)(2012)4391-4397.

[72] K. P. Liolis, A. D. Panagopoulos, P. D. M. Arapoglou, An analytical unifying approach for outage capacity achieved in SIMO and MISO broadband satellite channel confgurations, in: Proceedings of the EuCAp,Berlin,Germany,2009,pp. 2911-2915.

[73] F. Lombardo, A. Vanelli-Coralli, E. Candreva, G. Corazza, Multi-gateway interference cancellation techniques for the return link of multi-beam broadband satellite systems, in: Proceedings of the Globecom,Anaheim,CA,Dec. 2012,pp. 3425-3430.

第2章 高性能随机接入方案

2.1 引 言

过去几年,用户对支持固定和移动服务的低成本交互式卫星终端的需求快速增加。这些服务主要包括宽带接入、机器对机器(Machine-to-Machine,M2M)通信、数据采集与监视控制(Supervisory Control and Data Acquisition,SCADA)等非生活类应用,以及交易安全等生活类应用。这些网络都有一个特点,即大量终端在高动态流量条件下共享有限的资源。尤其值得指出的是,在商用卫星宽带接入网络的反向链路(用户到网络)中,家庭用户产生的大量业务往往呈现具有较低占空比和较大静默期的突发特征。卫星移动网络中的情景与此类似。在卫星移动网络中,大量终端的信令传输、位置报告和其他消息应用所产生的数据包通常也具有突发性。

目前亟须开发有效的多址接入协议来高效地处理这些大数量、突发性的业务请求,从而满足用户的服务需求。文献[1]表明,传统的自由与按需分配多址接入(Combined Free and Demand Assignment Multiple Access,CF-DAMA)协议[2]并不能有效解决这一问题。CF-DAMA协议更适用于连续或大数据量的传输场景中。在该场景下,传播时延和信令开销与总的传输时间和传输数据量相比可忽略不计。在突发业务场景下,CF-DAMA协议与一个纯DAMA协议(预留模式)差别不大,对应于三跳延迟,其最小端到端延迟变大(通常为>750 ms)。此外,在短数据包传输情景中,信道预留所产生的信令开销几乎可比拟传输的消息大小。反观随机接入(Random Access,RA)技术,其本身具有的随机特性决定了它特别适用于不可预测、低占空比且对时延敏感的反向链路业务。此外,RA技术可支持大量终端共享同一容量,且对终端复杂度要求较低。

在地面网络中,RA技术已得到深入研究和广泛部署,但这些技术在卫星信道上的应用却很少被关注。迄今为止,卫星上RA技术的使用更多地局限于初始网络登录、控制包传输和信道利用率极低的小规模数据传输。本章将综述适用于卫星信道且能够有效提供上述服务的 RA 技术：
2.2 节主要介绍目前地面网络中使用的 RA 技术及其在卫星环境中的适用
性；2.3 节介绍适用于卫星环境的最新高性能 RA 技术；2.4 节介绍扩频和
非扩频 RA 技术的容量边界；2.5 节阐述在反向链路上采用 RA 技术的卫
星系统和标准；2.6 节做出总结，并给出未来研究方向。

2.2　地面 RA 技术及其在卫星环境中的适用性

多址接入策略的主要目标是信道容量利用率的最大化、信道接入延迟
的最小化，以及保证不同用户等待时间的公平性和不同信道负载下的稳定
性，其设计主要受到运行环境的限制。多址接入策略常用的频带包括 L 波
段（1~2 GHz）、S 波段（2~4 GHz）、Ku 波段（12~18 GHz）和 Ka 波段
（26.5~40 GHz），主要针对移动与固定卫星业务。除一些固有属性（如非
线性）外，卫星环境的主要特点包括无线链路衰减和较大的传播延迟。卫
星信道中的典型无线链路衰减包括衰落和多径干扰。地球静止卫星高达
250 ms 的传播延迟特性限制了地面多址接入策略在卫星环境上的适用
性。在卫星信道中，传播延迟大大超过了传输数据所消耗的时间，在接收
机开始接收第一个数据包之前，发送机可能已发送了多个数据包。卫星多
址接入策略必须能够应对上述所有问题。

多址接入方案已得到广泛的研究，并且广泛应用于基于有线和无线共
享介质的地面网络中[3,4]，其中应用最广的是载波侦听多路访问（Carrier
Sense Multiple Access，CSMA）技术及其延伸。在 CSMA 中，站点在传输
前先侦听传输媒介的状态，并遵循任何正在进行传输的信号。CSMA/冲
突检测（CSMA/Collision Detection，CSMA/CD）的工作方式与 CSMA 类
似，不同的是，在 CSMA/CD 中，如果发送机在传输过程中检测到冲突，则
会立即停止传输，以减少冲突的影响。发生冲突时，每个站点都将随机回
退一段时间。电气与电子工程师协会（Institute of Electrical and
Electronic Engineers，IEEE）在 IEEE 802.3 标准中对 CSMA/CD 进行了
标准化[5]。无线网络中使用另一个变量来避免冲突的机制类似于 CSMA/
CA 机制，在这个方案中，当信道空闲时，发送机将等待一段帧间间隔
（Inter-Frame Space，IFS）时间再去竞争信道，从而避免冲突。IEEE 在
IEEE 802.11 标准中对 CSMA/CA 做了标准化[6]。CSMA/CA 中的回退
算法旨在避免冲突，但并不能完全消除冲突。较短的回退时间会导致频繁
冲突，较长的回退时间则会导致不必要的长延迟。此外，CSMA/CA 无法

解决隐藏终端问题。在无线传输环境下,一些站点可能会处于其他站点的传输和检测范围之外,因此无法正确检测出信道的忙闲状态,从而导致冲突。在数据包的传输时延远大于传播时延的情况下,上述的多址接入协议通过使用载波检测来避免冲突,可获得较高的信道利用率、较低的时延及较好的稳定性。但是在传播延迟较大的卫星信道上,这些协议无法发挥作用。

另一种多址接入方案称为分布式预留方案,如无线网络中采用的多址接入冲突避免方案[7]。在这个方案中,发送机在传输数据前先向接收机发送请求发送(Request to Send,RTS)消息,接收机成功收到 RTS 消息后会回复一个允许发送的回馈消息(Clear to Send,CTS),发送机收到 CTS 后再传输数据。随机接入信道(Random Access Channel,RACH)方案是第三代(Third Generation,3G)蜂窝网络中使用的另一种分布式预留方案[8]。在随机接入信道中,终端先随机传输短的前导码数据包,待收到基站发送的成功获取指示(即成功预留信道)后,才开始传输完整的消息。分布式预留方案解决了地面无线链路中经常出现的隐藏终端问题,但依然依赖于较短的传播延迟。也就是说,预留延迟仅占数据包传输时间的很少一部分。为避免多次预留失败带来的巨大延迟,卫星场景中使用集中预留方案[2],然而这些方案仍无法在 2.1 节描述的目标服务场景中有效地发挥作用。

时隙 ALOHA(Slotted-ALOHA,S-ALOHA)多址接入协议是最早也是最简单的多址接入协议[9]。在 S-ALOHA 中,终端在传输数据包时并不考虑其他终端的活跃状态,而是先传输,然后等待接收机的反馈。这个方案在卫星环境中的主要优势在于其性能不受传播延迟的影响,但是在此方案下,数据包发生冲突的概率较高(没有载波检测)。在高负载情况下,较高的数据包冲突概率会导致大量的数据包重传,这在卫星传输场景下将会导致非常高的延迟,因此无法使用。分集时隙 ALOHA(Diversity Slotted ALOHA,DSA)[10]是在一帧中随机挑选两个时隙重复发送同一数据包,从而有分集的效果。在较低负载的情况下,可以稍微提升 S-ALOHA 的性能,降低丢包率(Packet Loss Ratio,PLR)。与 S-ALOHA 一样,DSA 在高负载状态下具有较高的数据包冲突概率,无法在实际的卫星场景中使用。

图 2.1 和图 2.2 所示为 S-ALOHA 和 DSA 理论和仿真性能比较。不同数据包的功率独立同分布均服从均值为 μ、标准差为 σ 的对数正态分布,两个参数均以 dB 为单位。这些结果是通过具体的仿真和文献[11]中的解析模型获得的。为避免与使用的调制方式和码率混淆,x 轴表示归一

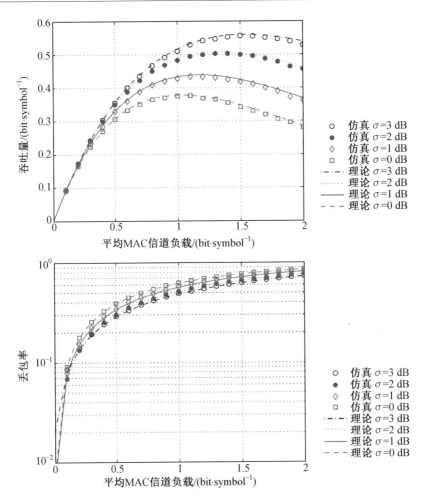

图 2.1　S－ALOHA 理论和仿真性能比较(QPSK 调制,3GPP FEC 编码率 $r=1/2$,包块大小 100 bit,$E_s/N_0=7$ dB,功率服从对数正态分布,均值 $\mu=0$ dB,标准偏差 σ 和泊松业务)

化的平均 MAC 信道负载(G),单位为 bit/symbol。由上述两个方案可知,因为功率不平衡使冲突解决变得容易(功率捕获效应),所以吞吐量随着功率不平衡现象的加剧而提高。然而,此时的分组丢失率(Packet Loss Rate,PLR)值不低,而且随着信道负载的增加而快速提高。可以看出,在低负载(如 $G<0.2$)下,DSA 的性能优于 S－ALOHA。图 2.3 进一步对比了 S－ALOHA 和 DSA 两种方案在功率平衡情况下低负载区域的 PLR性能。例如,对于目标 PLR $=10^{-2}$,DSA 可实现 $T=0.05$ bit/symbol 的吞

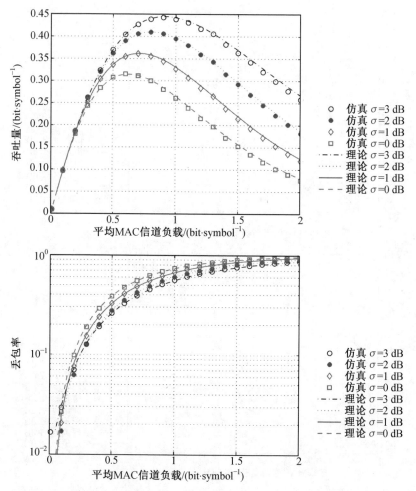

图 2.2　DSA 理论和仿真性能比较（QPSK 调制,3GPP FEC 编码率 $r=1/2$,包块大小100 bit,$E_s/N_0=7$ dB,包功率服从对数正态分布,均值 $\mu=0$ dB,标准偏差 σ 和泊松业务）

吐量,而 S－ALOHA 可实现的最大吞吐量仅为 $T=0.01$ bit/symbol。这证明了在轻负载条件下,传输重复数据包的确可以提高误码率性能。

　　时隙 RA(Slotted RA)系统要求终端保持时隙同步,因此产生的同步开销极大地降低了系统效率,特别是对于本章中设定的应用场景,即以大量具有非常低的传输占空比的终端为特征的网络,系统效率只会更低。因此,时隙 RA 不利于低成本的终端解决方案。要克服这样的局限,可采用纯 ALOHA 方案,但其性能不如 S－ALOHA,数据包的冲突概率提高了

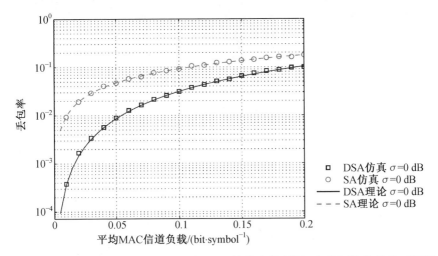

图 2.3　低负载区域 S－ALOHA 和 DSA 性能比较（等包功率和泊松业务，QPSK 调制，3GPP FEC 编码率 $r=1/2$，包块大小 100 bit，$E_s/N_0=7$ dB 的情况下）

1 倍[9]。同样也是异步模式运行的扩频 ALOHA（Spread-Spectrum ALOHA，SSA）[12]具有一定的优势，在相同功率多址条件（如码率小于0.5 的前向纠错编码和二进制相移键控（Binary Phase Shift Keying，BPSK）或正交相移键控（Quadrature Phase Shift Keying，QPSK）等低阶调制）且满足相同 PLR 目标的条件下，SSA 可以达到比 S－ALOHA 更高的吞吐量。文献[13]通过简化分析证明，SSA 吞吐量受解调器的 SINR 阈值影响很大。文献[13]中结果表明，与 S－ALOHA 不同，SSA 中的 PLR 随 MAC 负载的增加而急剧提高。因此，SSA 工作在吞吐量峰值点时仍可保证较低的 PLR。例如，对于使用 Turbo 码的较小的数据包，在满足 PLR 为 10^{-3} 的 PLR 要求时，SSA 可以实现 $T=0.5$ bit/chip 左右的吞吐量（图 2.4，其中 $\sigma=0$ dB）。然而，SSA 的弱点在于其对多路接入载波功率不平衡十分敏感。这一现象使 SSA 方案的吞吐量严重下滑。当接收到的数据包功率呈对数正态分布（标准偏差为 2～3 dB）时，SSA 吞吐量会降低好几个数量级（图 2.4）。

前文对已有地面 RA 技术的综述表明，迄今为止的所有地面的 RA 技术都无法完全满足 2.1 节中所列出的系统要求。本节分析的各种地面 RA 技术见表 2.1。

在所有这些地面 RA 技术中，基于 ALOHA 的技术更适用于卫星信道，因为这些技术不受传播延迟的影响。如今，这些技术在卫星网络中的应用主要局限于初始网络登录和控制数据包的传输。在一些情况下，RA

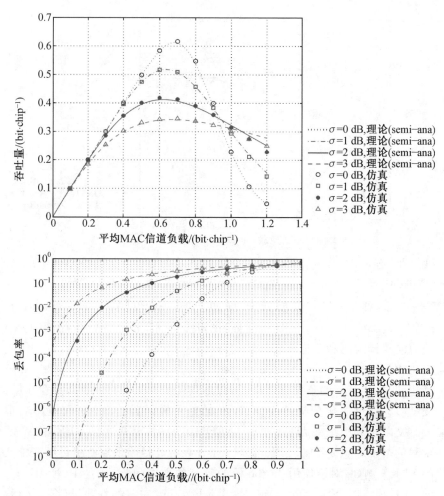

图 2.4　有和没有功率不平衡时 SSA 理论与解析性能比较（3GPP FEC 编码率 $r=$ 1/3，包块大小 100 bit，BPSK 调制，扩频因子 256）

也用于极小数据量的传输，信道利用率非常低。下一节将综述基于 ALOHA 协议的先进 RA 技术。这些技术在卫星环境中具有优势，赋予了 卫星通信新的市场机会。

表 2.1　各种地面 RA 技术

技术	主要特点
CSMA	载波侦听,减小冲突概率,对传播时延敏感
CSMA/CD	有更低冲突开销的 CSMA
带有冲突避免的 CSMA (CSMA/Collision Avoidance,CSMA/CA)	带有冲突避免机制的 CSMA
多址冲突避免 (Multiple Access Collision Avoidance,MACA)	分布式预约,对传播时延敏感
3G RACH	分布式预约,对传播时延敏感
S−ALOHA	高冲突概率,不受传播时延的影响
DSA	带有复制数据包的 S−ALOHA,提高了在轻负载条件下的误码率性能
SSA	异步传输的码分多址,不受传播时延的影响,提高了数据包功率相等条件下的误码率性能

2.3　卫星网络中的 RA 技术

本节综述了一些适用于卫星网络的一些重要 RA 技术。为方便读者查阅,各种技术的特点及对应的章节见表 2.2。

表 2.2　各种技术的特点及对应的章节

技术	缩写	随机接入模式	多用户检测	章节
争用解决的分集时隙 ALOHA	CRDSA	按时隙	iSIC	2.3.1
非规则重复时隙 ALOHA	IRSA	按时隙	iSIC	2.3.1
多时隙编码 ALOHA	MuSCA	按时隙	iSIC	2.3.1
编码时隙 ALOHA	CSA	按时隙	iSIC	2.3.1
网络编码分集协议	NCDP	按时隙	NC	2.3.1
增强型扩频 ALOHA	E−SSA	非时隙	iSIC	2.3.2
基于 MMSE 的增强型扩频 ALOHA	ME−SSA	非时隙	MMSE+iSIC	2.3.2
异步争用解决的分集 ALOHA	ACRDA	非时隙	iSIC	2.3.2

注:SIC 表示连续迭代干扰消除(Iterative Successive Interference Cancellation);NC 表示网络编码(Network Coding)。

2.3.1 时隙 RA 技术

1. 从(分集)时隙 ALOHA 到 CRDSA

图 2.5 给出了争用解决分集时隙 ALOHA 协议(Contention Resolution Diversity Slotted ALOHA,CRDSA)方案提出的时分多址接入(Time Division Multiple Access,TDMA)帧结构,每个 RA 帧由固定数量的时隙组成。CRDSA 技术与 DSA 相同,一个终端在给定的帧内传输同一个数据包的多个副本(含相同的包前导码和负载)。在图 2.5 所示的例子中,每个终端传输同一个数据包的两个副本。CRDSA 方案的主要创新之处在于:其在存储器中存储了完整的 TDMA 帧,并对整个帧进行迭代干扰消除(Interference Cancellation,IC)。在成功解码帧中的某个数据包(如位于 RA 时隙 5 中数据包 3 的副本 2 因不存在冲突,可被轻易解码)后,可利用所解码的信息去消除该数据包的其他副本在其他时隙上产成的干扰(如在提供的例子中,时隙 4 和 5 中的数据包 3 被消除)。RA 帧内数据包副本的位置信息存储在数据包负载的一个信令域中。为执行精确的干扰消除,首先对选定的数据包执行冗余码校验(Check Redundancy Code,CRC),然后进行基于数据辅助的信道估计,最后将其从存储器中删除并对另一个副本进行重构。在 RA 帧内迭代上述操作,可以恢复刚开始因冲突而丢失的大部分数据包。在图 2.5 所示的例子中,在消除帧存储器中数据包 3 的干扰后,数据包 2 的副本 2 将不会受到干扰。当帧内没有数据包可以继续解码,或已经达到最大帧迭代次数时,整个迭代过程才会停止。

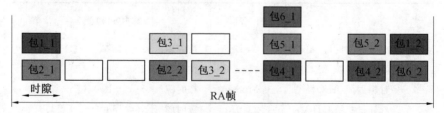

图 2.5　时隙 RA 帧结构和时隙间的干扰消除过程

已有许多文献从理论和仿真角度深入分析了 CRDSA 的性能[11,15-17]。本节主要综述影响 CRDSA 性能的主要因素和相关设计。图 2.6 所示为副本数量对 CRDSA 的影响。三个副本的 CRDSA 负载较两个副本的要大,因此会更早达到饱和点。含两个副本的 CRDSA 可实现 0.9 bit/symbol 的吞吐量,而含三个副本的 CRDSA 的吞吐量为 0.8 bit/symbol。然而,更值得关注的是 PLR 曲线斜率的变化。如果希望系统保持低丢包率,如 PLR＝10^{-4},那么在三个副本时,信道可最多支持 0.7 bit/symbol 的信道负载;而在两个副本时,信道可支持的负载将不会超过0.4 bit/symbol。这里,PLR 性能的改善得益于环路出现概率的降低,本节接下来将会进一步解释这一点。此外,增大 RA 帧的长度也可以改善 CRDSA 的性能。图 2.6 给出了三个副本的 CRDSA 中 RA 帧长度对 CRDSA 性能的影响。RA 帧越长,环路出现的概率也越低,因此 PLR 曲线也更加陡峭。然而,较长的帧(即 1 000 时隙)实现的性能增益可能并不足以弥补传输端和接收端上处理延迟和复杂性的提高(如内存增大)。

CRDSA 的物理层前向纠错(Forward Error Correction,FEC)方案是另外一个影响性能的重要因素。在 CRDSA 中,CRDSA 的传输环境不再只存在加性高斯白噪声干扰,而是还存在严重共信道干扰的环境。因此,FEC 的冲突解决能力显得尤其重要。在存在重度多址干扰的条件下,选择的 FEC 编码需能够恢复一些数据包,以便触发随后的迭代 IC 过程。因此,低码率虽然将明显降低单个数据包的比特率,但对于 RA 方案总体性能的提升具有重要作用。最终码率的选择应该综合考虑开销和 RA 性能,文献[17]已对此做了研究。至于 FEC 码组,则最好选择较短的码组长度,因为这样可在较低的 SNR 范围内提供较小的 PLR[17]。再次指出,在严重的共信道干扰条件下能够成功检测部分数据包十分关键,这是触发迭代 IC 过程的前提条件,只有这样才能最终恢复 RA 帧内大部分甚至所有的数据包。一般来说,CRDSA 及所有采用 IC 的 RA 方案应选择低编码率($\leqslant 1/2$)和较小数据包($\leqslant 1\ 000$ bit)。

功率不平衡是基于 RA 的卫星系统的固有特征,由于各终端位于不同卫星覆盖位置,因此经历的路径损耗和卫星天线增益不同。此外,用户终端的 EIRP 也在特定的值上下随机分布。接收包功率的随机波动普遍提高了 CRDSA 和所有基于连续干扰消除(Successive Interference Cancellation,SIC)的 RA 方案的吞吐量[11],这是因为功率更大的数据包将更容易首先被解码,故 SIC 过程更容易被触发。图 2.7 所示为功率不平衡对 CRDSA 的影响,这里假设包功率呈对数正态分布。与等功率相比,当功率不平衡标准差 $\sigma=3$ dB 时,MAC 吞吐量几乎翻了一倍。然而即使是在链路余量为 10 dB 的条件下,PLR 曲线中也出现了一个下限。这是因为当 $\sigma=3$ dB 时,接收包信噪比低至引起 FEC 解码错误的概率不可忽略。在实际中,接收包功率可以更好地用一个截断对数正态分布表示,从而缓和上述的下限效应。

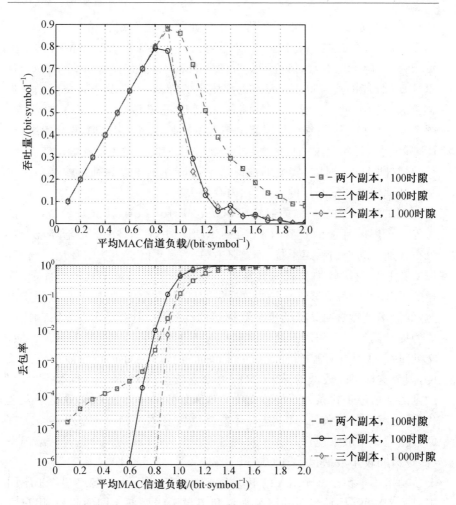

图 2.6　副本数量对 CRDSA 的影响(含三个和两个副本,无功率失衡,3GPP FEC 编码率 $r=1/3$,块大小 100 bit;QPSK 调制,RA 帧大小 100 时隙)

　　在图 2.5 给出的例子中,可以看到数据包 4 和 5 形成了一个环路,即两个终端选择两个相同的时隙来传输各自的副本。在一个帧内,环路可有许多不同的形式,小环路的相互交叠可以形成大环路。这对于 IC 过程是不利的,因为在严重的共信道干扰条件下,环路中的两个数据包必须有一个被解码,以便触发后续的迭代 IC 过程。但因为严重的干扰,所以有时会出现无法成功解码数据包的情况,从而导致 CRDSA 的最优性能下降(即无环路)。无环路发生的概率大小与信道负载、RA 帧长短和 CRDSA 副本数量有关。假定一个 RA 帧中到达的数据包有 k 个,那么 l 个用户选择相

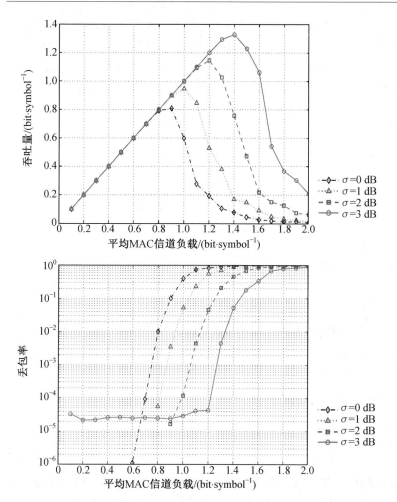

图 2.7　功率不平衡对 CRDSA 的影响（3GPP FEC 编码率 $r=1/3$，块大小 100 bit，QPSK 调制，$E_s/N_0=10$ dB，RA 帧大小 100 时隙）

同时隙传输副本的概率（$0 \leqslant l \leqslant k$）可以直接用一个二项式分布计算：

$$P_{\text{loop}}^{l}(k, N_{\text{slots}}, N_{\text{rep}}) = \binom{k}{l} \cdot p^{l}(1-p)^{k-l} \tag{2.1}$$

式中，$p = \dfrac{1}{\dfrac{N_{\text{slots}}}{N_{\text{rep}}}}$；$N_{\text{slots}}$ 是 RA 帧中的时隙数量；N_{rep} 是每个终端传输的副本数量。

　　从式（2.1）中可看到，帧越大，副本数量越多，p 值便越低，因此出现环路的概率也越低。对于两个副本且 RA 帧长度为 100 时隙的 CRDSA，环路会对 PLR 性能产生不可忽略的影响。相比于无环路时的 CRDSA 性能,图 2.8 中的 CRDSA 仿真的 PLR 性能明显恶化。这解释了为什么三个副本的 CRDSA 具有更高的负载,但仍比两个副本的 CRDSA 的 PLR 性能更优(图 2.6)。文献[11]中对环路现象做了更详细的分析。

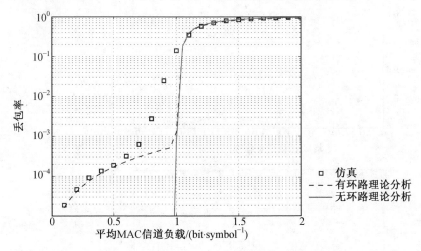

图 2.8 有环路和无环路丢包率性能对比($N_{rep}=2$,RA 帧大小 100 时隙,QPSK 调制,3GPP FEC 编码率 $r=1/3$,块大小 100 bit,$E_s/N_0=10$ dB,没有包功率失衡和泊松业务)

2. CRDSA 实际部署问题

相比于应用在诸如 DVB-RCS 和 DVB-RCS2 等 DAMA 系统中的典型 TDMA 终端,部署 CRDSA 接入技术不会引入过高的复杂度。帧中副本的位置信息通过合适的导频来间接传输,随机码发生器(发射机和接收机一致)利用这些导频产生每个副本的时隙索引号。这个机制保证所有副本完全一致,从而避免了对 CRC 的重复计算。系统所有的接入复杂度都被转移到关口站解调器。关口站解调器通过消除已解码的数据包及其副本来解决突发冲突。图 2.9 所示为航天工程在文献[18]中设计并测试的解调器原型的原理图,该解调器支持的分集度高达 4。

该实现的解调过程在整个帧上分为七次两步迭代。第一次迭代的第一步是遍历帧内的所有突发数据,那些被成功解调的突发数据将被存储到符号帧存储器 B 中(图 2.9),与此同时,整个帧被存储到样本帧存储器及符号帧存储器 A 中。第一次迭代的第二步,解调器在符号帧存储器 A 和 B 之间进行互相关处理,结果保存到同步数据帧存储器中,随后用该同步数据帧存储器更新样本帧存储器,将第一步中已经解码成功的突发数据从样本帧存储器中消除。第二次迭代重复上述两步过程,同时尝试解调已经

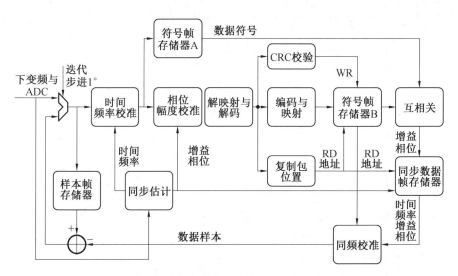

图 2.9　航天工程在文献[18]中设计并测试的解调器原型的原理图

被消除部分冲突的样本帧存储器中的突发数据,将结果保存在符号帧存储器 A 和 B 中,再重复前一次迭代过程。当达到预设的迭代次数或没有新的突发可以被正确解码时,迭代停止。与标准的 TDMA 解调器相比,CRDSA 接收机的复杂度开销主要取决于两个用来进行消除过程的扩展架构,即帧内存缓存器和迭代。前者明显需要更大的硬件内存,而后者则对处理速度提出了更高的要求。为提高处理速度来实现实时操作,可能需要在解调器的主模块中加入适当的并行处理。图 2.10 所示为通过上述解调器原型得到的实验结果,该结果与仿真得到的结果基本吻合。

3. 其他卫星时隙 RA 技术综述

受基于 CRDSA 中利用 DSA 固有的分集特性去解决冲突的想法的启发,研究人员又相继提出了一些新的 RA 方案,下面对这些方案进行简要综述。第一个是由 Liva 设计的 RA 方案,称为不规则重复时隙 ALOHA (Irregular Repetition Slotted ALOHA,IRSA)[19]。IRSA 的主要思想是在帧内传输数量不定且随机的包副本。为设计出最优的不规则包重复方案概率,作者利用了在设计和分析 FEC 方案时经常使用的二部图技术。与 CRDSA 不同的是,该方案中随机分布在一帧内的两个副本不再包含完全相同的信息,而是帧时隙中分布包含 FEC 冗余。但在 PLR$<10^{-3}$ 的条件下,IRSA 吞吐量低于三个副本和四个副本的 CRDSA。此外,IRSA 中单帧包副本数量的随机化使得该方案的实施及相关信令机制比 CRDSA 更加复杂。

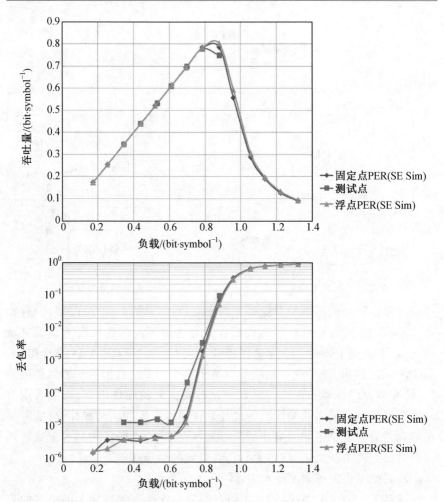

图 2.10　通过上述解调器原型得到的实验结果($N_{\text{rep}}=4$，$N_{\text{slots}}=66$，QPSK 调制，双二进制 Turbo 码－ΦFEC 编码率 $r=1/2$，包块大小 488 bit，$E_s/N_0=10$ dB，2 dB 标准偏差，业务服从泊松分布，包对数功率分配)[18]

　　Bui 等提出了另外一种被称为多时隙编码 ALOHA（Multi-Slots Coded ALOHA，MuSCA）的 RA 方案[20]。与 CRDSA 不同，该方案中随机分布在某一帧中的两个副本包含不同的载荷信息。相对的是，包含 FEC 冗余的符号分布在两个或更多的突发包中。与 CRDSA 类似，每个突发包均包含一些指示副本在帧中位置的信令信息。在 MuSCA 方案中，信令比特不包含在包载荷中，而是在载荷外独立编码。与 CRDSA 情况相同，突发解调器以帧大小的内存为单位进行迭代过程。首先，解调器尝试检测包前导码,解码包前导码的内容,然后保存其他包的时隙位置信息,最后将检测到的前导码从存储器中删除。只要数据包段位于帧存储器内,解调器就会结合帧内分散的不同包片段迭代解码数据包(按 SINR 从最强到最弱的顺序)。文献[20]中的结果表明,与 CRDSA 和 IRSA 方案相比,使用 MuSCA 方案可显著提高吞吐量,这是因为在帧内时隙随机分布的不再是同一个数据包的不同副本,而是同一个数据包的不同分块。因此,与 CRDSA 方案相比,MuSCA 方案的编码率降低为前者的 $1/N_{rep}$,代价是复杂性和开销提高。MuSCA 需要执行两次 SIC 过程(一次针对前导码,一次针对包载荷),且前导码必须在载荷外独立编码,并保证有足够的冗余。文献[20]中考虑的 CRDSA 方案采用了非最优的配置,且没有考虑所提方案的信令开销。总的来说,该方案尚未得出确切的结果。文献[21]对 MuSCA 方案做出了改进,与 IRSA 类似,该方案对不同数据包使用不规则分布的 MuSCA 编码率,这进一步提高了 MuSCA 方案的吞吐量性能。编码时隙 ALOHA(Coded Slotted ALOHA,CSA)[22]方案是对 IRSA 方案的进一步改进。

文献[23]研究了利用物理层网络编码(Physical Network Coding,PNC)技术来解决时隙 RA 冲突的方法,基于帧内随机位置上的重复突发提出网络编码分集协议(Network-Coded Diversity Protocol,NCDP)。NCDP 在伽罗华扩域上利用 PNC 来恢复符号-同步 SA 系统中的冲突。在使用 PNC 解码冲突的突发后,接收机在有限域上采用通用矩阵操作技术恢复原始消息,从而获得更高的吞吐量。NCDP 是 PNC 的一个应用。与 CRDSA 不同,NCDP 需要使用正交前导码,因此需要使用更复杂的关口站解调器前导码捕获单元。此外,NCDP 方案在 BPSK 调制方式下的性能最佳,在包功率不平衡的情况下性能会恶化。

2.3.2　非时隙 RA 技术

1. 增强型 SSA

如 2.2 节中所述,尽管编码 SSA[13]的性能明显优于 S-ALOHA 和 DSA,但其对功率不平衡十分敏感。

在实际应用中,在采用 RA 的卫星网络中对到达关口站的数据包维持一个较好程度的功率平衡是十分困难的,这主要是因为终端的 EIRP 会因不可控因素(如上行链路增益变化)及上行链路衰减(移动或大气衰落所致)或覆盖区内卫星天线增益变化而产生波动。在陆地移动卫星(Land Mobile Satellite,LMS)信道中,这个问题尤其突出。在移动环境中,即使采用用来消除接收包功率波动的自适应包传输控制算法[14],也达不到理想的结果。传统的 SSA 之所以存在对包功率不平衡十分敏感这个缺点,主要是因为没有采用任何类型的干扰消除。人们对直扩－码分多址系统(Direct Sequence-Code Division Multiple Access,DS－CDMA)中 SIC 的使用进行了广泛的研究。然而,大多数文献关注的是同步 CDMA 的连续传输。RA 的突发性质要求从一个不同的视角去处理 RA 的 SIC。在 RA 中,数据包的持续时间有限,且异步抵达关口站,这使得在解调器中采用滑动窗口迭代 SIC(Iterative,iSIC)处理方法成为可能。文献[14]中提出的增强型 SSA(Enhanced SSA,E－SSA)方案使用了 iSIC 处理方法。

E－SSA iSIC 解调器的功能框图如图 2.11 所示,前文所述的迭代 E－SSA 处理如图 2.12 所示。要了解 E－SSA 算法的更多细节,可参阅文献[14]中的附录。包含多个异步直接序列扩频(Direct Sequence－Spread Spectrum,DS－SS)数据包的关口站信号被数字化并转换到基带。在经过码片匹配滤波和下采样至几个采样点/码片后,将数字化后的采样点保存在内存中。滑动窗口的容量是数据包持续长度的几倍。内存一旦存满,关口站解调器就开始通过传统的前导码相关器搜索数据包的前导码。振荡器的不稳定性会导致到达数据包载波频率的不确定,因此需要在频域中进行前导码的并行搜索。检测到前导码后,即可利用前导码和辅助导频符号估计相关数据包的幅度、载波频率、码片定时和相位,在此技术上进行解扩、相关检测、载荷与信令比特解码。这个解调步骤与传统的 DS－SS 突

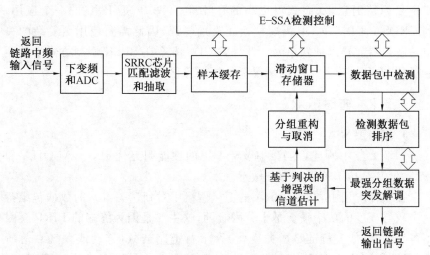

图 2.11　E－SSA iSIC 解调器的功能框图

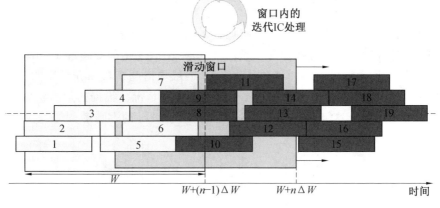

图 2.12　迭代 E−SSA 处理

发解调器相似。传输的数据包中还包含一个 CRC,解调器利用 CRC 验证是否已正确检测出数据包。如果是正确的,则提取有效载荷信息,同时将解码出的比特进行重新编码和调制,然后对本地生成的数据包和当前检测出的数据包所对应内存位置的采样点做相关处理。通过这个过程,可以获得比原始解调更加精确的幅度和载波相位估计。这是因为此时包副本的幅度和相位已经扩展到了整个数据包的持续时间,而非仅限于前导码的长度。用这个方法,整个数据包时间内的幅度和相位变化都能够被估计出来,从而可以进行更准确的消除过程,这个重要步骤称为载荷数据辅助的优化信道估计。借助这个优化的信道估计,E−SSA 解调器能够对滑动窗口内存中已成功检测的数据包进行更为准确的消除。在滑动窗口内存中继续搜索前导码,重复以上过程,直到滑动窗口内存用尽。与传统 SIC 解调器不同,此时的前导码搜索指针将回到内存起始端,重新开始该内存全扫描过程,这样一共重复 N_{iter} 次。滑动窗口内存中的回退步骤可有效利用串行包消除所带来的好处,因此能够成功检测出 iSIC 迭代时未出现、未被成功检测到的数据包。一旦在滑动窗口内存内完成预定的 SIC 迭代次数 N_{iter},就将滑动窗口向后移动一段时间(通常是数据包持续时间的一半),将"新"的信号采样点存入内存,覆盖旧的采样点。此时,在更新后的滑动窗口内存上重复整个 iSIC 过程。

　　文献[14]从理论和仿真角度深入分析了 E−SSA 的性能。下面将基于图 2.4 和图 2.13 中的结果给出关于 E−SSA 性能的一些关键结论。首先,在 PLR 为 10^{-3} 且没有功率不平衡的条件下,E−SSA 的吞吐量为 1.12 bit/symbol,即比传统的 SSA 大 2.4 倍。当包功率呈对数正态分布

（标准差 $\sigma = 2$ dB，移动网络中的典型场景）时，E－SSA 的吞吐量达到
1.7 bit/symbol，比 SSA 大 17 倍。这主要是因为在功率不平衡条件下，
iSIC 的性能优于传统 SSA 突发解调器的性能。对于滑动窗口的大小，一
般取数据包大小的 3 倍值即可。如果包功率动态变化范围超过 10 dB，则
需进一步扩大窗口大小。对于滑动步长，一般取滑动窗口内存长度的 1/3
即可。所需的 iSIC 迭代次数取决于网络的负载情况。根据文献[14]中给
出的结果，5～6 次 iSIC 迭代即可达到 2 bit/symbol 的吞吐量。

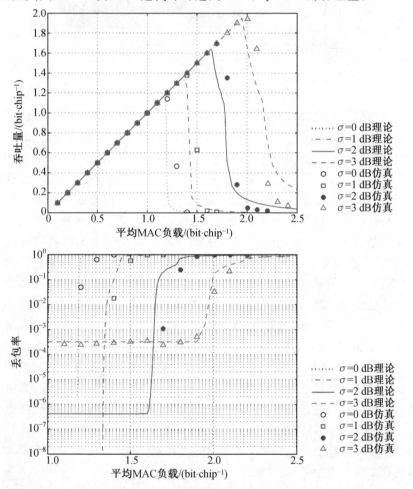

图 2.13　有/无功率失衡时的 E－SSA 仿真和理论性能比较（3GPP FEC 编码率 $r=$
1/3，方块大小 100 bit，BPSK 调制，扩频因子 256）

文献[24]研究了针对 E－SSA RA 数据包功率分布的优化方法。研究发现,它与传统连续传输 CDMA SIC 检测器[25]的结果一致,当包功率均匀分布(以 dB 为单位)时,E－SSA 的性能达到最优。该文献还解释了最佳功率范围的计算方法。图 2.14 所示为最佳包功率分布对 E－SSA 容量的影响。显然,随着参数$(E_b/N_0)_{max}$的增大,数据包功率范围也需相应扩大。研究结果表明,在多波束卫星网络中仅通过使用开环功率控制,即可很好地逼近最佳功率分布,无须在各终端间进行传输功率水平的协调。通过这种方法,再增加一个相对简单的传输前馈上行链路功率控制,便可以将吞吐量提高 85%。

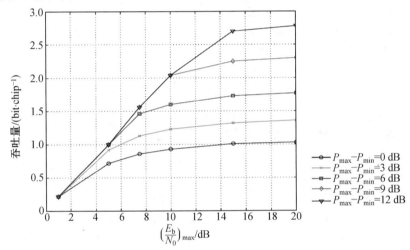

图 2.14　最佳包功率分布对 E－SSA 容量的影响(对于不同的 $P_{max}-P_{min}$,BPSK 调制,3GPP FEC 编码率 $r=1/3$,FEC 块大小 100 bit)

2. MMSE 加 E－SSA

如文献[26]中所论证的,MMSE－SIC 能够达到多址接入信道容量。尽管该结果仅是在同步信道上获得的,但使用 MMSE 预处理改善E－SSA 系统仍然可以进一步提升 RA 方案的性能。在这方面,注意到异步 CDMA 的 MMSE 在无限观察窗下的性能可以趋近同步 CDMA 的 MMSE 的性能[27]。

这里,将这个包含 MMSE 预处理的方案称为 MMSE 增强扩频 ALOHA(MMSE Enhanced－Spread-Spectrum ALOHA,ME－SSA)。在信号解调前,MMSE 检测器利用信号结构信息来改善 SINR。为解释 MMSE 检测器的原理,为系统引入一个正式的信号模型。假定有 K 个用户同时传输其扩频信号,所有用户的码片速率和扩频因子相同,即 SF＝N。

为了简便,还假定用户在符号和码片上同步。因此,接收信号可用向量表示为

$$y = \Psi P b + w \tag{2.2}$$

式中,y 是从码片匹配滤波器输出的大小为 N 的接收码片列向量;Ψ 代表扩频矩阵,矩阵大小为 $\{N,K\}$,其第 j 列是用户 j 的扩频序列;P 是大小为 $\{K,K\}$ 的对角阵,元素 P_{jj} 代表用户 j 的接收复振幅,该复振幅是用户发射功率和信道衰落的函数(假定每个符号传输过程中衰落不变);b 代表系统中所有活跃用户传输的比特列向量(若使用非二进制调制,则为符号列向量);w 是接收机码片匹配滤波器输出端的热噪声采样列向量(每个码片一个采样点),其协方差矩阵为 $E\{ww^H\} = \sigma_w^2 I_N$,其中 I_N 是大小为 $\{N,N\}$ 的单位阵,符号 H 表示共轭转置。

值得注意的是,扩频矩阵的元素是完全随机的。在实际应用中,大多采用二进制的扩频序列或实部和虚部为二进制的复扩频序列。

为方便起见,在以下章节中,将用 A 表示 Ψ 和 P 的乘积,并称 A 为扩频矩阵,它也代表了信号的接收功率。

在上述信号模型下,MMSE 检测器输出 z 可表示为

$$z = R^{-1} A^H y \tag{2.3}$$

式中,R 是输入信号的协方差矩阵,即 $E\{yy^H\}$。

上述信号模型可以扩展到完全异步的用户,但需要对信号进行过采样(每个码片一个采样点无法提供足够的统计数据),因此模型会变得更复杂。此外,不能只考虑一个符号周期的时间间隔(信号窗口),在理论上应该考虑覆盖所有用户发送符号的无限长时间周期。这意味着,矩阵维度将无限大,且 MMSE 检测器应一次处理整个传输信号,而不是只处理一个符号大小的一段信号。实际上,对于检测中央符号,3 个符号大小的信号窗便足以很好地近似 MMSE。

将 MMSE 处理方法应用于 RA 时将产生的另一个问题是,空中传输数据包数量的连续变化要求每当信号环境发生变化时都需要重新计算 MMSE 矩阵滤波器(虽然用户在码片和符号上同步,但显然不是包同步)。此外,随机接入的固有特性决定了无法使用自适应方法实现对 MMSE 滤波器系数的计算,因为传输数据包的长度太短,不足以保证自适应算法的收敛,而且这些自适应解决方案还需要使用短扩频码。

RA 应用倾向于采用长扩频码,因为长扩频码允许所有用户共享同样的扩频码(或少量的扩频码),且不会显著增加码碰撞(两个数据包使用同一个扩频码且时间差小于一个码片周期)的可能性。但是考虑到矩阵求逆

运算的复杂度,直接计算 MMSE 矩阵滤波器并不可行[①]。

可喜的是,研究人员开发出了具有较低复杂度的多级检测器来近似 MMSE 检测器(及其他线性检测器)[28,31,32]。多级检测器通过 $\boldsymbol{R}$ 中的多项式展开对输入信号协方差矩阵的逆 $\boldsymbol{R}^{-1}$ 进行近似求解:

$$\boldsymbol{R}^{-1} \approx \sum_{k=0}^{S} w_k \boldsymbol{R}^k \tag{2.4}$$

式中,S 是检测器的级数。

这个近似式可以通过对矩阵 $\boldsymbol{R}$ 使用 Cayley — Hamilton 理论推导出来。假设展开式的系数是 ad hoc 优化的,那么理论上,对于 $K \times K$ 的协方差矩阵 $\boldsymbol{R}$,需要 $K-1$ 级才能准确表示 $\boldsymbol{R}^{-1}$[28,32]。多级检测器的原理框图如图 2.15 所示,简单起见,图中给出的是码片同步的 CDMA 系统。该方案稍加修改后也可用于异步环境中,但此时复杂度会稍微提高(主要是因为需要对接收信号进行过采样,并且需要将处理窗从一个符号扩展到至少两个符号,详情参见文献[28])。如图2.15所示,多级检测器通过 S 级的链式处理来近似 $\boldsymbol{R}^{-1}$。在每一级上,检测器对输入信号进行解扩和重扩,相当于将输入信号乘以矩阵 $\boldsymbol{A}$(扩频),然后再乘以矩阵 $\boldsymbol{A}^{\mathrm{H}}$(解扩)。可选择系数 w_k 来近似 MMSE 检测器或其他检测器(如解相关器)。MMSE 检测器应用于本节中描述的 SIC 解调器处理的每次迭代中。

多级方法无须计算矩阵的逆,但需要找到最佳加权系数。如果 SF 足够大,那么渐近加权可离线计算。因为当 SF 较大时,加权系数不取决于实际传输的扩频码,而仅由系统负载(即特定时刻活跃用户的数量)、用户功率分布和波形特征(比如滚降)共同决定。读者可参阅文献[29,33]了解实际场景中如何计算最佳加权系数。

上述提及的文献还提供了对同步 CDMA 信号使用多级检测器(二级或三级)获得的一些仿真结果。但这些结果处理的是静态场景(就传输信号而言),而不是应用 RA 的动态场景。文献[34]提供了 ME－SSA RA 的一些仿真结果,其在关口站接收机上部署了物理层多级检测器。图 2.16 所示为 ME－SSA 和 E－SSA 性能比较。假定所有接收数据包具有相同的功率。扩频因子为 16,解扩后 SNR 等于 10 dB。需指出的是,ME－SSA 使用了 QPSK 调制,而 E－SSA 使用了 BPSK 调制。这意味着,ME－SSA 用户数据率是 E－SSA 用户数据率的 2 倍。实际上,使用 MMSE 检

---

① 　该矩阵反演的运算量为运算用户数量 K 的立方[30]。

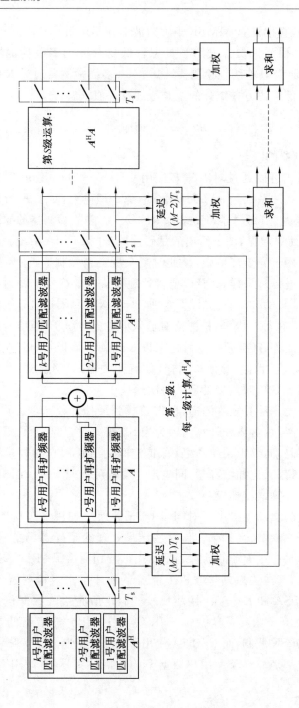

图2.15 多级检测器的原理框图

测时,QPSK 比 BPSK 的性能更好。然而,对于 E-SSA,实验表明 BPSK 的性能最优。为控制系统复杂度,更倾向于使用单一的调制和编码模式。与 E-SSA 相比,ME-SSA 的性能更具优势,尽管用户功率不平衡会导致该优势有所削弱,但在用户功率均匀的条件下,这一性能优势十分明显。

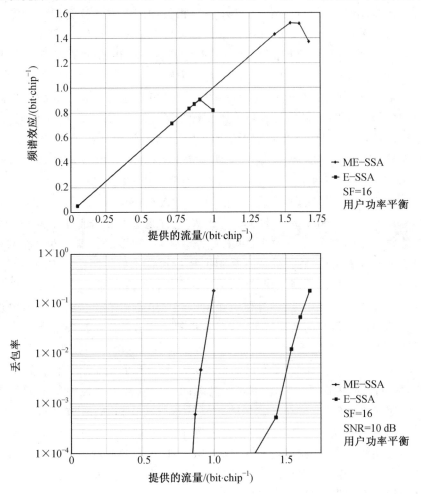

图 2.16　ME-SSA 和 E-SSA 性能比较(包长度 1 200 bit,编码率 $r=1/3$,导频长度 1 536 码片,ME-SSA 使用 QPSK 调制,E-SSA 使用 BPSK 调制)

3. 异步竞争解决分集 ALOHA

时隙 RA 一个主要的缺点在于需要终端保持同步,这是因为用于同步的信令开销会随着终端数量的增加而增加,而与终端的业务传输无关。Kissling 率先在文献[35]中提出了在时隙 RA 网络中放松对同步要求的方法。这个新的 RA 方案称为竞争解决 ALOHA(Contention Resolution ALOHA,CRA)。CRA 去除了 CRDSA 或 IRSA 帧中的时隙,允许包副本在帧范围内以随机延迟(且不同包的持续时间也可能不同)传输。CRA 仍然要求不同终端传输的帧在中央解调器输入端对齐,因此并未避免对终端网络同步的要求。最近提出的另外一个相关的 RA 方案称为增强型竞争解决 ALOHA(Enhanced Contention Resolution ALOHA,ECRA)[36],这个方案是对上述基于帧的 CRA 协议的扩展。其初始时的解调步骤与 CRA 相同,改进的地方在于其试图进一步解码那些被成功检测却因冲突而未被成功解码的数据包。该方案的主要思想是通过结合不同数据包副本中的符号来生成新的具有更高 SNR 的数据包,并试图解码新数据包。如果成功,原来的副本将被删除,并开始新的帧解码。在副本数量为 2、FEC 码率为 1/4、QPSK 调制的条件下,ECRA 的性能优于 CRA,但劣于 CRDSA。当码率为 1/2 时,ECRA 的性能要优于 CRDSA。

被称为异步竞争解决分集 ALOHA(Asynchronous Contention Resolution Diversity ALOHA,ACRDA)的方案进一步降低了非扩频 RA 对终端同步的要求[37]。ACRDA RA 方案弥补了 CRDSA RA 方案和 E-SSA RA 方案的不足,为那些不采用扩频技术且希望性能优于 CRDSA 的系统提供了可用的选择。尽管 ACRDA 解调器的设计框架与 E-SSA 设计框架存在诸多相似之处,但其保留了 CRDSA 中传输一个包的多个副本及相关的包位置信令的典型特征,这些特性提升了其解决包冲突的能力。在时隙 RA 机制中,对于特定的接收机,所有发射机的时隙和帧边界都相同。这些边界都是基于给定接收机的时间定义。一般而言,各发射机到中央 RA 解调器的传播延迟互不相同。时隙同步机制被用来控制每个发射机的帧定时,以确保突发在特定的时隙到达接收机。在 ACRDA 中,时间同样被划分为时隙和包含时隙的帧。然而,时隙和帧边界并非由中央解调器上的时间统一定义,相反,在 ACRDA 中,不同发射机有着各自的时隙和帧边界。因此,各个发射机的时隙和帧是完全异步的。这里用虚拟帧来特指这种依赖本地发射机的帧概念。

根据文献[37]中对 ACRDA 的详细研究,与 CRDSA 相比,ACRDA 具有如下主要优势:完全异步且吞吐量性能可比拟甚至超过 CRDSA;时延性能明显优于 CRDSA;只需两个副本即可实现最佳性能(而在 CRDSA 中需要三个副本),从而降低了关口站解调器的复杂度,提高了 RA 方案的能量效率。

　　图 2.17 所示为 CRDSA 和 ACRDA 仿真与理论性能比较。可以清楚地看出,当使用两个副本/帧时,ACRDA 性能更好,这主要是因为无时隙 ACRDA 的固有特性有助于降低环路出现的概率。文献[37]对此做了详细的解释。ACRDA 的另一个性能优势与延迟降低有关。根据文献[37]中的仿真结果,当平均 MAC 负载 $G = 0.9$ bit/symbol 时,对于 90% 的时延值,CRDSA 延迟比 ACRDA 延迟提高了 2.64 倍。但与 E−SSA 相比,ACRDA 则表现出一些劣势,因为 ACRDA 要求在一个虚拟帧内一个数据

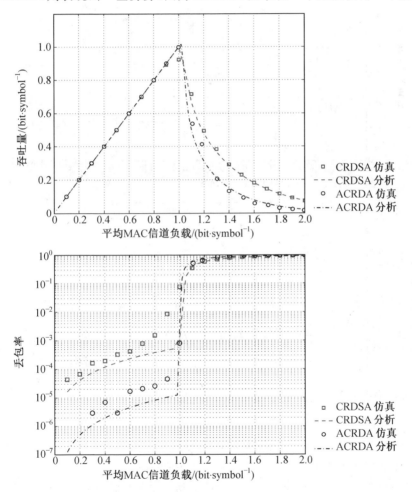

图 2.17　CRDSA 和 ACRDA 仿真与理论性能比较($N_{rep} = 2$, $N_{slots} = 100$, QPSK 调制, 3GPP FEC 编码率 $r = 1/3$, 分组大小 100 bit, $E_s / N_0 = 10$ dB, 无包功率失衡, 业务泊松分布, 窗口大小 $W = 3$ 帧, 窗口滑动步长 $\Delta W = 0.15$)

包存在两个副本,以加强包竞争解决能力。而且,除使用非常低扩频因子的情况外,E-SSA 的性能要普遍优于 ACRDA(图 2.18)。在这一方面,值得注意的是,ME-SSA 即使使用中等的扩频因子(如 SF=2~4),其性能也要远优于 ACRDA。通过与图 2.13 中的结果进行比较可以看出,

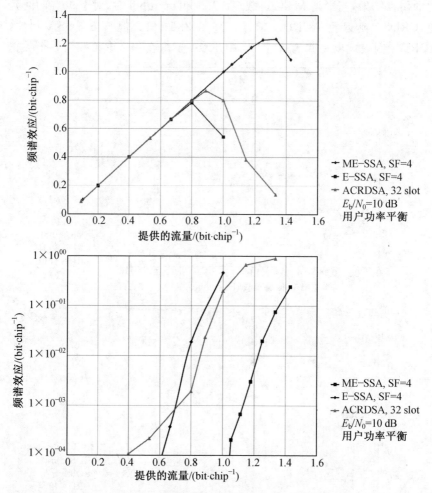

图 2.18 ACRDA、E-SSA 和 ME-SSA 性能仿真(ACRDA:$N_{rep}=2$,$N_{slots}=32$,QPSK 调制,窗口大小 $W=3$,帧和一个窗口滑动步长 $\Delta W=0.15$。E-SSA:SF=4,BPSK 调制。ME-SSA:SF=4,QPSK 调制。所有方案均使用同样的 3GPP FEC 编码率 $r=1/3$,其中码字大小为 1 200 bit。分组大小 1 200 bit,$E_b/N_0=10$ dB,无包功率失衡和泊松业务分布。ACRDA 包前导码长度为 100 个字符,E-SSA 和 ME-SSA 的前导码长度为 384 码片)

图 2.18 中给出的 E－SSA 性能显然受到功率平衡和扩频因子较小(SF＝4)这两个条件的影响。事实上,正如前面所讨论的,增大 SF 的值(如 SF＝256)可以大大改善系统的总吞吐量,也可以很好地随机化 DS－SS 扩频序列的部分互相关特性。

4. 非时隙 RA 部署的问题

E－SSA 的第一次实现参见文献[38]。这个由 MBI 公司设计的 E－SSA RA 解调器(图 2.19)是基于一个部署 S 波段移动交互式多媒体(S-Band Mobile Interactive Multimedia,S－MIM)协议的软件定义无线电(Software Defined Radio,SDR)混合 GPU/CPU 平台[38]。MBI E－SSA 解调器已经广泛应用在实验室和搭载 S 波段载荷的 Eutelsat10A 卫星上,用于对 S－MIM 空口性能的测试[39]。该解调器原型机可以处理高达 5 MHz 的带宽,且误差可以保持在一定的范围内。图 2.20 所示为 MBI E－SSA 解调器性能的实验值与理论及仿真结果(来源于文献[14])的比较。

图 2.19　兼容 S－MIM 的 E－SSAA SDRRA 解调器[38]

与 E－SSA 一样,无时隙 RA 方案的复杂度主要在负责执行数据包检测和后续 IC 的接收机端,发送机则比较简单。接收机的复杂度主要取决于:

①需要在强干扰的环境中检测数据包的存在;

②数据包解扩、解调和解码;

③数据包重构和删除。

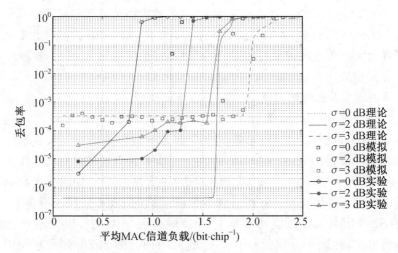

图 2.20　MBI E－SSA 解调器性能的实验值与理论及仿真结果（泊松业务分布，E－SSA：SF＝256,3GPP FEC 编码率 $r＝1/3$,BPSK 调制,FEC 块大小＝100 bit,窗口大小 3 帧,窗口滑动步长步 1 帧)(见附录　部分彩图)

　　数据包的解扩、解调和解码与传统的扩频信号没有不同。数据包的检测依靠的是对前导码的搜索。数据包检测的复杂度取决于需要保证可靠检测的目标 SINR 值及数据包频率的不确定性概率。在 E－SSA 中,无须保证检测出 SINR 低于解码门限的数据包。

　　因此,当 SINR 值达到能保证成功解码概率大于 0 的值时,所设计的前导码大小应能实现较好的前导码检测概率。前导码的误检会增加接收机的处理负担,但不会对 RA 的性能产生破坏性的影响。前导码上的相干积分可最大限度地降低前导码的长度,同时确保在目标 SINR 下的检测能力。这也导致了复杂度的提高,使得前导码检测电路(或软件)成为接收机中最复杂的部分。相对于 E－SSA,ME－SSA 需要使用多级检测器而不是简单的相关器来进行解扩。对于一个 S 级的多级检测器,ME－SSA 检测器的复杂度略高于 E－SSA 相关检测器复杂度的 $2S＋1$ 倍。这样的复杂度提高并不大,因为解扩器的复杂度在 E－SSA 和 ME－SSA 这样的系统中不是很高。事实上,这些方案的复杂度大多数均在于前导码的检测。就这方面而言,ME－SSA 比 E－SSA 更加苛刻,因为除数据包检测外,多级检测器在处理数据包前还需要很好地对信道进行估计。在 E－SSA 中,好的信道估计对数据包解调后的精确信号消除十分重要(尤其是在不同信号间存在较大的功率不平衡的情况下)。但即使信道估计的精度较低,数据包也可能被成功解调。与此相反,对于 ME－SSA,不精确的信道估计会导致多级检测器性能恶化。此外,如果有一些数据包没有被成功检测出来(从而导致多级检测器无法使用这些数据包),多级检测器的有效性也将受到不利影响。为避免这个问题,ME－SSA 的数据包需要采用比 E－SSA 更长的前导码,这也导致了 ME－SSA 中前导码捕获部分的复杂度增加(而捕获部分本身恰恰是接收机中最为复杂的一部分)。

2.3.3 RA 中的拥塞控制

RA 方案需要拥塞控制来把工作信道负载控制在期望的范围内,如在最大吞吐量处附近低于目标 PLR。在卫星网络中,通常要求系统工作在一定的 PLR 以下(如 PLR $<10^{-3}$),因为卫星链路具有长延时特性,数据包丢失导致的重传会引入很大的延迟。

典型的拥塞控制技术有 p－坚持型算法、指数退避或二者的结合,这些技术被广泛应用于以太网中[5]。在 p－坚持型算法中,发射机以 p 的概率进行传输,或以 $1-p$ 的概率在$[0,T_{BO}]$范围内随机延迟一段时间后传输。在指数退避算法中,终端检查数据包传输是否成功(如通过接收机反馈的确认包)。如果数据包传输失败,则发射机随机退避一段时间后重新传输数据包,该退避时间长度在 $[0,2T_{BO}]$ 内随机选择。如果传输再次失败,发射机将再次退避一段时间后重新传输数据包,但这次退避的时间长度在 $[0,4T_{BO}]$ 内随机选择。每重新传输一次,退避时间间隔翻倍,直至传输成功(即退避时间呈指数增长)。传输成功后,退避时间间隔恢复到初始值。p 值和 T_{BO}值的选择应该令其能够在高负载条件下平衡传输延迟和 RA 的性能。较小的 p 值可保证高信道负载条件下的性能,但传输延迟也随之提高。在卫星系统中,这些参数值一般都会在前向信道上进行广播(从地面站到所有网络终端)[40],并根据平均信道负载自适应动态调整。文献[41－43]提供了卫星系统中关于 CRDSA 拥塞控制具体实施的一些例子。

2.4 RA 容 量

2.4.1 扩频 RA 的容量界

文献[44]以负载因子(用户数量和维度数量的比值)为中心分析了存在大量用户的 CDMA 系统的频谱效率和收敛性。文献[44]给出了最佳接收机和一些次优线性接收机(MMSE 与单用户匹配滤波器(Single User

Matched Filter,SUMF)接收机)的可达渐近容量随系统负载 β(定义为传输信号数量 K 与信号扩频因子之比)的变化情况。

具体而言,随机扩频和理想信道估计下的最佳接收机可达到的容量可以用下式表示:

$$C_{opt}(SNR,\beta)=\beta\log_2(1+SNR-\frac{1}{4}F(SNR,\beta))+\log(1+SNR\beta-$$

$$\frac{1}{4}F(SNR,\beta))-\frac{\log_2 e}{8SNR}F(SNR,\beta) \qquad (2.5)$$

式中,SNR 是解扩后单用户 SNR。$F(x,y)$ 的定义为

$$F(x,y)=[\sqrt{x(1+\sqrt{y})^2+1}-\sqrt{x(1-\sqrt{y})^2+1}]^2 \qquad (2.6)$$

文献[44]推导出了可以计算随机扩频下线性 MMSE 接收机的容量表达式:

$$C_{MMSE}(SNR,\beta)=\beta\log_2(1+SNR-\frac{1}{4}F(SNR,\beta)) \qquad (2.7)$$

当用户数量和 SF 增加(同时保持二者的比例不变,也就是负载保持不变)到无限大时,利用式(2.7)可求得精确值。在实际中,当 SF>16 时,可通过式(2.7)对容量进行较准确的估计。

基于随机扩频的最佳接收机和 MMSE 接收机的容量都要比基于正交信号所达到的容量要低(如同步 CDMA 中每个用户拥有不同的扩频码,但这仅在 $\beta<1$ 时才有可能)。正交容量由下式确定:

$$C^{Orth}(SNR,\beta)=\beta\log[1+SNR], \quad \beta<1 \qquad (2.8)$$

图 2.21 所示为基于随机扩频的不同接收机的容量随系统负载 β 的变化。

可以看到,随着系统负载变为无限大,最佳接收机与基于正交信号的接收机的容量差距逐渐缩小。MMSE 接收机的最佳负载约为 0.7,此时若再增大 MMSE 负载,则 MMSE 的性能开始下降。

尽管基于随机扩频的 MMSE 接收机没有实现最佳接收机容量,但是 MMSE-SIC 接收机可以实现最佳接收机容量[26]。

正如前面提到的,式(2.5)和式(2.7)对大数量用户和 SF 是渐近精确的。此外,这些结果都以等功率和同步多址接入为前提。然而,在功率不等且用户数量有限的情况下,通过仿真来计算容量是一个更为直接的方法。

为更加方便,这里将信号表示为向量形式。具体而言,重新利用 2.3.2 节中引入的信号模型(式(2.2))。现将该信号模型简写如下,其中扩频矩

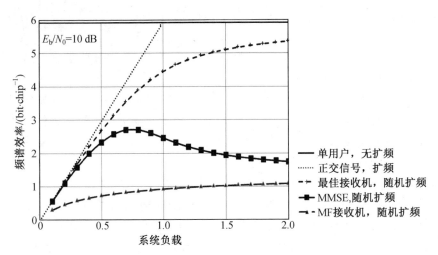

图 2.21　基于随机扩频的不同接收机的容量随系统负载 β 的变化($E_b/N_0 = 10$ dB)

阵 A 同样考虑了信号的接收功率(这里假定 $E\{bb^H\} = I$):

$$y = Ab + w \tag{2.9}$$

由文献[45]可知,对于给定的矩阵 A,最佳接收机的容量 $C(A)$ 可由以下等式得出:

$$C(A) = \frac{1}{N}\log_2\left[\frac{\det(E\{yy^H\})}{\det(E\{ww^H\})}\right] \tag{2.10}$$

假定不相关加性高斯白噪声(Additive White Gaussian Noise,AWGN),$E\{ww^H\}$ 为等于 $\sigma_w^2 I_N$ 的对角矩阵,可以将式(2.10)简化为

$$C(A) = \frac{1}{N}\log_2\left[\frac{\det(\sigma_w^2 I_N + AA^H)}{\det(\sigma_w^2 I_N)}\right] \tag{2.11}$$

$$= \frac{1}{N}\log_2\left[\det\left(I_N + \frac{1}{\sigma_w^2}AA^H\right)\right] \tag{2.12}$$

以上获得的等式还可用以下形式表示(参见文献[64,第 3 节]和[65,第 12 章]):

$$C(A) = \frac{1}{N}\log_2\left[\det\left(I_N + \gamma K \frac{AA^H}{\mathrm{tr}(AA^H)}\right)\right] \tag{2.13}$$

$$= \frac{1}{N}\sum_{i=1}^{\mathrm{rank}(A)}\log_2(1 + \gamma\rho_i^2) \tag{2.14}$$

式中,ρ_i 表示矩阵($\sqrt{K/\mathrm{tr}(AA^H)}$)$A$ 的奇异值;参数 γ 表示解扩后的信号的平均 SNR。

将式(2.12)与式(2.13)相比,可得

$$\gamma = \frac{\mathrm{tr}(\boldsymbol{A}\boldsymbol{A}^{\mathrm{H}})}{K\sigma_w^2} \qquad (2.15)$$

容易看出,式(2.15)中的分子是解扩后的总接收功率,这证明了 γ 是解扩后的每个用户的平均 SNR。

在仿真中可以使用上述等式来推算随机扩频系统的容量。首先生成随机扩频矩阵并计算相关的条件容量(即在特定的随机扩频矩阵条件下的容量),然后对条件容量取平均即可得到无条件容量。这个方法证明了 RA 中用户数量本身就是一个随机变量的事实。因此,每个矩阵 $\boldsymbol{A}$ 可通过随机向量的列来产生,列向的随机性代表了系统中用户数量的随机性。相对于式(2.5)中的闭环容量表达式,该仿真方法适用于任何扩频因子及任意用户功率分布,还可以考查系统中扩频码数量的影响。需要注意的是,该方法仍然无法精确地对一个完全异步的 RA 信道(在这样的信道中,数据包的部分重叠及有限的 FEC 码子长度都较为常见)进行建模。将该方法推广到符号异步 CDMA 系统并不容易(参见[46,47])。

对于线性接收机(如 MMSE 或 SUMF 接收机),可以通过线性变换($\boldsymbol{L}$ 代表线性接收机)后每个用户的 SINR 来直接计算容量。用这样的线性变换 $\boldsymbol{L}$ 左乘式(2.9)中的接收信号 $\boldsymbol{y}$,得到矢量信号 $\boldsymbol{z}$,即

$$\boldsymbol{z} = \boldsymbol{L}\boldsymbol{y} = \boldsymbol{L}\boldsymbol{A}\boldsymbol{b} + \boldsymbol{L}\boldsymbol{w} \qquad (2.16)$$

对于 SUMF 接收机和 MMSE 接收机,$\boldsymbol{L}$ 分别为

$$\boldsymbol{L} = \boldsymbol{A}^{\mathrm{H}} \quad (\text{匹配滤波器接收机}) \qquad (2.17)$$

$$\boldsymbol{L} = \boldsymbol{R}^{-1}\boldsymbol{A}^{\mathrm{H}} \quad (\text{MMSE 接收机}) \qquad (2.18)$$

式中,$\boldsymbol{R}$ 是输入信号的协方差矩阵,即 $E\{\boldsymbol{y}\boldsymbol{y}^{\mathrm{H}}\}$。显然,有

$$\boldsymbol{R} = \boldsymbol{A}^{\mathrm{H}}\boldsymbol{A} + \frac{\mathrm{tr}(\boldsymbol{A}^{\mathrm{H}}\boldsymbol{A})}{K_\gamma}\boldsymbol{I}_K \qquad (2.19)$$

从以上表达式可得到每个用户的 SINR,进而可推导其可达到的速率(参见文献[48])。

同样地,对 SIC 和 MMSE−SIC 分别使用 SUMF 和 MMSE 滤波来检测其中一个信号,通过仿真得到各自的性能。根据这个信号的 SINR,可计算该信号对所取得的速率的贡献。该信号随后从输入中删除,然后重新开始这一过程,直至输入中不存在任何信号。图 2.22 所示为两个不同负载 β 下 MMSE−SIC、SIC 和 MMSE 容量随 SNR 变化情况比较。该图中,用户功率分布范围大小为 6 dB(在对数域内均匀分布),同时还考虑了两个不同的负载因数 β。请注意,MMSE−SIC 的结果实际上与最佳接收机的结果相同(即就容量方面来说,可用式(2.12)或其他等价形式来证明 MMSE−

SIC 的最优性)。值得注意的是,MMSE－SIC 的这种最优性与用户检测和解码顺序无关,但在考虑到非香农界 FEC 编码的实际应用中,MMSE－SIC 不再是最优解。对于实际的 FEC 编码,文献[49]已经表明相对于最佳迭代 IC 接收机,MMSE－SIC 接收机存在功率损耗(即由 FEC 引入的关于容量的额外损耗)。

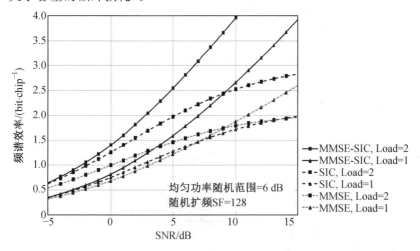

图 2.22　两个不同负载因子 β 下 MMSE－SIC、SIC 和 MMSE 容量随 SNR 变化情况比较

需指出的是,本节中的所有结果均假定没有对码率和调制方式进行任何限制。这里阐述的仿真方法扩展于适用于有限数量的码率和调制方式(极限情况下甚至可针对某一特定的物理层配置)。对于功率不平衡情况严重的用户而言,编码和调制格式数量的限制带来的容量损失不会太大,因为在这种情况下也会存在功率相同的用户。图 2.23 所示为单个物理层配置的受约束容量。

2.4.2　非扩频 RA 的容量界

非扩频 RA 容量计算方法最初是针对 CDMA 提出的,如 2.4.1 节中所述,该方法被改进应用在 SSA、RA 技术上,其不仅对任意数据包功率分布均有效,而且能够被进一步改进以适用于非扩频技术,如 SA、DSA、CRDSA 和 ACRDA。对于含 N 时隙/帧和 K 用户/帧的时隙 RA,主要的思想在于使用 RA 时隙周期取代矩阵 A 计算中码片的概念。如果时隙 j 中存在一个代表用户 i 的数据包,相应的 A 的矩阵元素 (i,j) 设定为 1。在诸如 DSA 和 CRDSA 等分集技术的情况下,设置 N_{rep} 值为 1(N_{rep} 对应发射

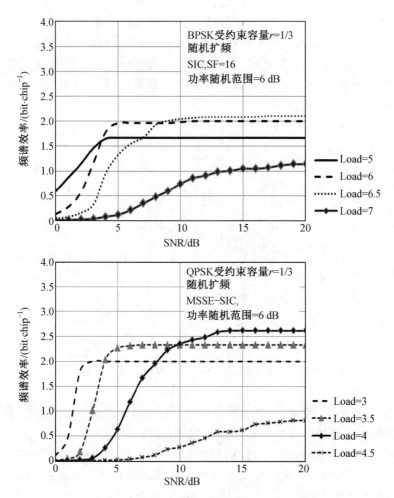

图 2.23　单个物理层配置的受约束容量（SIC（BPSK，$r=1/3$）和 MMSE － SIC（QPSK，$r=1/3$），用户功率随机范围为 6 dB）

分组矩阵汇总每行随机分布元素的个数）。文献[50]详细描述了递归计算时隙容量的方法，这个方法与实际解调器迭代处理类似。对于一个给定的系统矩阵 **A** 的实现，首先对 SINR 最高的数据包（通常不存在冲突的数据包对容量的贡献）进行推导，然后效仿理想的连续 IC 过程从矩阵中移除该数据包（对于 CRDSA，包副本将被一起移除）。继续这一过程，直到矩阵 **A** 中的所有数据包均处理完毕和移除。此时，随机生成了另外一个矩阵 **A**，并且重复多次这一过程，以便在特定的业务上平均容量。注意，该界限的计算假定了矩阵 **A** 所涵盖的时隙内的数据包的数量是恒定不变的。在实际情况中,对于给定的平均流量负载 G,数据包的数量独立地服从泊松分布,是随时间变化的。因此,得到的容量界限可能不是很准确。

图 2.24 所示为不同的 $(E_b/N_0)_{max}$ 情况下 CRDSA 仿真吞吐量和 CRDSA 容量界的比较。在 CRDSA 中,数据包的包功率分布呈均匀分布(以 dB 为单位),其中 $(E_b/N_0)_{max}$ 取值为 6 dB、9 dB、12 dB 和 20 dB。可以观察到,当 $(E_b/N_0)_{max}$ 取中间值时,CRDSA 的仿真吞吐量与调制 FEC 均受限的容量界十分接近。随着 $(E_b/N_0)_{max}$ 值增大,这个差距也将扩大,这可能是 CRDSA 采用固定调制方式(QPSK)和编码率(1/3)导致的。

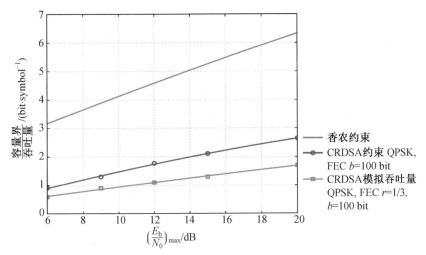

图 2.24　不同的 $\left(\dfrac{E_b}{N_0}\right)_{max}$ 情况下 CRDSA 仿真吞吐量和 CRDSA 容量界的比较($N_{rep}=3$,$N=100$,$N_{iter}=15$,$\beta=0$,3GPP FEC 编码率 $r=1/3$,块大小 $b=100$ bit,QPSK 调制,PLR$=10^{-3}$,无约束和有约束 QPSK,FEC 块大小 $b=100$ bit,包功率均匀分布)

2.5　系统与标准

卫星网络中利用 RA 提供消息服务的源头可追溯到 20 世纪 80 年代,当时 ESA 开发的 PRODAT 消息系统使用了 SSA 返回链路接入技术和 L 波段 Marisat 卫星功能。这个系统采用了最先进的技术,如 DS－SS CDMA接入(ALOHA 和 DAMA)、卷积码、交织、RS 分组码和自动重传请求(Automatic Repeat Request,ARQ)协议。

1989 年,第一个全球商业部署的移动(货车)消息系统是 Qualcomm

OmniTRACS[52]。OmniTRACS 目前仍在运行,通过在 Ku 波段运行的地球静止卫星为货车提供消息和查询能力。低速率返回链路接入方案是基于 SSA 的。为最大程度降低功率谱密度,OmniTRACS 采用了 DS-SS 和跳频技术。移动终端定位最初是采用 LORAN-C 和全球定位系统(Global Positioning System,GPS)实现的。

近期推出的基于 DS-SS SSA 接入技术的卫星通信系统是 Viasat ArcLight[53]。这个系统利用恒包络高斯最小频移键控(Gaussian Minimum Shift Keying,GMSK)码片脉冲成型来最大化用户终端高功率放大器(High Power Amplifier,HPA)的效率。它还在不同用户间复用相同的扩频码(与 E-SSA 一样)。此外,入站数据包在相同的出站载波频带上传输,以降低频谱占用。关口站利用 Viasat 成对载波多址接入(Paired Carrier Multiple Access,PCMA)技术消除信号中的出站载波。

得益于第二代数字视频广播卫星(Digital Video Broadcasting-Satellite Second Generation,DVB-S2)前向链路和分时隙多频时分多址接入(Multi-Frequency-Time Division Multiple Access,MF-TDMA)反向链路的 Newtec Sat3Play 技术[54],地球静止轨道卫星可在 Ku 和 Ka 频段上提供经济的三重播放服务。该反向链路采用混合时隙 ALOHA RA/DAMA 方案来支持不同类型的业务流量。反向链路物理层基于编码的连续相位调制(Continuous Phase Modulation,CPM)来减少室外单元成本和功率消耗。SES 在 Ka 波段载荷上采用 Sat3Play 的解决方案来提供 Astra 连接服务[55]。

ESSA RA 技术在近期发布的 Eutelsat 智能低噪声模块系统中找到了商业应用的机会[56]。智能 LNB 概念集成了传统仅接收的直播到户(Direct to Home,DTH)LNB 技术和基于 S-MIM 标准的反向链路。反向链路可运行在 Ka 波段或 C 波段。智能 LNB 的商业部署开始于2014 年。

在卫星通信标准中,RA 一直以来都应用于初始网络登录及短控制和短数据信息的传输中,如 DVB-RCS 标准[57]的反向链路及 IP over Satellite 标准[58]。

过去几年,诸多集成了最新 RA 技术的卫星通信标准相继推出。(DVB-Return Channel via Satellite Standard,DVB-RCS)第二代标准[40]将 CRDSA 和 IRSA 作为可选功能。这两项功能在类似于 SCADA 的用户应用中的优势明显。

在移动标准领域,DVB-SH(DVB-Satellite Service to Handhelds)

最近新包含了低延迟特性,这使 DVB-SH 增加一条反向链路使其提供交互服务成为可能。欧洲电信标准协会(European Telecommunications Standards Institute,ETSI)S-MIM 标准[59]已经采用了 E-SSA 异步接入技术。SESAR 项目正在开发新的数据链路,用以支持 4D 空中交通管理。相应的卫星数据链路标准草案已于 2013 年发布[60],其基于 E-SSA 随机接入方案。标准化工作于 2014 年由欧洲民用航空设备组织(European Organisation for Civil Aviation Equipment,EUROCAE)第 82 工作组发起,该组主要负责处理空中交通管理的全新地面和卫星数据链技术。

2.6　本章小结

本章主要描述了为扩频与非扩频卫星系统设计的先进 RA 方案,所介绍的技术在各种多址接入方案(如 TDMA、CDMA)下提供了优越的性能,但扩频技术能够利用更高流量汇聚带来的好处。一个数据包持续时间内的平均到达数据包的数量可按下式计算:

$$\lambda = N_{rep} G G_P \tag{2.20}$$

式中,N_{rep} 是副本数;G 是 MAC 负载,在非扩频系统中的单位为 bit/symbol,在扩频系统中的单位为 bit/chip。处理增益可使用 $G_p = SF/(r\log_2 M)$ 计算。其中,r 是码率;M 是调制阶数;SF 是扩频因子。

从式(2.20)中可看出,大的处理增益将会增加 λ 的值。非扩频系统的典型值为 $\lambda \leqslant 5$,而扩频系统的典型值为 $\lambda \approx 100$。均值归一化的业务流量概率分布如图 2.25 所示。可以看到,当增大 λ 值时,均值归一化的泊松概率密度函数(Probability Density Function,PDF)趋近于德尔塔函数。这意味着,随着 λ 增大,瞬时干扰数据包的数量的波动将会越来越小。这在 RA 中是有利的,因为此时可以轻易地将系统工作负载稳定在期望的点附近(即避免产生突发流量峰值),而且当存在大量的干扰数据包时,干扰可以用 AWGN 很精确地来近似。

E-SSA 和 ME-SSA 等扩频 RA 技术的另一个优势在于,其所需终端的功率与传输的有效比特率有关,而与 TDMA 累积比特率(非扩频系统中的情形)无关。事实上,时隙 RA 系统终端的功率约为 SSA 终端功率的 N_{slot} 倍。使用多频 RA 方案(用多频时隙取代帧时隙)可缓解时隙 RA 的这一问题。任何情况下,时隙 RA 的频谱都会随时隙数量扩展。因此,时隙 RA 要比 SSA 占用更小带宽这一常规设想是不正确的。

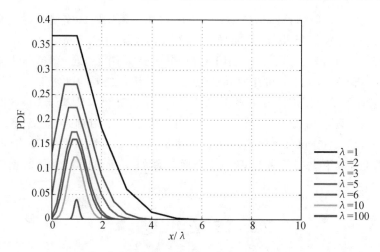

图 2.25 均值归一化的业务流量概率分布(见附录 部分彩图)

同时,本章也介绍了许多无须采用任何闭环方式进行网络同步(即完全异步)或功率控制(利用功率不平衡)的 RA 技术。

综上所述,如今已拥有了一系列在卫星环境下可以为近期出现的应用和服务类型(如用户宽带接入、机器对机器通信、生活商务与安全通信等)提供优越性能的 RA 技术。

另外,对这些新 RA 技术的研究也开辟了一个新的研究领域。本章列举了一些关于高性能卫星 RA 的开放研究领域。

利用 MUD 的 RA 方案中的 FEC 优化问题无疑是一个重要的开放研究领域。从 2.3.1 节中已了解到,在 iSIC 算法中,误帧率的陡峭特性恶化了初始 iSIC 的收敛,这时采用更优(如更大的分组块大小)的物理层 FEC 也许不会直接提高性能。

另一个研究主题与降低发送机的功率消耗和成本有关。CPM 等恒包络调制方式有多重优势,因为其允许使用更便宜的非线性倍频器取代发送机的升频转换单元。此外,CPM 调制还允许发射机功放工作在非线性区,从而可以降低对直流功率的需求。之前的研究工作已表明,CPM 和 DS—SS 的结合使用是可行的[61]。尽管 CPM 已被用于 ArcLight(Viasat)和 Sat3Play(Newtec)等商业 SA 和 SSA 系统,但 CPM 在基于 iSIC 的 RA 中的应用仍处于研究阶段。

正如 2.3.2 节中讨论的 SS RA 的情况,当 RA 网络中数据包功率的不平衡时,要对这个功率分布进行优化,提高系统吞吐量。虽然针对 E—SSA RA,文献[24]已给出了半解析优化方法,但是对于非 SS RA 的优化目前仍在研究中。初步研究表明,对于 CRDSA 和 ACRDA,数据包功率在单位为 dB 时均匀分布可极大提高吞吐量性能。对于 SSA 和 E－SSA,使用低阶调制如 BPSK 和低码率编码,可逼近最佳性能。近期的研究[62]表明,对于非扩频 RA,当 SNR 高于特定的值时,使用高于 QPSK 的调制阶数也可能有一定的优势。

文献[63]研究了多波束卫星网络中 SS RA 的解调问题。研究结果表明,对于利用 S－MIM 标准的移动多波束系统,在各波束间使用全频复用及在关口站上使用联合波束处理,可进一步提升 RA 容量。具体来讲,通过仿真研究了两种不同多波束联合处理技术的性能:基本协作(解码的数据包被发送至其他波束的上层协议中)和增强协作(在基本协作之上,解码的数据被发送至同频解调器)。后一种方法尽管实施起来更为复杂,但比基本协作方法提供了更多的增益。关于采用联合波束处理的实际可行性和获得的增益还需要做进一步的评估和研究。

本章论证了仅使用 RA 即可实现与 DAMA 方案相当的吞吐量性能,而且 RA 方案在传输时延和减少信令开销方面还具有优势。此外,本章中介绍的先进 RA 技术可被方便地应用于大型网络。然而,也会有突发型数据和大数据量数据同时存在的情况。在这种情况下,将高性能的 RA 方案与 DAMA 相结合可能是处理时刻变化的业务状况最有效的解决方案。如何在 RA 和 DAMA 之间进行最佳的自适应切换还需要进行进一步的研究。

本章参考文献

[1] R. De Gaudenzi, O. delRío Herrero, Advances in random access protocols for satellite networks, in: International Workshop on Satellite and Space Communications (IWSSC), Siena, Italy, September 9-11, 2009, pp. 331-336.

[2] T. Le-Ngoc, I. M. Jahangir, Performance analysis of CFDAMA-PB protocol for packet satellite communications, IEEE Trans. Commun. 46(9)(1998)1206-1214.

[3] D. Bertsekas, R. Gallager, Data Networks, second ed., Prentice Hall, USA, 1992.

[4] S. Keshav, An Engineering Approach to Computer Networking, Addison-Wesley Professional, USA, 1997.

[5] IEEE Std 802. 3-2005, IEEE Standard for Information technology: Telecommunications and information exchange between systems local and metropolitan area networks: Specific requirements Part 3: Carrier sense multiple access with collision detection (CSMA/CD) access method and physical layer specifications, December 2005.

[6] IEEE Std 802. 11-2012, IEEE Standard for Information technology: Telecommunications and information exchange between systems local and metropolitan area networks: Specific requirements Part11: Wireless LAN Medium Access Control (MAC) and Physical Layer (PHY) Specifications, March 2012.

[7] P. Karn, MACA—a new channel access method for packet radio, Proceedings of the ARRL/CRRL AmateurRadio 9th Computer Networking Conference, London and Ontario (Canada), 22 September 1990, pp. 134-140.

[8] 3GPP TS25. 214v3. 12. 0, Physical Layer Procedures (FDD); Release 1999, March 2003.

[9] N. Abramson, The throughput of packet broadcasting channels, IEEE Trans. Commun. COM-25(1)(1977)117-128.

[10] G. L. Choudhury, S. S. Rappaport, Diversity ALOHA—a random access scheme for satellite communications, IEEE Trans. Commun. COM-31(1983). 450-457.

[11] O. delRío Herrero, R. DeGaudenzi, Generalized analytical framework for the performance assessment of slotted random access protocols, IEEE Trans. Wireless Commun. 13(2)(2014)809-821.

[12] N. Abramson, Multiple access in wireless digital networks, IEEE Proc. 82(9)(1994)1360-1370.

[13] O. delRío Herrero, G. Foti, G. Gallinaro, Spread-spectrum techniques for the provision of packet access on the reverse link of next-generation broadband multimedia satellite systems, IEEE J. Select. Areas Commun. 22(3)(2004)574-583.

[14] O. delRío Herrero, R. DeGaudenzi, High efficiency satellite multiple access scheme for machine-to-machine communications, IEEE Trans. Aerospace Electron. Syst. 48(4)(2012)2961-2989.

[15] E. Casini, R. De Gaudenzi, O. delRío Herrero, Contention resolution

diversity slotted ALOHA(CRDSA): an enhanced random access scheme for satellite access packet networks, IEEE Trans. Wireless Commun. 6(4)(2007)1408-1419.

[16] O. delRío Herrero, R. DeGaudenzi, A high-performance MAC protocol for consumer broadband satellite systems, in: Proceedings of 27th AIAA International Communications Satellite Systems Conference, Edinburgh, United Kingdom, June 1-4, 2009.

[17] O. delRío Herrero, R. DeGaudenzi, J. L. Pijoan Vidal, Design guidelines for advanced random access protocols, in: Proceedings of the 30th AIAA International Communications Satellite Systems Conference, Ottawa, Canada, September 24-27, 2012.

[18] R. Romanato, E. Rossini, G. Chiassarini, A. Masci, D. Silvi, P. Burzigotti, D. Giancristofaro, AMPIST: an advanced modem prototype for interactive satellite terminals with contention resolution diversity slotted ALOHA(CRDSA) capabilities, in: 17th Ka and Broadband Communications, Navigation and Earth Observation Conference, Palermo, Italy, October 3-5, 2011.

[19] G. Liva, Graph-based analysis and optimization of contention resolution diversity slotted ALOHA, IEEE Trans. Commun. 59(2) (2011)477-487.

[20] H. -C. Bui, J. Lacan, M. -L. Boucheret, An enhanced multiple random access scheme for satellite communications, in: Wireless Telecommunications Symposium (WTS), London, United Kingdom, April 18-20, 2012, pp. 1-6.

[21] H. -C. Bui, J. Lacan, M. -L. Boucheret, Multi-slot coded ALOHA with irregular degree distribution, in: Proceedings of the1st International IEEE-AESS Conference in Europe on Space and Satellite Telecommunications(ESTEL), Rome, Italy, October 2012.

[22] E. Paolini, G. Liva, M. Chiani, High throughput random access via codes on graphs: coded slotted ALOHA, in: Proceedings IEEE International Conference on Communications(ICC), Kyoto, Japan, June 5-9, 2011.

[23] G. Cocco, N. Alagha, C. Ibars, S. Cioni, Network-coded diversity protocol for collision recovery in slotted ALOHA networks, Wiley

Int. J. Sat. Commun. Netw. 32(3)(2014)225-241.

[24] F. Collard,R. De Gaudenzi,On the optimum packet power distribution for spread ALOHA packet detectors with iterative successive interference cancellation,IEEE Trans. Wireless Commun. 13(12) (2014)6783-6794.

[25] A. J. Viterbi,Very low rate convolutional codes for maximum theoretical performance of spread-spectrum multiple-access channels,IEEE J. Select. Areas Commun. 8(4)(1990)641-649.

[26] M. K. Varanasi,T. Guess,Optimum decision feedback multiuser equalization with successive decoding achieves the total capacity of the gaussian multiple access channel,in:IEEE Proceedings of the 31st Asilomar Conference on Signals,Systems and Computers, Pacific Grove,USA,vol. 2,November 2-5,1997,pp. 1405-1409.

[27] A. Mantravadi,V. V. Veeravalli,MMSE detection in asynchronous CDMA systems:an equivalence result,IEEE Trans. Inf. Theory 48(12)(2002)3128-3137.

[28] L. Cottatelluci,M. Debbah,R. R. Müller,Asymptotic design and analysis of multistage detectors for asynchronous CDMA systems, in:IEEE International Symposium on Information Theory, Chicago,USA,27 June-2 July 2004.

[29] L. Cottatellucci,R. R. Müller,M. Debbah,Asynchronous CDMA systems with random spreading—part Ⅱ:design criteria,IEEE Trans. Inf. Theory 56(4)(2010)1498-1520.

[30] R. A. Horn,C. R. Johnson,Matrix Analysis,Cambridge University Press,United Kingdom,1985,p. 14,ISBN 978-0-521-38632-6.

[31] S. Moshavi,Multi-user detection for DS—CDMA communications, IEEE Commun. Mag. 34(10)(1996)124-136.

[32] R. R. Müller,S. Verdú,Design and analysis of low-complexity interference mitigation on vector channels,IEEE J. Select. Areas Commun. 19(8)(2001)1429-1441.

[33] L. Cottatellucci,R. R. Müller,A systematic approach to multistage detectors in multipath fading channels,IEEE Trans. Inf. Theory 51(9)(2005)3146-3158.

[34] G. Gallinaro,N. Alagha,R. De Gaudenzi,K. Kansanen,R. Müller,

P. SalvoRossi, ME — SSA: an advanced random access for the satellite return channel, Accepted for publication in the Proceedings of the IEEE 2015 International Conference on Communications (ICC), London, UK, 8-12 June 2015.

[35] C. Kissling, Performance enhancements for asynchronous random access protocols over satellite, in: Proceedings IEEE International Conference on Communications(ICC), Kyoto, Japan, June 5-9 2011, pp. 1-6.

[36] F. Clazzer, C. Kissling, Enhanced contention resolution ALOHA— ECRA, in: 9th International ITG Conference on Systems, Communications and Coding (SCC), Munich, Germany, January 2013.

[37] R. DeGaudenzi, O. delRío Herrero, G. Acar, E. Garrido Barrabés, Asynchronous contention resolution diversity ALOHA: making CRDSA truly asynchronous, IEEE Trans. Wireless Commun. 13(11 (November))(2014)6193-6206.

[38] M. Andrenacci, G. Mendola, F. Collard, D. Finocchiaro, A. Recchia, Enhanced spread spectrum aloha demodulator implementation, laboratory tests and satellite validation, Wiley Int. J. Sat. Commun. Netw. Special issue on S-band Mobile Interactive Multimedia, 32(6(November/December))(2014)521-533.

[39] R. Hermenier, A. Del Bianco, M. A. Marchitti, T. Heyn, A. Recchia, F. Collard, M. Andrenacci, G. Mendola, A. Vaccaro, S-MIM field trials results, Wiley Int. J. Sat. Commun. Netw. Special issue on S-band Mobile Interactive Multimedia, 32(6(November/ December))(2014)535-548.

[40] ETSI EN 301542-2 v1. 1. 1, Digital Video Broadcasting (DVB); Second Generation DVB Interactive Satellite System (DVB — RCS2); Part2: Lower Layers for Satellite Standard, January 2012.

[41] O. del Río Herrero, E. Casini, R. De Gaudenzi, Contention resolution diversity slotted ALOHA plus demand assignment(CRDSA—DA): an enhanced MAC protocol for satellite access packet networks, in: 23rd AIAA International Communications Satellite Systems Conference, Rome, Italy, September 25-28, 2005.

［42］C. Kissling, A. Munari, On the integration of random access and DAMA channels for the return link of satellite networks, in: IEEE International Conference on Communications（ICC）, Budapest, Hungary, June 9-13, 2013, pp. 4282-4287.

［43］A. Meloni, M. Murroni, Random access in DVB—RCS2: design and dynamic control for congestion avoidance, IEEE Trans. Broadcasting 60(1)(2014)16-28.

［44］S. Verdú, S. Shamai, Spectral efficiency of CDMA with random spreading, IEEE Trans. Inf. Theory 45(2)(1999)622-640.

［45］G. J. Foschini, M. J. Gans, On limits of wireless communications in a fading environment when using multiple antennas, Wireless Pers. Commun. Springer 6(3)(1998)311-335.

［46］S. Verdú, The capacity region of the symbol-asynchronous Gaussian multiple-access channel, IEEE Trans. Inf. Theory 35(4)(1989) 733-751.

［47］Kiran, D. Tse, Effective bandwidth and effective interference for linear multiuser receivers in asynchronous channels, in: Proceedings IEEE Information Theory Workshop（ITW）, pp. 141-142, 22-26 June 1998, Killarney, Ireland.

［48］D. N. C. Tse, S. V. Hanly, Linear multiuser receivers: effective interference, effective bandwidth and user capacity, IEEE Trans. Inf. Theory 45(2)(1999)641-657.

［49］R. R. Müller, Successive vs. joint decoding under complexity and performance constraints, Elsevier Int. J. Electron. Commun. 55(2) (2001)141-143.

［50］A. Mengali, Optimization of the non spread-spectrum random access capacity(MSc thesis), University of Pisa, 2014.

［51］C. Miguel, A. Fernandez, L. Vidaller, V. Burillo, PRODAT, a multi-functional satellite mobile communication system, in: Proceedings of the Mediterranean Electrotechnical Conference（MELECON）, Lisbon, Portugal, April 11-13, 1989, pp. 489-492.

［52］I. M. Jacobs, A. Salmasi, K. S. Gilhousen, L. A. Weaver, A. Lindsay , T. J. Bernard, J. Thomas, A second anniversary operational review of the OmniTRACS（R）: The first two-way mobile Ku-band satellite communications system, in: Proceedings of the 2nd International Mobile Satellite Conference (IMSC), Ottawa, Canada, June, 17-20, 1990, pp 13-18.

[53] Viasat, A breakthrough in satellite communications: the story of the technology behind ArcLight, Online J. Space Commun. Fall (7) (2004) VSAT Communication.

[54] Newtec, Sat3Play IP Broadband System, http://www. newtec. eu/product/sat3play-ipbroadband-hub.

[55] SES Broadband Services, Astra Connect, http://www. ses-broadband. com/10338323/about-astra-connect.

[56] Eutelsat Unveils New Direct-to-Home Antenna, ViaSatellite, July 25, 2013.

[57] ETSI EN 301790 v1. 2. 2, Digital Video Broadcasting (DVB): Interaction channel for satellite distribution systems, December, 2000.

[58] Telecommunication Industry Association TIA-1008, IP Over Satellite, October 2003.

[59] ETSI TS 102721-3 v1. 1. 1, Satellite Earth Stations and Systems: Air Interface for S-band Mobile Interactive Multimedia(S—MIM): Part 3: Physical Layer Specification, Return Link Asynchronous Access, December 2011.

[60] ANTARES Communication Standard Technical Specifications, http://artes. esa. int/news/iris-antares-study-updates-draft-satellite-communications-standard.

[61] F. Giannetti, M. Luise, R. Reggiannini, Chip timing recovery in digital modems for continuous-phase CDMA radio communications, IEEE Trans. Commun. 43(234)(1995)762-766.

[62] European Space Agency, Advanced MODEM techniques for future satellite access networks, ESA Contract Number 4000108548/13/NL/JK, 2013.

[63] G. Gallinaro, F. Di Cecca, M. Marchitti, R. De Gaudenzi, O. del Río Herrero, Enhanced spread spectrum ALOHA system level performance assessment, Wiley Int. J. Sat. Commun. Netw. Special Issue on S-band Mobile Interactive Multimedia, 32 (6

(November/December))(2014)485-503.

[64] G. Akemann, J. Baik, P. Di Francesco, The Oxford Handbook of Random Matrix Theory, Oxford University Press, United Kingdom, 2011, ISBN 9780199574001.

[65] R. Couillet, M. Debbah, Random Matrix Methods for Wireless Communications, Cambridge University Press, United Kingdom, ISBN 978-1-107-01163-2.

[66] S. Scalise, C. Párraga Niebla, R. De Gaudenzi, O. delRío Herrero, D. Finocchiaro, A. Arcidiacono, S－MIM: a novel radio interface for efficient messaging services over satellite, IEEE Commun. Mag. , March 2013, 119-125.

第3章 多波束联合预编码
——基于帧的设计

3.1 引　言

在实现下一代高吞吐量宽带卫星通信之前,为实现高效利用可用频谱的终极目标,还有许多关键技术需要定义。本章的焦点在于用户链路,即卫星与请求交互服务的地面用户终端之间的链路。当前,多波束天线提供了必要的空间自由度,以便分离发送至不同用户的独立的信号。然而,天线旁瓣在邻近波束间产生了干扰。迄今为止,多波束卫星一般通过在波束间采用频率复用和极化复用来处理干扰增大的问题,但频率复用限制了系统的总吞吐量。例如,最新的高吞吐量卫星(High Throughput Satellite, HTS)系统(如吞吐量约为 140 Gbit/s 的 Viasat－1[1])通常将可用带宽分为两个频带和两个正交极化,在覆盖区域内形成一个四色频率复用模式。从目前的发展趋势来看,未来不可避免地需要部署大量的波束。然而,卫星上的硬件和成本限制决定了多波束卫星上的波束数量不可能无限制增多。

预期下一代宽带交互式 HTS 系统将会采用更加激进的频率复用方式来提高容量。当在每个波束中复用所有可用带宽和极化资源时,将可获得最佳效率。这样的配置在提高用户链路带宽的同时也导致了接收机端干扰增大。为解决干扰问题,在发射机端采用先进干扰管理技术的方法应运而生。图 3.1 所示为宽带多波束卫星系统。具体而言,干扰抑制技术指 MU－MIMO 方法。研究表明,在网关站(Gateway Station, GW)对传输信号进行线性编码,并通过多波束卫星天线传输至多个 UT 将可获得极大的增益(参见文献[2]及其中的参考文献)。其他的研究,如 ESA[3,4] 及相关出版物[5,6]等已经基于 MU－MIMO 的理论框架论证了预编码的性能。

图 3.1 给出的是小规模 3 波束例子,其中多个 UT 分布在覆盖区域内。当邻近波束共享相同频带时,由于多波束天线的旁瓣包络,因此干扰无法得到充分抑制。在这一背景下,便需要使用干扰抑制技术。通信标准潜在的帧结构阻碍了这些技术的应用。

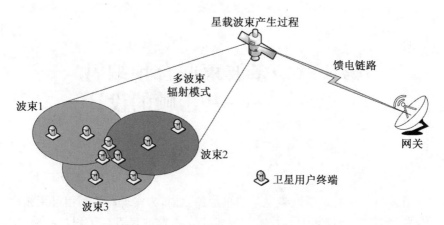

图 3.1　宽带多波束卫星系统

3.1.1　卫星环境中的预编码和波束成形

首先,有必要理清相关文献中经常采用的各个术语的含义。本章的重点在于适用于前向链路的被称为预编码的干扰抑制技术。由于天线阵列中的辐射波束是依据用户位置形成的,因此在地面通信中,预编码又称波束成形(或波束指向)。波束成形一词主要来源于可灵活地将主瓣指向任意方向角的均匀线性阵列。然而,从卫星通信角度来看,波束成形是指基于地理位置的固定波束方向图的形成;星载波束成形网络通过线性合并天线阵列的每个阵元(或馈源)的辐射方向图,在射频生成定向波束辐射方向图。换句话说,在单波束多馈源的卫星中,覆盖区域中单波束的形成实际上需要多个天线馈源的参与。然而,该波束生成只需用到地理参数,因此该波束成形方法无须考虑具体的用户位置,用户位置只有在预编码中才需加以考虑。具体而言,研究人员提出使用地基波束成形(Ground Based Beam Forming,GBBF)和混合架构[8-10]来赋予其高度的灵活性(参见第 5 章)。文献[4,6,11]中探讨了 GBBF 和预编码的结合(联合设计)。该联合设计也指在馈源空间中进行预编码,而文献[3,5]则采用了固定星上波束成形,因此是在波束空间中进行预编码。在单 GW 场景中,馈源空间预编码取代波束空间预编码的好处是显而易见的,去除将大量馈源转变为少量波束的固定星上波束形成器,将有望提供更大的增益,因为馈源空间预编码可以提供更大的传输自由度。具体而言,馈源空间预编码通过构建比波束空间预编码具有更大维度的处理矩阵,利用了所有辐射单元。如果在所有馈源上进行信号处理,那么信道矩阵中的传输维度将会增多。另外,波束空间处理明显无法对多条馈源进行独立处理,从而导致信道矩阵的维度降低,最终导致预编码的增益降低。

任何增益的获得均需付出代价。频率复用的增多需要更大的馈电链路带宽,导致了对 GW 的数量需求增大。因此,对于宽带卫星网络而言,馈源空间处理实际实施起来更加复杂。此外,馈源空间处理取代波束空间处理产生的增益在很大程度上取决于所采用的参数。但是,目前实施的及构想中的 HTS 均是采用单馈源单波束架构[12]的。本章采用单馈源单波束方案这一最先进的技术,因此馈源空间预编码和波束空间预编码是一致的。该方案也意味着,单 RF 链会促使单馈源上形成一个波束。该方案对多波束卫星通信载荷的含义不在本章的了解范围内,因此将不做深入讨论。

3.1.2　卫星上的预编码:标准化视角

在标准化发展方面,DVB(数字视频广播)最近发布的 DVB－S2 扩展(DVB－S2 Extension,DVB－S2X)中包含了一个为干扰管理技术提供必要成帧和信令支持的可选规范(参见文献[13]中的附件 E)。至此,物理层上预编码所需的所有元素均已介绍完。宽带交互网络中,预编码技术的实施需要一个空中接口来为诸多重复特征提供支持,包括规则信道成帧结构、特殊导频、用于同步辅助和从终端到网关的反馈信令消息所需的独特字。DVB－S2X 标准涵盖了所有这些特征[13],尤其是有关这些规范的附件 E"超级成帧结构"(超帧结构)。超帧结构通过使用沃尔什－哈达码序列来支持正交的超帧帧头(Start of Super-Frame,SOSF)和导频域。随后,一系列正交序列可被分配到多点波束网络中的同信道载波上(每个波束中的一个独特序列)。这些特征使得 UT 可估测 SINR 的值很低时的信道响应。波束特定正交序列使得终端可将信道估计与波束编号一一联系起来。

格式规范了超帧结构的 2 和 3 部分(1 用于预编码),为支持预编码数据检测,还规定了一个导频域用于辅助幅度和载波相位恢复。这些导频域使用一个更为巧妙的多层序列(与以下的载荷数据之一拥有同样的调制格式)来降低接收机的同步任务问题的难度。超帧结构的 2 和 3 部分的另外一个重要特征是使用束 PL－FRAME 概念维持一致且恒定的 PL－FRAME(共信道载波上)大小的概率,在束 PL－FRAME 中基于 DVB－S2 标准的自适应编码分组采用一种固定的帧结构。在束 PL－FRAME 中,其数据与相同预编码系数相乘的用户将被及时调度,不同共信道载波上帧的对齐将有助于网关减轻计算负担。

图 3.2 和图 3.3 所示为基于网关的预编码技术的功能描述。图 3.2 描述了用以支持预编码技术的主要功能任务。用户终端负责估测主要的干扰波束对应的各个信道的相关系数,这些系数随后将通过附件 E.4 中描述的信令消息,以最大每信令 500 ms 的速率发回信关站。图 3.3 给出了支持预编码的 DVB-S2X 信关站调制解调器的功能框图。块状"预编码矩阵"在系列调制器的星座映射器后应用,并在除分散的正交引导域和帧头部分外的其他所有超帧域中被激活。该块状域将基于用户终端的信关站处理器,通过返回链路(基于星上或地面的)向网关反馈计算产生的预编码矩阵系数作为输入。

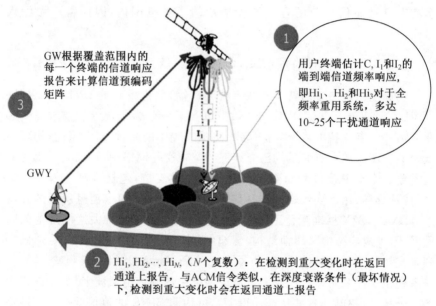

图 3.2　基于网关的预编码技术的功能描述:反馈机制

3.1.3　实际考虑

通过单个波束传输一个以上接收机数据的场景要采用预编码算法(如在多播中同样的信息需传送到不同的接收端)。此时,将一个信号发送至一个特定用户的传统预编码算法不再适用。因此,本章将考虑一些可能的替代方案。具体而言,本章的重点是多播约束下多天线卫星传输器的优化。换句话说,由于每次传输中的多用户成帧,因此预编码矩阵需要处理传送相同系列符号的多个用户信道。对于卫星通信而言,这是一个十分关键并且具有普遍性的难题,必须应用现有卫星标准的结构来解决。下面将

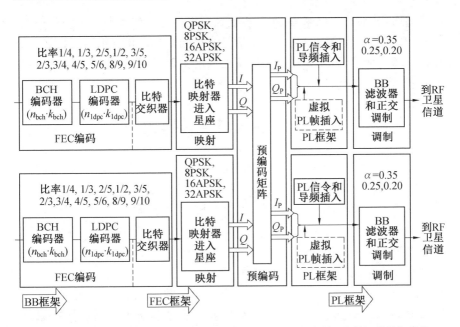

图 3.3　基于网关的预编码技术的功能描述:基于 DVB—S2 块的发射机的设想结构

其称为基于帧的预编码[2]。

对于高通量卫星而言,其他实际的约束依然存在。例如,用户链路容量需伴随馈电链路容量的提升而等值提升。在大型多波束场景中,单个网关不足以支撑信号的上行传输,因此需要多个网关。在这些场景中,假定每个网关服务一组邻近波束(称为簇),如果多个网关间可相互交换全部数据,则系统在适当的同步下即可实现最佳性能。本章不深入探讨这个实际约束问题,读者若想了解更多细节,可参阅文献[2]及其参考文献。

3.1.4　基于帧的预编码:多组多播方法

前面已说明,本章的重点在于研究卫星通信的固有特性对卫星上预编码设计成帧的约束。本章将指出成帧预编码问题与共信道组的物理层多播间的联系。当多天线传输器将不同的公共数据组传输至不同的用户组时,即视为实现了共信道组物理层多播场景。多组多播形式的本质是一个符号被传输至多个接收机。在基于帧的预编码的背景下,同一预编码器应适用于不同数据形式的成帧接收机,如同多播形式。为准确地对这个问题进行建模与分析,可假定相同的信息被传输至同组内用户(即同一帧内的用户)。

然而,从通信角度来看,实际传输至同组内用户的数据并非完全一致,因此,常见的数据假设可通过解决信号多播问题来优化预编码器设计。正如以下章节所讨论的,采用逐帧解析处理的预编码矩阵计算方法可确保特定性能指标的最优性。

3.2 系统与信道模型

DVB-S2X 的超帧结构可以实现先进的干扰消除技术[13]。然而,这个结构也对实际预编码的实施增加了特定的限制。如前所述,这个问题被称为基于帧的预编码。每一个传输帧将处理多个用户信号(图 3.4 给出了该模型应用双天线的例子)。各个用户下面的字母表示第 i 个用户,每次传输将服务同一帧内的所有用户。假定相关帧在时间和规格上充分对齐。卫星标准化机构研究了这些因素并取得巨大进展[13]。要实现对帧的约束,必须考虑发送端的所有操作。来自上层的数据包被分割,并封装入相同的 FEC 帧。一般情况下,一个 FEC 帧可容纳属于不同用户的数据段;编码后,不同的数据段将散布于 FEC 帧中;然后,多个 FEC 帧形成一个超帧(图 3.4 中将其简称其为帧);最后,对应于单个用户的各个符号在帧中相互交织,导致无法在时间上对齐。此外,依据单个用户的需求,各帧中的用户数据载荷可能不同。依据该方法,基于帧的预编码将取代传统的单次传输单 UT 的假定,从而成为一项更为重要的技术。

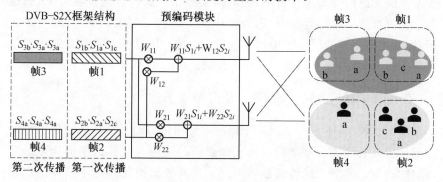

图 3.4　提出的系统模型

3.2.1 多播信道模型

本章考虑的系统可以描述如下。先定义一个多用户多输入单输出(Multiple-Input Single-Output,MISO)多播系统。假定在一个传输器中,N_t 表示发送单元的数量,N_u 表示服务的用户数量,那么输入-输出基带信号模型可表示为 $y_i = h_i^\dagger x + n_i$。其中,$h_i^\dagger$ 是一个由位于第 i 个用户和传输器的 N_t 天线间信道系数(即信道增益和相位)组成的 $1 \times N_t$ 向量;x 是传输符号的 $N_t \times 1$ 向量;n_i 是在第 i 个用户的接收天线测得的独立复数圆对称(Complex Circular Symmetric,c.c.s.)、独立同分布(Independent Identically Distributed,i.i.d.)的零均值加性白高斯噪声(Additive White Gaussian Noise,AWGN)。噪声方差假定归一化为 1,即 $\sigma^2 = 1$。这个模型假定没有符号间干扰,通过符号匹配滤波器实现理想时间采样,则信号在时间和载波频率上将完美同步。对于多组多播场景,假定合计有 $1 \leqslant G \leqslant N_u$ 个多播组,其中 $T = \{G_1, G_2, \cdots, G_G\}$ 表示指数系列集合,G_k 为同属于第 k 个多播组的用户集,$k \in \{1, \cdots, G\}$。每个用户只属于一个组,因此 $G_i \cap G_j = \varnothing, \forall i, j \in \{1, \cdots, G\}$。令 $w_k \in C^{N_t \times 1}$ 表示应用于传输天线形成的波束指向第 k 组的预编码加权矢量。将所有用户信道集合入同一个信道矩阵,则通用线性信号模型的矢量公式可表示为

$$y = Hx + n = HWs + n \tag{3.1}$$

式中,y 和 $n \in C^{N_u}$;$x \in C^{N_t}$;$H \in C^{N_u \times N_t}$。在多组多播场景中,预编码矩阵 $W \in C^{N_t \times G}$ 包含与组数相等的预编码向量数(即列)。这代表传输的独立符号数 $s \in C^G$。在信息独立传输至不同组的情况下,各符号流 $\{s_k\}_{k=1}^G$ 互不相关,天线矩阵发射的总功率为

$$P_{\text{tot}} = \sum_{k=1}^{G} w_k w_k^\dagger = \text{Trace}(WW^\dagger) \tag{3.2}$$

式中,$W = [w_1, w_2, \cdots, w_G]$。

各个天线单元发射的功率是所有预编码器的线性结合,表示为

$$P_l = \Big[\sum_{k=1}^{G} w_k w_k^\dagger \Big]_{ll} = [W_k W_k^\dagger]_{ll} \tag{3.3}$$

式中,$l \in \{1, \cdots, N_t\}$,表示天线索引。

文献[14]中的总功率约束(Sum-Power Contraint,SPC)和文献[15]中提出的单天线约束(Per-Antenna Constraint,PAC)间的基本差异,可参见后文的式(3.34),其中实现了 N_t 个而非 1 个约束,每个约束均涉及所有预编码矢量。

3.2.2　等效信道模型

也可以采用文献[2]中提出的简化信道模型,以提供更容易处理的表达式。为进一步简化分析,假定每个波束中,各个帧中调度的 UT 数量

(N_u) 相同。此外，各帧具有恒定的大小，且传输在各波束间完全同步。为促进对这个模型的理解，定义多平方信道矩阵 $\boldsymbol{H}_{[i]} \in C^{N_t \times N_t}$ ($i=1, \cdots,$ N_u)。依据卫星预编码文献中的常见假定，每个矩阵对应于一个单波束单用户实例(如文献[16]及其中的其他文献)。为建模基于帧的预编码约束，该通用输入－输出信号模型可扩展为[2]

$$y_{[i]} = \boldsymbol{H}_{[i]} \boldsymbol{x}_{[i]} + \boldsymbol{n}_{[i]} = \boldsymbol{H}_{[i]} \boldsymbol{W} \boldsymbol{s}_{[i]} + \boldsymbol{n}_{[i]} \tag{3.4}$$

式中，$y, x, n, s \in C^{N_t}$，且 $E \| n \|^2 = \sigma^2$，$E \| s \|^2 = 1$；$\boldsymbol{H}_{[i]} \in C^{N_t \times N_t}$ 是总非平方信道矩阵的一个单波束单用户实例；下标 $[i]$ 对应于单帧内需要服务的单波束不同 UT，即 $k=1, \cdots, N_u$。此外，在这个案例中，$K = N_t N_u$。上述定义可以计算一个等效预编码器 $\boldsymbol{W} = f(\boldsymbol{H}_{[x]})$。

3.2.3　多波束卫星信道

在本章中，上述通用系统模型适用的多波束卫星信道的定义如下。文献[17]中采用了一个覆盖全欧洲的 245 个波束的方向图。本章将采用一个复杂信道矩阵来模拟每一个 UT 的链路预算和信号传播及载荷引起的相位旋转效应。具体而言，从文献[18]中推演的模型入手，总信道矩阵 $\boldsymbol{H} \in C^{N_u \times N_t}$ 可表示为

$$\boldsymbol{H} = \boldsymbol{\Phi}_p \boldsymbol{B} \tag{3.5}$$

该信道矩阵可以模拟多波束天线的方向图和各用户间不同传播路径产生的信号相位。实际矩阵 $\boldsymbol{B} \in \mathbf{R}^{N_u \times N_t}$ 模拟了卫星天线辐射方向图、路径损耗、接收天线增益和噪声功率，其中 b_{ij} 可以表示为

$$b_{ij} = \left(\frac{\sqrt{G_R G_{ij}}}{4\pi (d_k \cdot \lambda^{-1}) \sqrt{k T_{cs} W}} \right) \tag{3.6}$$

式中，d_k 表示第 k 个 UT 与卫星间的距离(斜距)；λ 为波长；k 为玻尔兹曼常数；T_{cs} 为接收机的晴空噪声温度；W 为用户链路带宽(本章的引言部分已做定义)；G_R 为接收机的天线增益(假定所有接收机的天线增益均相同)；G_{ij} 为第 i 个单天线 UT 和第 j 个星载天线(即馈源)间的多波束天线增益。一个更为详尽的问题表达式不在本书的研究范围内，该表达式中的 $\boldsymbol{\Phi}$ 矩阵由两部分组成：地面相位贡献和空中波束形成网络。本章假定单波束单馈源，更深入的扩展留待后续研究。

因此，每个卫星天线－UT 对的波束增益取决于天线方向图和用户位置。多波束卫星信道中的基本假定是长传播路径导致的一个用户在各个传输天线间的相位均相同[16,18-20]。因为传输天线和所有信号到特定接收

机间的长传播距离间的距离相对较小,所以假定一个 UT 和所有传输馈源间的相位相同是可行的。然而,这个假定没有考虑由星载设备不理想和 / 或星上路径不同引起的相位。因此,在式(3.5)中,对角方矩阵 $\boldsymbol{\Phi}_p$ 按下式生成:

$$[\boldsymbol{\Phi}_p]_{kk} = \mathrm{e}^{j\varphi k}, \quad k = 1, \cdots, N_u$$

式中,$\boldsymbol{\Phi}_k$ 是 $(0, 2\pi]$ 中的均匀随机变量,且 $[\boldsymbol{\Phi}_p]_{kn} = 0 (k \neq n)$。

为更准确地对载荷 / 馈电链路进行建模,以下章节将扩展该模型用以解释各负载 RF 链路间的差异化相位误差。

3.2.4　载荷相位误差

要使建模准确,必须对从地面调制器到卫星再到 UT 的完整传输链路及实际载荷相位效应进行建模。该模型最初在文献[12]中被提出,并针对其对预编码的影响进行了研究。

1. 对相位偏移的敏感度

在这个框架中,假设可获得精确的 CSI。也就是说,在小区 i 和接收机中的所有位置 x 处的发射端上精确地得到矩阵行 $\boldsymbol{H}_i(x)$,限于其在小区 i 中的位置。此外,假设复信道增益的相位由以下三个分量共同决定。

(1)RF 信号传播路径导致的相位偏移,在所有将信号辐射到一个接收机的所有天线馈源上大致恒定。

(2)在接收机上使用商用级低噪声下变频器(Low-Noise Block,LNB)而产生的相位偏移。该偏移量取决于相位误差的二阶统计量。根据文献[22]可知,相位误差可以看作均值为 0 和 RMS 值为 0.24° 的高斯随机变量。

(3)有效载荷振荡器相位偏移。

用 k 表示用户位置编号,i 表示小区编号,j 表示天线馈送编号,可以将复信道增益表示为

$$(\boldsymbol{H}_k)_{i,j} = (\boldsymbol{M}_k)_{i,j} \mathrm{e}^{j(\Theta_k)_{i,j}} \tag{3.7}$$

式中,$\boldsymbol{M}_k$ 是对应于 $\boldsymbol{H}_k$ 的基于元素的绝对值矩阵。

综上所述,复数增益相位可以分成两部分,可以写成如下形式:

$$(\boldsymbol{\Theta}_k)_{i,j} = \theta_{\mathrm{RF},k,i} + \theta_{\mathrm{LNB},k,i} + \theta_{\mathrm{PL},j} \tag{3.8}$$

2. 非理想 CSI 估计

信道矩阵 $\boldsymbol{H}_k$ 的最大似然(Maximum Likelihood,ML)估计需要传输导频符号矩阵 $\boldsymbol{X}_p$ 和相应的接收信号样本的反馈:

$$Y_{P,k} = H_k X_P + Z_{P,k}, \quad k = 1, \cdots, N_u \tag{3.9}$$

假设平均导频信号功率等于 $\beta_1 P$，其中 P 是平均数据信号功率。导频符号矩阵 X_p 具有 N_b 行和 N_p 列，即导频符号在 $N_p = \beta_2 N_b$ 符号时间上发送。ML 信道矩阵估计很容易获得如下公式：

$$\hat{H}_k = Y_{P,k} X_P^H (X_P X_P^H)^{-1} = H_k + Z_{P,k} X_P^H (X_P X_P^H)^{-1} \tag{3.10}$$

如果噪声样本是 i.i.d.，服从 $N_c(0, \sigma_Z^2)$，估计误差矩阵的行

$$E_k \triangleq Z_{P,k} X_P^H (X_P X_P^H)^{-1} \tag{3.11}$$

也是 i.i.d，协方差矩阵为 $\sigma_Z^2 (X_P X_P^H)^{-1}$。假设矩阵乘积 $X_P X_p^H$ 与常数因子酉矩阵成比例，可以将每个估计误差矩阵 E_k 的元素看作独立的复高斯分布为 $N_c(0, \sigma_P^2)$，其中估计误差方差由下式给出：

$$\sigma_P^2 = \frac{1}{\beta} \frac{\sigma_Z^2}{N_b P} \tag{3.12}$$

式中，$\beta = \beta_1 \beta_2$ 表示导频插入导致的系统开销。它会考虑到分配给导频传输的平均功率相对于数据传输的增加和分配用于导频符号传输的时间（$\beta_2 > 1$ 表示相对于导频符号的最小数量 N_b 的开销）。根据该公式，增加信道估计的准确度与为系统增加额外的导频开销之间需进行折中。较高的 β 将降低信道估计误差的方差，从而得到更准确的信道估计。尽管如此，增加导频数量也会减少封装在固定大小帧中的用户数据量。

3. 过时的 CSI

很明显，预编码要求在发射机处具有 CSI 的可用性。CSI 通过将接收机连接到卫星和网关的反馈链路发送。CSI 可用并且其延迟对应来自地球静止轨道（Geostationary Orbit，GEO）的四跳传播延迟（500 ms）的总和、由反馈的周期性（100 ms）引起的延迟和额外的处理延迟。将这个问题称为过时 CSI，相应的延迟将称为 CSI 延迟，大约为 1 s。为分析过时 CSI 在仿真结果中的影响，将考虑具有零均值的高斯分布和以（°）表示的 RMS 值 σ_{RF} 的残差 $\Delta \theta_{RF,k,i}$ 的存在。

3.2.5 馈电链路

本章假定一个理想的馈电链路，这意味着所有多波束卫星由单个 GW 服务。在全频率复用配置中，这需要馈电链路带宽等于波束数量乘极化数量后再乘总用户链路带宽的积。显然，在大型多波束系统中，这种假设会为馈电链路带来诸多限制。通过保持馈电链路带宽的限制并采用多个完全互连并且同步的 GW 服务于波束簇，可以减少限制而不损害性能。尽管

如此,这样的假设也是理想的,获得的结果可以作为性能上限。GW 之间不同级别的协调并采用分布式算法可以提供更实际的解决方案,但这会牺牲系统的总体性能[23]。

3.3　基于帧的预编码设计

在进一步研究并提出用户调度策略具体细节之前,需要重点讨论预编码矩阵的设计。首先应该指出的是,预编码向量的设计和用户选择是两个独立的问题。实际上,基于特定用户实例(即需要服务的一组用户)在某种意义上的预编码矩阵中计算最优或启发式被认为是信号处理问题。然而,如果需要在发射机处可用的 CSI 来最大化预编码的增益,那么可以引入对调度的实际考虑。尽管如此,预编码和调度是两个独立的问题,将在下面的章节中进行介绍。首先提供更多关于如何设计预编码矩阵的细节。

3.3.1　单播多波束预编码

在解决基于帧的预编码问题之前,近年来不同的研究集中在单播预编码问题上,或者说,集中在每个传输的每个波束的单个用户的假设下的预编码。这个假设在式(3.4)中表示为 $N_u = 1$。MIMO 技术在卫星上的应用受到在空间段应用独立衰落分布的限制。单个卫星上高度相关的多个天线限制了 MIMO 方法的性能。实际上,在卫星附近不存在散射,导致 MIMO 信道矩阵是一个非满秩矩阵(即地面段来看,卫星上的所有天线的通信仰角基本相同)。由于强视距传播(Line of Sight,LoS),因此 MIMO 卫星信道矩阵的秩接近 1。尽管存在非满秩问题,MIMO 技术在两种卫星场景下也是相关的。首先,在这种情况下,即宽带多波束固定卫星业务场景下,其中信道是 AWGN 信道,两侧实际上没有散射。这种情况下的优势源于系统中天线和用户的数量庞大。在这样的多用户场景中,信号相关性导致的性能损失被系统的维度利用,通过大量发射天线产生的大信道矩阵可以获得显著增益。其次,如第 8 章所述,当至少在接收端存在一些散射时,也可以收集较小信道矩阵的 MIMO 增益。如第 8 章所示,陆地移动卫星(Land-Mobile Satellite,LMS)信道中的 2×2 MIMO 不再是初期状态,显示出移动卫星系统的巨大潜力。单播线性预编码的更具体的讨论将在第 7 章中介绍。

这里考虑单播多波束方案的前向链路。在这种情况下,馈电空间中的线性预编码表达为

$$x = Fs \qquad (3.13)$$

式中,s 是 K 个独立单位能量星座符号的向量,即 $E\{ss^{\mathrm{H}}\} = I_K$,$s$ 的第 k 项是发往第 k 个用户的星座符号;F 是 $N \times K$ 的预编码矩阵,其中对传输功率的限制变为

$$E\{FF^{\mathrm{H}}\} \leqslant P \qquad (3.14)$$

注意,在混合星地系统的处理过程中,F 可视为联合成形波束 B,因此波束空间中的预编码设计 F_b 实际上为 BF_b。因为 F 的值大于 F_b,所以同时考虑波束成形和预编码并不会比分别单独考虑这两个影响因素效果差[17]。

对于经典[24]馈电空间中的线性预编码技术,有 ZF 方法:

$$F_{f,\mathrm{ZF}} = \alpha_{f,\mathrm{ZF}} H^{\mathrm{H}} (H^{\mathrm{H}} H)^{-1} \qquad (3.15)$$

其中,$\alpha_{f,\mathrm{ZF}}$ 的取值使式(3.14)一直取等号。若采用该技术来构建波束和用户间的无干扰链路,其信道增益可能非常低。提高直接信道编码增益将会产生干扰,因此采用线性最小均方差(Linear Minimum Mean Square Error,LMMSE)预编码器。

$$F_{f,\mathrm{LMMSE}} = \alpha_{f,\mathrm{LMMSE}} H^{\mathrm{H}} \left(H^{\mathrm{H}} H + \frac{K\sigma^2}{P} I \right)^{-1} \qquad (3.16)$$

式中,$\alpha_{f,\mathrm{LMMSE}}$ 的取值同样是为了满足所需的功率约束。在波束空间中计算预编码的情况下,卫星上配备固定的波束生成网络,预编码器设置为

$$F_{b,\mathrm{ZF}} = \alpha_{b,\mathrm{ZF}} (HB)^{-1} \qquad (3.17)$$

$$F_{b,\mathrm{LMMSE}} = \alpha_{b,\mathrm{LMMSE}} HB^{\mathrm{H}} [(HB)^{\mathrm{H}} HB + \frac{K\sigma^2}{P} I]^{-1} \qquad (3.18)$$

3.3.2 块 SVD 预编码

事实上,多波束多播场景与 MIMO 广播信道相似。因此,多个单天线用户可视为具有多条天线的一个整体。与 MIMO 广播信道相比,在本书的场景中,只能给每个波束分配一个数据流。此外,可达速率将由 SINR 最差的用户决定。由于它们的相似性,因此可以参照过去已被广泛研究的设计,其中就包括适用于文献[25]中的多播多组 MISO 信道的块对角化的零空间法[38]。这个方法基于零空间映射概念:每个波束向量都通过零矩阵预编码,从而确保其他 MIMO 用户(在文献[25]是指组,在本书的场景中是指波束)不会接收到任何干扰信号。

在场景中,块奇异值分解(Singular Value Decomposition,SVD)方法将以下矩阵作为计算起点:

$$\breve{\boldsymbol{H}}_k = (\boldsymbol{H}_1^{\mathrm{H}}, \cdots, \boldsymbol{H}_{k-1}^{\mathrm{H}}, \boldsymbol{H}_{k+1}^{\mathrm{H}}, \cdots, \boldsymbol{H}_K^{\mathrm{H}})^{\mathrm{H}} \tag{3.19}$$

式中,矩阵 $\boldsymbol{H}_k$ 是第 k 条波束对应的所有用户信道向量集合(即由矩阵 $\boldsymbol{H}$ 的第 $N_u k$ 行到第 $N_u k + N_u - 1$ 行形成的子矩阵),$\boldsymbol{H}_k \in C^{N_u \times N}$,其本质上是不包含第 k 个波束的对应行的多波束信道矩阵。这个矩阵的 SVD 可表示为

$$\breve{\boldsymbol{H}}_k = \breve{\boldsymbol{U}}_k \breve{\boldsymbol{S}}_k (\breve{\boldsymbol{V}}_k, \breve{\boldsymbol{V}}_k^{\mathrm{null}})^{\mathrm{H}} \tag{3.20}$$

式中,$\breve{\boldsymbol{H}}_k$ 和 $\breve{\boldsymbol{U}}_k$ 是酉矩阵,$\breve{\boldsymbol{H}}_k \in C^{(K(N_u-1)) \times N}$,$\breve{\boldsymbol{U}}_k \in C^{(K(N_u-1)) \times (K(N_u-1))}$;$\breve{\boldsymbol{S}}_k$ 是包含奇异值的对角矩阵,$\breve{\boldsymbol{S}}_k R^{(K(N_u-1)) \times N}$;$\breve{\boldsymbol{V}}_k$ 和 $\breve{\boldsymbol{V}}_k^{\mathrm{null}}$ 形成右奇异向量,$\breve{\boldsymbol{V}}_k \in C^{N \times r}$,$\breve{\boldsymbol{V}}_k^{\mathrm{null}} \in C^{N \times (N-r)}$,其中,$r$ 是 $\breve{\boldsymbol{H}}_k$ 的秩。通过这种分解,矩阵 $\breve{\boldsymbol{V}}_k^{\mathrm{null}}$ 用作 $\breve{\boldsymbol{H}}_k$ 的零空间正交基,同时可以用作一个预处理矩阵,来抵消生成的多波束干扰。

　　然而,在下面描述的设定的初步研究中可以观察到,在一般情况下,矩阵 $\breve{\boldsymbol{H}}_k$ 是满秩的,因此它的零空间是空的。在这种情况下,必须利用消除干扰的条件。我们找到了另一个方案,并提出使用如下的正则化的矩阵 $\breve{\boldsymbol{H}}_k$:

$$\boldsymbol{L} = \breve{\boldsymbol{H}}_k \breve{\boldsymbol{H}}_k^{\mathrm{H}} + \alpha \boldsymbol{I}_{KN_u} \tag{3.21}$$

这一信道的正则化表示也在文献[25]中出现过。对角负载因数 α 可被优化,但依据先验将其设定为

$$\alpha = \frac{K\sigma^2}{P} \tag{3.22}$$

这个因子的优化留待在未来的研究中解决,现在要做的是获得以下矩阵的 SVD:

$$\boldsymbol{L}_k = (\boldsymbol{L}_1^{\mathrm{H}}, \cdots, \boldsymbol{L}_{k-1}^{\mathrm{H}}, \boldsymbol{L}_{k+1}^{\mathrm{H}}, \cdots, \boldsymbol{L}_K^{\mathrm{H}})^{\mathrm{H}} \tag{3.23}$$

其可以写作

$$\boldsymbol{L}_k = \boldsymbol{U}_k^L \boldsymbol{S}_k^L (\boldsymbol{V}_k^L, \boldsymbol{V}_k^{L,\mathrm{null}})^{\mathrm{H}} \tag{3.24}$$

式中,$\boldsymbol{L}_k$ 和 $\boldsymbol{U}_k^L$ 是酉矩阵,$\boldsymbol{L}_k \in C^{(K-1)N_u \times KN_u}$,$\boldsymbol{U}_k^L \in C^{K(N_u-1) \times K(N_u-1)}$;$\boldsymbol{S}_k^L$ 是包含奇异值的对角矩阵,$\boldsymbol{S}_k^L \in C^{(K-1)N_u \times KN_u}$;$\boldsymbol{V}_k^L$ 和 $\boldsymbol{V}_k^{L,\mathrm{null}}$ 形成右奇异向量,$\boldsymbol{V}_k^L \in C^{(K-1)N_u \times (K-1)N_u - r^L}$,$\boldsymbol{V}_k^{L,\mathrm{null}} \in C^{KN_u \times r^L}$,其中,假设 r^L 是 $\boldsymbol{L}$ 的秩。

　　在这个案例中,r^L 的结果为 $(K-1)N_u$,从而确保 N_u 维的矩阵 $\boldsymbol{L}_k$ 中存在一个零空间。因此,可在这个子空间内放置波束成形向量。请注意,因为不是在矩阵 $\breve{\boldsymbol{H}}_k$ 的零空间上而是在 $\boldsymbol{L}_k$ 的零空间上进行传输,所以可能会产生一些干扰泄漏。

在这种情况下,可在单个波束中进行预编码计算。事实上,每个波束都可对应一个等效信道:

$$H_k^{eq} = L_k V_k^{L,\,\text{null}} \in C^{N_u \times (K-1)Q} \qquad (3.25)$$

现在必须与前面章节一样,选择一个获取第一行波束成形向量的方法。不使用基于半正定化的烦琐计算方法[26],相反,考虑矩阵

$$R_k = H_k^{eq} H_k^{eq,\,H} \qquad (3.26)$$

将其特征向量视为与其最大特征值 r_k 相关。这样的设计意在尽可能在这个与其他波束不能分开的"虚拟"波束中使所有用户的平均 SNR 最大化。

通过以下等式获得该等效波束成形向量:

$$w_k^{\text{block}-\text{SVD}} = H^H V_k^{L,\,\text{null}} r_k \qquad (3.27)$$

这样,通过在矩阵 $W^{\text{block}-\text{SVD}}$ 中以列优先的方式折叠,可获得预编码矩阵。前述步骤可迭代进行,也可平行进行,因为每个波束成形向量都是独立计算的。需指出的是,为保留单馈源功率限制,需计算重新调整对角矩阵 $\Gamma^{\text{block}-\text{SVD}}$,并将结果应用于最终的预编码设计中。

3.3.3 启发式多播感知 MMSE 预编码

正如 3.2.2 节中所解释的,预编码器设计的一个简单方法是进行等价设计,即以用户维度不超过传输天线维度的信道矩阵为考虑对象,通过将问题转变为等价的单波束单用户问题,可直接解析计算预编码矩阵。在单播预编码中,基于等价与重新调整的二元论方法[17] 表现出在最大化系统吞吐量和维持良好的有保障的可用性水平间取得有效平衡的可能,即尽可能减小用户的 SINR。然而,等价和重新调整预编码需要能够适用于帧约束。

文献[27] 中考虑了一个最小均方差意义上的用户数量比传输天线数多的最佳线性编码器 $W = f(H_{[i]})(i=1,\cdots,\rho)$。在为多信道设计一个线性 MMSE 预编码器——$W \in C^{N_t \times N_t}$,$H \in C^{N_t \times N_t}$,其中 $N_u > N_t$——的约束下,无法直接实现这一点。遵照 3.2.2 节的等价信道概念,在包含噪声的信道上收发信号之间的 MMSE 可用文献[27] 中的公式表示如下:

$$W = \arg\min E \left\| \begin{bmatrix} H_{[1]} \\ H_{[2]} \\ \vdots \\ H_{[\rho]} \end{bmatrix} [W][s] + \begin{bmatrix} n_{[1]} \\ n_{[2]} \\ \vdots \\ n_{[\rho]} \end{bmatrix} - \begin{bmatrix} s \\ s \\ \vdots \\ s \end{bmatrix} \right\|^2$$

$$E \| Ws \|^2 = P_n \qquad (3.28)$$

式中,每个天线的功率约束为 P_n,$P_n = P_{tot}/N_t$;而 ρ 为用户组比率,即每组中由同一个编码器负责的用户数量,$\rho = N_u/G$。式(3.28)所表示的问题可按文献[28]中的分析方法进行解决,需要指出的是式(3.28)表示的 MSE 优化问题的代价函数 $C_{(3.28)}$ 可由下式表示:

$$C_{(3.28)} = \mathrm{Tr}\big[(\boldsymbol{H}_{[1]}\boldsymbol{W} - \boldsymbol{I})(\boldsymbol{H}_{[1]}\boldsymbol{W} - \boldsymbol{I})^{\dagger}\big] + \beta\mathrm{Tr}[\boldsymbol{W}\boldsymbol{W}^{\dagger}] + \cdots +$$
$$\mathrm{Tr}\big[(\boldsymbol{H}_{[\rho]}\boldsymbol{W} - \boldsymbol{I})(\boldsymbol{H}_{[\rho]}\boldsymbol{W} - \boldsymbol{I})^{\dagger}\big] + \beta\mathrm{Tr}[\boldsymbol{W}\boldsymbol{W}^{\dagger}]$$

$$= \sum_{i=1}^{\rho} \mathrm{Tr}\big[(\boldsymbol{H}_{[i]}\boldsymbol{W} - \boldsymbol{I})(\boldsymbol{H}_{[i]}\boldsymbol{W} - \boldsymbol{I})^{\dagger}\big] + \rho\beta\mathrm{Tr}[\boldsymbol{W}\boldsymbol{W}^{\dagger}]$$

式中,$\beta = \sigma^2/P_n$。通过微分,可得到

$$\nabla_w C(\boldsymbol{W}) = 0 \tag{3.29}$$

$$\boldsymbol{W}\Big(\sum_{i=1}^{\rho} \boldsymbol{H}_{[i]}^{\dagger}\boldsymbol{H}_{[i]} + \rho\beta\boldsymbol{I}\Big) = \sum_{i=1}^{\rho} \boldsymbol{H}_{[i]}^{\dagger} \tag{3.30}$$

因此,其一般表达式为

$$\boldsymbol{W} = \Big(\frac{1}{\rho}\sum_{i=1}^{\rho} \boldsymbol{H}_{[i]}^{\dagger}\boldsymbol{H}_{[i]} + \rho\beta\boldsymbol{I}\Big)^{-1} \frac{1}{\rho}\sum_{i=1}^{\rho} \boldsymbol{H}_{[i]}^{\dagger} \tag{3.31}$$

通过使用不同的推演方法,文献[25]最先发表了该结果。

备注 3.1　在瑞利衰落的假定下,$\boldsymbol{H}$ 的每个元素服从独立的零均值复高斯随机分布。随后,根据中心极限定理,当每组 ρ 的用户数量趋向于无穷时,预编码器矩阵将趋向于零,即

$$\lim_{\rho \to \infty} \frac{1}{\rho}\sum_{i=1}^{\rho} \boldsymbol{H}_{[i]} = 0 \tag{3.32}$$

备注 3.2　性能降低是瑞利衰落系数的高斯特性所致。然而,当假定非零均值信道时,预编码矩阵将不会趋向零,因此性能损失较小。在 LoS 信号分量多于弱多径传播分量的卫星信道中,这种情况尤为明显。

系统维度较高且信道矩阵被建模成零均值随机变量的环境可印证备注 3.1 的结论。其主要的结果在于,随着单组中用户数量的增加,系统性能将逐渐衰退。到目前为止,仅文献[14,25]通过假定确定组数,探究了用户数量增加导致的系统性能减弱。文献[27]提供了对这一结果的分析证明。此外,由于 $\rho = N_u/G$,因此在用户数量固定的场景中,预期性能将随着组数的增加而逐渐降低。因为每个用户只属于一个组,所以最大组数不会超过 N_u。因此,单组单用户配置将有望实现最佳性能。从另外的角度而言,多播的预编码增益性能将比单播的预编码增益性能差。这个预期结果与多播问题的复杂性中的非多项式(Non Polynomial in Complexity,NP)困难性(文献[26,29])一致。

　　然而,本章的焦点是固定宽带场景,其信道的主要特征是 LoS 非零均值信道。也就是说,该拟建的基于帧的预编码的性能不会随着单组中用户数量的增加而明显降低。这再次证明了基于帧的预编码在固定卫星系统中的适用性。另外,如果考虑移动卫星服务,其主要限制在于需要反馈一个快速时变的信道。因此,在卫星通信环境中可以不用考虑备注 3.1 所述问题。

　　上述结果为预编码矩阵计算提供了一个基于多播的 MMSE 解决方案。然而,这个方案的主要缺陷在于其无法解释实际应用中的单天线约束问题。克服这个障碍最简单的方法是重新调整这个方案,直至不再违反单天线约束[21]。尽管这个操作破坏了这种解决方案的 MMSE 优化,但其提供了低复杂度的设计预编码的启发式方法。将预编码矩阵的每行乘以满足相应天线的功率的倒数的平方根,即可实现重新调整。具体而言,含均等功率分配的预编码矩阵 $\boldsymbol{W}$ 可按下式计算:

$$\boldsymbol{W} = \boldsymbol{D}[\boldsymbol{I}_{N_t} + \boldsymbol{H}_{\mathrm{eq}}^{\dagger}(\boldsymbol{P})\boldsymbol{H}_{\mathrm{eq}}]^{-1}\boldsymbol{H}_{\mathrm{eq}}^{\dagger} \tag{3.33}$$

式中,$\boldsymbol{P} = \mathrm{diag}([P_n, P_n, \cdots, P_n])$,$P_n$ 是每个波束的传输功率,其定义可参见式(3.28)。上述预编码器适用于同属一个帧中的所有 UT。此外,为遵守单天线约束,对角矩阵 $\boldsymbol{D}$ 对预编码矩阵的行进行了归一化处理:

$$\boldsymbol{D} = \mathrm{diag}([d_1, \cdots, d_j])$$

$$d_j = \begin{cases} 1, & \sqrt{\mathrm{trace}(\boldsymbol{w}_j\boldsymbol{w}_j^{\dagger})} \leqslant 1 \\ 1/\sqrt{\mathrm{trace}(\boldsymbol{w}_j\boldsymbol{w}_j^{\dagger})}, & \text{其他} \end{cases} \tag{3.34}$$

式中,$\boldsymbol{w}_j$ 表示预编码矩阵的第 j 行。

3.3.4　最优多组多播预编码

　　基于帧的预编码的基本假定是:每个符号均从单个多天线发送器向多个用户传输,每个用户均具有不同的矢量信道系数。该假定(称为多播多组假定)引入了 NP 困难的预编码设计问题[26]。此外,不同的符号还可以向不同但共信道的多组用户传输。这个存在多组共信道用户相互干扰的案例(称为多播多组案例)更加常见,文献[14]对其做了论述。因为这些多播问题属于 NP 困难问题,所以在需要高精度的近似解决方案中使用先进的凸优化方法来推导多项式[30]。然而,迄今为止的方法无一例外地都仅考虑了传输天线上的总功率约束。因此,文献[15]推导了单天线功率约束多组多播波束成形问题,并对其进行求解。

　　具体而言,受单天线功率约束(Per-Antenna Power Constraint,PAC)

的加权均等多播多组波束形成问题可定义为

$$\max_{t,\langle w_k\rangle_{k=1}^{G}} t \tag{3.35}$$

$$\text{s.t.} \quad \frac{1}{\gamma_i} \frac{\|\boldsymbol{w}_k^{\dagger}\boldsymbol{h}_i\|^2}{\sum\limits_{l\neq k}^{G}\|\boldsymbol{w}_l^{\dagger}\boldsymbol{h}_i\|^2+\sigma_i^2} \geqslant t, \quad i\in G_k, k; l\in 1,\cdots,G \tag{3.36}$$

$$\Big[\sum_{k=1}^{G}\boldsymbol{w}_k\boldsymbol{w}_k^{\dagger}\Big]_{nn} \leqslant P_n, \quad \forall n\in 1,\cdots,N_t \tag{3.37}$$

式中，$w_k \in C^{N_t}$；$t \in \mathbf{R}^{\dagger}$。文献[29]给出了这个问题的具体解决方法。式(3.35)的目标在于通过提高偏离目标性能的用户 SINR 来提高系统的均等性，因此这个问题一般被称为最大－最小公平问题。具体而言，式(3.36)表示用户 SINR 约束数量的集合。所有用户 SINR 都必须大于松弛变量 t。在 SINR 约束下的该变量的最大化确保了最差用户的性能的最大化。此外，SINR 分母中的 $\sum\limits_{l\neq k}$ 代表了多组多播假定，因此计算结果中包含了所有共信道组的累积干扰。此外，在式(3.36)中，用户间不同的业务水平可用 γ_i 表示。

由此可得，这个等式含加权性质。最后，在式(3.37)中，发射机上的每条天线都应用了 PAC$[P_1,P_2,\cdots,P_{N_t}]$。因为上述多播多组问题在公平性上是最优的，所以文献[31,32]中考虑了吞吐量最大化解决方案。具体而言，最大化 PAC 问题下多组多播的和速率定义为

$$\max_{\langle w_k\rangle_{k=1}^{G}} \sum_{i=1}^{N_u}\log_2(1+\gamma_i) \tag{3.38}$$

使得

$$\gamma_i = \min_{m\in G_k} \frac{\|\boldsymbol{w}_k^{\dagger}\boldsymbol{h}_m\|^2}{\sum\limits_{l\neq k}^{N_t}\|\boldsymbol{w}_l^{\dagger}\boldsymbol{h}_m\|^2+\sigma_m^2}, \quad i\in G_k, k; l\in 1,\cdots,N_t \tag{3.39}$$

并且

$$\Big[\sum_{k=1}^{N_t}\boldsymbol{w}_k\boldsymbol{w}_k^{\dagger}\Big]_{nn} \leqslant P_n, \quad n\in 1,\cdots,N_t \tag{3.40}$$

为满足卫星通信系统的需求，文献[32]提出了如下系统优化方案：

$$\max_{\langle w_k\rangle_{k=1}^{G}} \sum_{i=1}^{N_u} f_{\text{DVB-S2X}}(\gamma_i,\boldsymbol{t}) \tag{3.41}$$

使得

$$\gamma_i = \min_{m \in G_k} \frac{|\boldsymbol{w}_k^\dagger \boldsymbol{h}_m|^2}{\sum_{l \neq k}^{N_t} |\boldsymbol{w}_l^\dagger \boldsymbol{h}_m|^2 + \sigma_m^2}, \quad \forall i \in G_k, k; l \in 1, \cdots, N_t \quad (3.42)$$

并且

$$\Big[\sum_{k=1}^{N_t} \boldsymbol{w}_k \boldsymbol{w}_k^\dagger\Big]_{nn} \leqslant P_n \quad (3.43)$$

且有

$$\gamma_i \geqslant \gamma_{\min}, \quad i \in 1, \cdots, N_u \quad (3.44)$$

除式(3.43)中的单天线功率限制外,上述优化还确认了通信系统调制受容量限制和卫星通信严格的可用性要求。后者是通过式(3.44)中的最低速率约束(Minimum Rate Constraint, MRC)实现的。具体而言,这个约束要求所有用户都需至少达到所采用标准的最强调制和编码方案所支持的最小 SINR,这可以确保在覆盖范围内实现零中断。另外,通过式(3.41)的对数成本函数 C_{loglike} 表示调制约束。具体而言,频谱效率可以表示如下:

$$C_{\text{loglike}} = f_{\text{DVB-S2X}}(\min_{i \in G_k}\{\text{SINR}_i\}, \boldsymbol{t}) \quad (3.45)$$

式中,在频谱效率函数 $f_{\text{DVB-S2X}}$ 接收每位用户的 SINR 和阈值矢量 $\boldsymbol{t}$ 作为输入。然后,$f_{\text{DVB-S2X}}$ 将输入 SINR 进行舍入到由阈值矢量 $\boldsymbol{t}$ 给定的最近的下层,并输出相应的频谱效率(以 $\text{bits} \cdot \text{s}^{-1} \cdot \text{Hz}^{-1}$ 为单位)。这个步骤用 $\lfloor \cdot \rfloor_t$ 表示。最新版的卫星通信标准[13]中明确定义了单独调制和编码(编码调制)方案实现的接收 SINR 域向频谱功率的映射,其包含一个香农公式给出的信道容量近似对数依赖的粒度函数。从 DVB-S 到 DVB-S2X,通信标准的演化很大程度上依赖于通过引入附加编码调制方案来提高该函数的粒度性,因此最新版通信标准在频谱利用通信中更加有效。

解决该优化问题的方法不在本章的讨论范围内。读者可直接参阅文献[15,29,31,32]了解更多详情。

3.4　基于帧的预编码的用户选择

MU MIMO 通信与用户选择密不可分。通过适当的用户选择,可利用多用户分集实现线性预编码技术的性能最大化[33,34]。本研究工作依赖于传统的线性编码设计,提出了一个启发式用户选择方法,该方法可以在四色频率复用系统中提供显著的增益。

从实际系统实施视角来看,用户调度是宽带卫星发射机中的关键步骤。采用 DVB－S2 或 DVB－S2X 标准的系统的工作模式有两种：分别传输 16 Kbit 和 64 Kbit 长帧的短 FEC 帧模式和标准 FEC 帧模式[13]。根据编码速率，每个 FEC 帧中往往容纳着不同数量的数据。类似地，不同数量的用户被共同调度。例如，在正常模式中，对于 9/10 的最小编码率，单个 FEC 帧可传输 58.192 bit 用户数据。典型的 IP 数据包为 1 508 B。因此，单个 FEC 帧可容纳约 4 bit 用户。

3.4.1　信道最大范数选择

最直观的选择方法是信道最大范数选择（Maximum Channel Norm Selection，MCS）。该方法可以将具有最大信道范数的用户调度到同一帧中。在处理复杂矢量信道时，基于最大信道范数的典型排序可为系统设计提供极少的帮助，并且在实际情况中信道排序很烦琐。一个常用的标准是每个 UT 信道使用弗罗贝尼乌斯（Frobenius）范数，即

$$\| \boldsymbol{h}_k \|_F = \sqrt{\sum_{i=1}^{N_t} h_{ki}^2} = \sqrt{\mathrm{trace}\{\boldsymbol{h}_k^{\dagger} \boldsymbol{h}_k\}} \tag{3.46}$$

简单地从一组 UT 中选出含最大 Frobenius 范数的固定数量的 UT（N_{sel}）是一种可行的方法，这个过程在每个波束中独立进行。Frobenius 范数最大的 UT 将形成一个方形信道矩阵，这个矩阵随后将作为预编码设计中的等效信道矩阵 $\boldsymbol{H}_{\mathrm{eq}}$。

3.4.2　基于地理用户簇的调度

该解决方案的优势依赖于各信道矩阵 $\boldsymbol{H}_{[i]}$ 的相似性，各信道矩阵间越接近，就越趋近最佳。因此，选择的用户簇必须可满足对信道矩阵的要求。在以下章节中，将通过蒙特卡洛仿真研究一种具体的用户簇（即地理用户簇）的性能。

地理用户簇指根据用户在波束单元中的位置来确定的用户簇[21]。因为用户位置决定了簇中特定用户相应的信道矩阵行，所以可使用用户位置来满足信道矩阵行上适当接近的准则。具体而言是，用 $\boldsymbol{h}_{b,[i]}$ 表示第 i 个信道矩阵 $\boldsymbol{H}_{[i]}$ 中的第 b 行，这个矩阵行包含从每个天线馈源向在波束单元 b 中的第 i 个用户的信号传输的相应增益。用 p 表示的协同矢量定位了用户在波束单元中的位置，可定义在第 b 个波束单元内 p 位置相应返回信道增益行的最小笛卡儿距离函数。随后，一个用户簇对应于位置 $p_i (i=1,\cdots,N_u)$ 上属于波束单元中一个地理区域的一组用户，使得 $\| \boldsymbol{h}_b(p) - \boldsymbol{h}_b(p') \|$

对于该区域内的每对位置 p 和 p^r 均足够小。

3.4.3　半并行用户选择

更精细的设计调度过程方法涉及确认固有多天线信道。在矢量信道空间中,其他标准提供了对于系统设计优化更好的理解。一般而言,复矢量信道可根据每个矢量可实现的相对于其他复杂矢量信道的正交性水平排序,这个方法最先在文献[33,34]中被提出,第 7 章会给出有关这个方法的详细介绍。

3.4.4　多播意识用户调度

文献[32]在上述半并行方法上进行扩展,提出了一个基于帧的预编码增益最大化的方法。在这个多播意识调度中,基于前述方法获得的发送器上的 CSI 信息将用户调度到帧中。该方法的创新性之一在于半并行和半正交概念的结合。正交用户被分配到邻近的组中,以最小化共信道干扰;同时,并行用户被分配到同样的组中,以最大化基于帧的预编码增益。第 7 章和参考文献[32]给出了这个算法的详细介绍。

3.5　所选方法的性能评估

本节将选择性介绍全频复用配置场景下多波束卫星的相关结果。在这种配置中,每个波束均复用了总用户链路带宽,并采用双极化。因为交叉极化干扰很小,几乎可以忽略,所以在每个极化方式下独立实现预编码[10]。链路预算与仿真参数见表 3.1。

表 3.1　链路预算与仿真参数

参数	值	参数	值
频带	Ka(20 GHz)	UT 晴朗天温度,T_{cs}	235.3 K
用户链路带宽,B_u	500 MHz	滚降系数,α	0.20
UT 天线增益,G_R	40.7 dBi	多波束天线增益,G_{ij}	见参考文献[17]
波束的数量 N_t	245	极化(馈源和用户链路)	2

3.5.1　最大信道选择评估

这里,在帧中包含的数量可变的 UT 的有关精确和不精确 CSI(N_{sel})

下,将提出的等效预编码与传统四色频率复用 DVB－S2 系统的性能进行对比[2]。在应用提出的预编码方法后,每个用户吞吐量的总和即系统吞吐量。本节不考虑系统的可用性,因为在初步方法中,DVB－S2X 的极低 SINR 值编码调制方案的鲁棒性[13]将有望处理在覆盖范围内 SINR 的增加。如第 7 章中所论述的,还可以在这个场景中增加用户调度。然而,要精确评估系统性能,还需考虑吞吐量最大化方案对速率公平性的影响。这些性能是通过覆盖范围内速率的累积分布函数(Cumulative Distribution Function,CDF)来进行体现的。以下章节和文献[27]中均给出了这些结果。

最后,要解释 ACM 和单个编码调制方案已应用到每个帧中的事实,需假定一个帧同时服务的 N_u 个 UT 使用 N_u 中最低 SINR 值对应的编码调制。本节将仅考虑传统 DVB－S2 中包含的 DVB－S2X 编码调制的子集。图 3.5 中的仿真结果表明,即使是仅结合使用简单用户选择策略和次优预编码器设计,仍可从每帧中的少量用户获得显著的累积增益。据证明,这些增益超过传统四色频率复用方案性能的 80％。随着卫星上可用功率增加,线性预编码甚至可使系统性能提高一倍。但随着用户数量增加,这些增益将降低。对于 UT 数量为 5 的帧,该技术将具有和传统系统同样的性能。因此,可以说线性预编码方法具有一定程度上克服 DVB－S2 成帧方法中的 UT 统计多路复用的潜能。此外,如果进一步优化预编码设计,且使用更先进的用户选择技术,将可以促进预编码在更大帧中的应用。图 3.5 还展示了系统对于不精确 CSI 的鲁棒性,性能退化可通过仿真量化。在这个方向上,遵照文献[35]中的方法,在预编码矩阵计算和用户选择过程之前,服从高斯分布的随机数将被添加到发射机信道矩阵的每一个元素上。随后,发射机端不理想信道矩阵将表示为

$$\hat{\boldsymbol{H}} = \boldsymbol{H} + \sqrt{\frac{N_t}{L \cdot \text{SNR}}} \boldsymbol{G} \tag{3.47}$$

式中,$\boldsymbol{G} \sim \text{CN}(0,1)$,高斯误差矩阵中每个元素的标准离差为 $\sigma = 1/L$。一般而言,误差与训练序列的长度 L 成反比。显然,当随机矩阵摄动的标准离差较低(即信道估测中使用长训练序列)时,性能将可包容 CSI 误差。需指出的是,本节结果中 CSI 误差没有相关性假设。

3.5.2　使用启发式多播意识 MMSE 预编码和 GUC 选择性能结果

本节仿真结果描述了以下系统假定前提下,总体可达率方面的性能。
(1)包含四色频率/极化复用且无预编码的基准系统场景。

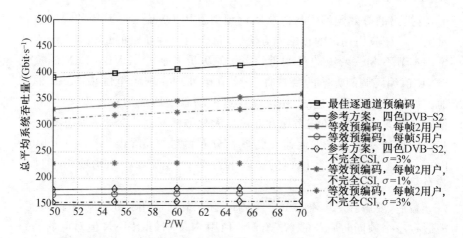

图 3.5 逐渐饱和的每束功率 P 和不同用户每帧配置的系统吞吐量结果(传统四色系统和优化的用户处理系统的性能分别作为上限和下限,给出了不精确 CSI 情况下传输端的结果(点化线))

(2)使用地理用户簇且基于等价与重新调整算法的预编码。

仿真参数见表 3.1。下面将分析系统吞吐量对于以下参数的灵敏度。

(1)N_u。天线辐射方向图的量化网格上,每个簇中的用户位置的数量。

(2)β。导频符号开销,等于 β_1(相比于数据符号,使用导频符号增加的平均功率)与 $\beta_2(N_p/N_b)$ 的乘积。

(3)σ_{RF}。过期的 CSI 导致的 RF 传输信号的相位偏移残余误差平方根(Root Mean Square,RMS)值。

(4)σ_{PL}。负载振荡器相位变化的 RMS 值。

天线馈源的饱和功率 $P=55$ W、OBO 为 5 dB 时的平均总吞吐量结果如下。这些结果表明,在满足一定条件的情况下,地理用户簇(Geographical User Cluster,GUC)在没有预编码的参考环境中有明显的性能优势。

(1)最佳运行条件下(精确的接收机处的信道状态信息(CSI at Receiver,CSIR)估计,即 $\beta \rightarrow \infty$,所有 CSI 均未过期,即 $\sigma_{RF}=0$)最差情况下的吞吐量见表 3.2。

表 3.2　最佳运行条件下最差情况下的吞吐量

N_u	吞吐量/(Gbit·s^{-1})	吞吐量增益/%
2	398.62	104
3	389.94	100
5	364.88	89
7	338.85	77
10	308.78	53

（2）放宽 CSIR 完备的假设，将导致性能产生一定程度的衰退。$\beta=1$（$N_p=N_b=245$，导频功率和信号功率相等）且无过期 CSI 影响时最差情况下的吞吐量增益见表 3.3。

表 3.3　$\beta=1$ 且无过期 CSI 影响时最差情况下的吞吐量增益

N_u	吞吐量/(Gbit·s^{-1})	吞吐量增益/%
2	347.64	78
3	356.14	83
5	346.12	79
7	325.47	70
10	300.52	53

可以看出，总体吞吐量并没有像在最佳运行条件下那样单调减少。一个直观的解释是，N_u 增加使得参与估计的信道数量增多，平均值的准确度提高。它减少了利用相同 DVB-S2 码字服务多用户的固有负面影响，这种负面效果是目前用户簇的主要问题。

备注 3.3　吞吐量增益是针对无预编码的基准四色方案进行计算的。这一场景中考虑的 N_u 所对应的可实现的吞吐量值分别为 195.36 Gbit·s^{-1}、195.04 Gbit·s^{-1}、193.37 Gbit·s^{-1}、191.72 Gbit·s^{-1} 和 189.76 Gbit·s^{-1}。可用性结果将在后面讨论。

需注意的是，由前所述，每帧中的导频符号数为

$$N_p=36\times\lfloor\frac{S-1}{16}\rfloor \tag{3.48}$$

式中，S 表示每帧时隙数。当 $n_{ldpc}=64\,800$ 时，S 的取值范围是 144（对应 $\eta_{MOD}=5\,$bit·s^{-1}·Hz^{-1} 的情况）～360（对应 $\eta_{MOD}=2\,$bit·s^{-1}·Hz^{-1} 的情况），N_p 的取值范围是 288～792，与 β 的 1.175 5～3.232 7 相对应（未放

大平均导频功率)。

(1)考虑过期 CSIT 的最差情况(即 $\sigma_{RF} \to \infty$,也就是相位在 $0 \sim 2\pi$ 上均匀分布)和当前 CSIR($\beta \to \infty$)的情况,结果见表 3.4。

表 3.4　$\beta \to \infty$ 时的吞吐量结果

N_u	吞吐量/(Gbit·s^{-1})	吞吐量增益/%
2	352.77	81
3	333.73	71
5	288.58	49
7	254.35	33
10	220.27	16

(2)在最差的情况下($\beta=1, \sigma_{RF} \to \infty$),结果见表 3.5。

表 3.5　$\beta \to 1$ 时的吞吐量结果

N_u	吞吐量/(Gbit·s^{-1})	吞吐量增益/%
2	282.11	44
3	276.48	42
5	248.32	28
7	222.34	16
10	196.22	3

备注 3.4　参数 N_u 定义了用户集群的地理扩展,能够用相同的 DVB-S2 码字处理更多的用户,只需要这些用户的位置在用户簇内即可。例如,当 $N_u=10$ 时,通过复用每个网格点 3 次,一个用户簇可以容纳 30 个用户。

本节考虑在多波束卫星广播系统中运用含 GUC 的预编码时的一些性能权衡问题,并与相应的运用无预编码的传统的四色频率复用(基准场景)情况下的可达速率进行比较。该比较是基于 DVB-S2 字码可以处理一些位于不同位置的 UT 这一假设的前提下的,这是预编码利用性能降低的主要原因。

在解码算法的实现过程中,解决了以下真实系统的限制带来的影响。

①接收端 CSI 估计不准确。

②发送端的过时 CSI。

③接收端 LNB 的相位抖动。

④驱动天线馈源的负载振荡器相位抖动。

可以发现,每个 DVB-S2 码字处理的用户数量都可以大于 N_u。实际上，N_u 定义了用户簇的地理范围。在给定的簇中，当系统性能和用户簇大小相对应时，任意数量的用户可以使用簇内的任意位置。

簇的地理范围（由参数 N_u 表示，代表每个簇中网格点的数目）对可实现的吞吐量会产生重大影响。在可以精确估计 CSI 的情况下，从 $N_u = 2$ 到 $N_u = 10$ 时，吞吐量从 398.62 Gbit·s^{-1} 减少到 308.78 Gbit·s^{-1}。

如果考虑到设计实际系统实现中的损失，将会出现以下结果。

①LNB 相位抖动的影响非常小，可以忽略不计。

②负载振荡器相位抖动的影响也可以忽略不计。

③结果表明，接收端 CSI 的不精准估计不仅不可以忽略，反而还会产生较大的影响。假设用系统参数 β 来表示 CSIR 的质量，其最小值为 1。当取最小值 $\beta = 1$ 时，在所有考虑的 N_u 值中，在 $N_u = 3$ 时可使可实现的总吞吐量达到最大。一方面，提高 CSIR 的样本数量可以提高降低噪声方面的综合质量；另一方面，不同用户位置导致基于平均代表信道矩阵的预编码性能的衰退不同。

3.5.3　多波束卫星的加权公平多播的性能

本节将给出大量的数据结果证明预编码在卫星通信中的适用性。为得出精确的结果，将采用参考文献[2]中的仿真设置。该仿真的参数见文献[2]中的表 3.1。第 k 个用户可达到的频谱效率与其通过 DVB-S2 的频谱利用率得到的 SINR_k 直接相关。更重要的是，为解释 ACM 和单一的调制编码方案已经应用到每一帧的事实，假定由同一个帧同时服务的 ρ 个 UT 使用的是 ρ 个 UT 中最小 SINR 值所对应的编码调制方案。这一思想与常见的多播问题的思想一致，其中，每一组中使用最低速率的用户将决定该组的性能。多波束卫星天线方向图已由 ESA 提供。在覆盖欧洲的 245 个波束中，本节将重点关注其中的 9 个波束的簇，其目的是减少仿真时间。不过，总波束子集上的预编码与实际多网关的考虑一致，其中，预编码将在每个网关中独立进行。这种分布式实现方法无法处理来自相邻簇的干扰，因此可能会降低系统的总体性能。然而，本书只是进行了初步的研究，这一实际的考虑将在未来的研究工作中进一步研究。此外，本节中假设所有的信道状态信息的估计都是精确的。复杂的信道系数将根据 3.2.3 节所描述的方法生成，该节中只假定了卫星和用户间传输路径不同导致的相移。本节将不考虑相邻簇产生的干扰问题，因为本节的目的是给出对可能的预编码方案进行相对的比较，而不是给出对系统总吞吐量的绝对评估。但是为便于参考，给出了每个波束的结果。

　　图 3.6 所示为传统四色频率复用方案和使用两种提出的预编码方法的前提下每波束吞吐量性能与星上功率的关系。显然,对于 55 W 的标称星载功率,加权平均方案和启发式平均方案相对于传统系统分别实现了42％和21％的吞吐量提升。图 3.6 同时给出了两种技术随功率预算增加的实质增益,两种预编码方法的增益相同,图 3.7 所示为每帧 4 个用户情况下的每波束吞吐量性能与星上功率的关系。在这样的设定下,启发式次优系统的表现不如传统系统的表现。然而,多播方法仍能实现一定程度的增益(6％)。需说明的是,本节给出的结果都是在使用随机用户调度的前提下得出的。依照本书的结构(参阅第 7 章),本章的目标在于阐述调度和预编码紧密相关但仍旧独立的问题。本节旨在建立最有前景的预编码方法,因此介绍了卫星场景下启发式和最佳信号处理方法间的相对性能。

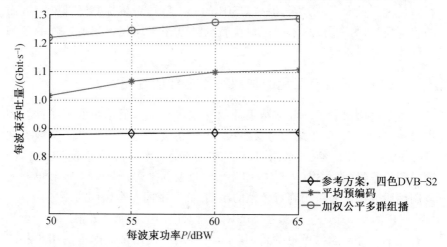

图 3.6　传统四色频率复用方案和使用两种提出的预编码方法的前提下每波束吞吐量性能与星上功率的关系

　　为研究各种方法对帧大小的敏感性,图 3.8 所示为 $P=55$ W 时每波束吞吐量与每帧用户数的关系。随着每帧用户数量的增加,所有预编码方法的性能都有明显的下降。线性预编码方法的固有限制是出现该预期结果[15]的原因。随着用户数量的增加,传输空间自由度不足以管理干扰,因此性能下降。尽管如此,最佳多播方案在每帧用户数量不超过 5 个的情况下都能提供(相对于传统系统的)增益;而启发式方案当每帧用户数量多于2 个时则不能提供任何增益。

　　图 3.9 和图 3.10 所示分别为 $P=55$ W 时每帧 2 用户和每帧 4 用户覆盖区域内每用户速率分布。通过这两张图,可以明显看出最佳多播方法

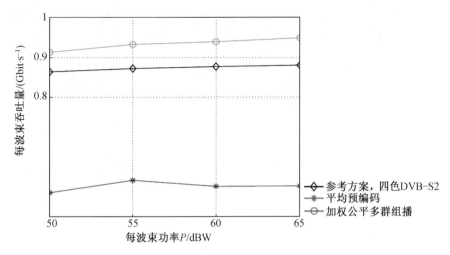

图 3.7 每帧 4 个用户情况下的每波束吞吐量性能与星上功率的关系

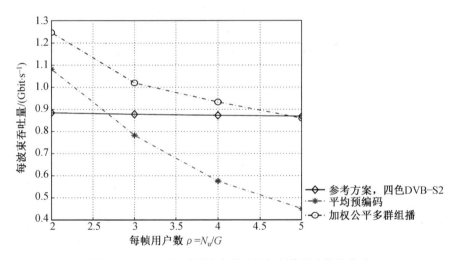

图 3.8 $P=55$ W 时每波束吞吐量与每帧用户数的关系

相对于原始方法的性能改进。这种公平性最优化降低了覆盖区域内 SINR 的差异性,进而降低了每帧内 SINR 的差异性。这样可以更好地利用资源,因为 SINR 相近的用户都由相同的帧服务。相反,MMSE 预编码方法展现了更高的 SINR 差异性。因为具有不同 SINR 的用户被调度到同一个帧内,所以它们的性能被性能最差的用户影响。此外,由于自身 SINR 值低于可用编码调制方案支持的最小值,因此许多用户会被分配到不可用区域。当使用启发式 MMSE 方法时,覆盖区域内分别有超过 15% 和超过 30% 的用户经历不可用事件,因此接收速率为零(图 3.9,图 3.10)。由于

只关注晴空条件,因此不可用事件是干扰水平提高导致的。首先,图 3.9
的结果未考虑对 DVB－S2X 中极低 SINR 编码调制方案的鲁棒性;其次,
平均预编码并未实现最佳公平性,因此它提高了 SINR 分布的方差。图
3.9中基于公平性的预编码(例如多播预编码)没有在覆盖区域内出现任何
中断。

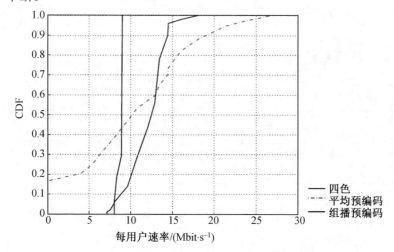

图 3.9　$P=55$ W,每帧 2 用户覆盖区域内每用户速率分布

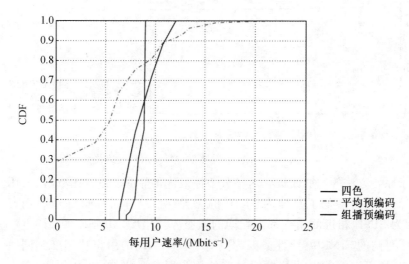

图 3.10　$P=55$ W,每帧 4 用户覆盖区域内每用户速率分布

　　如前所述,本章的重点仅在于晴空场景,因此不可用事件是系统内干
扰水平提高导致的。平均预编码的高不可用性是以下原因所导致的:首

先,图 3.9 的结果中没有展现出对 DVB－S2X 中极低 SINR 编码调制方案的鲁棒性;其次,平均预编码并未实现最佳公平性,因此它提高了 SINR 分布的方差。图 3.9 中基于公平性的预编码(如多播预编码)不会在覆盖区域内出现任何中断。

为解决不可用性高的问题,需要使用下面的方法。DVB－S2X 的强大的编码调制方案可以支持受损的用户。由于受损用户将获得非常低的速率,因此总吞吐量对于可用性的变化将不是很有利于系统性能。因此,编码调制方案集中的扩展将提高系统的可用性,同时对系统吞吐量产生有益影响。如第 7 章中所述,用户调度在这种情况下变得极为关键。通过动态调度用户可以同时提高系统的可用性和吞吐量。当然,这可能会对一些用户造成额外的服务延迟。因此,需要对上述两种方法进行结合。文献[32]给出了更多详细结果。

这些仿真结果表明了在精确的多波束卫星场景中,多群多播方案相对于启发式预编码方法的最优性。本节也提供了对这些结果的理论分析。最后,对系统设计参数的灵敏度分析揭示了本节中考虑的预编码方法的局限性。

3.6　本章小结

本章初步确立了先进干扰管理技术在多波束卫星系统前向链路上的适用性,确认并证明了在多波束卫星中应用预编码方案,即商用卫星通信系统的潜在帧结构的主要限制。为解决这个限制,在基于帧的预编码问题和多组多播的通用信号处理问题间建立了联系,描述了可在真实系统约束和精确多波束卫星信道上提供显著增益(相对于传统频率复用载荷)的新型算法。为更加全面地了解,本章还介绍了启发式低复杂性解决方案,讨论了用户调度(见第 7 章)与本章中基于帧的预编码的联系。这些展示的结果为下一代激进频率复用载荷在具有极高吞吐量的多波束卫星系统中的应用铺平了前进的道路。

根据初步结果,从理论和实践角度出发,产生了诸多重要问题。首先,必须承认多个网关将共同服务一个卫星的事实,根据每个网关的馈电链路容量,可确定网关的准确数量。从实际视角来看,要充分连接并同步大量的分布网关是一项艰难的任务。如何在不同水平的网关互联性上量化基于帧的预编码产生的系统吞吐量性能损失将是一个开放性的话题。从信号处理角度来看,基于帧的分布式预编码算法被认为是一个颇具挑战性的

问题,将极大有益于网关互联性和系统性能间的权衡。此外,DVB－S2X
接收机的信道获取过程将留待未来研究。最后,两个主要卫星信道损伤
(即雨衰和非线性特性)对基于帧的预编码的影响也应受到更多的关注。

本章参考文献

［1］［Online］. Available:http://www.viasat.com.

［2］D. Christopoulos,P.-D. Arapoglou,S. Chatzinotas,B. Ottersten,
Linear precoding in multibeam satcoms:practical constraints,in:
Proc. of 31st AIAA International Commu nications Satellite Systems
Conference(ICSSC),Florence,IT,October2013.

［3］A. Pérez-Neira,C. Ibars,N. Zorba,M. Realp,J. Gómez,A. Del Coso,J.
Serra, MIMO applicability to satellite networks. tr2-MIMO
applicability to satellite systems-end of study case1,ESA/ESTECRef. AO/
1-5146/06/NL/JD,2007.

［4］G. Gallinaro,et al.,Novel intra-system interference mitigation techniques &
technologies for next generations broadband satellite systems,ESA/
ESTEC FinalReport,Contract No. 18070/04/NL/US.

［5］L. Cottatellucci,M. Debbah,E. Casini,R. Rinaldo,R. Mueller,M.
Neri,G. Galli naro,Interference mitigation techniques for broadband
satellite system, in: 24th AIAA International Communications
Satellite Systems Conference(ICSSC2006),San Diego,USA,2006.

［6］N. Zorba,M. Realp,A. Perez-Neira,An improved partial CSIT
random beamforming for multibeam satellite systems,in:10th
International Workshop on Signal Processing for Space
Communications(SPSC2008),2008,pp. 1-8.

［7］J. Choi,V. Chan,Resource management for advanced transmission
antenna satellites,IEEE Trans. Wireless Commun. 8(3)(2009)1308-1321.

［8］P. Angeletti,N. Alagha,Linear precoding in multibeam satcoms:
practical constraints, in: Proc. of 27th AIAA International
Communications Satellite Systems Conference(ICSSC),Edinburgh,
UK,June2013.

［9］J. Arnau,B. Devillers,C. Mosquera,A. Pérez-Neira,Performance
study of multiuser interference mitigation schemes for hybrid

broadband multibeam satellite architectures, EURASIP J. Wirel. Commun. Network. 2012, 2012: 162, [Online] Available: http:// jwcn. eurasipjournals. com/content/2012/1/132

[10] Satellite Network of Experts (SatNEx) 3, Call of order1-task2: hybrid spaceground processing, Final report, ESA Contract RFQ/ 3-12859/09/NL/CLP.

[11] B. Devillers, A. Perez-Neira, C. Mosquera, Joint linear precoding and beamforming for the forward link of multi-beam broadband satellite systems, in: IEEE Global Telecommunications Conference (GLOBECOM2011), Houston, TX, December2011.

[12] E. Amyotte, Y. Demers, L. Hildebrand, M. Forest, S. Riendeau, S. Sierra-Garcia, J. Uher, Recent developments in Ka-band satellite antennas for broadband communications, in: Proc. of Europ. Conf. on Antennas and Propagation (EuCAP), IEEE, April2010, pp. 1,5.

[13] Blue Book A83-2, Digital Video Broadcasting (DVB): Second generation framing structure, channel coding and modulation systems for Broadcasting, Interactive Services, News Gathering and other broadband satellite applications; Part II: S2-Extensions (S2-X), 2014.

[14] E. Karipidis, N. Sidiropoulos, Z.-Q. Luo, Quality of service and max-min fair transmit beamforming to multiple co-channel multicast groups, IEEE Trans. Signal Process. 56 (3) (2008) 1268-1279.

[15] D. Christopoulos, S. Chatzinotas, B. Ottersten, Multicast multigroup beamforming under perantenna power constraints, in: Proc. of IEEE International Communications Conference (ICC), Sydney, AU, July2014.

[16] D. Christopoulos, S. Chatzinotas, G. Zheng, J. Grotz, B. Ottersten, Linear and non- linear techniques for multibeam joint processing in satellite communications, EURASIP J. Wirel. Commun. Network. 2012 (2012) 162. [Online]. Available: http://jwcn. eurasipjournals. com/content/2012/1/162

[17] Satellite Network of Experts (SatNEx) 3, Call of order 2-task 1:

fair comparison and combination of advanced interference mitigation techniques, ESA Contract23089/10/NL/CPL.

[18] G. Zheng, S. Chatzinotas, B. Ottersten, Generic optimization of linear precoding in multibeam satellite systems, IEEE Trans. Wireless Commun. 11(6)(2012)2308-2320.

[19] D. Christopoulos, S. Chatzinotas, M. Matthaiou, B. Ottersten, Capacitys analysis of multibeam joint decoding over composite satellite channels, in: Proc. of 45th Asilomar Conf. on Signals, Systems and Computers, Pacific Grove, CA, November 2011, pp. 1795-1799.

[20] D. Christopoulos, J. Arnau, S. Chatzinotas, C. Mosquera, B. Ottersten, Mmse performance analysis of generalized multibeam satellite channels, IEEE Commun. Lett. 17(7)(2013)1332-1335.

第4章　实现多载波高效放大的地基信号处理技术

4.1　引　言

在多媒体应用和其他个人服务的驱动下,用户对更高数据速率的需求与日俱增。除提高单用户吞吐量外,通信系统还要提供面向全球的宽带连接。宽带连接带来了许多社会效益[1],欧洲委员会起草的数字议程旨在到2020 年为 50% 的家庭提供宽带连接服务(超过 100 Mbit·s^{-1})[2]。为满足与日俱增的容量和连通性需求,以及服务于文献[2]中的议程,地面通信系统已从第一代网络演变到第四代网络(4G),为固定和移动用户提供了更好的数据、语音及多媒体业务。

凭借其广泛的覆盖范围,卫星系统为无处不在的连接提供了理想平台。鉴于数字议程,它们的相关性将进一步加强。与地面系统相同,为满足不断增长的需求,卫星系统经历了许多技术演进[3],其中包括载荷架构和通信方法的改变,如从单波束系统过渡到多波束系统。多波束系统与蜂窝系统类似,可以通过频率复用提高容量,并且在资源分配、覆盖范围、连接和路由等方面具有灵活性[3]。最近的高吞吐量卫星具有多点波束覆盖,其例子包括总吞吐量 134 Gbit·s^{-1} 的 Viasat-1[4] 及利用 82 个点波束提供超过 90 Gbit·s^{-1} 的 Ka-SAT[5]。一方面,研究人员孜孜不倦地探索先进的载荷架构;另一方面,众运营商也正在寻求削减任务成本、提供给终端用户的经济解决方案。此外,从 DVB-S 到 DVB-S2[6] 再到新制定的 DVB-S2X[7] 技术的演进表明,有必要应用基于发射机和接收机的先进数字处理技术来应对业务增长,并保持竞争力。这些进步中的循环现象在于不断寻求频谱高效传输。需指出的是,时间-频谱封包技术[6,8]已被证明有望在单转发器多载波场景中发挥重要作用。

在使用单个星载放大器放大多卫星载波的背景下,出现了用于降低任务成本的发射机和接收机技术的应用。随着宽带放大器的发展,与传统的每条链路单个放大器的场景相比,联合放大明显允许节省更多载荷。因此,在许多链路之间共享卫星资产不仅可以降低任务成本,还可以提供一定的灵活度。

然而,高效放大器通常是非线性操作,而联合放大将导致伪互调产物。这与星载滤波器结合,将促使来自其他载波的符号或来自同一载波的符号引起失真(前者为邻近载波干扰(Adjacent-Carrier Interference, ACI),后者为符号间干扰(Inter-Symbol Interference, ISI))。失真可导致链路性能严重衰退,在高阶(频谱效率)调制中情况尤甚。在缺乏补偿技术的情况下,解决方式要么是在各载波间使用一个较大的保护带,要么是让放大器工作在线性区域。与根据单个载波的频谱效率进行的单载波操作相比,前者可导致低效的频率载波分割,而后者将转变为功率损失。为充分利用联合增幅的效益,近期多项研究致力于开发抑制技术。这些技术将在地面上实施,以便日后升级,同时保持载荷完好。参考文献中将发射机上的这些技术称为预失真,而将接收机上的这些技术称为均衡。本章将重点介绍能够在每个高功率放大器(High Power Amplifier, HPA)的多载波系统中最小化 ISI 和 ACI 效应,且用于地面数字处理技术的关键技术。

4.2　多载波联合放大

该构想场景包括一个网关,上行链路是由单个星载 HPA 实施放大的多个载波。为更具体地呈现这个场景,将每个载波与标准 Ka 波段的 DVB－S2波形做类比[3]。例如,每个载波可代表一个承载宽带数据内容的时分多路载波。受其商业吸引力的驱动,在当前的应用中将考虑透明卫星。这些卫星从一个或多个网关接收数据,然后经过必要的频率转换和放大后,将数据重新发送到地面接收机。在分布广泛的直接到户服务中,终端接收机通常是集成的接收一解码器。一般而言,出于复杂性和接入限制考虑,这些接收机只解码一个特定的载波。从中短期来看,持续使用这些能够解码单载波的接收机是一个不错的战略。此外,下文将详细讨论如何使用多项有效的补偿技术来联合处理载波,这确保了大量的抑制都发生在网关。因此,多载波预失真将成为未来的一个中心主题,可认为其预示了将产生"共同利益"的不同链路间"协同"的到来。另外,非理想发射机补偿会产生残余非线性,老化及温度效应将导致转发器特性发生改变,可以使用单载波均衡技术来减轻这些影响。与单载波接收机相同,单载波均衡方案的复杂性最小。设计这样一个系统的重点在于对底层信道和相关失真进行建模,接下来将会探讨这个问题。

4.2.1　卫星信道复合模型

图 4.1 所示为透明卫星通信中发射机和接收机之间路径的典型模型，其中包含的实体有输入多路复用（Input Multiplexing，IMUX）滤波器、HPA、输出多路复用（Output Multiplexing，OMUX）滤波器。

为研究这些组件引起的失真，假设其他组件（如频率转换器）不会引起任何失真。同时，假设从网关到卫星之间的链路是理想的。

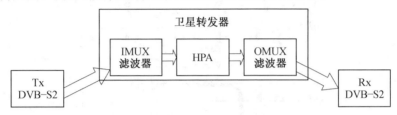

图 4.1　透明卫星通信中发射机和接收机之间路径的典型模型

4.2.2　IMUX 和 OMUX 滤波器

IMUX 滤波器阻止了带外信号和噪声进入卫星（馈线）上行链路。另外，OMUX 滤波器消除了 HPA 非线性放大引起的带外频谱。需指出的是，这些滤波器的插入损耗相对较低。图 4.2 所示为 Ku 频段 IMUX/OMUX 滤波器增益及群延迟特性[3]。与预期的相同，OMUX 的频带稍微宽于 IMUX 的频带。尽管通带增益几乎是恒定的，但在频带边缘的群延迟可能存在明显的变化。这些模拟宽带滤波器与有限脉冲响应（Finite Impulse Response，FIR）滤波器类似，从测量响应中可得到具有存储功能的线性系统的参数，其详细信息可参见文献 [6]。

4.2.3　高功率放大器

行波管放大器（Traveling Wave Tube Amplifier，TWTA）构成了商用星载 HPA，其本质上是非线性的。此外，可假定使用的 TWTA 具有与频率几乎无关的传输特性。

传统的无记忆系统可用图 4.3 中描绘的 AM/AM 和 AM/PM 曲线表示。著名的萨利赫模型[9]描述了 TWTA 的 AM/AM 和 AM/PM 的曲线特性。在这个模型下，由含振幅 ρ 和相位 θ 的输入信号可得到 HPA 的输出，即 $A(\rho)\,\mathrm{e}^{j(\theta+\varphi(\rho))}$。其中，$A(\rho)$ 决定了 AM/AM 的特征，而 $\varphi(\rho)$ 表示 AM/PM 的特征，且

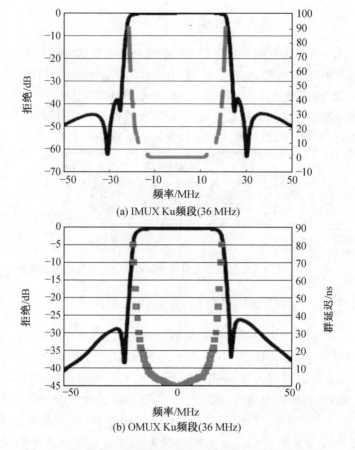

(a) IMUX Ku频段(36 MHz)

(b) OMUX Ku频段(36 MHz)

图 4.2　Ku 频段 IMUX/OMUX 滤波器增益及群延迟特性

$$A(\rho)=\frac{\alpha_a\rho}{\beta_a\rho^2+1}, \varphi(\rho)=\frac{\alpha_p\rho^2}{\beta_p\rho^2+1} \qquad (4.1)$$

模型参数为 α_a、β_a、α_p 和 β_p，这些参数的相关选择将在下面论述。

4.2.4　非线性干扰和建模

图 4.1 中的转发器带有上述特征，它可以被抽象为一个具有存储功能的非线性信道。其中，HPA 是导致非线性的主要原因，而滤波器则有助于存储。这样的信道可能导致以下失真。

（1）无记忆非线性引起的星座旋转。

（2）ISI 导致的分簇。一阶 ISI 是线性存储导致的，而高阶 ISI 是非线性和滤波器联合导致的。需指出的是，相邻载波不产生 ISI。

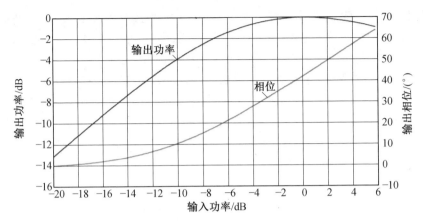

图 4.3　Ku 频段 TWTA 特性

(3)因非线性而由 ACI 引起的分簇。

为指明产生干扰的程度,考虑图 4.4 中的设定,将三个带宽为 8 Mbaud 的载波安置到一个带宽为 28 MHz 的 3 dB 转发器(IMUX/OMUX)中,输入回退(Input Back Off,IBO)设定为 5 dB(输出回路(Output Back Off,OBO)约 4 dB)。对图 4.4 中的脉冲整形进行建模,得到一个滚降为 0.25 的根升余弦滤波器。图 4.5 所示为多载波传输方案。IMUX/OMUX 滤波器的建模如图 4.3 所示。而具有 4 组参数$(\alpha_a , \beta_a , \alpha_p , \beta_p) = (2.908, 1.638, 6\ 524, 548.6)$的萨利赫模型用于提供图 4.4 的良好拟合。16—APSK 星座用于所有三个载波的传输,图 4.6～4.8 描绘了三个载波接收信号的散点图,这与图 4.9 中描绘的单载波配置中接收信号的星座图明显不同。其反映了非线性存储导致的标准现象:接收星座中心点的

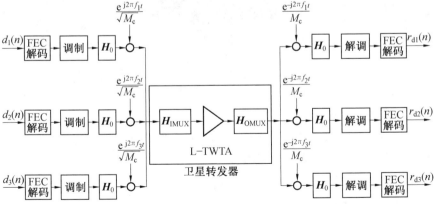

图 4.4　每个 HPA 多载波

变形;分簇。除这些影响外,由多载波引起的 ACI 导致失真增强,详情如图 4.6~4.8 所示。显然,相对于外部载体,ACI 对中心载波的影响更为严重。另外,与中心载波相比,外部载波遭受的 ISI 更强,这与由 IMUX 和 OMUX 滤波器相位和振幅变化导致的转发器带宽边界上存储效应增强有关。此外,由于 IMUX/OMUX 频带边缘处的非恒定群延迟,因此外部载波的形变比内部载波更大。除扭曲的数量外,从其他仿真中可观察到,外部载波有着类似的散点图。为方便理解及确保论述清晰,从现在开始,将只提供一个外部载波的结果。

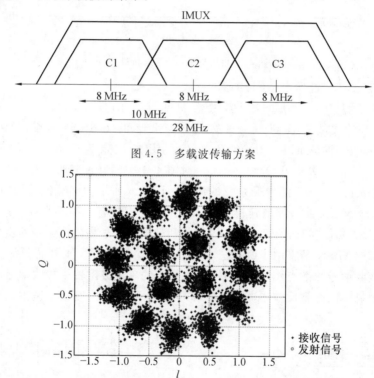

图 4.5　多载波传输方案

图 4.6　接收到的信号在外部载波 C1 上的星座图(见附录　部分彩图)

1. 沃尔泰拉分析

沃尔泰拉级数提供了所考虑的非线性系统的全部特征[10],这些特征对于理解各种非线性效应及缓解技术的发展至关重要。因此,现简要概述沃尔泰拉级数。

在一个非线性系统中,如果输入为 $x[n]$,那么输出 $y[n]$ 可表示为

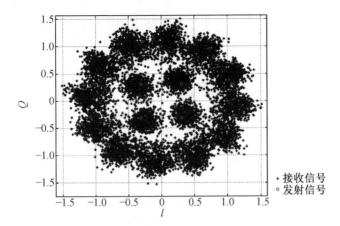

图 4.7　中央载波 C2 上接收信号散点图（见附录　部分彩图）

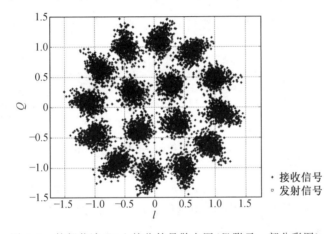

图 4.8　外部载波 C3 上接收符号散点图（见附录　部分彩图）

$$y[n] = \sum_{k_1=1}^{K} h_1[k_1] x[n-k_1] + \sum_{k_1=1}^{K} \sum_{k_2=1}^{K} \sum_{k_3=1}^{K} h_3[k_1, k_2, k_3] \cdot$$
$$x[n-k_1] x[n-k_2] x[n-k_3]^* + \cdots \tag{4.2}$$

式中，$h_k[n_1, n_2, \cdots, n_k]$ 是构成沃尔泰拉的核函数；K 是单边存储深度（为简单化，假定线性和非线性阶的存储相同）。文献 [10] 中的基带模型在文献 [11] 中被特别应用于多载波情况。假定有 M 个等间隔载波（对 Δf 的分割），其中用 $S_m[n]$ 表示第 m 个载波上传输的基带信号，得到

$$x[n] = \sum_{m=0}^{M-1} s_m[n] e^{-j[2\pi m(\Delta f) + \varphi_m]}$$

式中，φ_m 表示任意相位差。此外，假定一个线性调制，使用 $a_m[k]$ 代表第 k

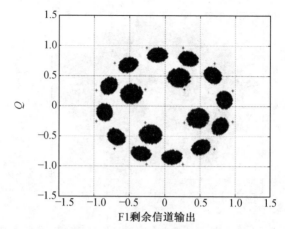

图 4.9　16APSK 单载波调制接收信号散点图（见附录　部分彩图）

个实例上第 m 个载波上的星座符号,则可得到

$$s_m(t) = \sum_{t=-\infty}^{\infty} a_m[l] p_m(t-l)$$

式中,$p_m(\cdot)$ 是脉冲整形函数。

假定一个符号采样接收机,基于沃尔泰拉级数,可以确认符号 $a_m[j]$(实例 j 上的载波 m)存在以下干扰[11]。

① 线性 ISI。这是 $a_m[j-k]$($k \in \mathbf{Z}$)引起的,取决于发射机和接收机间的线性等效信道。

② 线性 ACI。这是 $a_l[j-k]$($k \in \mathbf{Z}, l \neq m$)引起的,取决于第 l 个和第 m 个载波间的相互作用(由相应传输和接收滤波器决定)。单载波系统中不会出现这种现象。

③ 高阶干扰。三阶干扰对 ISI 和 ACI 均有影响。实际上,这些干扰是依据 $a_m[j-k_1] a_n[j-k_2] a_p^*[j-k_3]$($m, p, n \in [1, M]$)产生的,它影响频率 $k\Delta f$($k \in [-3M, 3M]$),尤其是在频率为 0 和 $\pm\Delta f$ 时影响最大。

核函数系数取决于系统特性,一旦确定后,就会提供有关干扰性质的信息。核函数的确定利用的是线性最小二乘法,因为以核心函数系数为变量时,该模型是线性的[10,12]。对于沃尔泰拉表示法而言,系数数量相对较大,在使用该模型时可能存在一些困难[10,12]。此外,从研究结果来看,沃尔泰拉表示法是稀疏的,因此产生了更为简单的模型[13,14]。

2. 存储多项式

文献 [13] 考虑了一个简化模型,该模型称为存储多项式。存储多项式函数的定义如下:

$$y[n] = \sum_{k_1=1}^{K} h_1[k_1] x[n-k_1] + \sum_{k_3=1}^{K} h_3[k_3] x[n-k_3] x[n-k_3] x[n-k_3]^* + \cdots$$

$$(4.3)$$

与沃尔泰拉级数相比,该式将具有不同延迟的项的相应核心函数设定为零。尽管被简化,但存储多项式模拟了一个以幂级数表示、与 FIR 滤波器级联的无记忆非线性函数[13]。在文献中,这种配置称为哈默斯坦模型(非线性后跟线性滤波器),当反演目标函数对应于维纳系统[13](一个维纳系统由一个 FIR 滤波器和一个无记忆多项式函数串联构成)时,它是完全适用的。但当预失真器考虑到 IMUX 和 TWTA 级联(即维纳系统)的影响时,该模型需要卫星信道的适用性更强。

4.2.5　对策

从前面的讨论可以看出,要实现有意义的通信,需要抑制线性干扰和非线性干扰。这里的重点在于透明模拟载荷,因此不考虑星上处理。也就是说,仅考虑发射机和接收机的地面技术。此外,根据前文描述的场景,图 4.10 所示为采用联合放大补偿技术的系统模型。这些对策包括在网关上使用多载波前置补偿器及在用户端上采用单载波均衡器。下面将详细讨论这两种对策。

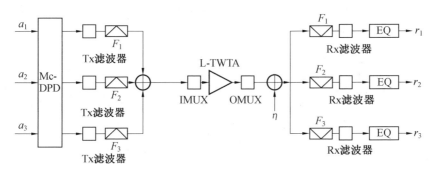

图 4.10　采用联合放大补偿技术的系统模型

4.3　多载波预失真

尽管此前预失真技术多被用于减轻每个 HPA 单载波中卫星信道上的非线性效应,但最近的研究将要扩展到每个 HPA 多载波的情况中。本节中重点关注多载波预失真技术,读者若想了解单载波技术,可参阅文献

[13,15-28]及其中的参考文献。

根据一系列标准,可对预失真技术进行分类[15],具体类别如下。

(1)模拟与数字预失真。这个分类根据预失真器的输入信号的类型而定。在本研究工作中,将考虑使用数字处理器实现的数字预失真(Digtal Predistortion,DPD)技术。

(2)信号与数据预失真。信号预失真是在脉冲整形之后和 RF 升频转换之前,对基带信号进行 DPD 处理。从数据预失真名称即可看出,其针对的是任何脉冲整形之前的星座符号。

(3)基于模型和基于查询表(Lookup Table,LUT)的预失真。在基于模型的预失真技术中,预失真器被看作输入符号的数学函数。

(4)基于神经网络的预失真。

4.3.1 数据与信号 DPD

如前面所讨论的,数据预失真器处理的是基带数据符号,数据 DPD 结构框图如图 4.11 所示。数据预失真器对传输星座进行调制,使得在下行链路中经过线性滤波和非线性处理后,检测器上的平均接收样本与所需信号星座匹配[15]。数据 DPD 可理解为一项编码技术,其中引入了不同符号间的相关性。然而,与传统编码不同,输入和输出符号并非来自同一个星座且符号速率不变。虽然失真取决于通过叠加不同载波而获得的多载波信号,但数据 DPD 以数据流的方式进行工作。

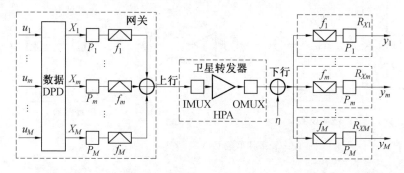

图 4.11 数据 DPD 结构框图

此外,脉冲整形器的存在一般会约束数据 DPD 的灵活性,预示着数据预失真器的定位不理想。但这个缺点可以被 DPD 数据的以下两个特征抵消。

(1)数据预失真一般在脉冲整形滤波器前执行,与无 DPD 情况相比缺少带宽扩展。因此,预失真信号的频谱无须任何处理,即可满足上行链路上所遵循的规定。

(2)计算以符号速率来执行,允许使用现有技术。

尽管文献[16—18]对单载波数据 DPD 进行了探讨,但少有文献关注多载波数据 DPD。文献[6]考虑了基于存储多项式的联合数据预失真,这在某种程度上解决了卫星信道的多载波预失真问题。文献[19]研究了在不同信道配置下设计的 DPD 性能,并给出了相关结论。文献[20]使用与文献[6]中类似的方法,提供了可用以降低多载波预失真复杂性的正交基函数。

另外,信号(或波形)预失真器在不访问潜在的原始数据符号序列的情况下,可以生成补偿 RF 模块引入的非线性信号。信号 DPD 结构框图如图 4.12 所示,信号预失真器位于基带脉冲整形滤波器后。文献[19—28]及近期的文献[29—34]等都给出了多项有关信号预失真的研究工作。信号预失真是对多载波信号进行处理,它具有可用于生成具备更高带宽信号的优势。p 阶非线性 HPA 将需要带宽为 p 倍的预失真信号的信号带宽。此外,信号预失真器的设计与载波数量无关,因为其针对的是重叠信号。虽然信号预失真具有各种优势,但其对系统整体有着以下影响。

(1)上行信号的带宽不再与"未预失真"信号的带宽类似,除非进行额外的处理,否则这将违反对上行链路的严格要求。

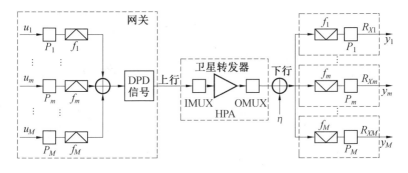

图 4.12　信号 DPD 结构框图

(2)对叠加信号进行计算。首先,叠加信号的带宽大于其组成单载波的带宽;其次,叠加信号通常是过采样的。因此,处理(包括数字到模拟的转换)速度比符号速度要大很多倍。例如,存在三个在频域上紧密相间的载波,每个载波的带宽均为 40 MHz,且叠加信号被过采样 10 次(仅作为举例,非真实值),则处理速度将需要 1.2 GHz,而 DPD 的工作速率只需 40 MHz。

已有多项信号预失真研究致力于解决多载波场景中的上述缺点,目前工作在同步双频模式的 HPA 已被引入到地面通信中。在这种情况下,HPA 放大两个或多个 RF 信号,且频率间隔大于信号带宽,同时两个或多个基带信号上变频为 RF。文献 [30] 通过使用存储多项式得到了共信道 HPA 的 DPD。其与单载波 DPD 的主要差别在于,前者的 DPD 算法中必须包含串扰项,而后者则不然。类似的算法也被用于具有串扰效应的 MIMO 发射机的 DPD 中[31]。目前已有针对多载波制定的参数有效算法,如可分离函数和正交基函数。

文献[29,34]提到,为满足掩码,在 DPD 后另外实施了带通滤波。但通过这种修改的架构或额外的处理,信号预失真的优势将会被削弱,其性能可能无法达到最佳,这表明未来还需对不同的技术做进一步研究。

4.3.2 基于模型的 DPD 和基于 LUT 的 DPD

DPD 算法一般可分为基于模型的算法和基于 LUT 的算法两种。在基于模型的算法中,推导出了关于 HPA(或非线性信道)的非线性动态传递函数,通过确定系统的非线性传递函数,使用 p 阶反演定理进行反演。沃尔泰拉模型可以描述具有存储的非线性动态系统。其中,反演系统也属于非线性动态系统,也可以用沃尔泰拉模型来描述。因此,沃尔泰拉模型是 DPD 的一个自然选择[19]。但由于沃尔泰拉级数的收敛较慢,因此在实际中多采用简化的沃尔泰拉模型,其中包括基于存储多项式的预失真器[13,22,23]和基于正交多项式的预失真器[24]。对于其他基于模型的具有沃尔泰拉级数的性质的 DPD 算法,可以使用正交基函数[19]和可分离函数[27]来表示。

与基于模型的技术不同,基于 LUT 的解决方案不需要任何复杂的处理来在线计算预失真符号,这增强了其在实时应用中的独特优势。对于每个标称星座点,通过确定一个预失真点,可给出非线性信道后的一个标称点。尽管 LUT 优势明显,但在设计过程中也需要考虑 LUT 的两个主要方面:易于生成和减小尺寸。

单载波 LUT 预失真已在之前的文献中得到了充分研究。文献[15]中,LUT 是通过一个需要冗长闭环操作的数值方法迭代计算的。文献[18]中,表项的计算依赖于一种用于信道反演的特殊数值技术,处理一个 K 元星座和信道记忆为 L 的一个 LUT 可产生一个 KL 规格的表项。

文献[35]对无记忆系统进行了讨论,为多载波操作设计 LUT 的新问题。与单载波情况下的迭代方法不同,该文献使用了一种解析方法来估计表中的项。研究中有趣的一点在于,其利用非线性信道建模来生成 LUT。此外,由于模型的对称性,因此可进一步降低复杂度。这很重要,因为即使没有信道存储,M 载波中每个载波上的 $K-ary$ 星座也都可生成一个 MK 规格的表。当考虑存储后,该表将变大。与基于模型的预失真器相比,对于较少数量的载波,LUT 的性能将变好;而对于较高数量的载波,LUT 的增益将变低。这归因于 LUT 尺寸的增大。随着 LUT 的生成,其大小将会使系统产生新的问题。

特定预失真器模型性能的核心在于估测高保真系数[28],可使用直接或间接的学习方法来识别 DPD 算法,其间接估计如图 4.13 所示。

1. 间接估计

众所周知的间接估计参数导致后信道以反演函数作为预失真器[13,19]。虽然该方法不是很复杂,但不能保证所选模型为最佳性能[28]。使用间接学习方法,第一步,识别非线性系统反演算法中的系数;第二步,将识别出的系数复制到预失真器中。具体而言,令 w_k 表示载波 k 的预失真系数,表示为行向量以便理解。叠加这些系数(和转置),得到 $w=[w_1,w_2,\cdots,w_M]^{\mathrm{T}}$。用 b_i 表示载波 i 上传输导频的矢量,导频域的长度通常对应 DVB-S2 一个包的长度[3]。此外,同时发送来自所有载波的导频符号,并使相应的叠加后为 $b=[b_1,b_2,\cdots,b_M]^{\mathrm{T}}$。最后,令 r_i 表示传输 b_i 时(没有预失真)载波 i 上接收到的符号矢量,$r=[r_1,r_2,\cdots,r_M]^{\mathrm{T}}$。间接学习得到 w 作为最小二乘问题的解,在 $\parallel b-[\boldsymbol{\varphi}(r_1,r_2,\cdots,r_M)]w^2\parallel$ 中,$\boldsymbol{\varphi}(r_1,r_2,\cdots,r_M)$ 表示从预失真模型中获得的回归矩阵[20],这事实上属于均衡器设计问题,并导致结果为

$$w=[\boldsymbol{\varphi}(r_1,r_2,\cdots,r_M)]^{\dagger}b \qquad (4.4)$$

其中,$\dagger$ 表示伪逆矩阵。

间接学习方法基于基本的 p 阶定理,该定理表明非线性动态系统的后逆和前逆是相同的,并且系统逆的非线性阶(p)与系统本身的非线性阶相同。对于基于沃尔泰拉的模型,间接方法的优势在于其易于实现,估计问题可以简化到用递归方式实现的线性最小二乘问题(可参见文献[20]),且不需要任何实时反馈。但研究结果表明,间接学习方法对噪声更加敏感。使用直接估计方法即可克服这个问题。需指出的是,正交基函数[26]和可分离函数[27]等一些模型的缺点在于它们的系数是非线性的,因此更加难以识别。

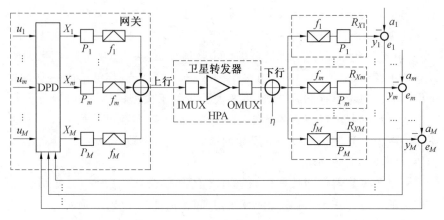

图 4.13　间接估计

2. 直接估计

直接估计[23]产生于一个类似信道预反演函数的预失真函数,其在噪声估计方面的性能更加优越[28]。在直接学习中,预失真器的系数直接根据其输入和参考误差进行更新。与式(4.4)不同,直接估计最小化了 $r(w)-b^2$,其中 $r=[r_1,r_2,\cdots,r_M]^T$,且 r_i 是使用 w 预失真后传输 b_i 时第 i 个载波上接收到的符号矢量。需要注意的是,与间接等式中的不同,预失真器系数隐含在最小化问题的 r 中。但该问题无法直接解决,需要使用迭代方法[23,36]。

直接学习方法的优势在于自适应,但实施较为困难。使用沃尔泰拉或存储多项式间接学习方法辨识系数的最直接方法是最小二乘法,其中所有系数均由系统传递矩阵的伪逆矩阵得到。该方法也可以通过可能的递归最小二乘法来实现自适应[32],但该方法的缺点是所有系数都是同时更新的,并且没有滑动存储器。

4.4　均　　衡

鉴于预失真技术无法完美地补偿非线性,残余的未补偿失真可确保接收机处理或均衡,用以进一步提高性能。已有大量的文献致力于研究单载波传输的均衡设计[15],其中包括最佳与各种次优架构、线性与非线性架构、基于 Turbo 原则的接收机及更高采样速率的接收机。其中,接收机还可以是基于训练系列或盲估计的。本节将重点放在线性和非线性结构及分数间隔均衡器(Fractionally Spaced Equalizer,FSE)上,并假定这些均衡器遵循传统检测器。可以通过文献[14,37]来了解非线性信道检测技术的研究进展 。

4.4.1　线性与非线性均衡器

标准线性接收机本质上是一种可以减轻 ISI 的滤波器。由于假定的是单载波均衡,因此线性 ACI 无法通过这种滤波器进行补偿。此外,线性接收机也不能补偿非线性失真。可以使用标准线性最小二乘法或最小均方误差法来计算滤波器的参数,这些接收机的性能往往随着"性能递减法则"的设定而改善。另外,还可考虑使用非线性均衡器来补偿残余失真。在已有文献中提供了几种适用于非线性均衡器的架构,下面将进行详细的介绍。

1. 时域中的非线性沃尔泰拉均衡器

与表征线性信道的卷积表达式类似,沃尔泰拉级数可用于表征非线性信道。按照 4.2.4 节中所描述的,可以获得输入-输出表达式。沃尔泰拉级数给出了各种项在性能衰退中的作用,包括线性项及特殊情况中的 ISI。针对含 IMUX/OMUX 滤波器的典型卫星非线性信道,该级数的基带版本仅显示包含特定的积(与内带项对应)。经典的结果是针对单载波条件推导的[10],这几年开始向每个 HPA 的多载波扩展[11]。基于所使用的调制还可以实现额外的简化,如 PSK 可适用于这样的简化[12]。这些简化可促进非线性均衡器的设计。但需要注意的是,该系列以时域的方式显示。

沃尔泰拉表示在接收机上激发类似的非线性处理,以估测输入。在这种被称为沃尔泰拉滤波器的架构中,使用一组沃尔泰拉核心函数(抽头系数)组合不同接收符号的乘积,以产生对发送符号的估测。以上提到的简化降低了非零抽头系数的数量。合理使用沃尔泰拉滤波器结构后,需要解决的问题如下。

(1)获得沃尔泰拉抽头系数。以往文献中考虑的方法涉及数据训练,其中包括了以下方法。

①MMSE 方法。获得这些抽头系数的最简单方法是使用 MMSE 标准,其中抽头系数在训练阶段最小化了均衡器输出上的 MSE[12]。矩阵反演的固有复杂性、计算统计量需要较大的数据记录及均衡器输入的独立性都限制了该方法的使用。

②随机梯度方法。如果训练阶段使用 LMS 算法更新沃尔泰拉系数,那么可考虑基于随机梯度算法的方法[12,38,39]。部分研究工作提出了线性和非线性项相应加权系数的一个多步长自适应方法。

（2）截断抽头系数。一般均衡器架构是不同核心函数阶的无穷和。因此，为便于实现，必须对该计算总和进行截断。文献［12］提出了一个简单的截断方法，其中仅保留那些不可忽略的相应沃尔泰拉系数的抽头，这可促进复杂性与性能间的平衡[39]。保留线性、第三阶和第五阶效应相对应的核心函数及三存储被认为是可以接受的。

2. 存储多项式

本书没有将存储多项式看作反演维纳系统的模型，而是仅将其作为完整沃尔泰拉模型的简化版来使用。尽管沃尔泰拉是唯一完全适用于均衡的模型，但鉴于以下存储多项式明显优于沃尔泰拉，考虑的存储多项式复杂性明显降低，参数估计的数值精度更高。

参数估计的数值精度更高这一优势通常很重要，正是这个优势使得存储多项式函数的性能优于沃尔泰拉均衡。为表现相关复杂性，沃尔泰拉与存储多项式均衡器系数的比较见表 4.1。系数的数量是对已执行积数量的衡量，因此可反映复杂性。

表 4.1　沃尔泰拉与存储多项式均衡器系数的比较

	正交的/非正交的存储多项式	沃尔泰拉
复杂性阶数	$\approx O(L_1)+O(L_3)+O(L_5)$	$\approx O(L_1)+O(L_3^3)+O(L_5^5)$

在表 4.1 中，L_i 是 i 度滤波器段的存储深度。显然，复杂性在存储多项式中随着度数按线性增长，但在沃尔泰拉函数中则接近指数增长。

4.4.2　Turbo 均衡

传统的均衡方法是令均衡器和解码器独立运行的。基于均衡器和解码器之间利用软信息迭代交换的 Turbo 方法已被证明可提供增益，且适用于非线性卫星信道[40,41]。这些研究工作专注于单载波情况，使用 Turbo 原则来抑制非线性 ISI。具体而言，文献[41]考虑了一个基于解码器接收的输入或软信息的非线性 ISI 估计模块，从接收信号中减去该干扰估计，再将获得的不含 ISI 的（理想的）信号传输至卷积解码器。4.4.1 节中的均衡可用于非迭代模式或 Turbo 模式。虽然上述均衡器针对的是单载波，但文献[11]提供了一个利用沃尔泰拉均衡器的多载波 Turbo 接收机。

4.4.3　分数间隔均衡器

均衡器通常以符号速率对输入进行采样，在信号遇到恒定的群延迟时，架构具有最佳性能。然而，当信号路径遇到具有非恒定群延迟的滤波器时,这种接收机就不是最佳的。图 4.2 中阐明的 IMUX/OMUX 滤波器的代表性特征表明了频带边缘附近的群时延变化。为提高频谱效率,可通过载波速率优化来充分利用转发器的带宽。在这样的情况下,非恒定群时延将会影响传输波形,进而导致次优采样实例对性能造成影响。此外,由于残余失真的存在(即使是在应用预失真后),因此在这样的系统中,获得准确定时的信息是十分冗长的。

图 4.14 所示为信干比(Signal-to-Interference Ratio,SIR)随双载波场景中采样实例的变化。显然,不正确的采样可能会导致严重的性能损失。尽管在受控的模拟环境中可轻易获得最佳采样实例,但在实时实施中却并非如此。

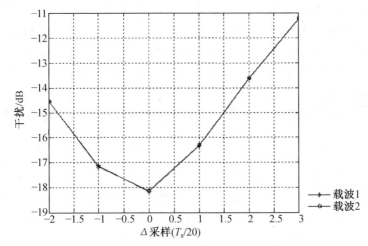

图 4.14　信干比随双载波场景中采样实例的变化

符号同步均衡器虽然实现起来较为简单,但不一定可以提供最佳的线性滤波器[42]。为提高性能,考虑使用工作在高于符号速率状态下的接收机。在文献[42]中提到的这种接收机称为分数间隔均衡(Fractionally Spaced Equalization,FSE),已被证明可以通过有效地补偿群延迟失真来提供更好的性能[42]。特别是当具备充足的抽头时,FSE 可视作一个对时间偏移不敏感的模拟滤波器。文献[43]最先考查了 FSE 在卫星传输和接收链路上的使用情况。FSE 结构是线性的,并被证明可削减群延迟对两条链路的影响。文献 [39]考虑了在单载波的非线性卫星信道中使用 FSE。具体而言,文献[39]提出了一个在 FSE 后加非线性沃尔泰拉均衡器的架构,还给出了 FSE 和沃尔泰拉均衡器的适应性。经证明,这种接收机的性能优于符号间隔均衡器,因为它能够模拟最佳接收机的滤波器组。

FSE(又称增强型接收机)已被考虑用于最大化下一代 DVB−S2 系统中使用的时间−频率背景下的频谱效率[8]。

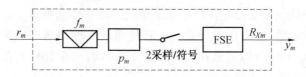

图 4.15　FSE 架构

FSE架构基于文献［44］中的接收机结构,图4.15所示为FSE架构。为体现非线性特性,仿真时以极高的采样速率执行。在没有 FSE 的情况下,匹配滤波器的输出以符号速率进行采样。但在设想的架构中,并不是以符号速率对匹配滤波器$\{p_m\}$的输出结果进行采样,而是采用上采样流的方法。上采样速率取决于 FSE 的复杂性,一般固定为 2。升频采样后,在该数据流上使用一个 FSE,FSE 的输出以符号速率进行采样。需指出的是,该过程中使用的信号带宽为$(1+\alpha)/T_s$。其中,α是滚降因子,对应匹配滤波器的带宽。

令 $v_m(n)$ 作为 FSE 的输入,$y_m(n)$ 作为 FSE 的输出。假定训练中包含 N 个信令,用 $u_m(n)$ 表示,FSE 系数旨在最小化误差 $\sum_{n=1}^{N} E[y_m(n) - u_m(n)]^2$,其中 $y_m(n)$ 是 FSE 对 $v_m(n)$ 的响应。此外,$v_m(n)$ 是发送 $u_m(n)$ 时获得的数据流。最小化是线性最小二乘问题(对于线性滤波器和非线性滤波器的核心函数而言),可以使用标准技术来解决。需要注意的是,该设计与文献［6］中的训练类似。

4.5　性 能 评 估

4.5.1　仿真环境

图 4.16、图 4.17 和图 4.18 所示分别为发射机、卫星转发器和接收机的补偿技术性能评估仿真框图,用以生成相关结果的仿真环境,下面将进行详细描述。

1. 发射机

发射机中的第一个模块是随机比特源,它生成一个特定长度的数据流,这样在编码和映射后,所有信道的数据流都将具有相同的长度(即对于短项,为 16 200 bit;对于长项,为 64 800 bit)。随后,调用低密度奇偶校验码(Low-Density Parity Code,LDPC)编码器库以提供 BCH 码和 LDPC 编码。LDPC 编码器支持 DVB－S2 标准中提供的码率,这些码率可以针对不同的载波独立设置。在使用 QPSK、8PSK、16PSK 和 32PSK 方案进行调制前,还需执行一次比特交织(按 DVB－S2 中的规定[3])。

在结合 DVB－S2 相关方面后,进行数据预失真,此时可以使用基于模型的方法或基于 LUT 的方法。

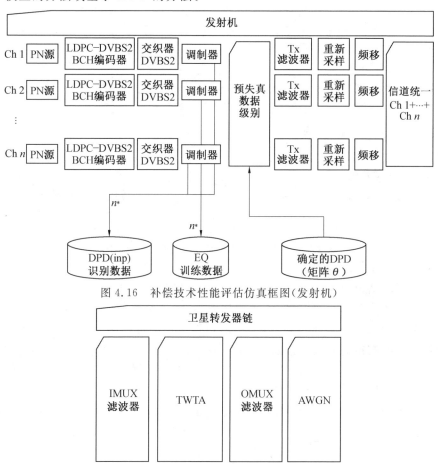

图 4.16　补偿技术性能评估仿真框图(发射机)

图 4.17　补偿技术性能评估仿真框图(卫星转发器)

需注意的是,预失真器采用来自所有载波的调制符号作为输入,以 M 个符号数据流作为输出,每个载波对应一个符号数据流。对每个载波上的符号数据流使用平方根升余弦滤波器进行脉冲整形,以生成单个载波的基带信号(在适当过采样之后)。DVB－S2 中使用滚降因子的范围为 $0.2 \sim 0.35$,除非特别规定,否则默认使用 0.2。随后,每个载波转移到其

131

适当的中心频率,并加到总信道信号中。叠加信号的采样频率一般非常高,通常是符号速率的 10 倍,这是为确保在实现非线性时最大程度减少混叠失真。图 4.16 总结了发射机的功能特性[45]。

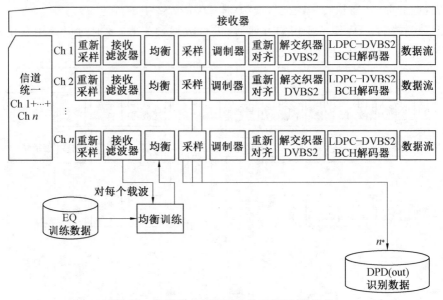

图 4.18　补偿技术性能评估仿真框图(接收机)

2. 卫星信道模型

卫星信道模型包括 IMUX/OMUX 滤波器和 HPA。IMUX/OMUX 滤波器的实现可以看作 FIR 脉冲响应,其传递函数与图 4.2 类似。滤波器抽头的数量是一个可设计的参数,可以使用标准 FIR 滤波器技术进行设计。滤波器的阶数通常较高(过采样为 10 时,抽头数为 240)。

为实现 HPA 功能,可以使用具有 AM/AM 的 LUT 及图 4.3 中的 AM/PM 特性进行适当插值,或者使用 4.2.3 节中描述的萨利赫模型。对于所呈现出的结果,使用 LUT 来表征放大器。为方便实现,将下行链路建模为一个 AWGN 信道。增加的噪声方差取决于 SNR 和接收信号功率的设定。图 4.17 是卫星转发器框图[45]。

3. 接收机

在添加噪声后,通过执行接收机滤波,获得不同的载波流。平方根升余弦(Square Root Raised Cosine,SRRC)滤波器作用于接收机前端,然后将频率变换为零中心频率,并以适当的速率(标准均衡器的符号率,高于 FSE 中的符号率)进行采样。随后,在每个载波的基础上进行线性均衡和非线性均衡,再对均衡的数据流进行解调、解交织和解码等操作,同时统计误比特率(Bit Error Ratio,BER)和误包率。图 4.18 总结了带有符号间隔均衡器的接收机功能[45]。FSE 的实现也同样如此。

　　传统意义上的解映射是指在接收(处理)点与星座之间产生的欧几里得距离。然而,因为非线性和记忆效应并未得到完全补偿,所以在接收机上的星座点处存在偏差。换句话说,从散点图获得的质心并未与星座点完全一致。为克服这种不匹配问题,调节解码器计算到质心而不是到星座点的欧几里得距离。设 F_k 为星座点 a_k 对应的点簇,令 c^k 表示 F_k 的质心,可通过以下等式获得:

$$c^k = \arg \min_c \sum_{x \in F_k} |x - c|^2, \quad k \in [1, M] \tag{4.5}$$

　　不计算任何接收点和 $\{a_k\}$ 间的欧几里得距离,而是计算解映射到 $\{c^k\}$ 间的欧几里得距离。该拟建方案与"平均星座解映射"不同,后者是解映射到 $\{\beta a_k\}$,其中 β 通过以下等式获得:

$$\beta = \arg \min_c \frac{\sum\limits_{k=1}^{M} \sum\limits_{x \in F_k} |x - c|^2}{\sum\limits_{k=1}^{M} |a_k|^2} \tag{4.6}$$

很明显,基于质心的解映射在平均星座解映射中使用 M 个变量,而不是一个变量。

　　质心通过使用估计均衡器系数的相同训练优先获得。一旦获得质心,实现质心解码就变得很简单。需要注意的是使用串行处理的范例。首先应基于星座点导出均衡器系数,然后找到质心。这种方法很简单,如果不是最佳的,那么可以使用更简单的解码器来实现。

4. 训练预失真器和均衡器

　　预失真器的训练是离线进行的。为此,需要先关闭发射机处的编码,然后使用与实际数据相同的星座作为实际数据,以此调制适当长度的比特序列。这种方法性能不佳,是因为使用了与目标调制星座不同的星座进行训练,还意味着训练阶段需分别针对不同载波上的所有调制组合运行。尽管这个过程可能很烦琐,但训练是针对所有调制码型离线进行的,并将获得的所有星座系数都保存下来。由于生成的星座在接收机处是已知的,因此可以按 4.3.2 节中描述的方式进行间接或直接估计。首先估计预失真器的参数,有了预失真器后就可以估计均衡器系数。图 4.16 和图 4.18 也给出了估测所需相关数据的获取方式。

5. 仿真参数

　　为说明通过补偿技术获得的增益,描绘了多个描述性场景,所使用的仿真参数见表 4.2。

表 4.2　仿真参数

仿真组件	值	备注
IMUX/OMUX	32 MHz/36 MHz	1 dB 带宽(图 4.2)
TWTA	萨利赫模型	文献[11]中的萨利赫模型
	插值查找表格	图 4.3 中的数据插入并在查找表中使用
滚降系数	0.2,0.25	
载波数量	2,3,4	
波特率	两载波 $R_s = 16.36$ Mbaud	因为应答器带宽保持不变,波特率随着载波数量的增加而降低
	三载波 $R_s = 10$ Mbaud	
	四载波 $R_s = 6.9$ Mbaud	
载波间隔	$R_s(1+$滚降系数$)$	载波之间没有重叠
	$0.91R_s(1+$滚降系数$)$	载波之间有 10% 的重叠
预失真	存储多项式为基础度数:3 存储深度:3 symbol	采用间接法的基于模型的预失真估计
	无记忆的 LUT	基于文献[35]的查找表
符号间隔均衡器	3 个抽头	
分数间隔均衡器	5 个抽头	
MODCOD	16 APSK 3/4,16 APSK 2/3, 32 APSK 4/5	

4.5.2　端到端性能

1. 品质因数

每个信道的性能都通过总衰退(Total Degradation,TD)方法评估[15],其定义为

$$\mathrm{TD}\,|_{@\mathrm{BER}} = \left(\frac{E_s}{N_0}\right)_{\mathrm{NL}} - \left(\frac{E_s}{N_0}\right)_{\mathrm{AWGN}} + \mathrm{OBO}$$

式中,$(E_s/N_0)_{\mathrm{NL}}$ 是考虑到非线性(Non-Linear,NL)信道实现特定调制和编码方案的目标 BER 所需的信噪比;$(E_s/N_0)_{\mathrm{AWGN}}$ 是线性 AWGN 单载波信道实现同样的目标 BER 所需的信噪比;OBO 描绘了 RF 功率的降低。TD 给出输出回退的一个凸函数,提供了最佳放大器工作点。

2. 多载波数据预失真和先进单载波均衡

图 4.19 所示为一个三载波信道的仿真结果,在 16 个 APSK 的三载波情况下,对于每个信道使用 10 Mbaud 速率的 3/4 码,滚降系数为 0.2,针对 TWTA 的插值 LUT 和载波间有 10% 的重叠,其仿真参数见表 4.2。载波的对称排布导致存在中心载波和一个外部载波的结果。中心载波很大程度上受到相邻信道干扰的影响,而外部载波则经历了滤波器的非恒定群延迟。正如预期一样,中心载波的性能一般差于外部载波。显然,DPD 在内部或外部信道中都可以有效降低 TD 约 0.5~0.8 dB。需注意的是,除非另有说明,否则系统使用的是符号间隔均衡器。

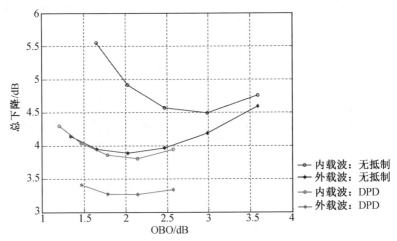

图 4.19　三载波信道的仿真结果

图 4.20 所示为一个四载波实验的仿真结果,外部载波编码率为 4/5,内部载波编码率为 3/4,每个信道 6.9 Mbaud,滚降系数为 0.2,LUT 内插替换 TWTA,各载波重叠 10% 的 32 APSK 四载波场景内的总衰减与累积 OBO。成对的内部和外部载波具有相似的性能。在这种非常密集的场景下,互调产物的数量非常多,而预失真可以提供非常显著的增益,将 TD 减少 1~1.5 dB,将功率效率(最佳 OBO)提高约 2 dB。

早期的场景描述了 DPD 的改进,图 4.21 所示为使用不同均衡技术的双载波场景下的 TD 性能,特别是考虑了线性符号间隔均衡器(图例中的 EQ)和 FSE。在所有情况下,多载波预失真均应用于发射机上。表 4.2 描述了相关仿真参数。

仿真结果表明,FSE 能够进一步提高符号间均衡的性能。此外,质心解码提供了额外的性能增益,以补偿最佳解码过程中的残余扭曲效应(图 4.22)。

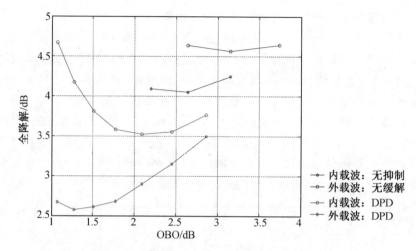

图 4.20　四载波实验的传记真结果(见附录　部分彩图)

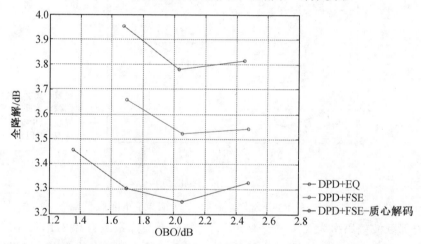

图 4.21　使用不同均衡技术的双载波场景下的 TD 性能(使用 3/4 编码率,每个信道 16.36 Mbaud,滚降系数为 0.2,LUT 内插替换 TWTA,各载波间无重叠的 16 APSK 双载波场景内基于星座图的映射和平均群映射的 FSE 比较)(见附录　部分彩图)

3. 卫星信道多载波基于 LUT 的预失真

　　前面介绍了基于模型的预失真技术,而本节的重点则是介绍基于 LUT 的联合数据预失真方法的性能。

　　图 4.23～4.25 描绘了单载波、双载波和三载波情况下的 TD 性能,在这些图中比较了无补偿通道的性能(在图例中表示为"无补偿")、文献[6]中的 DPD 多项式及 LUT 预失真技术。一般来说,对于给定的非线性信道,随着载波数量的增加,TD 性能会下降。基于这一基准,评估了单载波

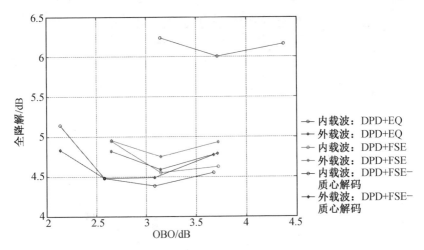

图 4.22　使用 4/5 编码率,滚降系数为 0.2,LUT 内插替换 TWTA,各载波间无重叠的 32 APSK 三载波场景中基于星座映射和平均星群映射 FSE 比较(见附录　部分彩图)

场景下的新技术。在图 4.23 中,与未应用补偿的情况相比,基于 LUT 的预失真在最小值(OBO=0.9 dB)区域内增益超过 3 dB。此外,在多项式解决方案的相同区域内获得约 1 dB 的增益。图 4.24 为双载波信道的 TD 结果,其中只显示了一个载波用于对称。这种情况与未应用补偿的情况相比,基于 LUT 的预失真在最小值(OBO=1.4 dB)区域内增益超过 2 dB,基于模型的 DPD 在同一区域内增益为 1 dB。图 4.25 阐释了三载波信道的 TD,其中仅描绘了一个外载波(根据对称性,用(E)表示)和内载波(用(I)表示)。在这种情况下,基于 LUT 的预失真在最小值区域内(OBO=1.8 dB)的增益比未使用补偿的情况增加了 1.5 dB。此外,如图 4.25 所示,可以在多项式解决方案中获得累积增益。

4.5.3　多载波数据预失真和均衡

根据文献 [6] 提出的存储多项式模型,考虑仅在网关上使用多载波数据失真,在接收机上使用联合均衡。这个场景不同于之前考虑的场景,因为其中多实施了一个联合均衡器,而且这种均衡器的设计方式与间接估计类似。

图 4.26 所示为在 3/4 编码率的 16 APSK 调制下,三载波场景下的 TD 与 HPA 中 OBO 的关系。该图给出了使用和未使用抑制技术的性能。由于两个外部载波是对称的,因此仅展现了其中一个外部载波的 TD。需注意的是,载波位置的不同将影响其性能,中心载波的性能衰退比

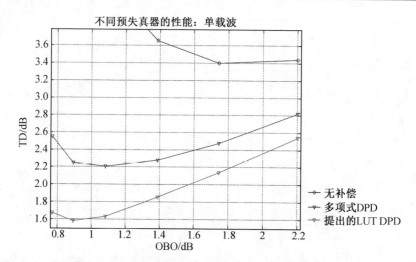

图 4.23　单载波情况下总衰减性能比较(使用 2/3 编码率,每信道 16.36 Mbaud,滚降系数为 0.25,萨利赫模型的 16 APSK)

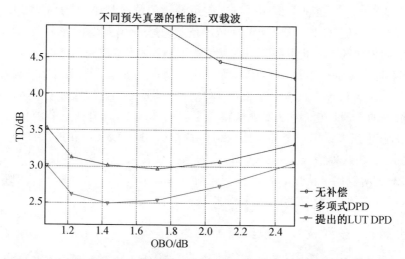

图 4.24　双载波情况(仅展示了一个载波)下的总衰减性能比较(使用 2/3 编码率,每信道 16.36 Mbaud,滚降系数为 0.25,萨利赫模型且各载波间无重叠的 16 APSK)

外部载波更为明显。从图 4.26 中可以明显观察出非线性抑制技术的优势。非线性抑制技术在内部载波上的性能很明显,但在外部载波上的效果却很差。

　　在图 4.26 中,两项研究的抑制技术展现出了不同的性能。这些不同是识别阶段和操作过程中的接收机噪声导致的。对 DPD 参数的估计需要使用一个安装有运算符的专用接收机来提供必要的反馈。一方面,这样的

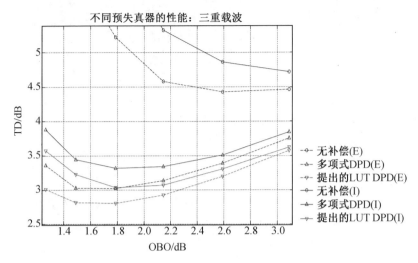

图 4.25　三载波情况下总衰减性能比较（使用 2/3 编码率，每个信道 10 Mbaud，滚降系数为 0.25，TWTA 萨利赫模型且各载波间无重叠的 16 APSK）

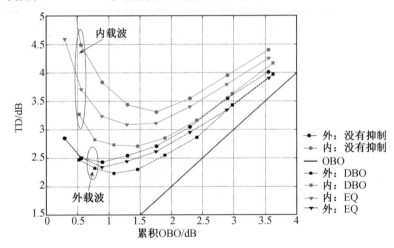

图 4.26　三载波场景下的 TD 与 HPA 中 OBO 的关系（使用 3/4 编码率，每个信道 10 Mbaud，滚降系数为 0.25，TWTA 萨利赫模型且各载波间没有重叠的 16 APSK）

接收机不受复杂性和成本的约束，可以设计成具有低噪声系数的接收机；另一方面，均衡必须在具有较高噪声水平的接收机上进行实时操作，如商业级用户终端的标准操作模式。需要注意的是，均衡器必须对 AWGN 受损的接收信号进行操作。

　　因为在接收符号中均衡是非线性的，所以链路的后续元素将受到前端噪声的非线性函数影响。由于 DPD 中忽略了这个因素，因此它提供了进一步的性能提升(图 4.26)。

4.6　本 章 小 结

本章结果表明,接收机端多载波预失真技术和先进均衡算法的结合实施极具发展前景。下面总结这些技术的优势。

多载波传输的 DPD 相对性能改善如图 4.27 所示,图中针对许多不同的载波呈现出了 DPD 的性能改进,并且给出了实现特定频谱效率所需的 P_{SAT}/N。

星载卫星的饱和连续波功率用 P_{SAT} 表示,而 N 为带宽 BW(通常选择为 OMUX 滤波器的 -3 dB 带宽)上的噪声功率。该度量的表达式为

$$\frac{P_{SAT}}{N} = \left(\frac{E_s}{N_0}\right)_{NL} + OBO + 10\lg\frac{MR_s}{BW}$$

式中,M 是载波的数量;R_s 是载波的传输速率。在图 4.27 中,为避免混乱,仅给出了最佳性能(深色阴影)和最差性能(浅色阴影)的载波。图例中指明的带宽为相应配置的总占用带宽。此外,若仅考虑符号间隔均衡,则补偿技术可以节省 P_{SAT}/N,并且增益随着使用的载波数量和调制阶数的增大而提高。

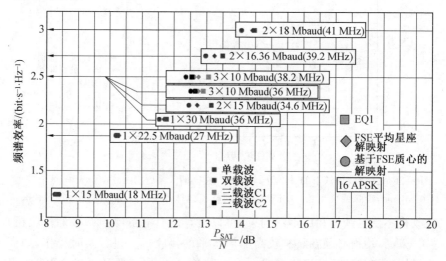

图 4.27　多载波传输的 DPD 相对性能改善(见附录　部分彩图)

这些结果也可解释为特定 P_{SAT}/N 下频谱效率的提高。频谱效率对载波速率和载波数量的影响是使用了固定的转发器带宽(BW＝36 MHz)

的结果。因此,配置较多数量的高速率载波将使多载波信号位于转发器带宽之外,导致严重的衰退。当结合使用 FSE 和基于质心的解映射时,可以获得额外的性能提升。当遵循强调的训练方案时,所提出的技术可用于使用时变调制码型的系统。

　　显然,TD 和 P_{SAT}/N 方面的这些改善是颇具吸引力的。但是,卫星多点宽带任务的实际趋势是通过在多个载波间共享高功率放大器来提高功率的灵活性,并且降低有效载荷的质量和成本。例如,这种载荷的架构是由欧洲电信卫星组织(European Telecommunications Satellite,EUTELSAT)所有并于 2010 年底发射的一颗高吞吐量通信卫星——Ka—SAT 中采用的配置。当时,这种类型的地面数字处理技术还未得到充分的实验验证,尚不可用。因此,在接下来的计划活动中将与硬件实现相关,演示多载波预失真技术在实际卫星信道配置下的效益。

本章参考文献

[1] M. Singer,Economic and Social Benefits of Broadband,ITU SPU Broadband Workshop,April 2003,https://www. itu. int/osg/spu/ni/promotebroadband/presentations/11-singer. pdf.

[2] Digital Agenda for Europe：A Europe 2020 Initiative,http://ec. europa. eu/digital-agenda/.

[3] G. Maral,M. Bousquet,Satellite Communication Systems：Systems,Techniques and Technologies,fourth ed. ,Wiley Eastern,Hoboken,NJ,2002.

[4] Viasat1：https://www. viasat. com/broadband-satellite-networks/high-capacity-satellite-system.

[5] KA-SAT ：http://www. eutelsat. com/en/satellites/the-fleet/EUTELSAT-KA-SAT. html.

[6] Digital Video Broadcasting (DVB),Second Generation Framing Structure,Channel Coding and Modulation Systems for Broadcasting,Interactive Services,News Gathering and Other Broadband Satellite Applications(DVB-S2),ETSI EN 302307,V1. 2. 1,April 2009.

[7] DVB Document A83-2,Digital Video Broadcasting(DVB)；Second Generation Framing Structure,Channel Coding and Modulation Systems for Broadcasting,Interactive Services,News Gathering and

Other Broadband Satellite Applications, Part Ⅱ: S2-Extensions (DVB－S2X)—(Optional), March 2014.

[8] A. Piemontese, A. Modenini, G. Colavolpe, N. Alagha, Improving the spectral efficiency of nonlinear satellite systems through time-frequency packing and advanced processing, IEEE Trans. Commun. 61(2013)3404-3412.

[9] A. A. M. Saleh, Frequency-independent and frequency-dependent nonlinear models of TWT amplifiers, IEEE Trans. Commun. 29 (1981)1715-1720, Nov.

[10] S. Benedetto, E. Biglieri, R. Dafarra, Modelling and performance evaluation of nonlinear satellite links—a Volterra series approach, IEEE J. Sel. Aerosp. Electron. Syst. 15(4)(1979)494-507.

[11] B. F. Beidas, Intermodulation distortion in multicarrier satellite systems: analysis and Turbo Volterra equalization, IEEE Trans. Commun. 59(6)(2011)1580-1590.

[12] S. Benedetto, E. Biglieri, Nonlinear equalization of digital satellite channels, IEEE J. Sel. AreasCommun. 1(1)(1983)57-62.

[13] L. Ding, R. Raich, G. T. Zhou, A Hammerstein pre-distortion linearization design based on the indirect learning architecture, in: 2002 IEEE International Conference on Acoustics, Speech, and Signal Processing (ICASSP), Orlando, FL, vol. 3, May 2002, pp. Ⅲ-2689-Ⅲ-2692.

[14] G. Colavolpe, A. Piemontese, Novel SISO detection algorithms for nonlinear satellite channels, IEEE Wireless Commun. Lett. 1 (2012)22-25.

[15] G. E. Corazza(Ed.), Digital Satellite Communications, Springer, New York, NY, 2007(Chapter 8).

[16] G. Karam, H. Sari, A data pre-distortion technique with memory for QAM radio systems, IEEE Trans. Commun. 39 (2) (1991) 336-344.

[17] E. Casini, R. De Gaudenzi, A. Ginesi, DVB-S2 modem algorithms design and performance over typical satellite channels, Int. J. Satell. Commun. Network. 22(2004)281-318.

[18] R. Piazza, B. Shankar, B. Ottersten, Non-parametric data predistortion

for non-linear channels with memory, in: IEEE ICASSP, Vancouver,Canada,2013.

[19] R. Piazza, et al. , Sensitivity analysis of multicarrier digital pre-distortion/equalization techniques for non-linear satellite channels, in: 31st AIAA International Communications Satellite Systems Conference(ICSSC),Florence,2013.

[20] R. Piazza,B. Shankar,B. Ottersten,Data pre-distortion for multicarrier satellite channels using orthogonal memory polynomials, in: 2013 IEEE International Workshop on Signal Processing Advances for Wireless Communications(SPAWC),June 2013.

[21] C. Eun,E. J. Powers,A new Volterra predistorter based on the indirect learning architecture,IEEE Trans. Signal Process. 45(1) (1997)223-227.

[22] L. Ding,G. T. Zhou,D. R. Morgan,Z. Ma,J. S. Kenney,J. Kim, C. R. Giardina,A robust digital baseband predistorter constructed using memory polynomials,IEEE Trans. Commun. 52(1)(2004) 159-165.

[23] D. Zhou, V. E. DeBrunner,Novel adaptive nonlinear predistorters based on the direct learning algorithm, IEEE Trans. Signal Process. 55(1)(2007)120-133.

[24] R. Raich,Q. Hua,G. T. Zhou,Orthogonal polynomials for power amplifier modelling and predistorter design,IEEE Trans. Veh. Technol. 53(5)(2004)1468-1479.

[25] D. Rönnow,M. Isaksson,Digital pre-distortion of radio frequency power amplifiers using Kautz-Volterra model,Electron. Lett. 42 (13)(2006)780-782.

[26] M. Isaksson,D. Rönnow,A parameter-reduced Volterra model for dynamic RF power amplifier modeling based on orthonormal basis functions,Int. J. RF Microwave Comput. Aided Eng. 17(6)(2007) 542-551.

[27] H. Jiang,P. A. Wilford,Digital pre-distortion for power amplifiers using separable functions, IEEE Trans. Signal Process. 58 (8) (2010)4121-4130(Art. no. 5460967).

[28] M. Abi Hussein, V. A. Bohara, O. Venard,On the system level

convergence of ILA and DLA for digital pre-distortion, in: 2012 International Symposium on Wireless Communication Systems (ISWCS), August 2012, pp. 870-874.

[29] N. Kelly, T. Brazil, A. Zhu, Digital pre-distortion feasibility studies for multicarrier satellite communication systems, in: 30th AIAA International Communications Satellite Systems Conference (ICSSC), Florence, 2013.

[30] S. A. Bassam, M. Helaoui, F. M. Ghannouchi, Crossover digital predistorter for the compensation of crosstalk and nonlinearity in MIMO transmitters, IEEE Trans. Microwave Theory Tech. 57(5) (2009)1119-1128.

[31] S. A. Bassam, W. Chen, M. Helaoui, F. M. Ghannouchi, Z. Feng, Linearization of concurrent dual-band power amplifier based on 2D-DPD technique, IEEE Microwave Wireless Compon. Lett. 21(12) (2011)685-687(Art. no. 6051495).

[32] L. Guan, A. Zhu, Dual-loop model extraction for digital pre-distortion of wideband RF power amplifiers, IEEE Microwave WirelessCompon. Lett. 21(9)(2011)501-503.

[33] T. Liu, S. Boumaiza, F. M. Ghannouchi, Augmented Hammerstein predistorter for linearization of broad-band wireless transmitters, IEEE Trans. Microwave Theory Tech. 54(4)(2006)1340-1349.

[34] C. Yu, L. Guan, E. Zhu, A. Zhu, Band-limited Volterra series-based digital predistortion for wideband RF power amplifiers, IEEE Trans. Microwave Theory Tech. 60(12)(2012)4198-4208.

[35] R. Piazza, B. Shankar, B. Ottersten, Multicarrier LUT-based data pre-distortion for non-linear satellite channels, in: International Conference on Communication, Sydney, 2014(in press).

[36] R. Piazza, M. R. Bhavani Shankar, B. Ottersten, Data pre-distortion for multicarrier satellite channels based on direct learning, in: IEEE Trans. Signal Process. 62(22)(2013)5868-5880.

[37] G. Colavolpe, A. Modenini, F. Rusek, Channel shortening for nonlinear satellite channels, IEEE Commun. Lett. 16(12) (2012) 1929-1932.

[38] L. Giugno, M. Luise, V. Lottici, Adaptive pre and post-compensation of

nonlinear distortions for high-level data modulations, IEEE Trans. Wireless Commun. 3(5)(2004)1490-1495.

[39] A. Gutierrez, W. E. Ryan, Performance of Volterra and MLSD receivers for nonlinear band limited satellite systems, IEEE Trans. Commun. 48(7)(2000)1171-1177.

[40] S. W. Heo, S. B. Gelfand, J. V. Krogmeier, Equalization combined with trellis coded and Turbo trellis coded modulation in the nonlinear satellite channel, in: IEEE Military Communications (MILCOM)Conference, October 2000, pp. 184-188.

[41] C. E. Burnet, S. A. Barbulescu, W. G. Crowley, Turbo equalization of the nonlinear satellite channel, in: IEEE International Symposium on Turbo Codes, September 2003, pp. 475-478.

[42] R. D. Gitlin, S. B. Weinstein, Fractionally spaced equalization: an improved digital transversal equalizer, Bell Syst. Tech. J. 60(2) (1981)275-296. Available online: http:// archive. org/details/ bstj60-2-275.

[43] W. E. Mattis, A hybrid fractionally spaced digitally controlled equalizer for satellite systems, in: IEEE PacificRim Conference on Communications, Computers and Signal Processing, June 1989.

[44] S. Cioni, C. Ernst, A. Ginesi, G. Colavolpe, Bandwidth optimization for satellite digital broadcasting scenarios, in: 31st AIAA International Communications Satellite Systems Conference (ICSSC), Florence, 2013.

[45] M. Graesslin, R. Piazza, et al., On-ground multi-carrier digital equalization/pre-distortion techniques for single or multi gateway applications, FinalReport APE10097-6815-TN007 submitted to European Space Agency, 2014.

[46] A. Modenini, G. Colavolpe, N. Alagha, How to significantly improve the spectral efficiency of linear modulations through time-frequency packing and advanced processing, in: Proc. IEEE Intern. Conf. Commun., June 2012.

[47] R. Piazza, et al., Multicarrier digital pre-distortion/equalization techniques for non-linear satellite channels, in: 30th AIAA International Communications Satellite Systems Conference

(ICSSC),Ottawa,2012.

[48] M. F. Mesiya, P. J. McLane, L. L. Campbell, Maximum likelihood sequence estimation of binary sequences transmitted over band-limited nonlinear channels, IEEE Trans. Commun. 25 (1977) 633-643.

第 5 章　地基波束形成技术在移动卫星系统中的应用

5.1　引　言

现代 GEO 移动卫星业务(Mobile Satellite Service,MSS)系统旨在提供大面积覆盖范围下的宽带和高速移动业务。在提高频谱效率和提供高质量服务的同时,为容纳众多的用户,采用多点波束方法,每个波束在整个覆盖区域内服务于不同的蜂窝小区,通过在卫星上实现智能天线技术(如阵列馈电反射器)来生成多点波束,还可以通过电子方式控制波束,在星上或地面上形成波束。

多波束卫星系统始终面临着不断增加的系统容量和业务速率的要求。为满足这一要求,仅依赖于星上处理能力(模拟或数字[1])的传统波束形成技术必须大幅增加波束数量,这对技术的要求已超越了当今最先进技术的极限。为此,基于部分或完全依赖于地面信号处理技术的波束形成技术提供了一个具有吸引力的替代方案,其允许在降低卫星有效载荷复杂度的同时实现高度的卫星覆盖灵活性[2]。此外,使用这种技术还可以缩短卫星研发时间和降低相关风险。

地基波束形成(On-Ground Beam Forming,OGBF)技术依赖于辐射单元信号与地面的交互[3]。地基波束形成基本概念如图 5.1 所示,辐射单元通常位于抛物面反射器的焦点处,生成固定的远区场(用 A~D 标记)。在辐射单元处接收到的信号并不是在星上进行处理,而是被传输到地面,由地面上的线性组合器(即复数加法和乘法)组成的窄带近似进行波束形成。波束形成的结果是,生成的波束(用 E 标记)与固定基础波束相比,性能得到了很大的提升(如具有较低的旁瓣、波束指向与辐射单元几何结构不严格相关等)。利用地面数字信号处理技术提供的灵活性,可以在地面上实现波束的形成。并且,这些技术极大地简化了星上路由功能。

美国跟踪和数据中继卫星系统(Tracking and Data Relay Satellite System,TDRSS)的 S 频段多址接入业务中采用了在地面实施高要求处理

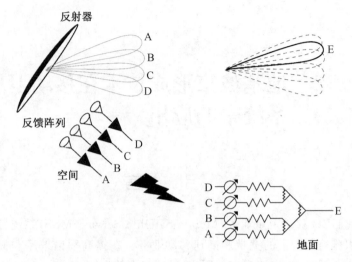

图 5.1　地基波束形成基本概念

的概念,以实现更复杂和更耗电的技术[4]。美国国家航空航天局(National Aeronautics and Space Administration,NASA) TDRSS 地球同步卫星能够使用地基波束形成技术,以电子的形式控制星载相控阵列天线。TDRSS 卫星分别向地面站发送每个星载天线阵元接收的复合频率复用信号,这些信号可以在地面信关站进行组合,形成比单个阵元辐射模式更窄的波束。

美国卫星移动业务运营商(如 ICO、MSV 和 Terrestar)也采用了类似的方法[5]。其中,许多系统利用了混合卫星/地面网络,该网络将 MSS L 波段和/或 S 波段频谱复用于卫星和地面链路,极大地提高了频谱利用效率。在这样的混合系统中,使用自适应波束形成技术可以减少由地面链路引起的干扰[6]。

在其最简单的形式中,辐射单元信号到地面的传输意味着馈源信号的输出采用频率复用或极化复用的方式(上行/下行链路方向)。然后,通过地面先进的信号处理技术对馈源信号进行解复用(如反向链路的 MUD 技术和前向链路的预编码技术)来提高系统容量和灵活度[6]。这些地面数字处理技术能够(部分)采用全频率复用方案,以进一步提高可实现的系统容量。将复合信号从空间段传输到地面段(从地面段传输到空间段)需要大量的馈电链路频率资源,这是因为地基波束形成的处理需要将整个馈电链路带宽传送到地面或从地面传送出去。

如前所述,地基波束形成技术是以增加馈电链路带宽、精确校准馈电链路和星载链路为代价，来提供实质上的负载简化的。

　　5.2 节从负载复杂性和馈电链路占用方面，对地面、星载和混合波束形成策略进行比较。5.3 节讨论在馈电链路或有效负载中引起波束形成误差的原因及相关补偿策略。5.4 节讨论地基波束形成技术与干扰消除技术的融合：地基波束形成技术的优势是它的自适应性及与其他信号处理算法（如干扰消除）的易集成性，这使得该解决方案在设计先进卫星系统中颇具吸引力。5.5 节讨论地基波束形成技术与干扰消除技术的概念，以及在实际应用中存在的挑战和验证测量的结果。最后，5.6 节给出本章小结。

5.2　地基波束形成技术与星上波束形成技术

5.2.1　星上波束形成

　　现有的星上波束形成（On-Board Beam Forming，OBBF）系统主要采用两种配置：可以是模拟波束形成，如亚洲蜂窝卫星（Asia Cellular Satellite，ACeS)[7]；也可以是数字波束形成，如 Thuraya[8] 或 Inmarsat 4 卫星[9]。在 ACeS[7] 上使用的模拟波束形成方法中，每个波束都由一个提供幅度和相位加权的低功率模拟波束形成网络构成，将信号发送给多端口功率放大器和发射天线馈源组件。馈源组件在波束间共享，而功率则在多端口功率放大器间共享。这使得波束之间的功率分配具有一定的灵活性，可以适应波束之间的业务变化，同时还可以最小化馈源元件和功率放大器的数量。然而，这仅限于固定波束形成技术。需要注意的是，在所需波束数量较多时，模拟波束形成网络的复杂性将导致无法使用这项技术（如在 ACeS[7] 中，L 频段上波束数量超过 140 个或馈源超过 88 个）。

　　在数字波束形成方法中，星上数字信号处理器除执行波束形成的功能外，还可以实现业务链路和馈电链路信道化等其他功能。波束的形成是通过对每个馈电单元之间的信号进行加权，并设计复权值来生成具有所需空间特性的波束（投射在地球表面上的二维空间增益）。在现有的商用 MSS 系统中，仅实现了固定或可编程波束形成技术。在固定波束形成过程中，根据静态波束覆盖率和模式性能，复权值始终保持恒定。另外，如果复权值不是固定的，则可以对其进行更新以满足性能需求的变化（如覆盖范围变化），或经调节令其适应卫星轨道变化。例如，Inmarsat 4 的设计[9] 就采用了可编程波束形成（图 5.2），该方法是先对给定的卫星轨道位置和方位进行加权计算,然后进行周期性更新,保持地面点波束固定,同时补偿卫星轨道倾角和天线指向误差。

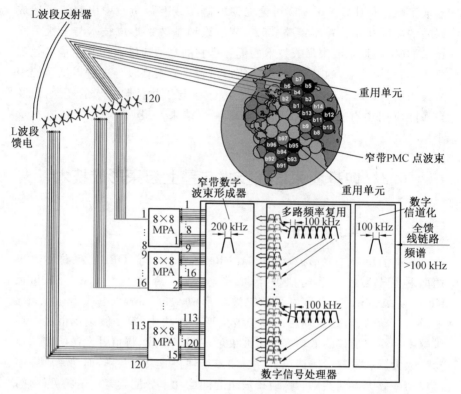

图 5.2　Inmarsat 4L 波段传输段示例

5.2.2　地基波束形成

地基波束形成技术是基于辐射单元信号向地面的传输(或地面向辐射单元的信号传输)。波束形成是在地面上实现的,具有地面处理能力的所有灵活性(波束数量、波束形状、自适应处理、干扰消除、MIMO 技术等)。

馈源信号向地面的传输(针对反向链路)通常是指对每个馈电带宽(与用户链路相当)进行频率复用和极化复用,这需要单一的网关来管理大量馈电链路频率资源。减少馈电链路带宽可以推动地基波束形成技术的发展。下面将按照候选体系架构的复杂性和灵活性,以从低到高的次序(从模拟实现到完全数字化实现),总结可实现的空间/地面处理分区备选方案。

1. 馈电信号的频率复用和极化复用

假定卫星载荷为透明转发器,则星上复用功能可以用模拟或数字的方式实现。图 5.3 所示为馈电信号频率与极化复用。

在反向链路上,该架构主要包含以下部分。

(1)星上馈源信号到馈电链路的频率复用和极化复用。

(2)地面馈源多路复用信号的解复用。

(3)地基波束形成技术使用先进的信号处理技术。通过对每个馈源单元发送的信号进行复数加权,预补偿馈源和地基波束形成网络间的振幅和相位失真,最终形成波束。

前向链路上的操作则相反,其中的架构包含以下部分。

(1)地基波束形成技术使用先进的信号处理技术。通过对发送到每个馈源单元的信号进行复数加权,并通过对地基波束形成网络和馈源单元之间的振幅和相位失真进行预补偿来形成波束。

(2)地面各个馈源信号到馈电链路的频率复用和极化复用。

(3)星上馈源多路复用信号的解复用和高功率放大。

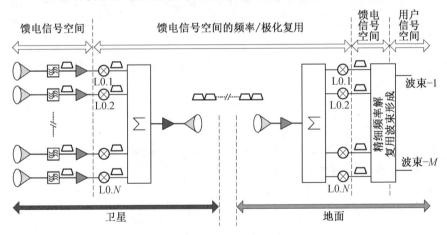

图 5.3　馈电信号频率与极化复用

需注意的是,在这种方法中存在多处误差来源(在馈源和波束形成子系统之间),将影响地基波束形成的功能。

(1)最严重的误差源之一是馈电链路上的传输损耗。

(2)星上功率放大器的非线性、滤波、信道化和负载上不同信号路径间的频率变换导致卫星载荷性能的退化。

(3)使用多个网关时,差异化的大气扰动影响(如不同的雨衰影响)、电离层/对流层的传播影响、差分延迟的影响，以及卫星运动导致的多普勒频移的影响。

这些误差需要通过校准（卫星辅助校准或基于地面的校准）和均衡功能进行补偿。

另外需指出的是，馈电链路上需要较大的带宽。馈电链路的净带宽应至少大于 $N_F \times B$，其中 N_F 是辐射单元数量，B 是用户链路上的总带宽。这意味着在这样一个系统中，馈电链路通常采用高频段频率（Ku 或 Ka 波段）。对馈电链路而言，此时的传播损耗是不可以忽略的，如 3.2 节所述。

2. 混合星上波束形成/地基波束形成

与前面的方法相比，该方法旨在减小馈电链路对带宽的需求，并为此提出了一种不同的有效载荷架构。有以下两种不同的非排他性方法可以实现这一目标。

（1）分割用户链路覆盖范围/频率规划，并引入多个重叠受限的网关（以便馈电链路可以在不同网关之间采用频率/极化复用）。

（2）先验地减少要传输到地面的信息量/带宽（如通过粗波束形成，馈电信号空间被压缩成一个失真极小的子空间，从而降低馈电链路对带宽的需求）。

图 5.4 所示为混合星上波束形成/地基波束形成的系统框图。反向链路的主要功能如下。

（1）星上宽频率的解复用和波束形成，将整个馈电信号空间缩小成一个子空间（减少信号数量和带宽）。

（2）子空间信号的频率和极化复用（使用模拟或数字透明转发器来实现该功能或之前的目标功能）。

（3）地面子空间复用信号的解复用。

（4）地面上基于子空间的波束形成和/或提高容量和灵活性的先进多用户技术。

星上的粗波束形成有助于减少信号数量。通过在星上建立波束形成网络，将其与馈源单元耦合，并相应调节与数量少于馈源信号的子波束相关联，来减少信号数量。采用该方法的原因是馈源信号具有一定程度的冗余。若要最小化冗余，则可以使用特征波束进行波束形成（如离散傅里叶变换（Diserete Fourier Transform，DFT）和波束空间的波束形成技术[10]）或主元统计分析（如 K－L（Karhunen－Loève）变换[11]）的方法。随后，针对这些较少数量的子波束应用地基波束形成技术。

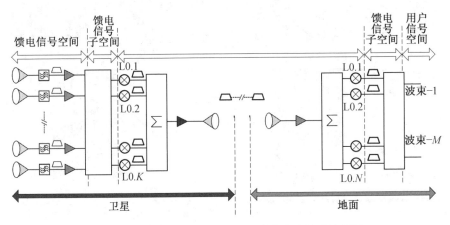

图 5.4　混合星上波束形成/地基波束形成的系统框图

3. 星上波场数字化(DIGI−SAT)

最后一个有效载荷选项是基于阵列波场的星上数字化,并由此派生出了名为 WAVE−SAT[3,12] 或 DIGI−SAT[13] 的卫星。馈电链路数字化具有显著的优势。数字化可以简化校准过程和压缩技术,与高效的编码调制方案相结合,可以进一步提高馈电链路的效率。此外,与再生成系统类似,由于上行和下行链路的独立性逐渐退化,因此用户链路的预算得到了改善。

星上波场数字化(DIGI−SAT)如图 5.5 所示,负载功能包含以下几个部分。

(1)空间段。

①星上馈电级的模数转换(Analog to Digital Converter,ADC),波场数字化。

②粗频率解复用与波束形成,将整个馈电信号空间压缩到一个子空间(可选)。

③馈电信号的矢量量化/数据压缩。

④数据流的前向纠错编码和高阶调制传输。

(2)地面段。

①地面数据流的解调/解码。

②解压缩和/或量化重映射(如从非均匀到均匀)。

③地基波束形成和/或先进多用户技术,以提高系统容量和灵活性。

该体系架构主要在数字域中实施,可以提供很多关键优势。特别是在这种方法中,用户链路和馈电链路预算是分离的,如像再生有效载荷那样,

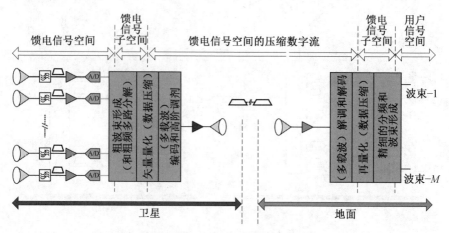

图 5.5 星上波场数字化(DIGI—SAT)[3]

保留了卫星段和用户链路波形的独立性(面向未来)。

为实现 OGBF 概念而提出的可能有效载荷架构见表 5.1。可以看出,一方面,复杂性从纯频率/极化复用有效载荷(模拟或数字)转变为全数字或可再生架构,其复杂性逐渐提升;另一方面,对馈电链路带宽和校准精度的要求却逐渐降低。

表 5.1 为实现 OGBF 概念而提出的可能有效载荷架构

	模拟	混合	数字
载荷复杂度	低	中	高
馈电链路带宽	高	中	中/低
校准需求	高	中	低

在选择适当架构时,需在候选方案的地面数字处理技术(本节中讨论的)和总体系统需求间做好权衡分析。

5.3 OGBF 中的波束形成误差

在窄带波束形成过程中,波束形成权值是复数,其中包括增益和相位偏移。正确的波束形成取决于辐射单元之间的相对振幅和相位。根据传输设置的不同,每个辐射单元都将形成一个或多个波束,而每个波束中涉及的辐射单元数量都将遵循能量分配条件,该条件随天线系统的变化而变化[14]。

(1)直接辐射阵列(Direct Radiating Array,DRA)。在直接辐射阵列

系统中,每个辐射单元都会对所有波束产生影响,只有在波束形成后才可获得能量分配(如 Butler、FFT)。

(2)阵列馈源反射器。光学系统的聚焦特性限制了产生点波束所需的馈源数量(单个波束的馈源数量通常为 $7 \sim 20$ 个)。一般情况下,这种聚焦条件适用于阵列聚焦/半聚焦系统,通常由透镜、多个反射器、反射阵列、菲涅尔天线等组成。

由于分布式空间/地面体系架构,整个链路的不同部分对总体波束形成过程产生了特定的误差,每个组件都有其特定的误差产生机制,因此误差预算可分解为以下几个来源(下面小节中将详细讨论)。

(1)负载单元不匹配。

(2)馈电链路传输效应。

(3)空间/地面多普勒效应及同步。

(4)校准回路误差。

总体来看,不同的误差分量可以相互叠加,对形成的波束性能产生累积影响。为便于理解,在下面使用一个基本等式来表征波束形成网络。假设 $x_f = [s_1, s_2, \cdots, s_N]^{\mathrm{T}}$ 是 N 个馈源元件上信号的复数表达式,$w_j = [w_{1j}, w_{2j}, \cdots, w_{Nj}]^{\mathrm{T}}$ 是形成期望波束 j 所需的理想复数权值。在波束形成网络输出处获得的波束 j 的信号可简单表示为 $w_j^{\mathrm{T}} \cdot x_f$。

形成波束的理想点是天线馈源,偏离这一点可能导致权值产生误差。如果通过以下任何/所以路径将馈送元件信号传送到权值应用点,则后者可能发生以下情况(图 5.6)。

(1)差分幅度增益和相移。

(2)差分路径延迟。

由于振幅和相位误差可能被认为是无意中添加到系统中的附加权重,因此在施加权重之前,馈电单元信号路径中的差幅和相移可能导致波束方向图偏离理想状态。因此,如果在误差发生后的某一点应用理想权重,则作为理想权重和误差权重的乘积的净权重将不再是理想的。

差分延迟误差(来自两个馈电单元的信号之间)可以认为是随频率线性变化的相位误差。需要注意的是,只要差分延迟是发送波形符号持续时间的"小"部分,延迟就可以忽略[10]。然而,根据系统选择的符号数据速率和系统剩余延迟,可能有利于在接收机侧采用均衡技术来补偿增加的符号间干扰。

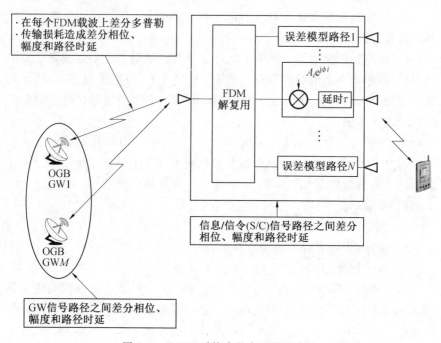

图 5.6　OGBF 系统中的主要误差来源

5.3.1　有效载荷单元不匹配

每个有效载荷设备的相位、延迟和增益都会随时间的变化而变化,具体取决于温度、使用年限和频率。此外,每个物理设备之间始终存在细微的差异。有些变化是处于共模状态的,即它们对于每个设备是相同的,且同时发生。另一些设备是处于差分模式的,即它们在不同设备之间是不同的。其中有一些变化存在偏差性,这意味着它们倾向于在正方向或负方向上增加,其他的则以随机的方式发生。

共模误差的影响是使整个信号的相位或幅度发生偏移。如果增益在线性范围内,则共模增益和相位漂移将不会对波束形成造成失真,但是增益和相位的差模变化将导致波束形成失真。因此,对这种失真的分析很重要。相位和增益跟踪描述了单个阵元的相位和增益相对于所有其他阵元的相位和增益漂移的量。

在 OGBF 中,振幅、相位和延迟误差高于星上波束形成中所发现的误差,其原因有多种,包括但不限于以下几点。

(1)当在星上使用信道化时,子信道滤波器(取决于实现方法)可能存在差分增益、相移和传播延迟。

（2）当在馈电链路上使用频率复用时，用于执行频率复用的带通滤波器可能存在差分增益、相移和传播延迟。

（3）所有频率转换必须同步地锁定到一个公共参考频率上。然而，由于形成不同频率转换器的公共参考频率的物理路径不同、热条件和时效不同（每个馈电一个），以及受到电缆线中的传播延迟影响，因此本地振荡器存在较小的相位误差。当前观点的一个特殊情况是需要完全消除馈电链路中频率复用载波间的差分多普勒频移。

5.3.2　馈电链路传播效应

Ku/Ka 频段馈线链路的主要传播效应来自降雨。由于降雨的频率依赖性和时变特性，因此降雨不仅会造成衰减，还会引起相位波动。相位变化是这种通信情况下的主要误差因素，也是 OGBF 损耗分析中的一个重要问题。

文献[17]总结了可用于雨衰的模型，它们通常需要降雨率的分布。对于相移，相位衰减关系可以从测量结果中导出。并且，它还将相位与给定的雨衰统计量相关联。

在设计校准技术时，需要了解降雨衰减和相移的动态特性，以评估追踪变化的运行周期。为评估雨衰和雨量相移的变化率，可以考虑衰减斜率和相位斜率，但二者都受衰减水平的影响。例如，文献[17]考虑 30 GHz 频率在 12 个月期间的时间序列，当链路可用性高达 99.7% 和 99.9% 时，对应的衰落斜率值在 1～2 dB/s 的范围内，衰减电平为 10～15 dB；当电平相位为 100° 和 120° 时，对应的相位斜率值在 5～6.1 s^{-1} 的范围内（只有传输各种馈电信号的不同馈电链路信道之间的差分衰减和相位斜率是相关的）。显然，在设计整个系统时，必须对网关位置进行严格评估，最大限度地减少这种损伤。

相位快速变化的另一个潜在来源是对流层闪烁，这是对流层中折射率的非均匀性引起的。其影响类似于星载振荡器中的相位噪声，但仅限于 Ku/Ka 波段[15,16]。

5.3.3　空间/地面多普勒和同步

MSS 卫星通常在稍微倾斜的轨道上发射（对于 Inmarsat 4，角度通常为 3°），这会导致多普勒频移在 24 h 内变化。对于具有频率复用馈电链路的 OGBF 系统，必须非常重视多普勒效应的处理，因为它会导致多路复用在馈线链路上信号间的差频和相位变化[2]。即使是轻微的残余频率偏移，也会导致多路复用信号之间的快速相位变化,从而破坏波束形成的实现。

OGBF 系统阵元之间相位快速变化的另一个来源是在卫星和地面上使用振荡器进行频率上下转换。若这些振荡器独立运行,则它们之间的最小频率漂移将导致复用信号中的较大相位误差。如果处理不当,长期频率漂移和短期相位噪声都会导致严重的问题。因此,需要在 OGBF 架构中实现馈电链路多普勒和振荡器偏移补偿[19]。

5.3.4 校准环路误差

假定综上所述,多普勒和振荡器偏移补偿系统消除了快速相位变化,则接下来校准系统的任务是估测各馈源间的静态及缓慢变化的振幅、相位和延迟差异(由卫星和地面设备的传输损耗和设备变化造成的),并进行适当的修正来减少这些误差。

可以根据以下主要特征对校准方法进行分类和比较[18]。

(1)使用校准信号(如单音、多音、扩频、线性调频、流量信号)、校准算法和校准参数(振幅、相位、时延)。

(2)一种特定方法校准的系统/子系统(如满负载、不包含天线/馈源的全射频前端、数字处理器、适用于 Tx 和/或 Rx)。

(3)校准方法的操作代表性需要专门的校准模式,以及具有检测有效载荷模块故障的能力(即在不同的操作负载条件下进行校准,包括温度、电源负载、泄漏量等参数的变化)。

(4)参数校准需实现的性能如下。

①准确性。

②校准时间。

③测量数量。

④所需的 SINR(信干噪比)与精度的关系。

⑤校准的带宽。

⑥使用近场探针进行信号添加/提取。

(5)实施方面,如实施复杂性、额外硬件(Hardware,HW)的影响分析、完全星上处理或基于地面校准的实施情况、稳定性、延续性(HW 和软件(Software,SW))、鲁棒性、介入性、成本。

实现校准的主要方法有两种(参见文献 [18] 及其他相关文献):卫星辅助校准(星上产生的参考信号)和地面校准(地面上产生的参考信号)。

(1)卫星辅助校准。卫星提供星上的校准信号(如通过使用可展开臂上的辐射单元来辐射馈源阵列,然后校准馈源和低噪声放大器(Low Noise

Amplifier,LNA)间的各个路径或星上参考载波)或用户链接天线后的测量点。卫星通过对校准过程进行适当的测量/补偿来完成校准过程,或者提供信号访问以使地面系统能够进行校准测量。

(2)地面校准。假定在覆盖区域上分布着一个校准站网络用以生成(反向链路)和测量(前向链路)校准信号。校准站的数量由系统的特征决定,从几十到几百不等。

第一个方法的重要优势在于校准测量不受指向误差的影响,但缺点是增加了航天器设计的复杂性。

尽管上面讨论的校准系统可估测并更正不同信道路径间的增益、相位和延迟差异,然而仍另有两个效应需要考虑:一个信道中的增益斜率和群延迟斜率。概念"均衡化功能"用于这两个效应的补偿。该方法除可用于校准,还可通过在多个频率处进行测量(多音信号均衡)并更正,表征和补偿同一个信道中的增益和群延迟。但是可以注意到,这些变化慢于校准功能更正的那些变化,因为信道频率响应内的主要时间变化是由设备老化、负载温度变化和故障组件更换引起的。在周期开始前,可以确定初始均衡值(通过在地面上或初试在轨测试期间测量卫星路径),然后可定期测量每个信道路径的振幅和相位响应,更新地基波束形成均衡器的值。

需指出的是,当波束形成与先进信号处理技术(如 5.4 节将要介绍的干扰消除/预编码技术)结合使用时,校准任务可以与信道估计技术结合在一起。事实上,这个估计可简单视为对接收信号的进一步阐释,可校准并准确地结合接收信号。

5.4　地基波束形成技术和干扰消除技术一体化

本节重点介绍地基波束形成技术与先进的数字信号处理解决方案协同使用时,与 OBBF 相比,OGBF 的额外优势。实际上,OGBF 可以在反向链路中与多用户检测算法自然结合[20,21],在前向链路中与预编码技术结合[22]。3.3 节对此做了详细的论述。该地基波束形成技术与先进的信号处理技术相结合,使得在各波束间可以采用全频率复用,进而提高整个系统的频谱效率。需指出的是,多用户检测或预编码技术还可以与地基波束形成技术一同使用,但相对于单独使用地基波束形成技术而言,将会造成一些损失(根据系统场景的不同,该损失为 10%～20%)。下面将分别在前向链路和反向链路中对这些方面展开论述。

5.4.1　前向链路技术

根据文献[22]中描述的方法,考虑 N 个天线馈源上 K 个用户的发射信号,以及随机在一定区域分布的 K 个用户接收信号。

在这种情况下,接收信号可用向量形式表示,即

$$y = H_f x_f + n \qquad (5.1)$$

式中,y 为所有 K 个接收复数信号形成的向量;H_f 为卫星发射天线增益、自由空间损耗、附加传输损耗及接收天线馈电增益的矩阵;x_f 为卫星馈电链路传输的所有信号(即其代表了馈电空间);n 表示噪声项,假定均值为零且方差为 N_0 的复高斯白噪声(独立同分布)。另外,假定发送信号的平均功率恒定,表示为[23]

$$E[x_f^H x_f] \leqslant P \qquad (5.2)$$

式中,P 表示卫星的总传输功率。对于 OBBF,卫星接收的波束信号为 x_b(其多维向量空间表示为波束空间)。波束形成操作包括波束信号在馈电信号上的线性映射,由附加关系表示为

$$x_f = B x_b \qquad (5.3)$$

通过将波束空间中的地面发射信号 x_b 映射到馈电空间,可表示为固定波束形成操作 B。矩阵 B 的维度为 $N \times K$。在本章中,下标 f 表示馈电空间数量,下标 b 表示波束空间数量。

在使用地面信号处理来降低用户侧的接收干扰电平(即预编码技术)时,通常建立用户复数信号 s(发射的复星座点)和馈电信号 x_f(及波束信号 x_b)之间的链路,具体关系式为

$$x_f = F_f s \qquad (5.4)$$
$$x_b = F_b s \qquad (5.5)$$

式中,F_f 和 F_b 分别表示馈电空间和波束空间中的预编码矩阵。需指出的是,F_f 是一个 $N \times K$ 矩阵,而 F_b 是一个 $K \times K$ 矩阵。通过结合式(5.1)、式(5.3)、式(5.4)和式(5.5),可直接将馈电空间中(或波束中)的接收信号表示为

$$y = H_f H_f s + n \qquad (5.6)$$
$$y = H_b H_b s + n \qquad (5.7)$$

式中,H_b 综合了波束成形的基本原理,$H_b \equiv H_f B$,B 值本质上是将所有 N 个馈源的发射信号经过线性组合以生成期望的 K 个波束。

显然,预编码器的设计对评估最终系统性能尤为重要。在以下章节中,将分别介绍两种基于 ZF 和 MMSE 标准的预编码技术。

一方面,ZF 标准在于尝试消除干扰,令

$$F_f = \sqrt{\gamma_f} H_f^H (H_f H_f^H)^{-1} \tag{5.8}$$

$$F_b = \sqrt{\gamma_b} H_b^H (H_b H_b^H)^{-1} \tag{5.9}$$

选择常数 $\sqrt{\gamma_f}$($\sqrt{\gamma_b}$)来解决式(5.2)中平均功率受限的问题,这样会得到

$$\text{trace}\{F_f F_f^H\} \leqslant P \tag{5.10}$$

$$\text{trace}\{B F_b F_b^H B^H\} \leqslant P \tag{5.11}$$

另一方面,在 MMSE 中,零干扰限制被适当放宽,以支持更为匹配的信道反转(信道矩阵求逆)(Regularized Channel Inversion,RCI),可以得出

$$F_f = \sqrt{\gamma_f} H_f^H \left[H_f H_f^H + \frac{N_0 K}{P} I_K \right]^{-1} \tag{5.12}$$

$$F_b = \sqrt{\gamma_b} H_b^H \left[H_b H_b^H + \frac{N_0 K}{P} I_K \right]^{-1} \tag{5.13}$$

式中,I_K 是秩为 K 的单位矩阵,其常量的选择和 ZF 方案中的一样。

可以很明显地看出,在馈电空间中操作必然是有益的,可以增大预编码设计时的自由度(即 $N > K$)。与在波束空间中对用户信号进行预编码相比,在馈电空间中对用户信号进行预编码能够获得更好的性能。

1. 前向链路技术性能

为评估波束空间和馈电空间中 ZF 和 RCI 预编码的性能,以覆盖欧洲区域的 DVB—SH 业务[26]为例进行探讨。现假设有一颗 GEO 卫星、一个具有 51 个辐射元件的 12 m 天线(在 OBBF 情况下会产生 26 个波束)和全频率复用模式下的 15 MHz 可用带宽,评估在 AWGN 信道下,每波束功率为 P_t 时的系统吞吐量和可用性。文献[20,21]提供了有关系统参数和负载架构权衡的更多详细信息。图 5.7 和图 5.8 所示为相关结果,其中虚线指代馈电空间处理过程,实线指代波束空间处理过程。

与预期相同,馈电空间处理表现出更为优越的性能。遵循 MMSE 的预编码(即 RCI 预编码)即使在功率受限的场景中也极为有效,而 ZF 预编码只有在传输功率极高的情况下才有较高性能。事实上,RCI 方法绝对优于 ZF 解决方案,无论是在总体吞吐量方面还是可用性方面都表现出了更好的性能。

2. 信道估计对前向链路性能的影响

前面分析了预编码技术在理想信道状态信息(Channel State Information,CSI)情况下的表现。仿真结果表明,RCI 性能优于 ZF 的性

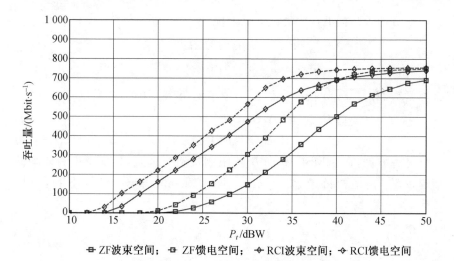

图 5.7　波束空间和馈电空间中 ZF 和 RCI 的吞吐量比较

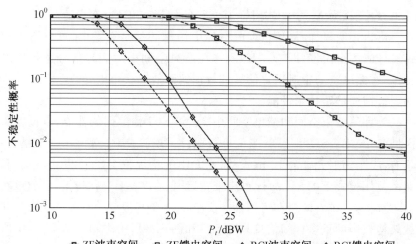

图 5.8　波束空间和馈电空间中 ZF 和 RCI 的可用性比较

能。接下来研究信道状态信息不完善所导致的 RCI 性能下降的情况。实际上,预编码矩阵的表达式取决于信道矩阵,因此可以直接将估测误差转变为不匹配的预编码。在信道估计时,通常考虑按照顺序进行。首先,由于卫星路径上每个终端提供的反馈估计存在延迟,且用户的移动性和/或卫星传播信道存在变化,因此采用一些限制和权衡来应对是非常有必要的。需指出的是,信道的变化速度越快,过时和不可靠估计所导致的预编码性能下降就越严重。也就是说,应避免预编码信道与实际传输环境之间的失配。然后,关于终端提供的信道估计速率是另一方面的问题,涉及卫星传播信道变化的快慢。需要明确的是,CSI 的准确性越高,相对于前一节所述的理想性能的下降幅度就越小。也就是说,最佳的场景是准静态传输信道,而移动环境因卫星信道延迟而变得非常具有挑战性。

下面与之前不同的是假定网关的信道估计不理想。为简化过程并避免链接到特定的物理层帧结构,信道预测将基于利用 L 个已知训练符号的数据辅助算法[25]。此类技术可确保估计误差的均值为 0,且方差与 L 的长度成反比。在此基础上,假定矩阵 $\boldsymbol{H}_f$ 的估计 $\hat{\boldsymbol{H}}_f$ 受每个网关入口的高斯分布误差的影响。假定网关需基于以下等式设计预编码器:

$$\hat{\boldsymbol{H}}_f = \boldsymbol{H}_f + \boldsymbol{E} \tag{5.14}$$

式中,在馈电空间中,矩阵 $\boldsymbol{E}$ 的是均值为 0 且方差为 $\sigma_E^2 = \dfrac{N}{L\dfrac{P}{N_0}}$ 的高斯随机

变量。若是在波束空间,则方差为 $\sigma_E^2 = \dfrac{\mathrm{trace}(\boldsymbol{B}^{\mathrm{H}}\boldsymbol{B})}{L\dfrac{P}{N_0}}$。其中,$L$ 是用于信道

估计的符号数目。图 5.9 和图 5.10 所示为相关分析结果,这些结果表明了吞吐量和系统的可用性随单波束传输功率及两个不同 L 值变化。尽管在馈电空间处理方案(虚线)中吞吐量仍然很高,但波束空间处理(实线)似乎对于信道估计问题并不敏感。

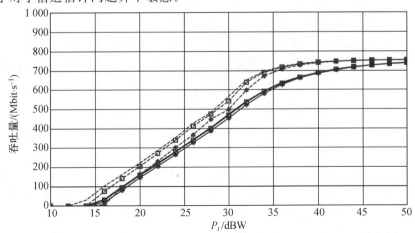

图 5.9　包含 RCI 预编码器且存在不理想 CSI 的情况下的系统吞吐量(见附录　部分彩图)

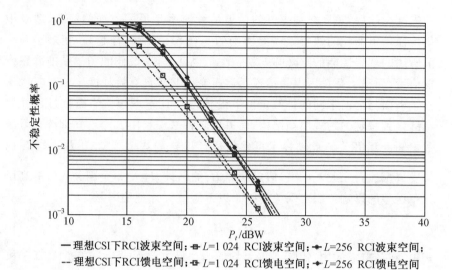

$$ \text{纵轴:不稳定性概率} \quad \text{横轴:} P_t/\text{dBW} $$

— 理想CSI下RCI波束空间；-⊟- L=1 024 RCI波束空间；-✱- L=256 RCI波束空间；
-- 理想CSI下RCI馈电空间；-□- L=1 024 RCI馈电空间；-✱- L=256 RCI馈电空间

图 5.10　包含 RCI 预编码器且存在不理想 CSI 的情况下的系统可用性(见附录　部分彩图)

5.4.2　反向链路技术

1. 技术描述

反向链路的建模与前向链路的建模相同,因此用 H_b 表示当前信道矩阵,其中包含了天线波束形成系数、传输信道效应及卫星中继链路的影响[27,28]。图 5.11 所示为等效返回链路信道上的累积效应。

与前向链路中的实现类似,这里也可以使用 ZF 和 MMSE 标准来解调每个特定的用户。简便起见,仅基于线性 MMSE 滤波器的设计提出最佳方法[29,30]。由于此技术本质上利用了来自多波束天线覆盖范围的空间处理方法,因此提出的 MMSE 滤波器又称空间 MMSE(Spatial－MMSE,S－MMSE)算法。一般情况下,S－MMSE 标准可以最小化发送信号和接收信号之间的距离,即 $\arg\min\{|x-My|^2\}$。经过一些数学运算后,S－MMSE 矩阵 M 可表示为

$$M = H_b^{\mathrm{H}}(\Sigma^2 + H_b H_b^{\mathrm{H}})^{-1} \tag{5.15}$$

式中,Σ^2 是热噪声和未建模干扰的协方差。 上述等式也适用于移动卫星环境。然而,与前向链路场景不同的是,在网关处计算 S－MMSE 系数时可以考虑实际衰落,因为 MMSE 矩阵可通过接收信号直接计算得到(而不是通过用户终端计算后再报告给网关得到的)。

可以预测,衰减引起的高可变性实际上可以使 S－MMSE 策略比在

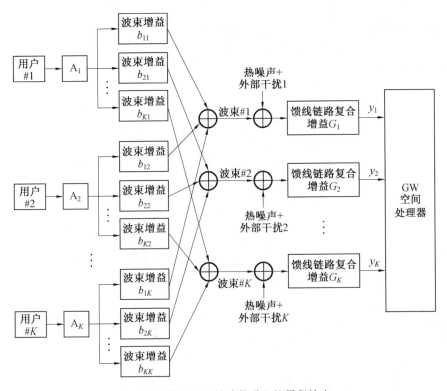

图 5.11　等效返回链路信道上的累积效应

固定系统中更加有效。对于快速衰落,在突发过程中需要多次更新信道矩阵并计算 MMSE 滤波器系数。但对于长度在几毫秒内的 TDMA 突发,几乎不需要这样做。可以在成功完成信号解码之后执行 SIC 操作[27,28]。图 5.12 所示为 MMSE-SIC 系统框图。

在迭代过程中,数字接收机在逐次检测并成功解调用户后重建最新信号(通过使用解码比特并估计信道参数),并将其从联合接收波形中移除。基本上,在每次移除后,多址接入干扰功率都会降低,从而可以检测到新的用户,即使其自身的初始 SINR 不足以支持成功的解码过程。需指出的是,这种与 ACM 技术结合使用的机制[31]也可以通过选择更高效的编码和调制技术来提高系统总吞吐量。若想了解更多有关 MMSE-SIC 解调器的硬件需求,可参阅 5.2 节。

2. 返回链路技术的性能

考虑到 4.1.1 节中介绍的 S 波段参考场景,对 MMSE(或 MMSE-SIC)进行系统仿真,并对其在 AWGN 信道和 LMS 环境中的性能进行

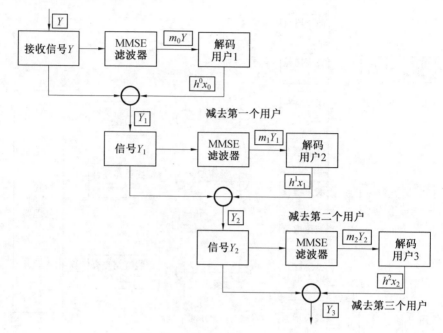

图 5.12　MMSE−SIC 系统框图

评估。

　　LMS 信道根据三态 Perez−Fontan 模型将其扩展到双极化信道[32]，再使用 Liolis 模型来实现极化之间的相关性[33]（图 5.13）。这里，假定所有用户终端的速度均为 50 km/h，根据它们在覆盖范围内的地理位置，从开阔地环境或中等树阴影（Intermediate Tree Shadow，ITS）环境[32]中提取 LMS 关键参数。架构中应用了 ACM 技术，但鉴于在卫星场景中较难预测传输时间内的衰减系数，因此在选择最佳的编码和调制对时应考虑 3 dB 的功率冗余（最受保护的模式除外）。

　　在第一组仿真中（表 5.2），假设使用 AWGN 信道，并且波束空间中所有波束共享一个单极化 MMSE 算法。在这样的信道条件下，MMSE−SIC 增益相当显著，达到了 300% 的吞吐量改善，以及几乎同等高的系统可用性。

　　表 5.3 汇总了多个场景中的陆地移动卫星信道情况。

　　(1)考虑单波束单极化情况，所有波束共用相同的极化方式，且波束空间中采用了 MMSE 算法（表 5.3 的前两行）。

　　(2)考虑单波束单极化情况，系统中存在两种可用极化方式，波束空间中采用了 MMSE 算法（表 5.3 的第 3 行和第 4 行）。这种情况下，共信道

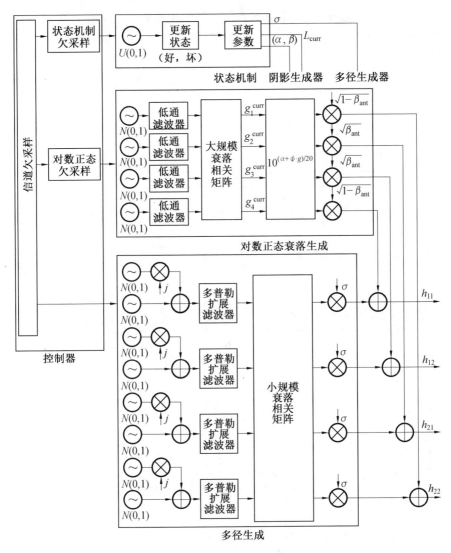

图 5.13　双极化 MIMO LMS 信道模型构造

干扰(Co-Channel Interference,CCI)相对于之前的情况有所降低。

　　(3)考虑单波束双极化情况,在馈电空间或波束空间中采用 MMSE 算法(表 5.3 的第 5、6 和 8 行)。在这种情况下,每个终端采用其中一个可用极化方式进行传输,而网关则处理来自两个极化的信号,所以这种方式具有信号去极化的优势。与前面相同,在这个条件下,CCI 相对于第一种配置有所降低。

(4)考虑单波束单极化情况,系统中存在两种极化,馈电空间采用 MMSE 算法(表 5.3 的第 7 行)。该配置可以与第 3 行进行比较,以评估 MMSE 算法在不同处理空间中的性能。

表 5.2　S 波段参考系统下,MMSE(或 MMSE−SIC)在 AWGN 中的性能

	吞吐量/(Mbit · s^{-1})	可用性
无 MMSE−三色(单极化)	11.5	100
MMSE 全频复用(单极化)	22.0	90.85
MMSE−SIC 全频复用(单极化)	33.7	99.98

表 5.3　在 S 波段参考系统下,MMSE(或 MMSE−SIC)在 LMS 双极化信道中的功能

	吞吐量/(Mbit · s^{-1})	可用性
每个波束单极化 MMSE(所有波束使用相同的单极化方式)	19.7	82.13
每个波束单极化 MMSE−SIC(所有波束使用相同的单极化方式)	27.9	97.73
每个波束单极化 MMSE(每个波束单极化方式不同)	26.0	91.08
每个波束单极化 MMSE−SIC(每个波束单极化方式不同)	29.6	96.65
双极化 MMSE(波束空间)	32.4	95.44
双极化 MMSE−SIC(波束空间)	34.3	99.55
每个波束单极化 MMSE(馈电空间)	28.1	92.07
双极化 MMSE−SIC(馈电空间)	35.9	98.04

以上所有结果均以理想的信道估计为前提。

一般而言,当在波束中使用不同极化方式来降低 CCI 时,上述性能将得到改善。此外,当动态波束形成的自由度增加时,性能也将得到明显改善。这是因为它发生在双极化场景中,其中接收机侧的 MMSE 算法利用了两个极化方式。

从改变 MMSE 处理空间(波束对馈源)来看,获得的增益大约为 10%(表 5.3 第 3 行对第 7 行,或第 5 行对第 8 行)。

最后,MMSE−SIC 处理技术可以提高普通 MMSE 的性能。吞吐量性能增量很大程度上取决于接收信号功率的不平衡特征。事实上,相对于

表 5.3 第 3 行与第 4 行间的对比(约 14%)或第 5 行与第 6 行间的对比(约 7%),第 1 行与第 2 行间的相对增益更高(约提高了 45%)。

3. 信道估计对反向链路性能的影响

在 MMSE 和 MMSE－SIC 操作中,信道估计至关重要,这是因为这两个操作都需要信道矩阵来评估 MMSE 滤波器系数,并为每个检测到的用户执行迭代消除操作。但是性能不佳的 MMSE 滤波器和无效的干扰消除引起的信道矩阵估计误差将导致这两种技术性能降低。

为评估在具有残余信道估计误差情况下的性能损失,本书进行了物理层仿真。如 4.1.2 节中所述,信道估计是利用存在的 L 个已知符号通过数据辅助算法得到的。在本次分析中,$L=200$ 被认为是在信道估计误差的标准偏差和反向链路业务量中典型开销间的良好平衡。

实测的 MMSE/MMSE－SIC 数据包误码率性能损失小于 0.5 dB。下一节中给出了一个用于 MMSE－SIC 概念验证的实验室测试床,包括信道矩阵估计的影响。

5.5　OGBF 技术方案实时演示器

在 ESA 资助的项目"地基波束形成网络和多用户检测方案验证"中,空间工程公司、Mavigex 公司及空客防务与空间公司根据欧洲服务区域内单个 S 波段的 GEO 卫星,为 OGBF 和 MUD 技术定义了不同的使用情景[35]。该项目着重于定义和设计实现 OGBF/MUD 系统缩放版本的实验室测试台,以验证基于 DVB－RCS 技术的返回链路网络的可实现性能[34]。

反向链路上空间/地面处理的划分基于馈电信号的频率和极化复用。这相当于对每个馈源信号输出的频率和偏振复用,然后将辐射单元信号简单地传输到地面,通过采用先进的 MUD 技术将其与馈源信号的地面解复用相结合,用来提高系统容量和灵活性。为控制硬件复杂度并保持其代表性,下面考虑一种缩小规模的卫星系统架构。卫星天线由 4 个辐射单元组成,旨在形成 8 个波束。基于 DVB－RCS 的接入方案,每个波束产生一个用户,但地面仅处理 4 个波束来解调接收到的信号。换句话说,从传输角度来看,若产生 8 个 DVB－RCS 信号,其中只有 4 个数据流在网关处被解调。

OGBF 演示器测试床包括以下单元和功能。

(1)业务模拟器。它可以模拟 8 个用户终端(具有充分代表性的空中接口),从每个用户到卫星模拟器输入端口的传播信道。具体而言,每个用户卫星路径都包含移动衰减、载波多普勒频偏和相位噪声。

(2)卫星模拟器。负责信道矩阵的生成、校准信号的注入和馈线链路带宽中馈电信号的频率转换和多路复用。另外,它还包含高功率的放大模块(具有典型星上放大器的非线性特性)和 OMUX 滤波器。

(3)网关模拟器。其考虑了 ADC 接收到的来自卫星的复合波形、校准单元及馈电信号的多路分解。具体研究的高级信号处理技术包括信道矩阵估计、后续的数字波束成形、DVB-RCS 解调器及 SIC 算法。

(4)测试床控制单元。它由图形化的人机界面组成,可以自动配置整个测试床单元,并负责收集和报告测试性能输出。

图 5.14 所示为总体测试床架构框图。下面将分别详细讨论测试床的各主要组成部分。

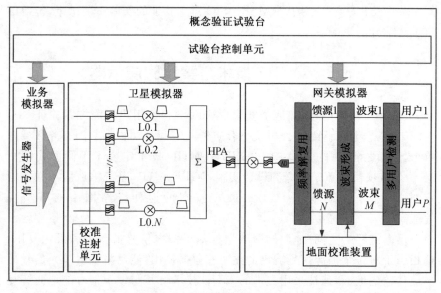

图 5.14 总体测试床架构框图

5.5.1 演示实现方案

1. 业务模拟器

图 5.15 所示为业务模拟器功能架构,其中包括多馈源天线的信道矩阵仿真(将在下一节中介绍)。用户生成的信息是基于 DVB-RCS 标准的[34],采用的编码率和调制模式为 QPSK-1/2,比特速率为 512 kbit/s 或 2 048 kbit/s,滚降系数固定为 0.35。根据 DVB-RCS 标准,需插入前导

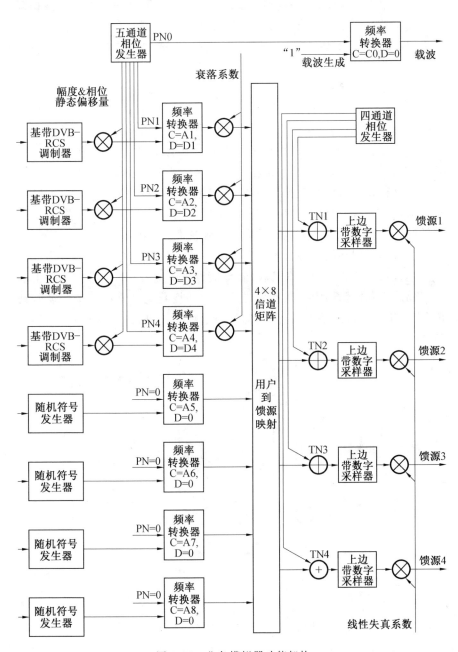

图 5.15　业务模拟器功能架构

码和导频码用于接收机同步。

用 4 个 DVB－RCS 调制器来模拟 4 个参考 UT,另外 4 个干扰数据源由伪随机符号发生器生成。每个 UT 信号中独立插入一个可编程的相位噪声,以模拟用户传输振荡器的行为。最后,根据 4.2.2 节中描述的模型构建移动衰落信道。

2. 卫星模拟器

通过一个合适的 4×8 信道矩阵,将 8 个数据源映射到 4 个馈源上。实际上,该矩阵通过具有 4 个馈源的天线来模拟位于不同地理区域的 8 个信号源的接收,热噪声被分别插入每条路径中。此外,为模拟卫星链上馈源信号的不同行为,还需在每条路径上应用线性失真系数。

在这种简化版的卫星反向链路模型中,假设每条馈电链路仅有 5 MHz,那么总的馈电链路带宽为 20 MHz。在进入放大过程之前,4 个频率转换元件负责对 4 个馈电信号进行正确校准。

卫星模拟器功能架构如图 5.16 所示,每个馈电信号会与信道边缘上的一个参考信号相结合。在接收端,该信号对恢复因发送－接收链路上的多普勒效应和振荡器不稳定性而导致的相位变化是非常必要的。换句话说,当应用波束形成系数时,这些信号通过模拟校准过程来按照需求组合各个馈源。

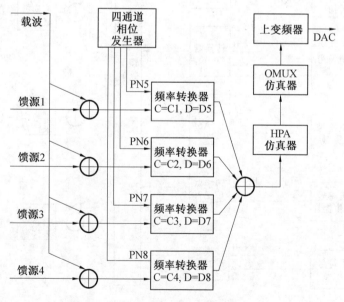

图 5.16 卫星模拟器功能架构

在卫星模拟器中插入一个可编程相位噪声,用来模拟星上振荡器的损失。非线性高功率放大器失真被应用于多路复用信号。OMUX 设计用于再现具有非恒定群延迟的模拟射频滤波器的典型频率响应。

3. 网关模拟器

网关模拟器功能架构如图 5.17 所示。接收的信号首先在数字域中进行转换,然后通过 4 个下变频器将 4 个多路复用馈源信号转换到基带中。可编程复数系数可用于模拟进一步的馈线链路损耗,如降雨衰减。

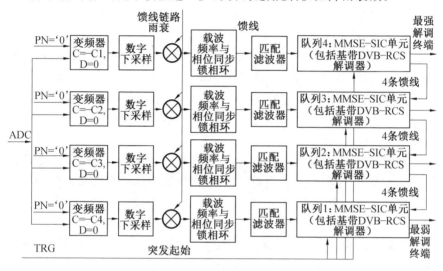

图 5.17　网关模拟器功能架构

为消除载波频率偏移(多普勒频移导致)和执行数字波束形成网络(需要相位校准),必须对载波频率和相位进行恢复才能将馈电信号相干组合,可以通过二阶锁相环电路对插入卫星模拟器的单音参考信号相位的跟踪来实现。

4. 信道矩阵估计

在馈电链路解复用后,利用 MMSE 算法进行动态数字波束形成。MMSE 系数的计算需要先估计同步参数和协方差矩阵,再估计信道矩阵。

同步模块的目的是为 MMSE 单元提供时序、频率和相位等方面的参数同步,从而可以将接收到的馈电信号根据特定用户终端的码序列重新校准。为最大限度地降低设计复杂度,事先假定每条馈电链路的 4 个终端中有 1 个强于另外 3 个。这不仅不会影响试验台的性能,还会降低 FPGA 上的硬件占用量。

图 5.18 所示为同步估测与恢复算法模块。

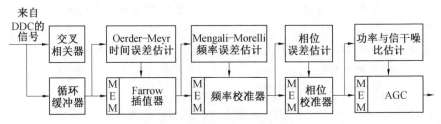

图 5.18　同步估测与恢复算法模块

第一个粗略同步由 UW 相关器提供，其他算法负责信道参数的精确估计。

符号定时由 Oerder－Meyr 算法进行恢复[36]，并通过 Farrow 插值器进行校正，插值器将信号缩减为单符号单样本的形式。然而必须强调的是，在某些高度干扰的配置中，这项技术带来的较大误差估计方差在很大程度上干扰了初始粗略估计，初始粗略估计偏向于使用通过 UW 交叉相关器获得的值直接馈送到 MMSE 单元。

频率估计由 Mengali－Morelli 算法利用存在的已知导频信号执行[37]。对于相位误差，可通过对突发执行滑动窗口，接收的和预期的导频信号通过互相关来恢复。

MMSE 单元（图 5.19）中采用了 MMSE 算法，该单元接收与 Q 个终端相关的 Q 个数字信号，以及估计的信道参数和一些有用的终端标识信息。MMSE 单元负责估计信道矩阵 $\widetilde{H}$ 和协方差矩阵 G_Y，以及计算 MMSE 矩阵 M。若要计算 MMSE 矩阵，必须解决最小化问题：

$$\varepsilon = \| X - \widetilde{X} \|^2 = \| X - MY \| \qquad (5.16)$$

式中，X 表示传输信号；$\widetilde{X}$ 表示传输估计信号；Y 表示接收信号。下式给出了最小化问题的解决方案：

$$\widetilde{X} = MY = G_X H^H (H G_X H^H + \Sigma^2)^{-1} Y = G_X H^H G_Y^{-1} Y \qquad (5.17)$$

式中，G_Y 是协方差估计矩阵；G_X 是对角矩阵，其中的元素是传输信号功率，假定该矩阵是已知的或包含在信道矩阵估计中；$G_X H^H$ 为信道估计矩阵。则 MMSE 矩阵可表示为

$$M = G_X H^H G_Y^{-1} = \widetilde{H}^H G_Y^{-1} \qquad (5.18)$$

显然，只有在对协方差矩阵和信道矩阵进行估计后，才能计算 MMSE 矩阵。具体而言，信道矩阵估计模块通过已知的存储前导序列计算信道矩阵 $\widetilde{H}$。为降低复杂度，使用同步参数来补偿存储的前导值，而不是校正

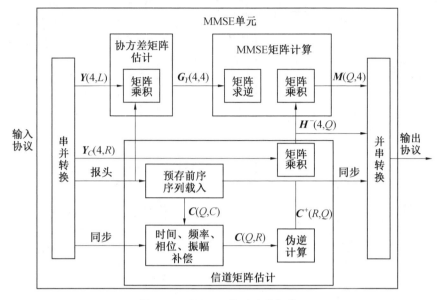

图 5.19　MMSE 单元功能架构

所接收的前导序列。通过对负载样本 $\boldsymbol{Y}$ 的向量与其 Hermite 变换进行矩阵乘积,获得对协方差矩阵 $\boldsymbol{G}_Y$ 的估测值:

$$\boldsymbol{G}_Y = \frac{1}{n}\sum_{k=1}^{n}\boldsymbol{Y}_k\boldsymbol{Y}_k^{\mathrm{H}} = \frac{1}{n}\boldsymbol{Y}\boldsymbol{Y}^{\mathrm{H}} \tag{5.19}$$

式中,n 为单个数据信号的样本数量。

　　MMSE 矩阵是由协方差估计矩阵的逆与信道估计矩阵的乘积得到的。必须强调的是,从在硬件平台中的占用面积来看,该过程中最关键的部分是复数矩阵求逆,主要基于 QR 分解递归最小二乘来实现[38]。换言之,求逆算法包含两个主要结构:基于对已知循环优化平方的 QR 分解[39]和逆计算。

　　然后,将获得的 MMSE 矩阵发送至 DVB－RCS 解调器模块。

5. DVB－RCS 解调器和 SIC 算法

　　通过利用 MMSE－SIC 算法的重复迭代实现动态数字波束形成(参见 4.2 节和图 5.12),所执行的迭代次数等于预期的用户数目(即 4 次)。如前所述,SIC 算法在每次迭代时,都从馈电空间中的复合波形内消除已解调的用户信号。

　　图 5.20 所示为解调器的结构示意图。

　　如果当前处理的用户数据包是正确的,则通过 DVB－RCS 调制器对

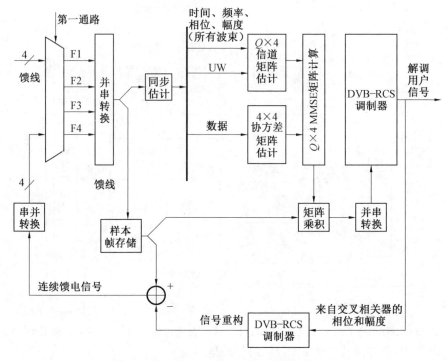

图 5.20　解调器的结构示意图

突发进行重新调制,然后插入同步误差,以便正确地将其从复合信号中去除(信道频率和相位误差依然存在)。在去除该突发之后,可以执行下一次MMSE-SIC迭代循环,但此时矩阵的秩会降低。

5.5.2　试验结果

接下来给出大量试验的测试结果,验证 OGBF 硬件演示器的性能,并将其性能与理论结果进行比较和评估(根据浮点软件模型推测),其中包括通信链路中的一些损耗影响。为此,已将硬件演示器的每个实验结果与通过空间工程在其他项目中开发的软件工具评估的性能进行了比较(这一软件专门针对该问题进行了改造)。该工具以浮点形式运作,因此它不仅可用于验证演示器的功能,还可用于评估定点算法造成的损失(隐含在硬件实现中)。

为强调 MMSE-SIC 算法,本节考虑了 3 种不同的信道配置(用户间的干扰程度配置从低到高)。不同信道模型及用户的信干比见表 5.4。

表 5.4 不同信道模型及用户的信干比

干扰程度	用户的信干比/dB
低	$U_1 = 4.528\,5, U_2 = 0.615\,5, U_3 = 1.841\,1, U_4 = 5.070\,6$
中	$U_1 = 4.152\,2, U_2 = 3.7164, U_3 = 0.178\,6, U_4 = 3.558\,3$
高	$U_1 = 1.466\,9, U_2 = 2.899\,4, U_3 = 4.929\,1, U_4 = -0.691\,6$

图 5.21~5.23 展示了所有 3 种不同信道条件下硬件实现和软件模型的比较。

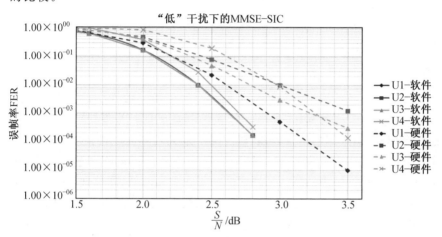

图 5.21 在"低"干扰条件下所有用户的硬件与软件性能

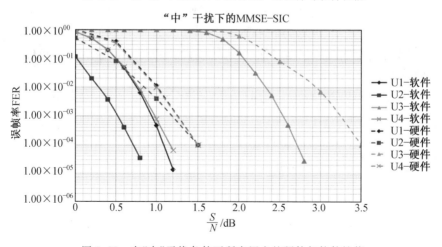

图 5.22 在"中"干扰条件下所有用户的硬件与软件性能

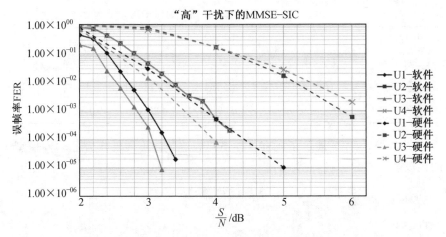

图 5.23 在"高"干扰条件下所有用户的硬件与软件性能

无须对每条曲线进行分析即可推导出以下的一般性结论。正如在连续消除算法中发生的那样,最后一个用户(接收到的信号最强)在迭代删除前一个用户(接收到的信号较强)时遭受了最大的不完整性。MMSE 算法中硬件的定点实现也强调了这种行为,其中涉及信道矩阵求逆计算,这对采用的数字精度极为敏感。用户之间的干扰分布越低,硬件性能相对于仿真曲线的总体实现损耗就越低。可以观察到,硬件的劣化大约从 $0.3 \sim$ 0.8 dB(取决于"低"干扰条件下的用户)变化到 $1.0 \sim 2.2$ dB(取决于"高"干扰条件下的用户)。

到目前为止,本书提供的所有结果都是在假定理想卫星转发器的前提下得到的,图 5.24 所示为在有效载荷损伤(如放大器的非线性表现、OMUX 滤波器响应和卫星多普勒频移)及由用户终端本振引起的相位噪声的情况下的物理层性能。

可以注意到,除最弱用户(用户 4)的劣化约为 1 dB 外,所有用户的进一步劣化都低于 0.5 dB。

总之,这些所有的结果都非常有意义,它们展示了 MMSE-SIC 算法和 OGBF 技术的可行性。

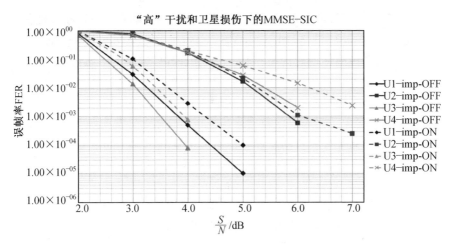

图 5.24　在有效载荷损伤及由用户终端本振引起的相位噪声的情况下的物理层性能

5.6　本　章　小　结

OBBF 和 OGBF 之间的首选方法根据所考虑的情况不同而有所不同。OGBF 在灵活性和增强的信号处理方面提供了特别的优势,但馈电链路带宽要求和校准功能的复杂性/性能限制了其应用。

地基波束形成架构的一个明显缺陷是其带宽要求较大。然而,OBBF 架构就对馈电链路带宽要求较低,这是因为它可以将星上处理用于业务链路以实现频率信道化,并仅选择合适的信道。

此外需强调的是,OGBF 架构需要多普勒与振荡器偏移补偿及振幅与相位校准。

除此之外,还有以下几个方面的要求。

(1)OGBF 中简化的卫星设计。需要一些附加的星上校准设备,但考虑到去除了 OBBF 功能(降低了质量、功耗、散热,预期降低调度与卫星复杂度)。此外,可根据需求在每部分频谱中定制处理类型,且不会影响卫星有效载荷。

(2)性能的提高。可以在地面上提供更多的处理技术,从而实现干扰消除或自适应波束形成功能,进一步更高了天线方向图的灵活性。另外应注意,地面处理信道的数量不受限制,这对于反向链路来说可能尤其有益。

(3)鲁棒性。可以通过更新地面算法和设备来增强系统能力,以便提高 MSS 系统容量或改善服务质量(更高的吞吐量、可跟随移动终端的"可控"点波束等)。同时,也可以进行复杂的波束形成、维修和更换校准设备。

如今,许多运营系统(如 ICO、MSV、Terrestar 和 MexSat 等)证实了这项具有技术挑战性概念的可行性,并且由 ESA 赞助的一系列研究正在评估集成先进多用户信号处理技术的额外优势,以及将应用领域扩大到宽带的好处。同样,DigiSat 概念的简化版本(参见 2.2.3 节)已被选定用于 UHF 的欧洲气象卫星第三代数据采集系统[40]。

空间与地面部分的协同设计和性能优化是未来几年的主要研究方向,其焦点在于许多跨学科主题,包括端到端校准、有效载荷复杂度最小化、馈电链路带宽压缩、双极化、不同技术的集成/开发(如跳波束)等。

接下来的几年,实现方式可能集中在先进的地面信号处理技术和 OBBF 的结合使用上,在降低空间段挑战的同时,充分利用这些技术所带来的优势(如校准和馈电链路带宽)。

本章参考文献

[1] P. Angeletti, M. Lisi, Beam forming network developments for European Satellite Antennas(Special Report), Microw. J. 50(8)(2007)58.

[2] P. Angeletti, G. Gallinaro, M. Lisi, A. Vernucci, "On-ground digital beam forming techniques for satellite smart antennas", in: Proceedings of the 19th AIAA International Communications Satellite Systems Conference(ICSSC 2001), Tolouse, France, 2001.

[3] P. Angeletti, N. Alagha, Space/ground beam forming techniques for emerging hybrid satellite terrestrial networks, in: 27th International Communications Satellite Systems Conference (ICSSC 2009), Edinburgh, Scotland, 1-4 June, 2009.

[4] W. A. Brandel, A. Weinberg Watson, NASAs advanced tracking and data relay satellite system for the years 2000 and beyond, Proc. IEEE 78(7)(1990)1141-1151.

[5] S. Sichi, Mobile satellite systems—a roadmap to advanced services and capabilities, in: 26th International Symposium on Space Technology and Science, Japan, June, 2008.

[6] D. Zheng, P. D. Karabinis, Adaptive beam-forming with interference suppression in MSS with ATC, in: Proceedings of the 23rd AIAA

International Communications Satellite Systems Conference(ICSSC 2005),Rome,Italy,25-28 September,2005.

[7] L. Dayaratna,L. Walshak,T. Mahdawi,ACeS communication payload system overview, in: 18th AIAA International Communications Satellite Systems Conference,2000.

[8] J. Alexovich,L. Watson,A. Noerpel,D. Roods,The Hughes Geo-mobile satellite system,in: International Mobile Satellite Conference,IMSC 97,1997,pp. 159-165.

[9] R. Hughes, A. Bishop, O. Emam, T. Craig, L. Farrugia, M. Childerhouse, P. Marston, S. Taylor, G. Thomas, M. Ali, D. Schmitt,X. Maufroid,L. Hili,The Inmarsat 4 digital processor and next generation development, in: Proceedings of the 23rd AIAA International Communications Satellite Systems Conference(ICSSC 2005),Rome,Italy,25-28 September,2005.

[10] H. L. Van Trees,Detection,Estimation,and Modulation Theory, Part IV ,Optimum Array Processing,Wiley,Hoboken,NJ,2002.

[11] I. Thibault,F. Lombardo,E. A. Candreva,A. Vanelli-Coralli,G. E. Corazza, Coarse beam forming techniques for multi-beam satellite networks, in: 2012 IEEE International Conference on Communications(ICC),10-15 June,2012,pp. 3270-3274.

[12] P. Angeletti,A. Bolea Alamanac,F. Coromina,F. Deborgies,R. De Gaudenzi, A. Ginesi,Satcoms 2020 R&D Challenges: part II : mobile communications, in: 27th International Communications Satellite Systems Conference(ICSSC 2009),Edinburgh(Scotland), June 1-4,2009.

[13] J. Arnau-Yanez,M. Bergmann,E. A. Candreva,G. E. Corazza,R. De Gaudenzi, B. Devillers, W. Gappmair, F. Lombardo, C. Mosquera,A. Perez-Neira,I. Thibault,A. Vanelli-Coralli,Hybrid space-ground processing for high-capacity multi-beam satellite systems, in: 2011 IEEE Global Telecommunications Conference (GLOBECOM 2011),December 5-9,2011,pp. 1-6.

[14] P. Angeletti,G. Toso,Advances in multibeam antennas for satellite applications, in: G. Schettini (Ed.), Advanced Techniques for Microwave Systems, Research Signpost, 2011, pp. 375-394, ISBN:

978-81-308-0453-8.

[15] E. Matricciani, M. Mauri, C. Riva, Scintillation and simultaneous rain attenuation at 49. 5 GHz, in: , Ninth International Conference on Antennas and Propagation, (Conf. Publ. No. 407), 4-7 April, vol. 2, 1995, pp. 165-168.

[16] E. Vilar, J. Haddon, P. Lo, T. J. Mousley, Measurement and modeling of amplitude and phase scintillations in an earth-space path, J. IERE 55(1985)87-96.

[17] J. Tronc, P. Angeletti, N. Song, M. Haardt, J. Arendt, G. Gallinaro, Overview and comparison of on-ground and on-board beam forming techniques in mobile satellite service applications, Int. J. Sat. Commun. Network. 32(4)(2013)291-308, doi: 10. 1002/sat. 1049.

[18] S. D'Addio, P. Angeletti, A survey of calibration methods for satellite payloads based on active front-ends, in: 32nd ESA Antenna Workshop on Antennas for Space Applications, ESTEC, Noordwijk, Netherlands, 5-8 October, 2010.

[19] J. Walker, B. Day, S. Xie, Architecture, implementation and performance of ground-based beam forming in the DBSD G1mobile satellite system, in: Proceedings of the 28th AIAA International Communications Satellite Systems Conference (ICSSC 2010), Anaheim, California, September, 2010.

[20] F. Di Cecca, G. Gallinaro, E. Tirrò, C. Campa, P. Angeletti, S. Cioni, E. A. Candreva, F. Lombardo, Payload aspects of mobile satellite systems with on-ground beam forming and interference cancellation, in: IEEE International Conference on Wireless Information Technology and Systems(IEEE ICWITS 2012), Maui (Hawaii), November, 2012.

[21] F. Di Cecca, G. Gallinaro, E. Tirrò, C. Campa, S. Cioni, P. Angeletti, E. A. Candreva, F. Lombardo, A. Vanelli-Coralli, On-ground beam forming and interference cancellation for next generation mobile systems, in: Proceedings of the 30th AIAA International Communications Satellite Systems Conference(ICSSC 2012), Ottawa, Canada, September 24-27, 2012.

[22] B. Devillers, A. Perez-Neira, C. Mosquera, Joint linear precoding

and beam forming for the forward link of multi-beam broadband satellite systems, in: Proceedings of IEEE GLOBECOM Conference,2011.

[23] G. Zheng, S. Chatzinotas, B. Ottersten, Generic optimization of linear precoding in multibeam satellite systems, IEEE Trans. Wirel. Commun. 11(6)(2012)2308-2320.

[24] C. Peel,B. Hochwald,A. Swindlehurst,A vector-perturbation technique for near-capacity multiantenna multiuser communication—part Ⅰ: channel inversion and regularization, IEEE Trans. Commun. 53 (2005)195-202.

[25] G. E. Corazza(Ed.), Digital Satellite Communications, Springer Science,LLC,New York,NY,2007,ISBN-13: 978-1441938169.

[26] ETSI TS102584,DVB—SH Implementation Guidelines Issue 2,V. 1. 1. 2,June 2010.

[27] M. Debbah, G. Gallinaro, R. Müller, R. Rinaldo, A. Vernucci, Interference mitigation for the reverse-link of interactive satellite networks,in: 9th International Workshop on Signal Processing for Space Communications,Noordwjik,11-13 September,2006.

[28] F. Di Cecca,G. Gallinaro,Ground beam forming and interference cancellation for TDMA based reverse-link access schemes,in:15th Ka and Broadband Communications Conference,2009.

[29] P. Schramm,R. R. Muller,Spectral effciency of CDMA systems with linear MMSE interference suppression, IEEE Trans. Commun. 47(5)(1999)722-731.

[30] M. Rupf, F. Tarkoy,J. L. Massey, User-separating demodulation for code-division multiple-access systems, IEEE J. Select. Areas Commun. 12(1994)786-795.

[31] S. Cioni, R. De Gaudenzi, R. Rinaldo, Channel estimation and physical layer adaptation techniques for satellite networks exploiting adaptive coding and modulation,Int. J. Sat. Commun. 26(2008)157-188.

[32] F. Perez-Fontan, M. A. V. Castro, C. E. Cabado,J. P. Garcia, E. Kubista,Statistical modelling of the LMS channel, IEEE Trans. Veh. Technol. 50(6)(2001)1549-1567.

[33] K. P. Liolis, J. Goméz-Vilardebó, E. Casini, A. Pérez-Neira, On the statistical modeling of MIMO land mobile satellite channels: a consolidated approach, in: AIAA ICSSC, Edinburgh (UK), June, 2009.

[34] ETSI EN 301 790, Digital Video Broadcasting (DVB): Interaction channel for satellite distribution systems, September 2005.

[35] C. Campa, E. Rossini, P. Altamura, A. Masci, S. Andrenacci, E. Primo, R. Suffritti, S. Cioni, P. Angeletti, J. Tronc, On ground beam forming and multi user detection proof of concept, in: Joint 19th Ka and Broadband Communications, Navigation and Earth Observation Conference and 31st AIAA International Communications Satellite Systems Conference (ICSSC), Florence (Italy), 14-17 October, 2013.

[36] M. Oerder, H. Meyr, Digital filter and square timing recovery, IEEE Trans. Commun. 36(5)(1988)605-612.

[37] U. Mengali, M. Morelli, Data-aided frequency estimation for burst digital transmission, IEEE Trans. Commun. 45(1)(1997)23-25.

[38] M. Karkooti, J. R. Cavallaro, FPGA implementation of matrix inversion using QRD — RLS algorithm, in: Conference Record Thirty-Ninth Asilomar Conference on Signals, Systems & Computers, November, 2005.

[39] L. Ma, K. Dickson, J. McAllister, J. McCanny, MSGR-based low latency complex matrix inversion architecture, in: ICSP 2008 Proceedings, May, 2008.

[40] A. Sorrentino, M. Cossu, R. Sigismondi, F. Ippoliti, P. Noschese, R. R. Trento, D. Gomez, R. Vilaseca, A. Camacho, B. Robert, J. M. Carrère, A. Viddal, B. Tavaddode, Meteosat third generation: data collection system and GEOSAR payload, in: Joint 19th Ka and Broadband Communications, Navigation and Earth Observation Conference and 31st AIAA International Communications Satellite Systems Conference(ICSSC), Florence(Italy), 14-17 October, 2013.

第6章 陆地移动卫星网络的协同覆盖范围扩展

6.1 引 言

卫星的广播和中继特性使得在地理跨度很大的区域内建立移动广播系统成为可能,这激发了手持和车载用户终端巨大的市场潜力。移动广播对于数字电视或 M2M 通信等服务至关重要,这种新模式将极大推动无线终端部署数量的增长[1]。

过去十年中,研究人员已开发出了专用解决方案和 ETSI 数字视频广播-卫星对手持设备(DVB-Satellite to Handheld,DVB-SH)等开放标准,用以实现通过卫星对移动用户的数据广播业务。时至今日,已有多个 LMS 投入海事和航空通信方面的使用[3]。

对于含大量终端的网络而言,覆盖范围,即所有节点正确接收来自中心节点(如卫星或基站)传输的数据的能力是一个重要的问题。例如,在 M2M 网络中,可靠的广播传输对于终端软件和硬件更新来说极为重要,因为此时所有的终端均需正确接收所有数据[1],车载定位系统中的导航地图更新同样如此。自动重复请求(Automatic Repeat Request,ARQ)等协议尽管在点到点通信中极为有效[4,7.1.5节],但由于回馈阻塞问题,因此可能不适用于多播环境[5]。如果终端兼具网格通信和卫星接收能力[6],那么协同方法就是一种可行方案。

现已有大量的研究工作致力于地面[7,8]和卫星网络[6,9,10]中多播和广播通信协同的使用。许多拟建解决方案都基于网络编码[13],因为这可达到自组网络中的最大流最小割边界。此外,从路旁单元到车载网络的协同内容传播等背景下的无速率编码也有所研究[14,15]。

LMS 系统的覆盖范围扩展之所以重要,是因为只有信道质量好的终端才可接入卫星服务,但周围障碍物的遮蔽效应使得城市区域中经常出现信道条件不佳的情况,尤其是在低卫星仰角场景中。为应对信道损伤,DVB-SH 中设想使用地面中继器(称为填隙器)和链路级的前向纠错

$LL-FEC^{[2]}$方案。然而,填隙器部署的投资和管理成本高昂,而卫星一地面混合协同组网方法有助于在降低填隙器的数量(或成本)的同时,还能提供高水准的服务,这点将在后面讨论。

本章将考虑使用网络编码来扩展卫星广播信道的协同覆盖范围。本章分析了在无卫星覆盖区域利用协同方法提供广播卫星的效益和局限性,采用了一种数学上易于处理且具有实际效益的网络模型。该模型考虑了通信信道中的衰落和阴影及 ad hoc 网络的介质访问机制。通过应用最大流最小割理论,在考虑的设置中利用协同,可以得出在不同的物理层传输速率和链路层单位时间内创新数据包率情况下可实现的覆盖范围增益的限制。已经证明,在覆盖范围和网络信息注入速率间可实现良好的折中,并对调节介质访问概率等重要参数给出说明。

本章还给出了实施基于网络编码的协同方案的可能方法示例。该方法与现有标准兼容,尤其是作为卫星链路参考的 DVB-SH 标准。本章主要聚焦车载终端,并采用 IEEE 802.11p 作为节点对节点通信的参考标准。

6.2 网 络 编 码

通信网络可使用图进行建模,其中每个节点对应图的一个顶点,节点间的通信链路则对应图的边。在传统组网方法中,单播连接源节点到目的节点(终端)的信息传递时选择图上的一条路径;而多播连接则选用树(尤其是斯坦纳树)。在传统的协同中继方法中,节点从它的某个输入获取一个数据包,最终复制此数据包,并将其发送到其输出的一个子集。然而,从信息理论的角度来看,没有理由将节点的操作限制于简单的复制和转发[13]。在网络编码(Network Coding,NC)中,节点可在其接收数据包的输入和转发功能上实施编码操作。如果该功能是线性组合,那么讨论的就是线性网络编码(Linear Network Coding,LNC),这是最普遍的 NC 实体(尽管不一定是最佳的[16])。在 LNC 中,数据包在有限域中按符号处理,并在传输节点上线性组合。选择在节点上使用的组合系数需能够优化网络性能。

无线自组网的特点在于其具备一个不断变化的拓扑结构,这导致很难在其中实施路由策略或应用网络编码。文献[17]中提出了一个恰当的随机设置方法,其中每个节点独立地从有限域 $GF(q)$ 中的均匀分布中随机选择网络编码系数。如果域的大小 q 足够大,且使用了随机编码方法,则极有可能可实行网络编码。

Chou 等在文献[12]中提出了一个实施网络编码系统的可行方法。该系统考虑了单播传输,由信源产生一串比特,各比特随后被分为多个 $\log_2 q$ 比特块,每个比特块代表 $GF(q)$ 中的一个符号,N 个符号组成一组,每组 N 个符号构成一个数据包,h 个连续数据包形成一代。网络中的每个节点根据 $GF(q)$ 中的均匀分布使用随机选择的系数,传输同一代中接收数据包的线性组合。与 f 代中其他数据包结合产生的数据包也属于 f 代。需要注意的是,与之前描述的一般 NC 方法不同,文献[12] 提出的方法中,数据包不被视为特定 $GF(q')$ 中的单个符号,而是被视为 $q < q'$ 的域 $GF(q)$ 中的系列符号,系数同样是从域 $GF(q)$ 中选择。然而,如果设定 $q' = q^N$,那么仍可看到数据包是 $GF(q')$ 中的一个 N 维矢量。为确保节点正确解码源数据包,每个数据包本身包含全局解码矢量。这需要一定程度的开销,也就意味着将产生频谱效率损失。但当数据包足够长时,这个损失可以忽略不计[12]。随机编码相对于确定性编码的一个基本优势在于节点无须了解网络拓扑结构,这使得随机 LNC 格外适用于网络拓扑结构快速变化的环境,如无线自组网,尤其是车载自组网(Vehicular Ad Hoc Networks,VANETS)。在文献[18,19]中,NC 被应用于 ETSI 标准 DVB-SH 和 DVB-S2 的空间段中,用来抑制移动和固定场景中的信道损伤。

文献[20]中提出了被称为 COPE 的当前网络堆栈实施 NC 的实践架构。这个架构通过允许所有节点存储开销数据包来利用无线介质的广播性质(混合模式),数据包在 $GF(2)$ 中线性组合。在 COPE 中,节点在本地交换接收报告,由此传输数据包的存储信息。每个节点依据这一信息选择要组合的数据包,从而限制传输数量,提高网络吞吐量,降低延迟。通过正确的数据包选择来最大程度降低传输数量的问题称为索引编码[21,22]。文献[20]中的结果表明,在适度的流量负载下,COPE 平均可提升相对于传统路由传输 3~4 倍的吞吐量。当网络中负载较低时,编码的机会很少,性能与未编码网络情况下的性能相近;而在高负载时,COPE 将丢失接收报告,导致网络吞吐量相对于适度情况下的吞吐量有所下降。

6.3　系 统 模 型

考虑这样的一个网络,其中,源 S 代表卫星(或者更精确地说是产生了由卫星广播的数据节点),它有一组 K 源消息 $w_1, \cdots, w_k$,每 k 比特向 M 个终端节点广播。终端节点具有卫星接收和 ad hoc 网络功能。如果从终端到源没有得到反馈,在源 S 中没有 CSI,就意味着丢包率非零。信道 S 对每个消息进行编码,以降低信道上数据包丢失的概率。为补偿最终的数据包丢失,源 S 在包层上也应用了另一个级别的保护。数据包级别的编码发生在信道编码之前。源 S 通过向 K 个源消息实施随机线性网络码(Random Linear Network Code,RLNC)来创建 $N \geqslant K$ 个编码分组。将 $R = K/N$ 定义为在 S 处的网络编码器的速率。在大小为 $q(\mathrm{GF}(q))$ 的有限域进行网络编码,这样每个消息就为 $k/\log_2 q$ 个符号向量。源消息被线性组合以产生编码分组。编码分组 x 生成如下:

$$x = \sum_{i=1}^{K} Q_i w_i$$

式中,$Q_i (i = 1, \cdots, K)$ 是随机抽取的随机系数在 $\mathrm{GF}(q)$ 域的均匀分布。其中,系数 $Q_i (i = 1, \cdots, K)$ 在其传输之前附加到每个编码分组 x 上。附加的一套系数表示 $\mathrm{GF}(q)$ 中编码消息 x 相对于基 $\{w_i\} (i = 1, \cdots, K)$ 的坐标,称为全局编码向量。

物理层的编码被应用于网络编码的每个数据包包含 k 比特。发射机使用高斯码本对每个分组进行大小为 2^{nr} 的编码,其中 $r = k/n$(r 的单位为 $\mathrm{bit} \cdot \mathrm{s}^{-1} \cdot \mathrm{Hz}^{-1}$)。将码字 c_m 与 n 个服从高斯分布的 i.i.d. 符号组成码字 c_m,与每个 $x_m (m = 1, \cdots, N)$[4] 相关。源 S 传输数据包所需的时间称为传输时隙(Transmission Slot,TS)。

终端节点彼此协同以恢复卫星链路中的丢包(前向链路)。假设终端具有较高的移动性,如车载网络场景。在这样的情况下,节点彼此间几乎没有时间建立通信链路。因此,为利用无线介质的广播性质,节点工作在混合模式下,将数据包广播给覆盖范围内的所有终端。与 IEEE 802.11 标准的广播模式中一样,假定无 RTS/CTS 机制[23]。在终端到终端的通信中假定发射机没有 CSI,所以总是有一个非零的丢包概率。像源一样,每个终端使用两级编码,如下所述。

设 L 是由终端在物理层正确解码的分组的数量。终端根据基 $w_i (i = 1, \cdots, k)$ 选择构成最大线性独立分组集合的 $L' \leqslant L$ 分组。在不失一般性的情况下,假设这样的集合是 $x_1, \cdots, x_{L'}$。线性独立性通过数据包的全局编码向量进行验证。L' 个分组使用随机线性网络编码(Random Linear Network Coding,RLNC)重新编码在一起,然后在物理层重新编码。终端的 RLNC 编码工作原理如下。给定一组接收到的分组 $x_1, \cdots, x_{L'}$,生成消息 $y = \sum_{m=1}^{L'} \sigma_m x_m \sigma_m (m = 1, \cdots, L')$ 是根据 $\mathrm{GF}(q)$ 中的均匀分布随机抽取的系数。每次创建新的编码消息时,都会附加全局编码向量。如果消息足够长,引入的开销可以忽略不计[24]。可以由发射节点容易地计算新的全局编码向量 $\boldsymbol{\eta}$:

$$\boldsymbol{\eta} = \boldsymbol{\sigma}\boldsymbol{\Psi}$$

式中,$\boldsymbol{\sigma} = [\sigma_1, \cdots, \sigma_{L'}]$ 是本地编码向量,即由发送节点选择的随机系数的向量。当 $\boldsymbol{\Psi}$ 是一个 $L' \times K$ 的具有全局编码向量 $x_m (m = 1, \cdots, L')$ 作为第 m 行的矩阵时,假设一个终端发送的消息在一个传输时隙内完成传输。移动节点处的物理层编码以与源处相同的方式进行,并使用相同的平均传输速率 r。 图 6.1 所示为上述的系统模型。节点应用于 K 源消息集 RLNC,产生 N 个编码数据包。终端节点用 RLNC 重新编码接收到的数据包(图中,L' 包被假定为在 N_2 的缓冲区中),并在地面链路上传输编码的数据包。

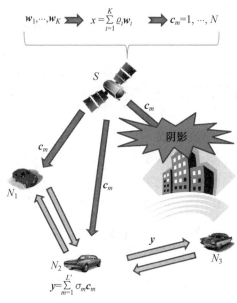

图 6.1　系统模型

6.3.1　源节点信道模型

从源 S 到通用终端 N_i 的(复合)信道($S - N$ 信道)受到瑞利衰落(即信号幅度是瑞利随机变量)和对数正态阴影衰落的影响。在终端接收到的信号的功率被建模为单位均值指数随机变量 γ 和对数正态随机变量 Γ_S 的乘积,该变量表征大尺度衰落。LMS 系统中[26],通过一些修改,该模型被广泛用于建模城市场景的电波传播特性[25]。值得注意的是,其中最为广泛接受的信道模型是 Rician 模型,其参数取决于当前信道状态,该状态会随着马尔可夫链改变。考虑一个简化的信道模型,由于其数学易处理性,因此可以掌握应用于 LMS 系统的协同的一些基本方面。由于终端运动,因此衰减系数 γ 考虑信道的快速变化。假定在一个 T_s 保持不变,然而在每个信道块的末尾,以独立同分布的方式改变。阴影系数 Γ_S 包括在 S 处的发射功率,表征导致建筑物在视线范围内的阻塞,其相对 γ 的变化非常缓慢。为便于数学处理,假定 T_s 在 N 个信道块中保持不变,直到所有与 K 源消息相对的编码数据包都被 S 传输完毕。将发送 N 个消息所需的时间称为生成周期(Generation Period,GP),两个不同节点的衰落和阴影过程被假定为相互独立。进一步假设所有节点的阴影和衰落统计数据都是相同的。如果节点位于与 S 的距离相同,那么情况就是如此[①]。

如果瞬时信道容量低于物理层 r 的传输速率,则在 $S-N$ 信道中丢失一条消息。因此,通用节点在 $S-N$ 信道的丢包概率为

$$P_{SN} = \Pr\{\log_2(1 + \gamma \Gamma_S) < r\} \tag{6.1}$$

式中,当 $\Gamma_S = e^{X/10}$ 且 $X \sim N(\mu, \sigma^2)$ 时,$\gamma \sim e^1$。Γ_S 在 GP 中是常数,而 γ 在每个信道块的末端独立变化。在 $S-N$ 链路中,固定 Γ_S 值,则丢包概率 P_{SN} 为

$$P_{SN} = 1 - e^{\frac{1-2^r}{\Gamma_S}} \tag{6.2}$$

本章后面部分将交替使用"丢包率"和"丢包概率"这两个表达式。由于阴影效应,Γ_S 在每个生成期内随机独立地变化,因此分组丢失率 P_{SN} 也是一个随机变量,它在不同生成期和终端上的 i.i.d 方式中变化。

6.3.2 节点 — 节点信道模型

将发射端与每个接收端($N-N$ 信道)之间的信道建模为独立的块衰落信道,即在每个信道块结束时每个信道的衰落系数服从独立同分布变化。在 $N-N$ 信道中,丢包概率 P_{NN} 可以表示为

$$P_{NN} = \Pr\{\log_2(1 + \gamma \Gamma_N) < r\} = 1 - e^{\frac{1-2^r}{\Gamma_N}} \tag{6.3}$$

式中,Γ_N 代表路径损耗和发射功率,并且假定其随时间和终端保持恒定。为不使地面信道饱和,假定一个节点最多可以在一个 Γ_N 内发送一个数据包。需要注意的是,P_{NN}(不同于 P_{SN})不是随机变量,因为 Γ_N 是确定性

---

① 之所以采用这些假设,是因为它们为这个问题提供了相对简单的数学处理能力。实际上,由于一些原因(如节点位置),因此信道之间的相关性可能会出现。

常数。

6.4　非协同场景

考虑一个具有源 S 和 M 个终端的网络。将覆盖范围 Ω 定义为所有 M 个终端正确解码全部 K 源信息的概率[①]。可以回顾一下,由于阴影效应,因此丢包率 P_{SN} 是在不同生成期和终端 i.i.d 变化的随机变量。假设 K 足够大并且使用文献[5]中的结果,在没有协同的情况下,节点 N_i 可以解码所有给定 K 源信息的概率为

$$\Pr\{P_{SN_i} < 1 - R\} = F_{P_{SN_i}}(1 - R) \tag{6.4}$$

式(6.2)中定义的 $F_{P_{SN}}$ 是 P_{SN} 的累积密度函数(Cumulative Density Function,CDF),$R = K/N$ 是 NC 编码器在 S 处的速率。将式(6.2)代入式(6.4)中可以得到

$$\Pr\{1 - \mathrm{e}^{\frac{1-2^r}{r_S}} < 1 - R\} \tag{6.5}$$

覆盖范围作为每个节点解码所有源信息的概率是

$$\Omega = \Pr\{P_{SN_1} < 1 - R, \cdots, P_{SN_M} < 1 - R\} \tag{6.6}$$

式中,P_{SN_i} 是节点 $N_i(i = 1, \cdots, M)$ 在 $S - N$ 链路中的丢包率。假设 P_{SN_i} $(i = 1, \cdots, M)$ 都是 i.i.d. 对数正态分布随机变量,根据文献[28]可以得到

$$\Omega = \frac{1}{2M}\left[1 - \mathrm{erf}\left(\frac{10\ln\dfrac{1-2^r}{\ln R} - \mu}{2\sigma^2}\right)\right]^M \tag{6.7}$$

式中,$R \in (0,1)$;$\mathrm{erf}(x)$ 是误差函数,定义为 $\dfrac{2}{\sqrt{\pi}}\displaystyle\int_0^x \mathrm{e}^{-t^2}\mathrm{d}t$。有兴趣的读者可以阅读文献[28]中完整的推导结果。请注意,固定 R 和 M,式(6.7)中的表达式随着物理层 r 上的速率变为无穷大而变为 0(另外,固定 r 并让 R 值达到 1 时覆盖范围变为 0),这证实了覆盖率随着传输速率上升而下降的结论。需要注意的是,随着 M 增加,Ω 会减小,这表明所有节点能够解码的概率随着节点数目的增加而减少。这也是一个直观的结论,因为终端数量越多,其中至少有一个信道的传输能力不足的概率就越大。前面提到,只要 K 足够大,这个结果就对于任何 q 值都成立。因此,式(6.7)也可以解释

---

① 为了正确,我们指出这是对"覆盖"这个术语的轻微误用,因为在卫星通信中这个术语通常具有地理含义。

为在存在衰落和阴影的 M 个节点的网络中的覆盖范围,可以使用速率为 R 的 GF(2) 中的无速率码来实现。

6.5　协同场景

为量化从协同中获得的可能收益,将网络建模为一个有向超图 $H = (N,A)$,N 是一组节点,A 是一组超弧。超弧是弧的一般化。形式上,它被定义为一对(i,J),其中 i 是超弧的头节点,而 J 是尾节点,N 的子集通过超弧连接到头部。超弧(i,J) 可用于建立从节点 i 到 J 中的节点的广播传输模型,丢包率也可以考虑进去。我们的目标是了解覆盖范围和信息传输到移动终端的速度之间的关系,这取决于物理层速率 r 和新信息在网络中输入的速率,即分包级速率 R。文献[5]中的定理 2 表明,如果 K 很大,那么即使在有损链路的情况下,随机变量 LNC 也可以实现无线多播和单播连接的网络容量。在信息源中,单位时间内传输的新数据包的数量低于或等于最小切割流在源节点和每个汇聚节点之间时,数学表达式可以写为

$$R \leqslant \min_{Q \in Q(S,t)} \left\{ \sum_{(i,J) \in \Gamma_+(Q)} \sum_{T \not\subseteq Q} z_{iJT} \right\} \tag{6.8}$$

式中,z_{iJT} 是从 i 到尾部子集 $T \subset J$ 的圆弧中数据包的平均输入速率;$Q(S,t)$ 是源 S 与目标节点 t 之间所有割的集合;$\Gamma_+(Q)$ 表示割 Q 的前向超弧的集合,即

$$\Gamma_+(Q) = \{(i,J) \in A \mid i \in Q, J \backslash Q \neq 0\} \tag{6.9}$$

换句话说,$\Gamma_+(Q)$ 表示头节点与源相同侧的 Q 弧的集合,而相对超弧的至少一个尾节点属于割的另一侧。速率 z_{iJT} 可以定义为

$$z_{iJT} = \lim_{\tau \to \infty} \frac{A_{iJT}(\tau)}{\tau} \tag{6.10}$$

式中,$A_{iJT}(\tau)$ 是一个过程,表示在时间间隔$[0,\tau]$ 内由 i 发送且到达 $T \subset J$ 的分包数量。平均速率的存在是文献[5]中结果适用的必要条件。

在第一次近似法式(6.8)中提到,从信息源 S 到每个目的节点 $t = 1, \cdots, M$ 的信息量(速率)不能大于在信息源和考虑的目的节点之间的瓶颈值(即所有节点的最小切割流量)。运用以下简化的网络设置可以很容易地导出式(6.8)中的速率 z_{iJT}。

考虑一个具有 M 个节点的网络。假设所有的节点都有独立的 $S-N$ 和 $N-N$ 信道,并进一步假设所有终端的信道统计特性是相同的(即所有的 $N-N$ 信道具有相同的统计特性,所有的 $S-N$ 信道也具有相同的统计

特性,但可能不同于 $N-N$ 信道的统计特性),那么情况可以假设为从节点 N_i 到节点 N_j 的距离变化很小,$\forall\, i,j \in \{1,\cdots,M\}$,$i \neq j$ 并且相对每个节点到信息源的距离。

在模型中,终端设置为混杂模式,以便每个节点可以接收到任何其他节点的广播传输[23]。终端共享无线介质,即它们在相同的频带中传输。假设节点采用 CSMA/CA 协议,并且所有节点相互通信,以便在愿意传输但不发生冲突的终端之间共享媒介。对于一个孤立的节点簇来说,这是一个合理的假设,正如下面考虑的场景。在一般情况下,还应考虑潜在存在的隐藏节点的影响。可以证明在这种简化的设置下的平均数据包输入速率可以由文献[27]给出:

$$z_{ijT} = \frac{1-(1-p_a)^M}{M}\left[1-(P_{NN})^{|T|}\right] \tag{6.11}$$

式中,$|T|$ 是 T 的基数,$|T| < M$,并且 $[1-(P_{NN})^{|T|}]$ 是至少有一个节点 $|T|$ 的 S 链路属于切割节点正确接收来自另一侧割节点的传输概率。式(6.11)可以解释为被集合 T 接收的单个节点的数据包的速率,即当 T 中的至少一个终端接收到一个分组时,计数过程 $A_{ijT}(\tau)$ 增加一个单位,而与接收它的实际终端数量无关。

根据目前提出的内容,多播网络中源节点可以使用的最大可能的通信速率是所有节点接收所有数据包的最大可能接收速率,是满足式(6.8)的最大速率。然而,正在考虑的网络模型中(图6.2),卫星段和地面段的链路质量随时间随机变化,而传输速率 (R,r) 保持不变,因此有可能不满足式(6.8)。将覆盖范围 Ω 定义为式(6.8)满足的概率,使用 RLNC 可以达到这种最大覆盖范围。根据文献[28],Ω 可以表示为

$$\Omega = \Pr\left\{\bigcap_{N_t < N} \bigcap_{n_s \in \{1,\cdots,M-1\}} \left\{\bigcap_{Q_{n_s} \in S(n_s,\bar{N}_t)} \left[\prod_{j \in Q_{n_s}} Y_j < 1-R+(M-n_s)\cdot\right.\right.\right.$$
$$\left.\left.\left.\frac{1-(1-p_a)^M}{M}\left[1-(P_{NN})^{n_s}\right]\right]\right\}\right\} \tag{6.12}$$

式中,Y_j 是卫星链路上节点 j 上的丢包率;P_{NN} 是地面信道上的丢包率。假设对于所有终端,P_{NN} 相同。

尽管式(6.12)可能用于数值评估 Ω,但闭式表达式可以更深入地了解协同对所考虑设置的影响。

从式(6.12)中得到一个简单的闭式表达式是一项具有挑战性的任务。覆盖范围的下界来自文献[27],其表示为

$$\Omega \geqslant F_{P_S}^M\left(\min_{n_s \in \{1,\cdots,M\}} \sqrt[n_s]{1-R+(M-n_s)\frac{1-(1-p_a)^M}{M}\left[1-(P_{NN})^{n_s}\right]}\right)$$
$$\tag{6.13}$$

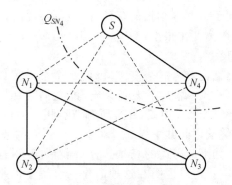

图 6.2 具有 4 个终端的网络的图模型（每 M 节点可能的切割次数为 $2^{M-1} = 8$。从 S 接收的节点集（图中只有节点 N_4）是通过从具有卫星切割的节点（即其 $S-N$ 链路从切割中移除的节点）切割而被隔离的）

根据式（6.13）并假设 P_{SN} 是对数正态分布的，最终可以得到

$$\Omega_{LB} = \frac{1}{2^M}\left[1 - \mathrm{erf}\left(\frac{10\ln\left[\dfrac{1-2^r}{\ln\left(1 - \min_{n_s \in \{1,\cdots,M\}} \sqrt[n_s]{\alpha(n_s)}\right)}\right] - \mu}{2\sigma^2}\right)\right]^M$$

(6.14)

其中

$$\alpha(n_s) = 1 - R + (M - n_s)\frac{1 - (1 - p_a)^M}{M}\left[1 - (P_{NN})^{n_s}\right]$$

为阐明刚描述的概念，下面考虑只有两个终端节点的网络的情况（图 6.3）。从推导地面边的通信速率开始，在每个时隙中，节点 N_i 试图以概率 p_{ai} 访问信道。如果只有节点 N_i 尝试访问信道，传输将以 $1 - P_{NN}$ 的概率成功进行，其中 P_{NN} 是两个节点之间链路中的丢包概率。如果两个节点试图在同一个时隙中访问信道，则 CSMA/CA 机制将确定两个节点中的哪一个进行传输。考虑到问题的对称性，在争用的情况下，两个节点中的每一个以 $1/2$ 的概率占用信道，并且另一个节点以 $1 - P_{NN}$ 的概率成功接收传输。(N_1, N_2) 边的平均速率可写为

$$z_{1,2} = p_{a_1}\left[(1 - p_{a_2})(1 - P_{NN}) + \frac{p_{a_2}}{2}(1 - P_{NN})\right]$$

$$= p_{a_1}\left(1 - \frac{p_{a_2}}{2}\right)(1 - P_{NN})$$

$$z_{2,1} = p_{a_2}\left(1 - \frac{p_{a_1}}{2}\right)(1 - P_{NN})$$

如图 6.3 所示，网络图中的三个割分别是：Q_S，其中卫星和节点位于割的不同侧；Q_{SN_1}，其中节点 N_1 位于卫星一侧；Q_{SN_2}，其中节点 N_2 位于卫星一侧。通过三个割的流的条件是

$$Q_S : 1 - P_{SN_1} P_{SN_2} \geqslant R$$
$$Q_{SN_1} : 1 - P_{SN_2} + p_{a_2}(1 - p_{a_1})(1 - P_{NN}) \geqslant R$$
$$Q_{SN_2} : 1 - P_{SN_1} + p_{a_1}(1 - p_{a_2})(1 - P_{NN}) \geqslant R \tag{6.15}$$

因此最大可达率 R^* 为

$$R^* = \min\{1 - P_{SN_1} \cdot P_{SN_2}, 1 - P_{SN_2} + p_{a_2}(1 - p_{a_1})(1 - P_{NN}),$$
$$1 - P_{SN_1} + p_{a_1}(1 - p_{a_2})(1 - P_{NN})\} \tag{6.16}$$

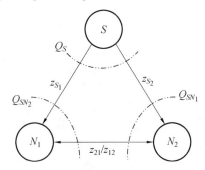

图 6.3　具有两个节点的网络的图模型（Q_S、Q_{SN_1} 和 Q_{SN_2} 是网络的三个割。Q_S 是卫星和节点位于不同侧的割，Q_{SN_1} 是节点 N_1 在卫星侧的割，Q_{SN_2} 是节点 N_2 在卫星侧的割。z_{ij} 是边 (i,j) 的平均注入速率）

需要注意的是，式（6.16）中，P_{SN_1} 和 P_{SN_2} 是 i.i.d. 随机变量，因此 R^* 也是一个随机变量。由于 (r,R) 是固定的，因此存在 $R > R^*$ 的非零概率，即不支持卫星的分组注入速率，这意味着至少有一个终端无法恢复所有的源数据包。通过定义覆盖可以得到

$$\Omega = \Pr\{R^* \geqslant R\} \tag{6.17}$$

如果设定 $p_{a1} = p_{a2} = p_a$，则有 $z_{1,2} = z_{2,1}$。根据前面小节定义的符号，定义

$$Y_{(1)} = \max\{P_{SN_1}, P_{SN_2}\}$$
$$Y_{(2)} = \min\{P_{SN_1}, P_{SN_2}\}$$
$$\alpha(1) = 1 - R + p_{a_1}\left(1 - \frac{p_{a_2}}{2}\right)(1 - P_{NN})$$
$$= 1 - R + \frac{1 - (1 - p_a)^2}{2}(1 - P_{NN})$$

$$\alpha(2) = 1 - R$$

最后，应用式(6.13)可以推导出对于具有 2 个节点的网络 Ω 的下界：

$$\Omega \geqslant F_Y^2(\min\{\alpha(1), \sqrt{\alpha(2)}\})$$

6.6 DVB-SH 中的协同覆盖范围扩展

下面将描述在异构卫星车载网络中应用前一节描述的协同方法的一种可能方式。

6.6.1 空间段

1. 卫星信道

这里考虑的是一个运行在 L 频段(或低 S 频段)的 GEO 卫星向一群移动终端广播 DVB-SH-B 信号的 LMS 系统。在 DVB-SH-B 中，在填隙器上使用正交频分复用(Orthogonal Frequency Division Multiplexing，OFDM)波形，而在卫星上使用非 OFDM(通常称为时分复用(Time Division Multiplexing，TDM))信号。传播环境根据建筑物和树木的分布情况分为城市、市郊和农村环境。城市和市郊环境中信道受损的主要原因是建筑物导致的持久的阴影效应，阴影效应将导致卫星连接时断时续；而在农村环境中；信道受损的主要原因是树荫遮蔽。

2. DVB-SH 中的 MPE-IFEC

为对抗城市和市郊环境下严峻的传播条件，在 DVB-SH 中构想了两层保护。其中一层是在物理层，包括长物理层交织器和强大的信道编码；另外一层在更高层。该高层保护称为多协议封装－突发间前向纠错(Multi-Protocol Encapsulation－Inter-Burst Forward Error Correction，MPE-IFEC)，旨在提供长物理层交织器的替代方案。MPE-IFEC 是 DVB-SH 引入的 IP 和传输层之间的处理部分，旨在对抗接收和传输中的干扰，这是通过在被称为数据报突发的多组数据报上应用 FEC 实现的。IFEC 中使用的长高层交织器可以高效地对抗持久的阴影效应。

进入 MPE-IFEC 过程的每个数据报突发被重新封装在一个被称为应用数据子表(Application Data Sub-Table，ADST)的 T 行 C 列的矩阵中(图 6.4)[2]。

ADST 的列随后以轮询的方式分布在大量的被称为应用数据表(Application Data Table，ADT)的矩阵中。ADT 是 $T \times K$ 矩阵。FEC 始

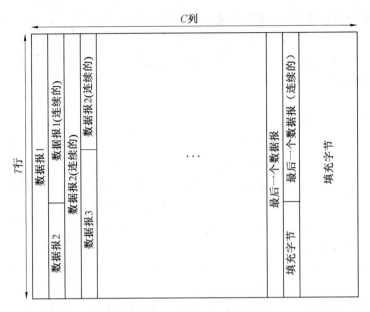

图 6.4　数据报突发的 ADST 重新封装

终是系统性的,其被应用在 ADT 上,产生一个 $T \times N_r$ 的奇偶校验矩阵,称为 IFEC 数据表(IFEC Data Table,iFDT)。一旦应用了 FEC,编码符号将包含在 MPEG 2−TS 帧中,随后被传递到更低层。

依据使用的 FEC 技术(Reed−Solomon 或 Raptor),不同数量的 ADST 一同编码。在使用 Raptor 编码的案例中,可使用较大数量的 ADST,因为 Raptor 编码不同于 Reed−Solomon 编码[28]等其他 FEC 编码,它是能够处理可跨越多个数据报突发的较大的源矩阵(即 ADT)。

DVB−SH 采用的 Raptor 编码和 3GPP 及 DVB−H 标准[2]相同。文献[29]中对此做了相关描述。文献[29]中的源块对应于一个 ADT,一个源符号是 ADT 中的一列。因此,一个源块具有 K 个符号,每个符号有 T 个字节。Raptor 编码器独立地应用于每个源块,每个源块用一个源块编号(Source Block Number,SBN)识别。编码器产生 K 个系统符号(ADT 矩阵)和 N_r 个修补(奇偶校验)符号。系统性和修补符号被称为编码符号。每个符号用译码符号标识符(Encoding Symbol Identifier,ESI)识别。向系统性符号分配从 0 到 $K-1$ 的值,而从 K 到 N_r+K-1 的值则用来识别修补符号,获得等于 $\dfrac{K}{K+N_r}$ 的速率。奇偶校验符号是 GF(2)域中系统性符号的线性组合。编码符号与 ESI 和 K 值相结合,其允许解码器决定组合哪些中间符号(即哪些源符号)来构成每个编码符号。该想法利用了这样一个事实,即编码符号是源符号的线性组合,并在地面网络中将 DVB-SH 的 IFEC 和无线 RLNC 方案进行融合。6.7 节将给出这一方案的详细描述。

6.6.2 地面段

考虑文献[30]中定义的高级终端。高级终端(实际上)不受能量限制,且具备相对较好的计算能力和内存[30]。由可充电电池提供电源的车载终端就是高级终端。该高级终端受成本、空间和重量的影响较少,可以承载高性能的计算单元。假定每个终端兼具卫星和自组联网能力。

具体而言,假定每辆车都配备了一个用于接收卫星信号的 DVB-SH 接收终端。对于节点对节点通信,考虑使用专用短程通信(Dedicated Short Range Communication,DSRC)/IEEE 802.11p 标准,该标准专用于 5.9 GHz 频段中车对车通信(Vehicle-to-Vehicle,V2V)。然而需要注意的是,所提出的协同方法对于 V2V 信道上使用的标准而言是透明的,因此可采用不同的解决方案。

6.7　DVB-SH 的网络编码协同

接下来给出可以扩大前向链路上覆盖范围的协同方案的例子[31]。该协同方案称为网络编码协同覆盖范围增强(Network-Coded Cooperative Coverge Enhancement,NCCE)。不妨通过考虑一颗卫星向一群兼具 DVB-SH-B 和 IEEE 802.11p 无线接口的车载终端广播具备 MPE-IFEC 保护的 DVB-SH-B 信号的场景。在时间窗 $(0,t)$ 期间,卫星传输从 ADT 获得 $K+N_r$ 个 IFEC 符号。地面与卫星的通信发生在正交频段。由于城市传播条件导致的持久阴影效应,因此一个用户在 $(0,t)$ 的时间间隔内能解码的符号个数等于 $M<K$。在这种情况下,用户无法解码完整的源数据块。为扩大卫星覆盖范围,每个节点将接收到的数据包(直接从卫星接收或从其他终端接收)进行重新编码,并将这些数据包广播至其传输范围内的其他节点。在以下各节中,将描述地面移动节点上的编码过程。

6.7.1 地面移动节点上的编码

不妨假定一个节点可解码一些直接从卫星接收到的编码符号,每个符号携带一个 ESI 和一个三元组 (d,a,b)。如 6.6.1 节中所描述的,节点使用 ESI 来分析哪些源符号被组合在一起以形成所考虑的编码符号。建议在地面移动节点上应用网络编码方案，其使用 iFEC 的源符号作为网络编码的源符号。换言之，节点在某个有限域中交换编码符号的线性组合，以恢复所有源符号。

6.7.2　地面信道用法

每个接收到的编码符号被一个节点解释为 GF(2^n) 中系数为 0 或 1 的源符号的线性组合。其中，n 是用以代表每个系数的比特数量的整数。该节点随后应用 6.3 节中描述的网络编码过程，从符号的 ESI 和三元组(d, a, b) 推导接收到的解码符号的解码矢量。正如标准中最初预期的那样，将编码符号解释为 GF(2^n) 中的线性组合，而不是按原来的意图解释为 GF(2) 中的线性组合的原因在于，无线 RLNC 方案中使用的域越大，节点接收的有用数据包的概率就越大。

在每个时隙中接入信道的概率由参数协同级别决定，该参数表示为 ζ ($0 \leqslant \zeta \leqslant 2$)。下面将假定所有节点上的 ζ 均相同。先确定 $\zeta \leqslant 1$，在每个时隙中，如果一个节点存储的线性独立数据包数量大于当前生成并传输的数量，其将按 6.5 节中描述的方法创建所有存储的数据包的线性组合，并尝试以概率 ζ 访问信道。如果 $\zeta > 1$，则需分两种情况考虑。在节点的传输数量低于接收到的线性独立数据包的数量的情况下，节点尝试接入概率为 $p_a = 1$ 的信道；在节点的传输数量不低于接收到的线性独立数据包的数量的情况下，该节点将尝试以概率 $p_a = \zeta - 1$ 接入信道。

当一个节点接收到来自另一个节点的数据包时，它会检查该数据包是否与存储的数据包线性无关。如果是，则会存储新数据包；如果不是，则将其丢弃。

这只是一个可能的协同方案，不一定是最优的。例如，可以基于诸如关于已存储的数据包是直接接收自卫星还是通过地面链路接收的消息等辅助信息，采用不同的介质访问与传输数据包选择机制。此外，可根据卫星链路中的丢包率评估介质访问概率。在节点受严重遮蔽的区域，丢包率可能较高，临界节点可能存在同样的情况，应在处理 MAC 层时加以考虑。这些方面的问题目前尚在探究中。

6.7.3　实施方面

根据 DVB－SH 标准，考虑大小为 1 024 字节的源符号。在终端节点上,每个源符号被划分为 n_{ss} 个子符号,每个子符号包含 1 024 个字节。这些符号各自乘以含 $q=\dfrac{1\ 024}{n_{ss}}=2^n$ 个元素的域中随机选择的系数。在同一个符号内,所有子符号的系数均相同,这样可将网络编码器/解码器的复杂程度控制在合理水平上[12]。一个大小为 2^8 或 2^{16}(一个或两个字节)的域构成一个有效的选择。按文献[12]应用 NC,在每个数据包的末端添加编码矢量,从而在一次含 K 个符号的生成中,每个符号被增加一个 $K\times q$(bit)长的报头。随后的频谱效率损失为 $Kq/8\ 192$。假定使用 1 字节的系数,该损失将变为 $K/1\ 024$。为将损失限制在合理的范围内,应限制生成的大小。例如,如果使用 $K=100$ 符号的生成,损失将低于 10%。采用较小生成大小的弊端在于其将导致编码效率降低。例如,已知 Raptor 编码的效率将随着源块增多而提高,但限制生成大小的优势在于可在系数大小(影响不同节点间的信息分配效率)和生成大小(影响 Raptor 编码的性能)间取得良好平衡。除这样的平衡外,还需指出使用相对较短的生成大小的其他优势。事实上,短交织器的使用总是需要结合 IFEC 保护,较小的块将使得上层比在大块场景中更快地获得数据,从而降低解码延迟。6.8 节中将给出 6.5 节中获得的渐近结果与同样设置但采用 3GPP Raptor 编码且块长度有限的情况下获得的仿真结果之间的差距。

6.8　数　值　结　果

图 6.5 所示为在固定消息率 R 和不同网络大小下,根据式(6.12)中数值评估获得的覆盖范围 Ω 随物理层上速率 r 的变化。图中还给出了非协同情况下的相对下限和覆盖范围曲线。在仿真中,设定 $N-N$ 信道中 $R=2/3,p_a=0.2,\Gamma_N=10$ dB;$S-N$ 信道中,$\mu=3,\sigma=1$。需要注意的是,对于考虑的网络大小,提高节点的数量将促使特定 Ω 下可实现的速率 r 提高。换言之,节点数目越多,S 广播的所有信息到达网络(被至少一个节点接收)的概率就越大。一旦信息到达网络,其便可通过随机 LNC 高效地分布于不同终端间,此时可观察到传输速率的大幅提升。在含 2 个节点的网络中,从非协同转为协同时,该提升可达到 0.4 bit·s^{-1}·Hz^{-1};在含 4 个节点的网络中,该提升可达到 1 bit·s^{-1}·Hz^{-1}。重要的是,这个结果的实现无须向源传递任何反馈,也无须进行不同节点间的数据包请求,因为每个终端自发根据介质争用的概率 p_a 决定是否编码和传输。对于 $M=2$ 和 $M=4$,该下限是极为严格的。

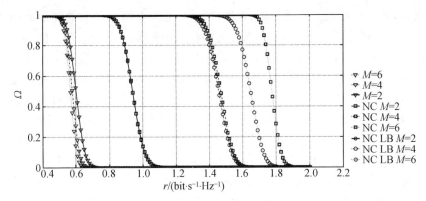

图 6.5　协同场景中,不同 M 值情况下的覆盖率 Ω 对物理层速率 r 曲线图

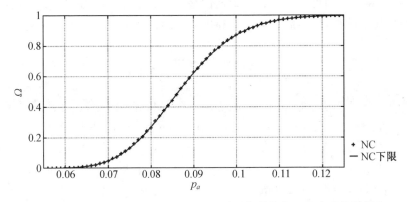

图 6.6　协同场景中,$M=4$ 和 $\Gamma_N=10$ dB 时网络覆盖率 Ω 与介质争用概率 p_a
的曲线图

图 6.6 描绘了 $M=4$、$\Gamma_N=10$ dB、$r=1$ bit $\cdot$ s^{-1} $\cdot$ Hz^{-1} 且 $R=2/3$ 的
情况下,覆盖范围与传输概率 p_a(对每个节点保持不变)的变化关系。有
趣的是,较小的 p_a 值(对于渐近情况,小于 0.15)足以在具有实际意义的 r
和 R 值下实现全面覆盖。进一步可以看出,下限与理论仿真曲线紧密吻
合。在图 6.6 设置的场景下,非协同情况下的覆盖范围为 0,这与图 6.5 中
的结果一致。

6.9　本章小结

本章研究了使用协同方法在异构 LMS 网络中提供缺失的覆盖范围的
可能性,介绍了一个基于数学上易处理的分析框架且具有实践意义的网络
模型。该模型考虑了通信信道中的衰落和遮蔽效应及协同节点的介质访

问机制,通过应用最大流最小割理论,阐释了使用协同可实现的覆盖范围方面的最大性能增益,证明了物理层上的信息和单位时间内创新数据包输入网络中的速率等重要参数是如何起到限制作用的,证明了覆盖范围和注入网络的信息速率间存在一种折中,也证明了至少对于考虑的网络规模而言,增益随着终端数量的增长而增加,这与非协同情况相反。如何把上述分析向考虑不同信道间的互相关和有限载波感知范围等问题的通用规模LMS 网络进行扩展是当前的研究主题。

   基于考虑的理论模型,本章提出了一种实用的协同方案,该方案利用网络编码提高在卫星段中采用 DVB—SH 的异构车载 LMS 系统的覆盖范围。未来的研究可专注于介质访问控制、数据包选择和编码机制等方面。这些研究一方面可从之前针对地面网络的研究工作中获益,另一方面由于LMS 场景的特性,因此也对它们提出了新的挑战。

本章参考文献

[1] Exalted Project, First report on LTE—M algorithms and procedures, August 2011, Available from: http://www. ict-exalted. eu.

[2] European Telecommunications Standards Institute, ETSI TS 102 584 V1. 2. 1, Digital Video Broadcasting(DVB); DVB-SH Implementation Guidelines Issue 2, January 2011.

[3] Inmarsat, Broadband Global Area Network (BGAN), Available from: http://www. inmarsat. com/services/bgan.

[4] T. M. Cover, J. A. Thomas, Elements of Information Theory, second ed. , John Wiley & Sons, New Delhi, 2006.

[5] D. S. Lun, M. Médard, R. Koetter, M. Effros, On coding for reliable communication over packet networks, Phys. Comm. 1(1)(2008) 3-20, Available from: http://www. sciencedirect. com/science/article/pii/S1874490708000086.

[6] G. Cocco, C. Ibars, O. D. R. Herrero, Cooperative satellite to land mobile gap-filler-less interactive system architecture, in: IEEE Advanced Satellite Mobile Systems Conf. , Cagliari, Italy, September 2010.

[7] Y. Tseng, S. Ni, Y. Chen, J. Sheu, The broadcast storm problem in a mobile ad hoc network, Wirel. Netw. 8(2002)153-167.

［8］ J. Wu,F. Dai,A generic distributed broadcast scheme in ad hoc wireless networks,IEEE Trans. Comput. 53(10)(2004)1343-1354.

［9］ A. Vanelli-Coralli, G. E. Corazza, G. K. Karagiannidis, P. T. Mathiopoulos, D. S. Michalopoulos, C. Mosquera, S. Papaharalabos, S. Scalise, Satellite communications: research trends and open issues, in: International Workshop on Satellite and Space Comm. , Toulouse, France,September 2007.

［10］ S. Morosi, E. D. Re, S. Jayousi, R. Suffritti, Hybrid satellite/ terrestrial cooperative relaying strategies for DVB-SH based communication systems, in: European Wireless Conf. , Aalborg (Denmark),May 2009.

［11］ T. Ho,M. Médard,R. Koetter,D. R. Karger,M. Effros,J. Shi,B. Leong, A random linear network coding approach to multicast, IEEE Trans. Inf. Theory 52(10)(2006)4413-4430.

［12］ P. A. Chou,Y. Wu,K. Jain,Practical network coding,in: IEEE Allerton Conf. on Communication, Control, and Computing, Urbana-Champaign,IL,USA,October,2003.

［13］ R. Ahlswede, C. Ning, S.-Y. R. Li, R. W. Yeung, Network information flow, IEEE Trans. Inf. Theory 46（4）（2000）1204-1216.

［14］ M. Sardari, F. Hendessi, F. Fekri, Infocast: a new paradigm for collaborative content distribution from roadside units to vehicular networks, in: Annual IEEE Comm. Society Conf. on Sensor, Mesh and Ad Hoc Comm. and Networks, Rome, Italy,June 2009.

［15］ P. Cataldi, A. Tomatis, G. Grilli, M. Gerla, A novel data dissemination method for vehicular networks with rateless codes, in: IEEEWireless Comm. and Networking Conf. （WCNC）, Budapest, Hungary, April 2009.

［16］ A. R. Lehman, E. Lehman, Complexity classification of network information flow problems, in: ACM-SIAM Symp. on Discrete Algorithms, Society for Industrial and Applied Mathematics, Philadelphia, PA, USA, 2004, pp. 142-150.

［17］ T. Ho, R. Koetter, M. Médard, D. R. Karger, M. Effros, The benefits of coding over routing in a randomized setting, in: Proc.

2003 IEEE Int'l Symp. on Inf. Theory, Yokohama, Japan, June-July 2003.

[18] F. Vieira, J. Barros, Network coding multicast in satellite networks, in: Next Generation Internet Networks, 2009, Aveiro, Portugal, July 2009.

[19] F. Vieira, M. A. V. Castro, J. Lei, Datacast transmission architecture for DVB-S2 systems in railway scenarios, in: IEEEInt'l Workshop on Signal Processing for Space Comm., Rhodes Island, Greece, October 2008.

[20] S. Katti, H. Rahul, W. Hu, D. Katabi, M. Médard, J. Crowcroft, Xors in the air: practical wireless network coding, IEEE/ACM Trans. Networking 16 (3) (2008) 497-510.

[21] S. E. Rouayheb, A. Sprintson, C. Georghiades, On the relation between the index coding and the network coding problems, in: IEEEInt'l Symp. on Inf. Theory, Toronto, Canada, July 2008.

[22] M. L. A. Sprintson, On the hardness of approximating the network coding capacity, in: IEEEInt'l Symp. on Inf. Theory, Toronto, Canada, July 2008.

[23] ANSI/IEEEStd 802. 11, 1999 Edition (R2003), Institute of Electrical and Electronics Engineers (IEEE), 1999, Available from: http://ieeexplore. ieee. org/xpl/mostRecentIssue. jsp? punumber=9543.

[24] S. Deb, M. Effros, T. Ho, D. R. Karger, R. Koetter, D. S. Lun, M. Médard, N. Ratnakar, Network coding for wireless applications: a brief tutorial, in: IEEEInt'l Workshop on Wireless Ad-Hoc Networks, London, UK, May 2005.

[25] H. Suzuki, A statistical model for urban radio propagation, IEEE Trans. Comm. 25 (7) (1977) 673-680.

[26] E. Lutz, D. Cygan, M. Dippold, F. Dolainsky, W. Papke, The land mobile satellite communication channel-recording, statistics, and channel model, IEEE Trans. Veh. Technol. 40 (2) (1991) 375-386.

[27] G. Cocco, C. Ibars, N. Alagha, Cooperative coverage extension in heterogeneous Machine-to-Machine networks, in: Globecom 2012 Workshop: Second International Workshop on Machine-to-Machine

Communications "Key" to the Future Internet of Things, Anaheim, CA, USA, December 2012.

[28] DigitalVideo Broadcasting (DVB), Upper Layer Forward Error Correction in DVB. DVB Document A148, March 2010, Available from: http://www.dvb.org/.

[29] European Telecommunications Standards Institute, ETSI TS 102 472 V1.1.1, Digital Video Broadcasting (DVB): IPDatacast over DVB-H: Content Delivery Protocols, June 2006.

[30] European Telecommunications Standards Institute, DVB-SH Implementation Guidelines, DVBBlueBook A120, May 2008, Available from: http://www.dvb-h.org/.

[31] G. Cocco, N. Alagha, C. Ibars, Network-coded cooperative extension of link level FEC in DVB-SH, in: AIAA International Communications Satellite Systems Conf., Nara, Japan, December 2011.

第7章 协作卫星系统的用户调度

7.1 引　言

　　交互式宽带卫星通信需求的不断增长正在推动当前的研究探索更先进的传输技术和系统架构。多波束天线提供的空间自由度提供了大量的干扰抑制资源。为充分利用这种空间分离技术,学术界提出了应用于下一代宽带卫星通信的一种先进的信号处理技术,即预编码技术(参见第2章与第3章)。可以采用更高的频率复用方案来有效利用稀缺的用户链路带宽,这些方法的主要应用要求是接收机上的信道状态信息。如何获得这类信息是另外的话题,不在本章讨论范围内。

　　多波束卫星系统通常通过单颗卫星提供大量用户请求的业务来覆盖大范围面积。卫星通信系统工作于极为丰富的多用户分集增益环境。多用户卫星环境与先进传输方法的结合带来了新的技术挑战。这些挑战如果应对得当,将进一步提高下一代宽带卫星通信的性能。本章介绍的多个方法背后的主要理念在于考虑到先进传输方法的主要因素是发射端随时可用的CSI。这个信息可用于进一步优化一些预先定义场景中的用户调度。本章将详细阐述这些优化方法。

　　就新型系统架构而言,激进的频率复用也可在物理隔离的卫星甚至是混合卫星/地面系统间发挥作用。本章中,术语协作多波束卫星通信也包括协作卫星星座。换句话说,一颗卫星如果承载由与激进频率复用配置兼容的通信负载驱动的多个天线,即可称其是协作的。此外,协作双卫星系统指两颗互相协作的卫星通过交换大量信息,如同一颗卫星一般工作的系统。从形式上看,一个协同双卫星系统指两颗承载由充分互连且在符号层上同步的网关馈送的激进频率多波束通信负载的卫星。如果网关条件不满足,则该系统成为协调卫星系统。协调包括少量的数据交换及权衡系统内高增益,以降低实施的复杂性。下面将分章节详述这些概念。

　　利用潜在丰富的多用户环境,可趋近多用户卫星信道的信息理论容量边界。一颗服务大量用户的卫星可提供显著的多用户分集增益。本章跟随这个方向,展开讨论用户调度问题。尽管共存系统间的协作可能强烈影响卫星通信产业,但用户调度可以通过两种方式提高协同系统的性能。一方面,其可通过利用多用户增益,推动每颗协同卫星的性能;另一方面,其可降低协同系统间的干扰水平。本章将介绍这两种方法的直接应用。

在当前的卫星通信标准中,用户调度基于业务需求和信道质量[1]。例如,DVB−S2 调度同一个帧内 SINR 相同的用户,并采用一个特定的链路层模式(假定 ACM)服务这些用户。图 7.1(a)所示为在传统宽带系统发射机上实施必要操作的框图。

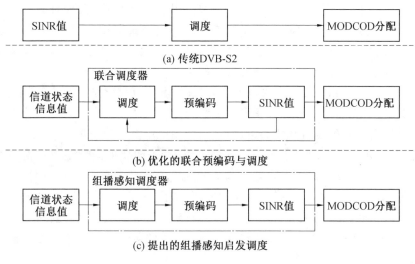

图 7.1　卫星上的调度

在使用预编码的激进频率复用发射器中①,可基于 MU−MIMO 通信原则制定调度策略。其与传统系统的内在不同是这里每个用户的 CSI 都是一个 N_t 维矢量而非单个 SINR 值。在 MU−MIMO 通信模式中,可用复矢量信道的正交性来测量用户间的相似水平。因此,要最大化两个矢量的相似性,需最大化这两个矢量的映射,也就是这两个矢量的标量积。另外,要最大化两个矢量的正交性,需最小化这两个矢量的映射。正如下面将阐述的,通过考虑调度过程中的矢量 CSI,可利用多用户增益来从某种意义上优化系统,如吞吐量性能。

通过先进的调度方法,可依照要求优化系统,前提是承认传输端上的

---

①　术语激进频率复用包括可在邻近波束间复用的所有物理层资源,如极化。

CSI 随时可用,因为这是应用干扰管理的必要条件。正如图 7.1(b)和(c)所展示的,这些方法都基于准确的 CSI。

联合调度与预编码设计最本质的特性在于两个设计的耦合性质。因为预编码强烈影响接收端上的有用信号功率,所以 CSI 和 SINR 间并非直接相关。

图 7.1(b)是一个最佳联合调度器的组成框图。这个模块通过将预编码器的输出馈送回调度器中,联合实施预编码和调度。基于初始用户调度,可应用第 3 章的方法计算预编码矩阵。随后,获得的 SINR 值需馈送回调度器中,在那里重新计算新的调度。基于这个调度,需要计算并应用一个新预编码矩阵,从而导致了潜在不同的 SINR 分布。显然,在检查完所有可能的用户组合前,需要重复实施这个过程。也就是说,这项技术实施的复杂性较高,不适用于维度较高的系统。

从前面提到的几点中可以看出,预编码和调度显然是两个高度耦合的问题,但很难通过分析解来获得一个联合方案。调度问题需要从有限数量的可用用户中确定出最佳的用户集,每个用户均由一个矢量信道表示。因此,需要在矢量空间中选出一个最佳子集,这表明调度问题是一个高度复杂的问题。另外,预编码问题可构造成一个凸优化问题,然后使用准确度高的易处理方法进行计算。要提供这两个问题的实际解决方案,需忽略这两个问题间固有的相关性,然后独立处理这两个问题。为强调该处理方法,本书将用两个独立章节阐释调度问题和预编码问题,但这两章将相互引用,以避免过度重复。

7.2　MU－MIMO 通信

在介绍调度技术前,本节将先简要介绍预编码。预编码又称发送波束成形,主要通过将发送信号乘以预编码矢量来消除多用户干扰。这些预编码矢量的推导过程将在下面介绍,有关线性预编码方法的详情也可参阅第3 章。其中,单符号发送至单用户(又称单播预编码)的传统假定被扩展至多播场景。

7.2.1　预编码基本原理

在 MU－MIMO 模式中,预编码是一项干扰预抑制技术,其利用多发送天线(N_t)提供的空间自由度①来同时服务配置了 N_t 个点波束的 N_u 个单天线用户终端。考虑信道容量的实现复杂性,使用脏纸编码(Dirty Paper Coding,DPC)[2] 技术是一种较简单但次优的技术。线性预编码是一种多用户技术,用于分离不同传输方向上的用户数据流。术语线性是指线性发射滤波器,即预编码器。此外,在文献中通常采用每波束单个用户的假设,并且通过考虑将以时分复用(Time Division Multiplexing,TDM)方式服务的每个波束的多个用户是合理的。但是,这个假设需要在卫星通信背景下放宽,详见第 3 章。

7.2.2　信号模型

第 k 个用户的一般输入输出分析表达式为

$$y_k = \boldsymbol{h}_k^{\dagger} \boldsymbol{x} + n_k \tag{7.1}$$

式中,$\boldsymbol{h}_k^{\dagger}$ 是一个 $1 \times N_t$ 的向量,由第 k 个用户和 N_t 个卫星天线(馈线)的数据传输信道系数组成(即天线增益和传播损伤);$\boldsymbol{x}$ 是 $N_t \times 1$ 的向量,表示传输符号;n_k 是在第 k 个接收天线处测量的零均值 i.i.d. 加性高斯白噪声(Additive White Gaussian Noise,AWGN)。假设噪声被归一化,因此 $\varepsilon\{|n_k|^2\} = 1$。这种基带块衰落模型可以用矩阵形式描述为 $\boldsymbol{y} = \boldsymbol{Hx} + \boldsymbol{n}$,其中总信道矩阵是所有 UT 矢量信道的组合,即 $\boldsymbol{H} = [\boldsymbol{h}_1, \boldsymbol{h}_2, \cdots, \boldsymbol{h}_k]^{\dagger}$。需要指出的是,虽然预编码矢量应用在地面上 GW 处,但 GW 非常高的性能(大 HPA 和天线)使得 GW 和卫星之间的馈线链路几乎理想,由此主要考虑从卫星到 UT 的用户链路作为适用的信道矩阵。然而,在定义多用户信道矩阵时,卫星有效载荷的特性变得非常重要。

7.2.3　线性预编码

预编码是一种多用户 MISO 信号处理方法,用于分离不同方向的用户数据流。当信号处理过程仅涉及线性操作时,则实现线性预编码。分别用 s_k、$\boldsymbol{u}_k$ 和 p_k 作为第 k 个用户的单位功率符号、$N_t \times 1$ 发射预编码矢量和功率缩放因子。总发送信号可以表示为

---

①　Costa[4] 计算出了预编码问题的最佳区域,该区域在于预定用户的连续干扰预抵消。因此,获得的 SINR 是一个关于用户的非线性函数。文献 [3] 中提出的迭代优化算法可提供趋近最佳性能的本地最佳解决方案,且可应用于较大的系统。然而,若考虑较多的传输天线数量($N_t >$ 200),将会导致实施复杂性提高。为此,这里仅考虑线性预编码技术。

$$x = \sum_{k=1}^{N_u} \sqrt{p_k} \boldsymbol{u}_k s_k \tag{7.2}$$

遵循本书中的通用符号，列向量 $\boldsymbol{u}_k \in CN^{N_t+1}$ 是第 k 个用户的归一化预编码向量，表示为 $\boldsymbol{u}_k = \boldsymbol{w}_k / \sqrt{p_k}$，这里 $\boldsymbol{w}_k \in CN^{N_t+1}$ 是第 k 个预编码向量，即总预编码矩阵 $\boldsymbol{W} = [\boldsymbol{w}_1, \boldsymbol{w}_2, \cdots, \boldsymbol{w}_k]^\dagger$ 的第 k 列。

每个用户的 SINR 为

$$\mathrm{SINR}_k = \frac{p_k \mid \boldsymbol{h}_k^\dagger \boldsymbol{u}_k \mid^2}{1 + \sum_{j \neq k} p_j \mid \boldsymbol{h}_j^\dagger \boldsymbol{u}_j \mid^2} \tag{7.3}$$

当噪声功率归一化为 1 时，在实践中确定最佳的预编码和功率分配矢量是复杂的。一般优化问题可表示为

$$\max_{\langle p_k, \boldsymbol{u}_k \rangle} f(\mathrm{SINR}_k) \tag{7.4}$$

$$\mathrm{s.t.} \quad g(p_k, \boldsymbol{u}_k) \leqslant P \tag{7.5}$$

上述问题可以采取各种目标函数（如式（7.4））及约束（如式（7.5））。

（1）最大吞吐量。

$$f(\mathrm{SINR}_k) = \sum_{k=1}^K \log_2(1 + \mathrm{SINR}_k) \tag{7.6}$$

（2）最大公平性。

$$f(\mathrm{SINR}_k) = \min_{\langle k \rangle}(\mathrm{SINR}_k) \tag{7.7}$$

同样地，这些约束可以如下。

（1）假设总发射功率约束（SPC）时。

$$g(p_k, \boldsymbol{u}_k) = \sum_{k=1}^K p_k \boldsymbol{u}_k^\dagger \boldsymbol{u}_k \leqslant P \tag{7.8}$$

（2）假定每个天线发射功率约束（PAC）时。

$$g(p_k, \boldsymbol{u}_k) = \sum_{k=1}^K p_k \boldsymbol{u}_k^\dagger \boldsymbol{Q}_{jj} \boldsymbol{u}_k \leqslant P_j, \quad j = 1, \cdots, K \tag{7.9}$$

式中，$\boldsymbol{Q}_{jk}$ 是一个全零矩阵，$\boldsymbol{Q}_{jk} = \boldsymbol{0}^{K \times K} (j \neq k)$，除了第 jj 个元素 $\boldsymbol{Q}_{jj} = 1$，从而对应于第 j 个发射天线约束。如果假定在 N_t 个天线之间等功率分配，则对于每个 j 有 $P_j = P_{\mathrm{tot}} / N_t$。此外，可以修改每个天线约束以考虑特定天线之间的功率灵活性，从而在所有天线中的功率灵活性（i）或完全不灵活（ii）的两个极端情况之间提供中间解决方案，如参考文献[3]中所提出的解决方案。通过将（1）或（2）与（i）或（ii）结合，可以考虑 4 个不同的优化问题。一般来说，式（7.4）和式（7.5）中定义的问题难以解决。在特定情况下，可以找到 p_k、$\boldsymbol{u}_k$ 的全局最优值，但不保证这些方法的实现复杂性和收敛性。下

面进一步提供了关于线性预编码技术的更多细节。

1. 迫零预编码

ZF 预编码是一种具有合理计算复杂度的线性预编码技术,仍可以实现全空间复用和多用户分集增益[5-7]。ZF 可以完全消除多用户间干扰的能力,其在高 SNR 情况下非常有效。然而,它在限制噪声的条件下性能并不理想。它最多只能同时服务于等于单个天线用户的发射天线数量。最后,这个性能不会与 $\min\{N_t, N_u\}$ 成线性比例。ZF 预编码矩阵的一个常见解决方案是对信道矩阵 $\boldsymbol{H}$ 求伪逆。在总功率约束下,信道矩阵求逆是最大和速率(Sum Rate,SR)和最大公平性的最佳预编码器选择[8]。然而,根据同一作者的理论,当对 PAC 做出假设时,必须对广义逆的参数进行优化。ZF 预编码的简单性在于其可以得到 $\mathrm{SINR}_k^{\mathrm{ZF}}$ 的表达式,即

$$\mathrm{SINR}_k^{\mathrm{ZF}} = p_k \mid \boldsymbol{h}_k^\dagger \boldsymbol{u}_k \mid^2 \tag{7.10}$$

通过仔细比较式(7.10)和式(7.3),优化函数 $f(\mathrm{SINR}_k^{\mathrm{ZF}})$ 被很大程度地简化了。因此,问题简化为凸优化问题。最大吞吐量解决方案可以直接由注水算法给出,而最大公平性可以通过通用标准凸优化方法来解决[9]。

2. MMSE 预编码

在这种情况下,预编码器可以设计为线性 MMSE 滤波器:

$$\boldsymbol{W} = [\boldsymbol{I}_{N_t} + \boldsymbol{H}^\dagger(\boldsymbol{P})\boldsymbol{H}]^{-1}\boldsymbol{H}^\dagger \tag{7.11}$$

其中,通过求解双上行链路问题来给出在总功率约束下的最优功率分配向量 $\boldsymbol{P}$。解决与某些性能指标有关的功率分配问题的一些实际方法,涉及等功率分配或基于迭代对偶的算法。在第二种情况下,该问题可以迭代解决,以增加目标 SINR 的值,直到约束满足等式。对于每个 SINR 值,双上行链路问题可使用文献[10]中提出的技术解决,从而根据对偶原理为初始问题提供解决方案。文献[11]中提供了一个更为高效的解决方案,可将其视为替代方案。此外,文献[12]在不涉及对偶性的情况下解决了最大公平性问题,上述问题称为和功率受限(Sum Power Constraint,SPC)。文献[13]解决了 PAC 问题,但其使用的复杂算法难以在大型的多用户系统中实现。

3. 启发式 MMSE 预编码

解决单天线约束的实际方案包括利用更简单的约束解决初始问题,如 SPC,并对该解决方案进行归一化,以便遵从新的约束。然而,为简化设计,这些方法的最优性是无效的,但这会严重损害系统的性能,尤其是在目标 SINR 区域中。该方法也可帮助量化最优解决方案的增益[14]。本章将

详细讨论这一问题。

7.3　多用户调度

目前有关多用户多输入多输出(MU－MIMO)天线的文献提供了在许多场景中缓解多用户干扰的发射机技术[4]。此外,线性低复杂度技术已被证明更具实际使用意义。特别地,当关注多波束卫星通信的前向链路时,线性联合预编码技术通过实际地权衡实现复杂度和 SR 最佳性能,展现出了巨大的潜能[15]。具体而言,前面章节中描述的 ZF 预编码基于的是信道反演及在用户间的最佳功率分配,旨在最大化一些性能指标。文献中常用的指标是总吞吐量性能(即最大 SR 标准)或最差用户的 SINR 水平(即最大公平性标准)。线性预编码中另一个重要参数是假定的约束类型。通常而言,由于可用功率在每条天线中自由分配,因此总功率约束将可简化分析,提供更好的结果。尽管有这样的性能,但总功率约束在实际应用中是不可行的,因为各条卫星天线是由以接近饱和状态运行的专用 HPA 馈送的,因此无法在各传输天线间自由分配功率,即需要考虑单天线功率约束问题。

一般而言,线性 ZF 波束成形在容量极限方面与脏纸编码(Dirty Paper Coding,DPC)相比是次优的。但 Yoo 和 Goldsmith [7,16] 已通过用户选择证明,ZF 可实现渐近最优 SR 性能。此外,文献[16] 提出了一个在可选用户数量增多到无限时允许 ZF 实现非线性预编码[2]性能的迭代用户选择算法。该迭代的启发式半正交用户选择算法考虑了每个用户对已选用户的正交水平,通过拒绝在其矢量信道间具备高度相关的用户,降低了随机用户集的规模。随后,在留下的用户中,迭代选择正交性最好的用户构成一个与传输单元数量相等的用户群。具体而言,如果各用户信道彼此完美正交,那么 ZF 将达到最佳性能。假设一个大量随机用户集,用户正交的概率将提高。可直观地判定,既然 ZF 创建了等价正交信道,那么当选择的用户已彼此正交时,该线性预编码方法的性能将达到最佳。文献 [16] 证明,当随机用户数量增长到无限时,这种调度方法几乎可实现最优的性能。该结果是可能实现的,因为在无限用户的条件下,可找到完美正交的信道实施 ZF,且不产生任何正交化损失。因此,如文献 [7,16,17] 中所论证的,与 DPC 相比,尽管线性预编码算法是一个次优方案,但仍可在特定的条件下实现渐近优化性能。

7.4　共存多波束卫星系统

在下一代宽带多波束卫星通信系统中,需考虑使用创新性系统架构来满足高速增长的吞吐量需求,并消除数字鸿沟。频谱资源稀少是其中一个主要限制条件,尤其是在卫星环境下,较高的频带处会出现严重的信道损伤。在这个方向上,必须研究利用多波束天线提供的空间自由度的全频复用技术。此外,在 GEO 卫星系统的演进方面,轨位拥塞问题日渐突显。由于业务需求变化不可预测,因此考虑在相同轨位发射第二个卫星来扩展卫星热点能力,为现有卫星提供支持。更为重要的是,在新旧卫星更换期间,将会出现长时间的卫星共存。此外,各多波束卫星间的协作将有望克服邻近卫星干扰(Adjacent Satellite Interference,ASI)这一重大问题。另外,多波束无法共享单个行波管放大器,全频复用的假设提高了通信负载的大小。因此,驱动覆盖区域广泛(如全欧洲范围)的大量波束所需的载荷仅可由多共存卫星来调配。在这种情况下,卫星间的协作也极为重要。上述论证合理证明了在这些场景中研究最优的双卫星共存的必要性。

文献[18−20]提出了共享相同轨道位置的协作多波束卫星概念。在这些研究工作中,每颗卫星采用了 ZF 波束成形,其中的功率分配在实际单天线约束下依据 SR 标准进行优化。然而,需指出的是,功率分配中更高的灵活性提供的增益可在未来载荷设计中用于合并柔性放大器(即TWTA)的设计[21]。

在双卫星系统中,尽管可通过预编码消除单卫星的波束间干扰,但卫星间干扰仍需要进一步处理。为在没有频率正交的情况下完全消除干扰,需在两个发射机间进行充分协作。随后,协同多天线发射机需采用向所有用户的联合或相干传输,同时交换数据和信道状态信息(Channel State Information,CSI)[22]。在卫星通信背景下,每颗卫星由一个或多个专用网关提供业务,因此充分协作的双卫星系统需要大量的互联网关来交换大量的信息载荷。根据以上分析,提出了两颗卫星间的部分协同(协调),以降低交换的数据量。

7.4.1　协调星座

该研究下的系统包含两颗覆盖面积重叠的共轨多波束卫星,服务固定的单天线用户,即固定卫星服务(Fixed Satellite Service,FSS)。假定每个波束中大量用户均匀分布。在该方案中,将不考虑卫星通信系统的实际物理层。此外，为简化信号处理设计，假设每个传输实例中为单波束单用户提供业务，且所有传输都在时隙上对齐。这样的假设使得所有信道矩阵都是方阵，允许在每次传输中使用简单的 ZF 预编码器。在采用 ACM 的系统中[23]，这样的假设需要在每个帧单元中调度单个用户，可能导致调度效率降低。对于如何在协同卫星星座中解决这一假设问题所带来的影响，留待未来进行研究。对于单卫星场景，读者可参阅本章及第 3 章。

图 7.2 所示为实现共存卫星星座的不同架构，其中主要关注卫星的前向链路（Forward Link，FL）下行链路（即卫星和用户间的链路），且假定 FL 上行链路或馈线链路（即每颗卫星和地面网关站间的链路）是理想的。需阐明的是，为简化叙述，本节未在信道模型中考虑地面曲率和卫星轨道几何结构且未对各波束中心距离和各卫星间的距离的变化进行建模，但在未来的深入研究中会做相关处理。本节采用的模型与多互联网关提供业务的大型单一多波束卫星（参见第 3 章）的主要不同在于假定天线方向图的重叠。下面将介绍的技术是基于单用户可由两个共轨卫星中的任何一个提供业务的实例，但单个多波束卫星并非如此。在没有任何衰落的情况下，每个用户对于覆盖相应波束的天线具有最大的增益。

分别考虑每颗多波束卫星，线性预编码被用于抵消多用户干扰。用 N 和 K 分别表示发送天线和单天线用户数量，单时隙单波束单用户的假定意味着一个对称系统，即 $N=K$。随后，在每个独立的发射器中实现一个 MU−MISO 广播信道，第 k 个用户的输入−输出解析表达式为

$$y_k = \boldsymbol{h}_k^\dagger \boldsymbol{x} + n_k \qquad (7.12)$$

式中，$\boldsymbol{h}^\dagger$ 是一个由第 k 个用户和卫星的第 N 个天线（即馈线）间的信道系数构成的 $1 \times N$ 矢量；$\boldsymbol{x}$ 是包含发送符号的 $N_t \times 1$ 矢量；n_k 是第 k 条接收天线上测得的 i.i.d. 零均值 AWGN。假定噪声被归一化，从而有 $\varepsilon\{|n_k|^2\}=1$。

为准确建模多波束卫星信道，进行以下考虑。在固定用户具备高度指向的天线的假定下，卫星信道可建模为带真实信道增益[①] 的 AWGN 信道，该增益仅取决于多波束天线方向图和用户位置。第 k 个用户信道矢量的元素是使用被普遍接受的贝塞尔函数方法算得的增益系数的平方根[24]：

$$g_{ik}(\theta_{ik}) = G_{\max}\left(\frac{J_1(u)}{2u} + 36\frac{J_3(u)}{u^3}\right)^2 \qquad (7.13)$$

式中，$u=2.07123\sin\theta/\sin\theta_{3\,\mathrm{dB}}$；$J_1$、$J_3$ 分别是第一类和第三类贝塞尔函

①　如果信道增益中合并了随机相位，则本研究的主要结论仍将适用。

214

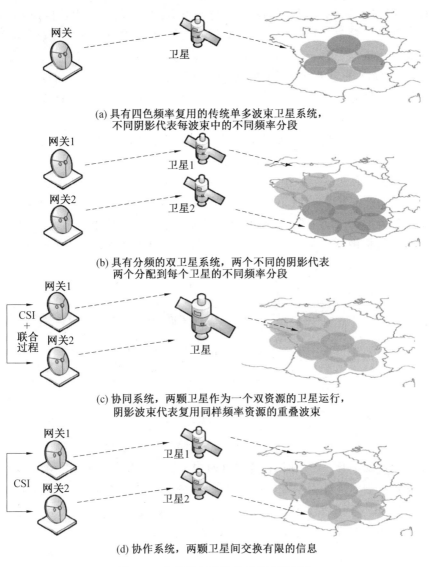

(a) 具有四色频率复用的传统单多波束卫星系统，
不同阴影代表每波束中的不同频率分段

(b) 具有分频的双卫星系统，两个不同的阴影代表
两个分配到每个卫星的不同频率分段

(c) 协同系统，两颗卫星作为一个双资源的卫星运行，
阴影波束代表复用同样频率资源的重叠波束

(d) 协作系统，两颗卫星间交换有限的信息

图 7.2　实现共存卫星星座的不同架构

数；G_{max} 是每条天线的最大轴增益；θ_{ik} 是第 k 个用户位置对应于第 i 个波束的轴线的偏离角度，其中 $\theta_i = 0°$。

如果将前面的考虑扩展至双卫星场景，则需要建立信道模型。基于这个思路，考虑了两个分别覆盖 K_1 和 K_2 个固定用户终端的 N_1 和 N_2 个点波束重叠簇（图 7.2）。各个具备单天线的用户均匀分布在覆盖范围内。尽管在各个卫星上独立实现了 MU－MISO 广播信道（Broadcast Channel，

BC),但整体系统仍运行于同一个干扰信道上。直接将下标 1 替换为 2,即可获得第二颗卫星的相应等式。现在,第 k 个用户具备两个矢量信道,分别朝向用下标 1 和 2 表示的每颗卫星。信道矢量 $\boldsymbol{h}_{k1}^{\dagger}$、$\boldsymbol{h}_{k2}^{\dagger}$ 是 $(N_{t1} + N_{t2}) \times (N_{t1} + N_{t2})$ 维的建模两颗卫星的天线增益的总信道矩阵 $\boldsymbol{H}_{tot}$ 的行。因为在码字持续时间内用户位置不改变,所以 $\boldsymbol{H}_{tot}$ 简化为一个对位置依赖波束增益进行建模并由上述系数的平方根构成的实正定矩阵。前面章节简短介绍了一般性 ZF 波束形成问题。本章假定的系统模型涉及两颗同时向其服务的用户采用迫零波束形成的共存卫星。

为方便用公式表示预编码问题,在每个时隙中,仅调度单波束中的一个用户,促使 N_{t1} 用户从第一颗卫星获得 ZF 服务,在第二个系统中,获得卫星服务的则为 N_{t2} 用户。尽管单卫星的波束间干扰能被完全抑制,但每个用户仍将接收到来自邻近卫星的干扰。使用下标 1 和 2 来区分两颗卫星的参数,第一颗卫星服务的用户中获得的 SINR 可表示为

$$\mathrm{SINR}_k = \frac{p_{1k} \mid \boldsymbol{h}_{k1}^{\dagger} \boldsymbol{u}_{k1} \mid^2}{1 + \sum_{j=1}^{N_{t2}} p_{2j} \mid \boldsymbol{h}_{k2}^{\dagger} \boldsymbol{u}_{j2} \mid^2} \tag{7.14}$$

式中,分母表示来自邻近卫星的干扰,通过预编码则可完全缓解卫星间多用户干扰。直接将下标 1 替换为 2,即可推导出分配到第二颗卫星的用户的等效关系式。

7.4.2　双卫星系统的用户调度

尽管已有大量的文献探究了线性预编码和用户选择,本节仍考虑当选定用户在两个共存组中时,旨在降低组间干扰的最佳分配方案。本节展现的结果的创新之处在于,用户的选择与分配不仅优化了每个系统的 ZF 性能,还考虑了两个发射机间的相互影响,即卫星间干扰。从大量用户中选择特定用户并将其分配到特定的集合中的操作过程称为用户调度。

正如本节下面将深入阐释的,一组用户的分配不仅影响当前用户组的性能,还可通过该用户诱发的对其他集合的干扰影响第二个组的性能。

推导出的算法从大规模用户集合中选择用户(因为在一个时隙中,每条天线仅服务一个用户),以期最大化每个集合中选定用户的正交性(每颗卫星分别执行优化选择,以最大化 ZF 性能),同时试图最小化该用户与第二个用户间的相互干扰水平。

然而,该选择未考虑系统间干扰,因此有必要在频域中执行正交化,每个系统将运行于可用频谱的一半之上。该问题的优化解决方案是两个系

统间的充分协作,其中可在两个系统的总信道上使用 ZF 以抑制干扰。然而,这两个系统的分散性质使得充分协作不具备实现可行性,尤其是在各颗卫星由特定的网关服务的卫星通信系统中。交互宽带网络中需要交换的大量数据、CSI 信息、馈线链路限制和信道同步问题是主要影响因素。该基本问题的一个有效的解决方案是两个网关间的部分协作。本章将研究该部分协作的性质。当然,当前的考虑与选择用数值评估拟建方法的系统维度一致。通常,单个网关将足以服务一颗含 7 个波束的卫星(参见第 3 章)。然而,如果考虑使用更大规模的卫星,则需假定馈送各颗卫星的多个网关间的充分协作。服务大型并置多波束卫星的多网关的联合问题将留待本研究工作的未来进行扩展。最后,根据理想的馈线链路假定,网关间的干扰可以忽略。

正如文献 [16] 中所证明的,用户选择可显著提高单个系统中的 ZF 性能。然而,对于双卫星系统等场景中的共存双独立发射器,可采用部分协作(即协调)来解决卫星间的高干扰问题。为此,本章提出了一个选择用户并将其分配到各颗卫星的算法。直观上,此过程需要考虑两个基本标准:各颗卫星性能的独立最大化;两组之间干扰的最小化。

采用这个标准后,每个网关将只处理分配到相应卫星的用户的数据,因此需要交换的信息量将只取决于所提出的算法的性质,这将会在下文进行阐述。

每颗卫星的性能可通过从大量的用户中构建一个半正交用户组独立进行优化[7]。直接将该结果进行扩展,即可在半正交标准下创建两个用户集,因为每个用户的信道增益都可映射到之前选定用户的信道的正交分量。在算法的每次迭代中,将最大映射的用户分配到相应的集合。为进行性能的比较,提出了该简化方法。

新提出的算法考虑了两个集合间的干扰效应。首先需指出的是,因为此时还不能确定准确的用户集,所以要想在每次迭代中准确计算干扰水平是不现实的。要准确计算干扰,需要求解所有可能的由式(7.4)表征的用户组合的功率优化问题 。在大量用户的假定下,这将导致难以承受的计算复杂性。然而,基于 ZF 波束成形的基本优势,即编码器设计和功率分配优化问题的解耦特性,可获得近似的干扰。在这个方向上,可以利用先前迭代中选定的用户预编码矢量来提供对用户集间干扰的指示性度量,这表明假定功率分配是一种均等分配。该假定在高 SNR 状态下渐近精确,即分配到每个用户的功率大致相等。综合上述所有论点,开发出了一个启发式迭代半正交干扰感知用户分配算法(Semi-Orthogonal Interference

Aware User Allocation Algorithm，SIUA），并在下面进行介绍。

SIUA 算法的详细阐述和步骤见算法 7.1。在初始化过程中，即第一步，每颗卫星中相对最强的用户被分配到等效组中。

算法 7.1 半正交干扰感知用户分配算法（SIUA）

输出：$S_1 \& S_2$，有

步骤 1：$\forall \; k = 1, 2, \cdots, M$ 为每颗卫星分配最强的信道范数：

$\pi_{1(1)} = \arg\max \| \boldsymbol{h}_{k1} \|, \boldsymbol{g}_{1(1)} = \boldsymbol{h}_{\pi 1} 1$

$\pi_{2(1)} = \arg\max \| \boldsymbol{h}_{k2} \|, \boldsymbol{g}_{2(1)} = \boldsymbol{h}_{\pi 2} 2$

$S_1 = \pi_{1(1)}, S_2 = \pi_{2(1)}$

$T = \{1, \cdots, M\} - \{\pi_{1(1)}, \pi_{2(1)}\}$ 一组未处理的用户

$i = 1$ 迭代计数器

while $(\mid S_1 \mid < M_1) \& (\mid S_2 \mid < M_2)$

do

步骤 2：对于所有的元素 $T_{(i)}$ do

(a) $\boldsymbol{g}_{1k} = \boldsymbol{h}_{1k} \left(\boldsymbol{I}_K - \sum_{j=1}^{i-1} \dfrac{\boldsymbol{g}_{1(j)}^{\dagger} \boldsymbol{g}_{1(j)}}{\| \boldsymbol{g}_{1(j)} \|^2} \right)$

$\boldsymbol{g}_{2k} = \boldsymbol{h}_{k2} \left(\boldsymbol{I}_K - \sum_{j=1}^{i-1} \dfrac{\boldsymbol{g}_{2(j)}^{\dagger} \boldsymbol{g}_{2(j)}}{\| \boldsymbol{g}_{2(j)} \|^2} \right)$

(b) $I_{1k}^r = \boldsymbol{h}_{k2} (\boldsymbol{W}_2 \boldsymbol{W}_2^{\dagger}) \boldsymbol{h}_{k2}^{\dagger}$

$I_{2k}^r = \boldsymbol{h}_{k1} (\boldsymbol{W}_1 \boldsymbol{W}_1^{\dagger}) \boldsymbol{h}_{k1}^{\dagger}$

(c) $I_{1k}^i = \prod_{l \in t}^{l \neq k} (\boldsymbol{h}_{l1} (\boldsymbol{W}_{1k} \boldsymbol{W}_{1k}^{\dagger}) \boldsymbol{h}_{l1}^{\dagger})$

$I_{2k}^i = \prod_{l \in t}^{l \neq k} (\boldsymbol{h}_{l2} (\boldsymbol{W}_{2k} \boldsymbol{W}_{2k}^{\dagger}) \boldsymbol{h}_{l2}^{\dagger})$

其中，$\boldsymbol{W}_n (n = 1, 2)$ 是每个卫星的 ZF 预编码矩阵，其中用户从以前的迭代中分配；$\boldsymbol{W}_{nk} (k \in t)$ 是相同的矩阵，但添加了第 k 个用户。

end

步骤 3：$\mu_{1(i)} = \max\{ \| \boldsymbol{g}_{1k} \| / (I_{1k}^r \cdot I_{1k}^i) \}, \mu_{2(i)} = \max\{ \| \boldsymbol{g}_{2k} \| / (I_{2k}^r \cdot I_{2k}^i) \}$

if $\mu_{1(i)} \geqslant \mu_{2(i)} \& (\mid S_1 \mid < M_1)$ then

$\pi_{(i)} = \arg \mu_{1(i)}; S_1 = S_1 \bigcup \{\pi_{(i)}\}$

$\boldsymbol{g}_{1(i)} = \boldsymbol{h}_{\pi_{(i)}};$

else

$\pi_{(i)} = \arg \mu_{2(i)}; S_2 = S_2 \bigcup \{\pi_{(i)}\}$

$\boldsymbol{g}_{2(i)} = \boldsymbol{h}_{\pi_{(i)}};$

end

$i = i+1;$

$T_{(i)} = T_{(i-1)} - \{\pi_{(i-1)}\};$

end

若两个集合未满,则将执行步骤 2 和步骤 3。在步骤 2 中,对每个未被分配的用户计算以下度量:根据文献 [7],g_{1k} 和 g_{2k} 分别表示每个未分配用户信道与已分配用户的正交子空间的正交分量;I_{k1}^r 和 I_{k2}^r 是两个相等的测量值,分别表示采用平均功率分配的情况下各个用户将接收到的干扰,根据具备第二个用户集的传输信号功率的用户信道和各个用户的信道的乘积的平方范数计算;I_{k1}^t 和 I_{k2}^t 是如果该用户被分配在相应组中,则每个用户的分配可能对第二组产生的干扰的近似值,它被计算为该用户对属于第二组的每个用户所引起的干扰的乘积。由于目标是找到可以同时接收并且引起最小可能干扰的正交性最高的用户,因此需最大化的测量是对于干扰测量乘积的正交性度量部分。在每次迭代的最后阶段,在整个用户集上计算两个最大化部分 μ_1 和 μ_2,并进行比较,对应于二者中最大测量的用户被分配给等效卫星。

上面描述的启发式迭代优化算法需要完全了解所有用户的 CSI。因此,所有网关需要相互协调,以交换所有可用的 CSI。由于网关仅处理分配到相应卫星的用户的数据,因此这种协调降低了充分协作中必须进行 CSI 和用户数据交换的连接负担。此外,SIUA 的运行次数仅与传输天线数量相同,因此折中采取了一个可用于较大规模多波束系统的可扩展解决方案。该解决方案的另一个优势在于,每颗卫星中的功率优化需要某种程度的复杂计算的凸优化问题并且独立于算法执行。此外,尽管这个解决方案是启发式的,且并非最佳解决方案,但由于最优用户分配需要详尽搜索所有可能的用户组合,因此反而极大地降低了其复杂性。最后,SIUA 可在中央位置执行或在共享 CSI 的各网关上并行运行。

7.4.3　性能评估

为评估所提出算法的性能,假定了各自具备 7 个波束的两颗卫星。正如 7.4.2 节中所述,选择较少的波束数量是为了缩短式(7.4)凸优化问题的仿真时间,并且不会对算法产生影响,这与未来太比特卫星的考虑是一致的。在太比特卫星中,每个网关预计将处理 5～8 个波束。此外,该仿真根据表 7.1 中描述的链路预算计算结果执行,可以注意到当前卫星系统的标准 SNR 工作点在 21 dB 处。

表 7.1　链路预算参数

参数	值
轨道	GEO
频段	Ka(20 GHz)
用户带宽	500 MHz
波束数量	7
波束直径	600 km
TWTA RF 功率@饱和	$+[0:30]$dBW
最大卫星天线增益	$+52$ dBi
最大用户天线增益	$+40$ dBi
自由空间路径损耗	-210 dB
信号功率 S	-97 dBW
接收机噪声功率 N	-118 dBW
SNR S/N	$[0:30]$ dB

　　图 7.3 所示为共存系统在协作和无协作情况下的蒙特卡罗(Monte Carlo)仿真的系统 SR 性能。由于用户是随机定位的,因此执行了 100 次迭代,每次迭代针对一个不同的用户定义位置模式,从而可评估平均性能。假定各发射器间充分协作,可推导出系统性能的上限。在该场景中,两条曲线均代表 SR(单位为 $bit \cdot s^{-1} \cdot Hz^{-1}$):一条曲线表示随机用户定位的平均性能;另一条曲线采用了文献 [7] 中提出半正交用户分配(Semi-Orthogonal User Allocation,SUS)算法,其在不考虑系统的共存性的情况下分配用户。随后,使用简单用户选择方案替代随机用户选择,可实现 25% 的平均增益。在充分协同的系统中,由于干扰被完全消除,因此无须采用 SIUA。

　　图 7.3 表明了 SIUA 在更为切实的协调系统场景中可实现的实质性能提升。图中,SIUA 与 SUS 及一个独立的干扰系统进行比较。从图中的曲线可看出,由于在噪声受限的状态中几乎没有干扰产生,因此在低 SNR 区域,SUS 算法的性能更优,与预期相符。但在目标 SNR 区域,SIUA 算法凭借干扰水平的降低,提供了实质的增益:在非协作系统中,SR 性能提高了超过 52%;在简单用户选择的协调系统中,性能提高了 28%。因此可得,SIUA 通过牺牲一定程度的低 SNR 性能,提供了目标 SNR 区

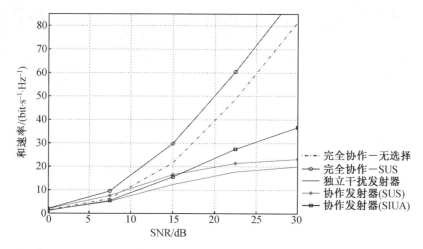

图 7.3 共存系统在协作和无协作情况下的蒙特卡罗仿真的系统 SR 性能

域的实质增益。采用这两种算法的简单转换方案,将可在整个目标 SNR
区域提供良好性能。

对于每个设置,ZF 波束成形在每颗卫星中实施,两个独立干扰发射器
的累计 SR 通过式(7.14)计算。图 7.3 为该计算描绘了平均系统和 SR 随
接收 SNR 的变化。由于假定了固定带宽,因此通过假定仅存在来自邻近
卫星的干扰,使用式(7.14)[①]计算得到 SR(以比特每次传输为单位)。此
外,根据表 7.1 中描述的链路预算计算执行仿真,该简化的链路预算不包
含设备不完善和非线性导致的损失、正交极化干扰和邻近卫星干扰。每波
束中生成 100 个用户,导致执行 SIUA 算法需要合计 1 400 个用户。
图 7.3给出了执行 SIUA 算法时的系统 SR,并将其与充分协作的系统的
SR 进行比较。

通过详细检查图 7.3 中展现的结果,可评估所提出算法的性能,得出
以下有关 SIUA 算法的结论:在目标 SNR 区域,即 21 dB 附近,当采用
SIUA 算法时,各干扰卫星间的协调相对于非协调系统可带来超过 52%
的 SR 提高。与预期相符,两个系统的充分协作(数据与 CSI 交换)完全消
除了干扰,使系统性能几乎提高了一倍,但同时也带来了很高的实施成本。
在实际中,卫星信道非线性、邻近系统干扰和设备不完善等可限制系统运
行时的有效 SNR。出于这个原因,已经在各种可用功率中给出了结果。

---

① 应该明确的是,在归一化噪声的常见假设下,传输 SNR 和总功率 P_{tot} 这两个术语描述的
是相同的数量。

采用 SIUA 的协同系统和传统正交频率系统比较如图 7.4 所示,图中使用 SIUA 的协同系统与采用频率正交化来实现两个共存卫星的可操作性的理想无干扰双卫星系统进行比较。这个方法建模了当前采用的带宽分割技术。图 7.4 证明了在目标 SNR 附近,所提出算法的性能优于传统技术(增益为 25%)。因此,SIUA 包含一个处理 ASI 的候选工具。与预期相符,增益随着 SNR 的提高而降低,这是因为传统系统是在理想的零干扰假定下运行的。对于平均 SNR 值,如 15 dB,两个算法展现出了相同的性能,且提供了相对于传统系统(30%)的实质增益。然而,在低 SNR 区域中,这些增益有所降低。

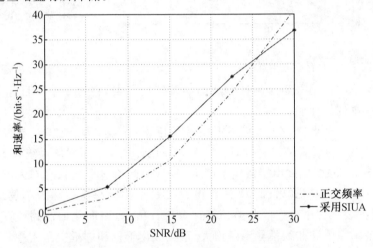

图 7.4 采用 SIUA 的协同系统和传统正交频率系统比较

最后,SIUA 的可选用户数量方面性能如图 7.5 所示,图中探究了该算法在不同用户池规模下的行为。为此,计算了给定 SNR 值(即 20 dB)下可实现的 SR 作为用户的总提高数,并将其与 SUS 算法的性能进行比较。由图可以看出,对于有限的总用户数量(600 个用户),该算法几乎达到了最大性能,此时若进一步提高用户池的规模,几乎不会有什么影响。从图中还可以注意到,所提出技术达到饱和点的收敛速率与 SUS 算法极为类似。

总之,需要指出的是,上述增益并不考虑系统设计方面的许多实际限制。在设想的信道模型中,假定特定用户位置处没有差分延迟和相位/频率偏移。

实际上,源自这两个卫星的信号不能完全同步。确定这些细节影响的更精确的信道模型是未来工作的一部分。此外,假定理想的馈线链路与本

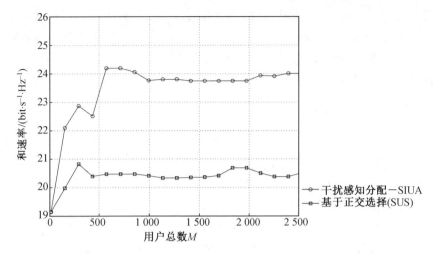

图 7.5　SIUA 的可选用户数量方面性能

节中考虑的少量波束严格相关。然而,在较大规模的多波束卫星中应用这个概念时,需要多个网关来服务全部波束的子集。在这样的场景中,各颗卫星网关服务的全面互联至关重要,因为它将影响系统性能。有关馈线链路实际限制的更多细节请参阅第 3 章。

7.5　基于帧的预编码的用户调度

受基于帧的预编码问题的多组多播特性启发,本节开发了一个多播感知用户调度策略。当假定通过随机定义的一组用户进行预编码设计时,所有同时调度的用户由每组最差的用户链路层模式提供服务。从系统实施角度来看,该随机用户分组会导致严重的性能损失。确认发送端上的 CSI 随时可用是干扰管理应用的必要条件,所以通过先进的调度方法将可实现任何必要的系统优化。如图 7.1(b)和(c)所示,这些方法都以准确的 CSI 为基础。

联合调度和预编码设计最本质的特性在于两个设计的互耦特性。因为预编码严重影响接收端上的有用信号功率,所以 CSI 和 SINR 间并非直接相关。图 7.1(b)中的框图给出了一个最优联合调度器,该调度器通过将预编码器的输出馈送回调度器来实现预编码和调度。基于初始用户调度,可应用第 3 章中的方法获得预编码矩阵。随后,将获得的 SINR 值馈送回调度器,在那里重新计算新的调度。基于这个调度,需设计并应用一个新的预编码矩阵,从而产生可用的不同 SINR 分布。显然,在检查完所有可能的用户组合前,需不断重复这个过程。因此,对于这里研究的系统维度而言,这类技术的实施复杂性是不被考虑的。另外,简化该系统的维度将降低平均精度,从系统设计视角来看,其结果将不准确。因此,出于本次研究的目的,将不会考虑最优用户调度策略。

7.5.1 半并行调度:初步方法

如前面章节中所描述的,预编码受调度影响,反之亦然。为给该因果性难题提供一个低复杂度的解决方案,本节提出了的一个解耦方法,如图7.1(c)所示。基于这样的架构,开发了一个不需要获得 SINR 的先进的基于低复杂度 CSI 的调度方法。

在文献[7]中,一个低复杂度的用户选择算法通过同时调度用户间最高概率正交性的各个用户来最大化线性预编码的性能。因此,该算法提供了一个预定度量,可以推导出最优的用户集,直至最大化多用户增益。基于该研究工作,文献[19]推导了一个在非干扰集中分隔用户的更为精确的方法。其中,干扰感知调度算法最大化了可实现的多用户增益,同时将干扰维持在适当的水平,从而提高了共存干扰系统的性能。在文献[7,19]概念的启发下,目标是开发一个为一组用户提供在帧传输期间可以应用预编码器的算法,这意味着复信道必须相似,也就是该复信道应是振幅越多越好的并行(即高度相关)信道。

根据以上叙述,开发了如算法 7.2 中伪码所展示的半并行用户选择(Semi-Parallel-User Selection,SPS)算法。简言之,该迭代、低复杂度算法应用于每个波束中,基于各波束间的非正交性水平,给出可用用户的排序。换言之,高度相关的矢量用户信道被选为在同一的传输中调度。

算法 7.2 半并行用户选择(SPS)算法

输出:向所选用户输入 S_{out} 索引

输入: $H \in C^{N_u \times N_t}$, N_{sel}

步骤 1:初始化

$\pi_{(0)} = \arg \max_k \| h_k \|$,

$\forall k = 1, \cdots, N_u$

$S_{out} = \{\pi_{(0)}\}$

$T_{(1)} = \{1, \cdots, K\} - \{\pi(0)\}$ 一组未处理的用户。

while $| S_{out} | < N_{sel}$ do

步骤 2：映射

for $\forall k \in T_{(i)}$ do

$$g_k = h_k \sum_{j=1}^{i=1} \frac{g_{(j)}^{\dagger} g_{(j)}}{\| g_{(j)} \|^2}$$

计算每个用户信道在先前选择的用户所跨越的子空间上的映射。

end

步骤 3：选择

$\pi_{(i)} = \mathrm{argmax}_k \|g_k\|;$

$S_{\mathrm{out}} = S_{\mathrm{out}} \bigcup \{\pi_{(i)}\}; \ g_{(i)} = g_{\pi(i)}$

步骤 4：算法优化

if $|S_{\mathrm{out}}| \leqslant N_{\mathrm{sel}}$ then

$$T_{(i+1)} = \left\{ k \in T_{(i)}, k \neq \pi_{(i)} \frac{h_k g_k^{\dagger}}{\| h_k \| \| g_k \|} > a \right\};$$

算法忽略了与所选用户正交的用户，因此与已选用户的集合正交。

end

end

更具体地说，初始时，选择各个波束中最强的用户（步骤 1）。随后，计算每个可选用户在之前选定的用户所跨越的子空间上的映射（步骤 2）。接着，选择上一步中计算出的具备最强映射的用户，并更新选定用户设置（步骤 3）。最后，在步骤 4 中，丢弃最正交的用户，简化用户集设置，从而优化算法的运行时间（尤其是当假定了大规模用户集时）。参数 a 被用于微调算法在运行时间和准确性间的权衡。因此，从每个波束中的最强（即最大的信道范数）用户计算出等效预编码器，由 SPS 算法选出所有后续用户来应用同样的预编码器。

图 7.6 聚焦于一个特定的波束，描绘了一个用户实例，假定了 10 个随机用户实例，选定了其中 5 个用户（方框内）。其中的小圆点描绘了包含可能用户位置的一个正方形网格，各个标记代表一个特定的用户实例。方框突出了被选中的并在第一次传输中服务的用户。

7.5.2　多播感知用户调度

基于目前为止描述的工具，为测量用户跨越的子空间中的矢量信道正交性，文献 [25] 提出了一个用于基于帧的预编码的更为详尽的用户调度方法。正如已解释的，基于帧的调度的关键步骤是基于随时可用的 CSI 来测量用户信道间的相似度。前一节中提出的先进解决方案的根本推断是，

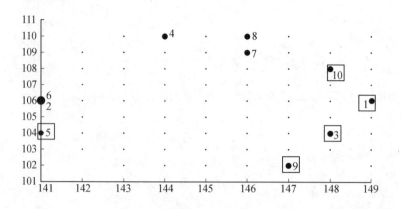

图 7.6　波束 143 中的用户网格

因为需接收同样的符号(即帧),所以同一个帧中调度的用户需具备共线性(即类似的)信道。与此相反,在本节中额外添加了一个步骤。具体而言,相邻同步帧中调度的干扰用户应正交,以最小化干扰[7]。文献［25］中详细叙述了多播感知用户调度算法,它是一个低复杂度的启发式迭代算法,该算法在不同帧中分配正交用户并在同一个帧中分配并行用户(即含有相似信道的用户)。

　　文献[25]中的两步骤算法基于之前描述的矢量信道正交性概念,为 ZF 预编码推导出了半正交性标准,以便调度邻近波束中具备最小干扰的用户,从而最大化 ZF 性能。这些结果在此被用于已开发算法的第一步,因为其目标是找到在不同组间无干扰用户的最优分配。因此,该过程的第一步,每组的一个用户根据文献[7]的半正交性标准进行分配。接着,在第二步中,给出本节中提出的多播感知算法。在这个阶段,对于每组依次地选择与先前选择的第一用户并行的用户。随后,最大化各共组信道间的相似性。有关准确调度算法的更多详情参见文献［25］。

7.5.3　结果概述

　　本节简要概述了前面描述的各个算法的吞吐量性能。假设有更大量的用户集合,从共 50 个可用于选择的用户中选择 5 个用户,当每个用户对所有发射天线的相位相同时,性能增益超过 50％(图 7.7)。此外,在文献［25］中,多播感知用户调度算法与基于帧的预编码结合应用时,展现出了显著的增益。因此,图 7.8 给出了在 $\rho=2$,即每组 2 个用户的情况下的算法性能随星载功率预算提升的变化。图 7.8 表明,这一算法相对于随机调度方案有 25% 左右的性能提升。

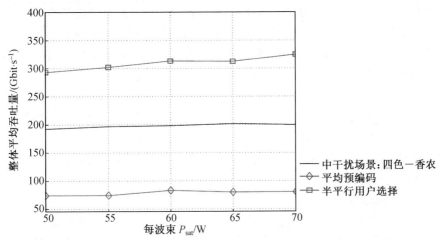

图 7.7 覆盖全欧洲的 245 波束系统的平均总吞吐量(曲线代表从 $N_u = 50$ 个实例中选出的 $N_{sel} = 5$ 半平行复信道上的预编码性能。与对 5 个用户计得的平均预编码(曲线)比较。每个用户对于所有传输天线都有相同的相位)

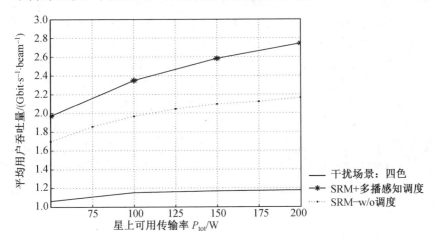

图 7.8 和速率组播预编码(SRM)(每帧 2 个用户,在有调度和无调度情况下的平均用户吞吐量与星上可用传输功率的关系)

7.6 本 章 小 结

本章讨论了协作卫星系统用户调度问题。基于该背景,提出用户调度是使协作系统增益进一步最大化的强有力方法的观点,并利用一个典型的应用量化了这一方法的增益。因此,本章定义了一个双星协作系统作为基准场景。为充分利用用户分集效应,本章提出了一种低复杂度的启发式算法,该算法使两组用户之间的干扰最小,同时维持同一卫星服务下用户的正交性。结果表明,这项技术允许两个拥有独立多波束的卫星通过联合编码共存。该算法只需要在两颗协同卫星间的局部进行信息交换,所以本章提出了一个协调架构,提出的解决方案的唯一开销是 GW 之间的 CSI 交换。因此,系统总体的频谱效率得到了提高,同时实现复杂度也维持在一个适度的水平上。根据仿真的结果,这一算法的频谱效率比非协同全频复用系统提高了 52%,比使用正交化频域的非协同传统系统提高了 25%。此外,这一方案成功应用了用户的空间正交化,允许部分协同系统在所有可用频谱上运行。

本章 7.3 节解决了基于帧的预编码的用户调度问题。已经证明,CSI 矢量可以用于帧中的用户调度。在每次传输中,相似信道中的用户被分配到同一个帧中,而正交信道的用户(从邻近波束中收到的干扰最小)将被分配到并行帧中。本章还对用于在帧中调度用户的各种低复杂度迭代算法进行了综述。

本章得出的一个主要结论是,协作用户调度在未来的多波束卫星通信方面有巨大发展潜力。这一研究的进一步发展应是在更贴合实际的设定下对所有方法进行探究。对于双星场景,应放宽理想馈电链路的假设,同时结合更贴近实际的卫星位置模型。此外,协同用户调度针对包含更多波束场景的进一步研究需要解决网关之间的互相关问题。如果不解决此问题,相邻波束簇的共信道干扰将对系统性能造成极大的影响。从基于帧的调度来看,需要评估非完备信道估计对算法性能的影响,而针对这一影响的可靠解决方案将成为更有效的方法。对于这两种情况,相邻系统间干扰和卫星信道的非线性问题是主要的限制因素,需要在未来的进一步研究中加以考虑。

本章参考文献

[1] ETSI EN 302307 V1. 1. 2,Digital video broadcasting(DVB); second generation framing structure,channel coding and modulation systems for broadcasting,interactive services,news gathering and other broadband satellite applications(DVB-S2),European Broadcasting Union (EBU).

［2］ H. Weingarten, Y. Steinberg, S. Shamai, The capacity region of the Gaussian multiple-input multiple-output broadcast channel, IEEE Trans. Inf. Theory 52 (9) (2006)3936-3964.

［3］ G. Zheng, S. Chatzinotas, B. Ottersten, Generic optimization of linear precoding in multibeam satellite systems, IEEE Trans. Wireless Commun. 11 (6) (2012)2308-2320.

［4］ M. Costa, Writing on dirty paper, IEEE Trans. Inf. Theory, 29(3) (1983)439-441.

［5］ H. Viswanathan, S. Venkatesan, H. Huang, Downlink capacity evaluation of cellular networks with known-interference cancellation, IEEE J. Select. Areas Commun. 21(5)(2003)802-811.

［6］ G. Caire, S. Shamai, On the achievable throughput of a multiantenna Gaussian broadcast channel, IEEE Trans. Inf. Theory 49(7)(2003) 1691-1706.

［7］ T. Yoo, A. Goldsmith, On the optimality of multi-antenna broadcast scheduling using zero-forcing beamforming, IEEE J. Select. Areas Commun. 24 (2006)528-541.

［8］ A. Wiesel, Y. C. Eldar, S. Shamai, Zero forcing precoding and generalized inverses, IEEE Trans. Signal Process. 56(9)(2008)4409-4418, 2008.

［9］ S. Boyd, L. Vandenberghe, Convex Optimization, Cambridge Univ. Press, Cambridge, 2004.

［10］ R. Yates, A framework for uplink power control in cellular radio systems, IEEE J. Select. AreasCommun. 13(7)(1995)1341-1347.

［11］ M. Schubert, H. Boche, Solution of the multiuser downlink beamforming with individual SINR constraints, IEEE Trans. Veh. Technol. 53(1)(2004)18-28.

［12］ Y. E. A. Wiesel, S. Shamai, Linear precoding via conic optimization for fixed mimo receivers, IEEE Trans. Signal Process. 54(1)(2006) 161-176.

［13］ W. Yu, T. Lan, Transmitter optimization for the multi-antenna downlink with per-antenna power constraints, IEEE Trans. Signal Process. 55 (6) (2007)2646-2660.

［14］ D. Christopoulos, S. Chatzinotas, B. Ottersten, Weighted fair multicast multigroup beamforming under per-antenna power constraints,IEEE Trans. Signal Process. 62(19)(2014)5132-5142.

[15] D. Christopoulos, S. Chatzinotas, G. Zheng, J. Grotz, B. Ottersten, Linear and non-linear techniques for multibeam joint processing in satellite communications, EURASIP J. Wirel. Commun. Networking 2012, 2012:162. [Online]. Available: http://jwcn. eurasipjournals. com/content/2012/1/162.

[16] T. Yoo, A. Goldsmith, Optimality of zero-forcing beamforming with multiuser diversity, in: IEEE ICC, Int. Conf. on Commun. , vol. 1, May 2005,pp. 542-546.

[17] B. L. Ng,J. Evans,S. Hanly,D. Aktas,Distributed downlink beamforming with cooperative base stations,IEEE Trans. Inf. Theory 54 (12)(2008)5491-5499.

[18] D. Christopoulos, S. K. Sharma, S. Chatzinotas, B. Ottersten, Coordinated multibeam satellite co-location: the dual satellite paradigm,IEEE Commun. Mag. , 2015, (under review).

[19] D. Christopoulos, S. Chatzinotas, B. Ottersten, User scheduling for coordinated dual satellite systems with linear precoding, in: Proc. of IEEE Int. Conf. on Commun (ICC), Budapest, Hungary,2013.

[20] S. K. Sharma, D. Christopoulos, S. Chatzinotas, B. Ottersten, New generation cooperative and cognitive dual satellite systems: Performance evaluation, in: 32st AIAA International Communications Satellite Systems Conference(ICSSC),San Diego, US,September 2014.

[21] S. Chatzinotas,G. Zheng,B. Ottersten,Joint precoding with flexible power constraints in multibeam satellite systems,in: IEEE Global Telecommunications Conference(GLOBE − COM2011), Houston, TX,2011.

[22] Y. Huang,G. Zheng,M. Bengtsson,K. -K. Wong,L. Yang, B. Ottersten, Distributed multicell beamforming with limited intercell coordination,IEEE Trans. Signal Process. 59(2)(2011)728-738.

[23] DVB Blue Book A83-2, Second generation framing structure, channel coding and modulation systems for broadcasting,interactive services,news gathering and other broadband satellite applications;

part Ⅱ：S2—extensions(S2X).

[24] M. Diaz, N. Courville, C. Mosquera, G. Liva, G. Corazza, Non-linear interference mitigation for broadband multimedia satellite systems, in: Proc. Int. Work. Sat. Space Commun. (IWSSC), September 2007, pp. 61-65.

[25] D. Christopoulos, S. Chatzinotas, B. Ottersten, Multicast multi-group precoding and user scheduling for frame-based satellite communications, IEEE Trans. Wireless Commun. , 2014, preprint: arXiv:1406. 7699 [cs. IT].

第 8 章　日渐成熟的卫星 MIMO

8.1　引　言

目前,单用户 MIMO 技术已成功应用于所有地面无线网络中[1]。但由于移动卫星系统相比于地面网络有极为不同的架构和信道特性,因此该技术还未能广泛应用于移动卫星产业。近十年来,ESA 通过通信系统的先进研究(Advanced Research in Telecommunication System,ARTES),大力推动在移动卫星上应用 MIMO 技术的研发工作。该项目主要涉及系统、载荷和信道等方面。这些研究最近随着完整 MIMO 硬件(Hardware,HW)测试平台的开发而进入发展的巅峰阶段,该测试平台通过从真实的卫星系统测量得到的信道样本来展示卫星 MIMO 的可行性和巨大潜力。

本章将概述 ESA 旗下的研发工作,并介绍其重要发现和结果,但不仅限于 ESA 进行的工作,还会广泛关注这一时期内的相关的文献和标准化研究。本章主要研究对象(同时也是研发工作的重心)在于 L 或 S 频段的移动卫星广播(Mobile Satellite Broadcasting,MSB)系统。此类系统最直观的特点在于其不仅依赖于空间部分(Satellite Component,SC),还需要地面网络(通常是补充地面组件(Complementary Ground Component,CGC))来保证为诸如城市等卫星信号无法到达的区域的覆盖。SC 和 CGC 的共存构成了一个在同频段(单频网络(Single-Frequency Network,SFN))或者不同的频段(多频网络(Multi-Frequency Network,MFN))的卫星/地面混合网络,这些网络的出现带来了许多分布式 MIMO 架构、配置和维度,将在 8.2 节中介绍。

本章重点研究 MSB 系统,因此将考虑与此最相关的两个标准:ETSI 的 DVB-SH[2] 和数字视频广播下一代手持设备(DVB-Next Generation Handheld,DVB-NGH)[3]。DVB-SH 发布于 2007 年,是一种卫星驱动标准,因此没有涉及任何类型的 MIMO 应用。但在大多数研发工作中,这一标准已经成为引入 MIMO 应用的基本系统配置。实际上,从单输入单输出(Single-input Single-output,SISO)的 DVB-SH 标准到 MIMO 的

DVB－SH 标准的延伸,只需要在现有的标准上稍加修改就可以完成,即改变信道估计的导频模式。另外,DVB－NGH 于 2013 年提出,它涵盖了一个透明的地面基本配置、一个透明的地面 MIMO 配置、一个混合星地配置和一个混合星地 MIMO 配置。其中,后三项是可选的。

推动 MIMO MSB 研究发展的主要里程碑是在 ESA ARTES 5.1 项目 MIMOSA 支持下,一颗 S 频段卫星实现了 MIMO LMS 的信道测量任务[4,5]。8.3 节将概述这一深入测量任务及其得到的 MIMO LMS 信道模型。

在无线系统中,空间 MIMO 从丰富的多径环境中获益。这里必须说明的是,所有在 MSB 背景下提及的 MIMO 均指卫星天线上应用了两路正交极化技术。其原因在于[6]:卫星发射端没有足够的反射区域来实现天线在空间上分离;卫星上空间有限,无法实现在同一个平台上放置两个大型反射面天线,尤其是口径大于 10 m 的反射面天线;移动卫星信道具有很高的相关性。地面发射塔的空间约束和高度的信道相关性也是 DVB－NGH 采用双极化 MIMO 的原因[7]。在相关极化域中使用 MIMO 将致使已发表的 MIMO 文献中许多有关空时(Space-Time,ST)编码的确定性和优良特性发生畸变。结果表明,简单的解决方案已经足够好。尤其是对于卫星分量(Satellite Component,SC)而言,混合场景的信道维度可能带来更为复杂的 MIMO 方案。8.4 节将专门论述典型的 MIMO 方法与技术。

8.2　卫星 MIMO 的配置、架构与系统

对于 MSB 系统,其主要使命在于通过地球静止轨道卫星或椭圆轨道卫星及提供城市覆盖的 CGC 的补充,提供 L 或 S 频带上的数字移动广播。构想的典型应用是为移动平台提供音频/视频广播和软件更新,如目前已经获得商业成功的美国 Sirius XM 广播系统[8]。原则上,一些提供消息服务的交互式返回链路功能可以补充广播任务,但返回链路的内容不在本章的讨论范围内。读者若有兴趣,可自行参阅文献[9]及其他相关参考文献。

对于覆盖的类型,在欧洲场景中,多种语言波束复用系统带宽,从而针对每个覆盖区域定制特定语言的数字化内容。例如,文献[10]中阐述的三色复用方法就对应这种情况。这种多波束方法使得在分隔充分时能更好地专注于卫星功率和波束间复用频率。卫星还在 Ku 波段为经常部署在人口密集都市区的 CGC 提供馈电链路。CGC 中继器通常在 SFN 或 MFN 的频带内将 Ku 波段下行链路 CGC 馈电链路信号转换为 S 或 L 波

段 DVB-SH 地面信号。另一个覆盖的范例是 Sirius XM 采用的对美洲大陆的单波束覆盖,该覆盖范围下无须提供多语言服务。

8.2.1 单卫星/双极化

两种覆盖类型(语言波束和单波束)的每个波束中均采用了双极化(Dual-Polarization Per Beam,DPPB)的 MIMO 架构[11]。这种架构包含一个 GEO 卫星,卫星上的两个右/左旋圆极化(Right-/Left-hand Circularly Transmit Antenna,RHCP/LHCP)发射天线作为 DPPB 有效载荷,还包含带有两个同频的圆极化接收天线的 UT(图 8.1)。选择圆极化是 SISO 移动卫星系统的延续,用来消除法拉第旋转效应。此外,由于利用两种极化方式传输,因此接收端通过在极化域中进行某些操作也可以消除法拉第旋转效应。需要注意的是,在卫星天线端,通常是由天线馈源提供两个线性极化端口,随后使用两个能够同时产生 RHCP/LHCP 输入的不同正交模转换器拓扑结构,简单地获得两个圆极化波[12]。对于给定的射频(Radio Frequency,RF)有效载荷总功率,同一波束内两种不同极化波中的传输具有优势,在有效载荷高功率部分可使功率降低3 dB。与此相关的一个事实是,L 和 S 波段上的高 RF 功率可导致电子倍增现象,这可能会限制有效载荷传输的最大功率[13]。

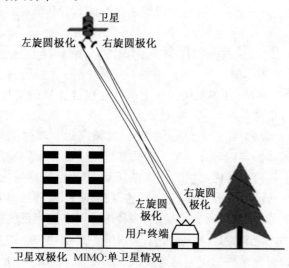

图 8.1 卫星双极化 MIMO:单卫星情况

为公正地比较传统 SISO 和双极化 MIMO 系统,设单极化和双极化系统中的卫星 RF 总功率相等。在应用 DPPB 时,尽管卫星 RF 功率没变,但

DPPB 使可用带宽/波束变成了原来的 2 倍。从系统角度来看,如文献[14]中所阐释的那样,采用 DPPB 架构将导致波束间干扰增加,波束间干扰取决于波束数量和频率复用方案,并且对工作的 SINR 造成限制。文献[12]中阐述了使用 DPPB 的覆盖欧洲区域的多波束(语言)有效载荷设计。通过数值优化技术,发现使用三色频率复用可实现良好的载干比 C/I。通过数值推导得出,覆盖欧洲的 8 波束情况下,C/I 最低为 12 dB。显然,单波束系统中不存在波束间干扰,它可以采用高功率放大器将其 SNR 提高到 MIMO 转发的 SNR,甚至可以提供更高的增益。文献[15]给出了欧洲多波束(语言波束)和单波束(类似美国)情况下典型的 S 波段卫星移动数字广播链路预算。对于多语言波束,车载类型终端的视线覆盖范围 SINR 约为 11.5 dB。对于单波束,由于没有其他波束的干扰,因此 SINR 提高到了 20 dB。8.4.4 节将综述实验结果,并讨论相对较高的 SINR 在 MIMO 应用中的重要性。

8.2.2　混合卫星/地面单极化

本节介绍联合使用一颗卫星和一个地面中继器向 UT 传输数据的基本星地混合网络。通常考虑每链路一个传输数据流(极化)和 SFN 配置的情况(S 波段)。在 UT 处,使用正交频分复用(Orthogonal Frequency Division Multiplexing,OFDM)波形来合并来自 SC 和 CGC 的信号。从架构角度来看,该场景与现有 DVB—SH 混合 SISO(或 DVB—NGH 中的混合情况)系统完全相同。并且,先进 MIMO 场景与现有混合 SFN SISO 场景的不同之处在于是否采用了先进的传输技术(分布式时空频率编码方案,参见 8.4 节)。预计两种类型的 UT 会形成以下场景。

(1)单极化用户终端采用的先进方案。一种分布式 2×1 MISO 系统。

(2)双极化用户终端采用的先进方案。一种分布式 2×2 MIMO 系统。

8.2.3　卫星/地面混合双极化

这种结构代表了一种混合 MIMO 方案,包含一颗卫星和一个地面发射器向 UT 广播数据(图 8.2)。它与前面情况的不同之处在于,该方法每个发射机使用两种数据流(正交极化)。具体而言,卫星采用两种圆极化,CGC 采用两种线性极化。UT 配备了双极化天线,极化方式为线极化或圆极化。如文献[14]中所述,在使用基带的简单转换时,这两种情况都能够接收不同类型的双极化信号。考虑 SFN 操作时,该场景的维度为 4×2。

当考虑 MFN 操作,即当一颗双极化卫星在 L 波段或 S 波段传输且一个双极化 CGC 在其他波段(如超高频(Ultra High Frequency,UHF)波段)传输时,该场景可视作两个独立的 2×2 MIMO 混合传输方案,可构成一个分布式 4×4 MIMO 方案。

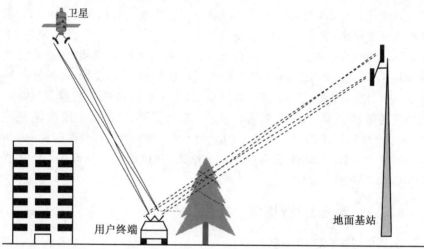

图 8.2 混合卫星/地面双极化

8.2.4 双卫星

联合使用两颗卫星(又称卫星或空间分集)时,将两颗卫星间隔一定角度可以获得分集,从而实现大尺度阴影衰落的去相关(图 8.3)。两颗卫星都以相同的极化方式进行传输,从而实现分布式 2×1 MISO 结构(单极化 UT)或分布式 2×2 MIMO 结构(双极化 UT)。该场景关键点在于 GEO 弧中两颗卫星相对于其仰角的分离,以及两条地一空路径形成的信道的相关特性。然而,在 MSB 系统中应用双卫星 MIMO 的困难在于来自两颗卫星的信号到达的相对时延,对于任何有意义(从信道相关性的角度来看)范围内的角分离,此相对时延都将很大。时延导致在 SFN 模式中无法实现对这两颗卫星传输的数据流的同步和解码。ESA 还未对 SFN 情况下的双卫星结构进行研究,因为这种结构需要两颗卫星同时出现,这对于欧洲的经济状况而言难以实现。在数字音频广播中,高轨椭圆轨道(Highly Elliptical Orbit,HEO)的应用可追溯到 20 世纪 80 年代[17],其于 20 世纪 90 年代被美国数字广播 Sirius 系统采用。Sirius 采用了 3 颗 HEO 卫星,其中有一颗在任何给定时间都处于活动状态,提供比 GEO 更高的仰角,所提出的 MIMO MFN 方法也适用于 HEO 星座情况,但在下面将不再继续讨论。

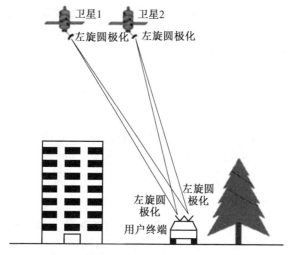

图 8.3　卫星双极化 MIMO:双卫星情况

8.2.5　向交互式系统的扩展

移动卫星交互系统也可考虑利用 DPPB。目前,L 波段高容量多波束 MSS 系统是基于高功率地球同步卫星平台[18],其有效载荷的特点是有一个配有一个馈源阵列 RF 前端和一个透明数字星载处理器(Onboard Processor,OBP)的大型单天线反射器(通常大于 9 m),可以生成几百个用户波束。OBP 需要高效地支持 L 波段(通常为 200 kHz)和数字波束成形要求的精细频率滤波精度,以及单信道电平控制等。当前最先进的 L 波段有效载荷支持含四色频率复用方案的单极化/波束,想要得到双倍的双极化/波束数量,需要较大的载荷质量。此外,由于 RF 链路和模数及数模转换器(ADC/DAC)的数量需要加倍,因此功率也将随之提升。可在某种程度上降低有效载荷复杂性的一种架构是地基波束形成网络(On-Ground Beam Forming Network,OGBFN)架构[19],该架构在一些近期的 GEO MSS 卫星如 Terrestar[20] 和 Mexsat 上采用。在这种情况下,有效载荷仅包含天线馈源、相关的 L 波段(或 S 波段)RF 前端及上变频/下变频和放大器链路,以支持工作在 Ka 波段的网关馈电链路。这种结构的优势在于,所有数字信号处理均在地面上的网关端执行。这种方法避免了复杂的星载信号处理器、相关 ADC/DAC 及模拟前端的需求。同时,OGBFN 方法需要增加馈电链路带宽和一个空对地链路校准系统。这是因为OGBFN 发生于地面,需要持续校准卫星天线馈源和 OGBFN 间的相位和群时延(见第 5 章)。目前,ESA 正在研究 MSS 交互式系统的双极化有效载荷设计优化问题[21]。8.4.3 节将基于近期研究结果,对双极化架构在交互式 MSS 系统中的潜在优势进行初步讨论。

8.3 卫星 MIMO 信道

在地面系统中应用 MIMO 技术,MIMO 以丰富的多路径环境导致的信道不相关性具有优势。但在 LMS 场景中,各接收信号间存在较高的空间相关性。这主要是因为天线、卫星和用户终端周围多路径环境的不对称性,且与卫星之间的距离使得在非视距(Non-Line of Sight,NLoS)下进行有效通信是不可能的。在卫星场景中,传输天线具有高指向性,因此传输天线引入的各信号间的串音极低,发射机周围不产生任何多路径(空间不混乱),只是在接收机附近产生。也就是说,总体信道特征主要取决于接收机天线特征和多路径传播引入的效应。

图 8.4 所示为 2×2 MIMO LMS 信道的主要元素,包括传播信道本身和接收天线效应。传播信道的交叉极化耦合取决于接收条件和环境,而天线的交叉极化鉴别(Cross Polarization Discrimination,XPD)由平台中装有的特定天线决定。在描述多路径环境中的双极化 MIMO 信道的特征时,由于对平台中安装的天线方向图的不对称性及对散射体的到达角(Angle of Arrive,AOA)的识别是有限的,因此分隔传播和天线效应是一项颇具挑战性的任务。

在 LMS 中,可根据其时间动态分类信道效应:极慢衰落,仅发生在接收条件发生激烈变化后,如从 LoS 向 NLoS 过渡的情况;慢衰落,包括接收条件未改变的情况下环境的大尺度环境特征变化(如遮蔽或衍射);多路散射体发出的反射和散射多路径传播的结合导致的快衰落(小尺度特征)。图 8.5 所示为 LMS 信道传播效应分类随时间的动态变化。一个 2×2 MIMO 传播信道的传递函数 $\boldsymbol{H}$ 可分为大尺度信道系数和小尺度信道系数:

$$\boldsymbol{H} = \begin{bmatrix} h_{11} & h_{12} \\ h_{21} & h_{22} \end{bmatrix} = \begin{bmatrix} \overline{h}_{11} & \overline{h}_{12} \\ \overline{h}_{21} & \overline{h}_{22} \end{bmatrix} + \begin{bmatrix} \widehat{h}_{11} & \widehat{h}_{12} \\ \widehat{h}_{21} & \widehat{h}_{22} \end{bmatrix} = \overline{\boldsymbol{H}} + \widehat{\boldsymbol{H}}$$

在过去十多年里,研究人员致力于研究卫星双极化 MIMO 的特征,通

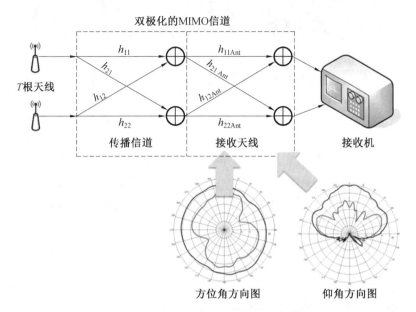

图 8.4　2×2 MIMO LMS 信道的主要元素

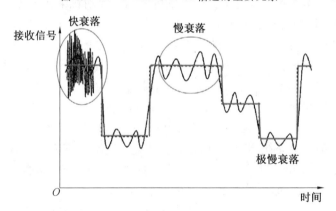

图 8.5　LMS 信道传播效应分类随时间的动态变化

过多种方式进行了大量实验,包括使用模拟卫星塔、高楼建筑、直升机及直接从卫星平台进行测量。随着时间的推移,也采用了许多方法来表示 MIMO 信道,一些方法从 LMS SISO 信道演变而来,其他方法则采用了原本是为地面系统开发的更为复杂的几何统计模型。下面将讨论这些方面的问题。

8.3.1　测量活动

第一组实验处理双偏振卫星 MIMO 信道,通过架设在英国吉尔福德山顶上的天线模拟卫星进行(参见文献[22,23])。发射机中使用了两个圆极化天线(RHCP 和 LHCP),互相间隔几个波长。测量设备包括一个含 200 MHz 带宽和 2.45 GHz 中心频率的商用宽带信道探测器(由 Elektrobit 提供)。接收车包括顶棚上架设的两个 RHCP 和两个 LHCP 分离天线。实验涵盖了 $5°\sim18°$ 的俯仰角的林区、郊区和城市环境。

在英国吉尔福德还做了两个其他的实验(参见文献 [24])。两个实验配置有所不同:实验一包括两个额外的发射天线和接收天线,带宽降低至 50 MHz,涵盖了具有路旁高树的乡村地区,形成了 $6°\sim12°$ 的仰角;实验二使用塔上安装的发射机,在郊区环境中进行,采用 $2×6$ 配置,其仰角范围为 $15°\sim37°$。

法国太空局(French Space Agency,CNES)也进行了许多实验来测量 S 和 C 波段上的双极化 MIMO 信道。实验在 2011 年和 2012 年进行,通过环绕法国圣拉里苏朗村的大山上安置的两个发射机来模拟卫星,形成了 $20°\sim30°$ 的仰角。这些发射机包括了两对接线天线(RHCP 和 LHCP),其中心频率分别为 2.2 GHz 和 3.8 GHz。在接收机端,分别为这两个频率使用了两个双极化天线和两个 V 极化偶极子,其涵盖了农村、村庄、树覆盖区域及移动和游牧(混合)测量的集合区域。CNES 的另一个实验使用直升机来模拟卫星,允许覆盖 $20°\sim70°$ 仰角范围,涵盖了村庄、林区、居民商业区、郊区和城市地区。要了解更多详情,请参阅文献[25]。

在移动卫星系统 MIMO 信道特征描述(ESA ARTES 5.1 MIMOSA)项目中[5,26,27],研究人员致力于研究支持 MSB 系统的 MIMO 技术,在 MIMO 双极化信道上提供扎实的基础。基于这个目标,定义了扩展模型的生成、校准和验证的主要实验数据需求。随后进行两种实验:一个是针对基于卫星的窄带测量;另一个是针对在高楼建筑中具备发射机的宽带测量。

窄带测量活动依赖于通过 Solaris 拥有的 W2A S 波段卫星载荷传输的信号。测量原则是同时记录直接采样的含 2.187 GHz 中心频率和大量商用类型天线的多 CW(Multi CW)交织信号(图 8.6),选择了不同类型的天线,如垂直(Vertical,VERT)天线、单圆形天线(Single Circular Polarized,SPC)和双圆极化(Dual Circular Polarized,DPC)天线来为不同条件下的分析提供测量数据。

该测量实验中使用的信道测量设备(Channel Measurement

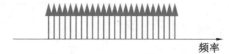

图 8.6　频率交织 CW 信号（见附录　部分彩图）

Equipment,CME)支持对多达六个天线端口的 MultiCW 信号进行 I/Q 记录,还包含了辅助工具(图 8.7)。该实验在德国的埃朗根和康斯坦茨湖附近进行,在不同环境(如城市、郊区、乡村、高速公路和树荫区)中总共进行了 15 h 的记录。图 8.8 所示为对在树荫环境中记录到的一条双极化天线中 4 个 MIMO 子信道的时序,其中较高和较低部分明显具有相关性。

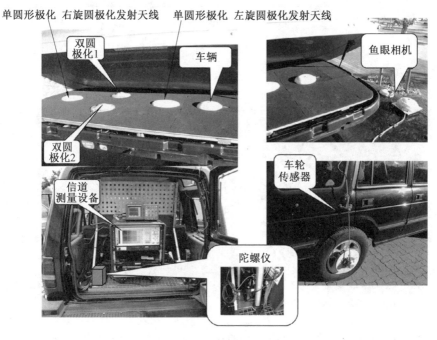

图 8.7　MIMOSA 卫星运动车辆测量装置

　　第二个实验通过使用德国柏林中心一座高塔的信号进行传输,其中高塔(125 m)模拟了卫星传输情况。选择基于一个商用宽带信道探测器的测量来阐述频率选择性,更重要的是,该配置还可用于表征天线效应和更好的多普勒扩展定形的 AOA。该测量轨迹包括 $10°\sim55°$ 仰角间的城市记录(图 8.9)。该配置包括了一个仅含一个物理发射与接收信道的转换天线探测器系统。测量装置和使用的天线阵列如图 8.10 所示。信道探测器中心频率为 2.53 GHz,带宽为 20 MHz,在实验开始时,发射机和接收机都要

241

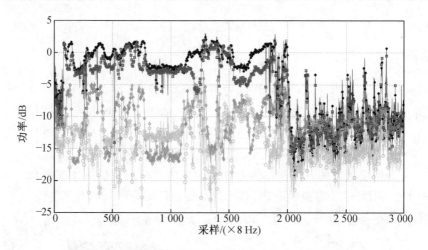

图 8.8 树荫环境的时间序列(M_1, M_2, H_{21} 和 H_{22})

进行校准(见图 8.10)。

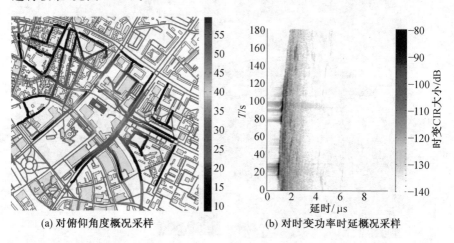

(a) 对俯仰角度概况采样　　　　　　(b) 对时变功率时延概况采样

图 8.9 信道测量仪器运动高塔周围的移动位置对俯仰角度和时变功率时延概况
采样

除最初的 MIMOSA 实验外,CME 实验(与卫星运动相同的接收机设置)也曾在同一位置进行。同时,发射机与柏林的信道探测器运动位置相同,使得两种类型的实验可以直接在相同环境中进行比较。两种MIMOSA 实验的主要区别见表 8.1。一般来说,CME 实验可以在不同位置收集大量的数据,以改进模型的统计特性;而 RUSK 则有着更详细的角度扩展特性和场景描述。

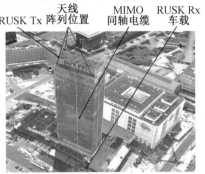

(a) 屋顶和塔台上的发射器概述

(b) 发射机和接收机天线阵列　　　　　　(c) 接收机车辆

图 8.10　测量装置和使用天线阵列

表 8.1　两种 MIMO SA 实验的主要区别

参数	CME	RUSK
接收功率	√	√
莱斯因子	√	√
衰落	√	√
到达/离开角度	到达角度(180°模糊)	到达方位角/高度,离开方位角
时延扩展	×	√
环境	人工,鱼眼	单独环境,鱼眼
天线图	消声室	消声室
航向	√	√
位置	√	√

续表8.1

参数	CME	RUSK
发射源	卫星/高塔	高塔
测量中心	在真实世界条件下快速收集大量数据	为小型选定区域慢速收集高分辨率数据
测量位置	埃朗根(卫星) 波登湖(卫星) 柏林(高塔)	柏林(高塔)
测量日期	~16 h(卫星) ~16 h(高塔)	~1.75 h(高塔)

注:高塔用于单独卫星接收场景的地面仿真。

8.3.2 建模方面

建立信道模型(能够根据时间或频率预测信道)可以根据不同的标准进行分类。对于双极化 MIMO LMS 信道,重要的标准如下[28]。

(1)根据构建它们的基础,可将其划分为确定性模型和统计模型。确定性模型是基于电磁波与环境物理特性之间的相互作用,虽然理论上它们有可能达到最精确的结果,但细节的复杂性和层次的要求使得它们对于 2×2 的 MIMO LMS 来说是不切实际的。统计模型可以进一步细分为以下几种。

①经验统计。仅从关键参数的实验观察中得出(包络随机表示或随时间衰落的复信号)。本节介绍的大多数模型都属于经验统计。

②几何统计。进一步表征引起小尺度衰落的散射体的随机特性(如散射体簇和 AOA 的位置)。本节中描述的第二类模型对应于此类型。

③物理统计。使用确定性模型中的给定环境的物理描述,但在统计上表征多个元素以降低复杂性或要求的详细程度。

(2)根据其频率选择性,如果一个信道在整个信号带宽上遵循相同的特性,则窄带信道是合适的;而如果信道对于不同频率呈现不同的特性,则需要宽带特性。虽然目前的 MSS 通常不是频率选择性的(不是在 LoS 条件下),但由于能够描述信道的特征(多普勒扩展、散射体的 AOA 及合并不同天线方向图的能力),因此宽带模型应用更广泛,后续还可以生成内在关联的模型。

下面介绍最相关的信道模型。

1. 经验统计的 LMS 双极化 MIMO 信道模型

文献[29]提出了一种双极化卫星信道模型,其将信道描述为 LoS 及镜面反射和漫射信号,通过三个元素中每一个的适当矩阵将它们与 MIMO 相关联,并通过直射分量和镜面反射分量两种极化(四个 K 因子)的 Rice 因子将它们结合在一起。该矩阵通过合理的假设和从公开资料获得的数据构建。King 在文献[22]中分离了大尺度衰落和小尺度衰落,并通过对马尔可夫过程的模拟提出了四种可能的大尺度衰落状态。在文献[30]中,这些状态来源于对于同向极化和交叉极化信号的低和高阴影的排列。对于四个 MIMO 信道中的任何一个,通过使用 4×4 大尺度衰落相关矩阵的 Cholesky 分解来获得低遮蔽和高遮蔽的相关大尺度衰落。该矩阵显示了所有元素的强相关性。可以采用相同的方法产生小尺度衰落,但只能显示出有限的相关性。然后,将大尺度衰落和小尺度衰落结合起来。在文献[30]中,在 LoS 条件下,小尺度衰落的模型已经突破了 Kronecker 模型适用性的限制。文献[24]中介绍了这种模型的大尺度和小尺度衰落相关性的进一步发展。

文献[31]中提出了 Liolis－CTTC 模型,通过使用 SISO 状态建模来更好地描述极慢的衰落状态。对于文献[32]中的 SISO LMS 信道,通过由马尔可夫或半马尔可夫过程驱动的状态来描述极慢的衰落。Liolis－CTTC 遵循这种状态建模,并假定所有分量 MIMO 信道始终处于相同状态(极慢衰落的完全相关)。此外,给定状态的统计参数是根据文献[32]中的给定环境和仰角的 Loo 三元组得出的。然后,交叉极化耦合(Cross Polar Coupling,XPC)、交叉极化鉴别度(Cross Polarization Discrimination,XPD)和小尺度衰落相关通过从文献[29]中获得的给定环境的固定值来实现,大尺度相关遵循 King 提出的极化相关矩阵。Carrie 等在文献[33]中为保持单个 SISO 信道的统计特性提出了修改信道相关性的实现方案,并提出了一个用于实现小尺度衰落的多普勒扩展的正弦波总和替代方案。

上述模型的主要局限在于,实际上很难推导出固定的相关系数(大尺度或小尺度)或者是天线的静态 XPD 和环境的 XPC(考虑到散射体可以在不同的方向和不同的波相互作用下观察),这对长时间和短时间都是有效的。不断变化的环境和天线特性对实际的短时间尺度相关性和衰落多普勒扩展有着重要的影响,这与实际的系统性能评估有关。考虑到这些因素,在文献[5]中,ESA MIMOSA 项目提出了一个数据驱动的模型,它在实验测量时引入了固有的相关性和天线效应。使用从实验测量的 2×2

MIMO 大尺度时间序列(以 8 Hz 的采样率),在此基础上分两个步骤应用小尺度衰落:首先,从测量(包括相关性)中加入镜面分量,并假设 MIMO 信道之间不相关;然后,应用漫反射多径。明显的限制是大尺度时间序列的持续时间受实验持续时间的限制(考虑到小尺度衰落是随机的,重复是可能发生的)。

2. 几何一统计 LMS 双极化 MIMO 信道模型

在文献[5]中,为克服 ESA MIMOSA 项目的天线效应、AOA 和多普勒扩展,文献[26]中提出了准确定无线信道发生器(Quasi Deterministic Radio Channel Generator, QuaDRiGa)模型,其已经被开发用于生成 LMS,包括地面 MIMO 信道。QuaDRiGa 是一个几何统计宽带模型,这是对基于几何的、随机的 MIMO 信道建模方法的 WINNER 模型的增强[34]。QuaDRiGa 模型可视为 WINNER 模型的一种扩展,它具有卫星传播场景所需的扩展。因此,它不仅将地面建模社区的想法引入卫星领域,而且还融合了圆极化功能。QuaDRiGa 的出发点是基于经验统计生成随机场景。在这种场景中,模型的行为是确定的。该模型将 AOA 分配给信号分量——部分称为镜面分量(Specular Component, SpeC)。利用 AOA 模型,可以有效地考虑天线效应。对于卫星,一般来说,只有少数情况具有显著场强的 SpeC。

对卫星和 UT 使用适当的 LMS 几何结构,与距离相关的效应将整合到模型中。将定向发射天线引入模型来构造卫星环境。在 GEO 卫星系统中使用距离、高度、离开角度扩展和离开仰角扩展的静态值。该模型本身以线性极化方式工作,并且通过适当耦合叠加两个线性极化信号来实现圆极化信号。该模型本身与天线无关,但提供了将合成或经验天线方向图插入建模过程的方法,同时还包含了线性极化信号之间的耦合。

该模型的原理是在几何上定义发射机、接收机和散射簇的位置。有了这些知识,单个接收路径和整个接收条件的变化(由所有路径的叠加产生)可以看作一个几何问题(图 8.11)。方位角和仰角及路径延迟均有定义,因此可以计算镜面路径引起的小尺度衰落。

方位角和仰角及路径延迟是确定性的,允许计算镜面路径引起的小尺度衰落。通过这种几何方法,极化的改变被定义为 LoS 和镜面路径[35]。LoS 路径极化遵循发射天线和接收天线之间的几何关系。此外,对于镜面反射路径,假设随机极化偏差取决于环境的交叉极化比(Cross Polarization Ration, XPR)。对于大尺度衰落的建模,QuaDRiGa 可以根据被称为 WINNER 表的经验大规模参数分布生成虚拟环境。WINNER 表

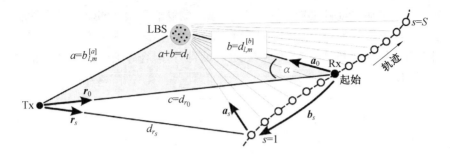

图 8.11　接收机(Rx)在接收来自发射器(Tx)的 LoS 信号和来自散射簇的一条镜面路径时沿轨道移动的几何描述

包括阴影衰落表、延迟扩展表、莱斯 K 因子表、角扩展表和 XPR 表,这些表是通过柏林测量活动获得的。图 8.12 所示为虚拟场景中阴影衰落的随机轨迹,整条轨迹都是 NLoS,标记为 Un 的圆圈定义了新线段的起点,从而产生新的镜面簇。对于轨道的每个点,LSP 由映射定义,因此小尺度衰落模型能够计算小尺度衰落时间序列。对于轨道的每个新段,随机计算散射簇的位置,两段之间的切换经历交叉衰落过程。当前散射簇的功率降低,而新簇的功率增加。如果片段属于不同的接收状态(如 NLoS 到 LoS 的过渡)或不同的环境(如农村到郊区的过渡),则使用相同的过程。

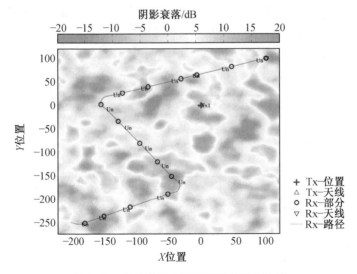

图 8.12　虚拟场景中阴影衰落的随机轨迹

　　模型验证通过前面章节中描述的 MIMOSA 现场实验进行,使用默认参数(从信道探测器测量中提取)和修改参数(从窄带测量中修改)将实验数据与模型输出进行比较。图 8.13 所示为测量值和 QuaDRiGa 具有默认参数的模型之间的一阶衰落统计量的比较。此外,还实现了仅基于窄带数据将模型扩展到其他环境(郊区和农村)的可行性(合并测量的窄带数据和 WINNER 表之间的数据库)。

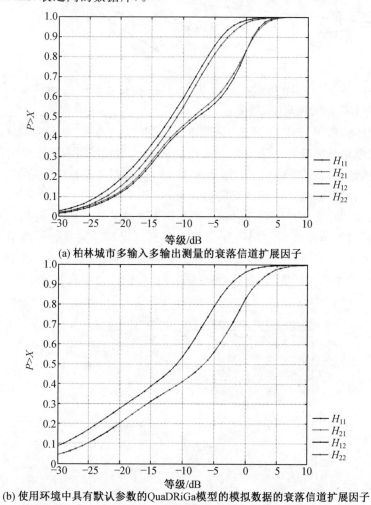

(a) 柏林城市多输入多输出测量的衰落信道扩展因子

(b) 使用环境中具有默认参数的QuaDRiGa模型的模拟数据的衰落信道扩展因子

图 8.13　测量值和 QuaDRiGa 具有默认参数的模型之间的一阶衰落统计量的比较(见附录　部分彩图)

8.4　卫星 MIMO 技术

8.4.1　单卫星多输入多输出技术

将多输入多输出应用于这种场景,符合卫星多输入多输出的本质。因此,寻找最合适的多输入多输出技术的研究始于文献[36]中所述的工作。根据多输入多输出理论,多输入多输出技术被设计成提供多路复用增益或分集增益,它们的折中在文献[37]中有所解释。为增加多路复用增益,通常采用空间多路复用技术[38]。与其他更复杂的多路复用编码(如 Alamouti[39]或 Golden 码[40])相比,该技术在一些基于 DVB−SH 波形[41-44]的仿真平台中被认为是性能最佳的多输入多输出选择。具体来说,文献[41,42]分别研究时分复用和正交频分复用的多输入多输出方案,而文献[43]则研究交织器长度、交叉极化隔离、不完全信道估计和对多输入多输出性能的非线性放大。似乎双极化 LMS 信道的关键特性包括(见第8.3 节):存在一个直射分量;高信道空间相关;发射天线的相对高 XPD;很长(长达 10 s)的 DVB−SH 交织操作。这些都有利于更简单的类似 SM 的传输方案。为了补充,文献[44]中的模拟结果见表 8.2。可以看出,对于典型的系统和信道参数,在相同的频谱效率水平下,与 SISO 相比,SM 增益高达 3 dB①。表 8.2 中的结果是针对文献[31]中多输入多输出 LMS 信的 ITS(中间树阴影)参数得到的,对应于 60 km/h 的终端速度和交织器的最长可能深度(10 s)。它们指的是相同的误差秒比 ESR5(20)水平,如果最多有 1 s 的误差,则在 20 s 的时间间隔内完成。图 8.14 所示为相同条件的更一般结果,即 ESR5(20)与每噪声功率谱密度(E_s/N_0)的符号能量图。

表 8.2　单星 DVB−SH 配置中 MIMO 相对于 SISO 和 2×SISO 的增益

SM QPSK1/3	Golden QPSK1/3	Alamouti SFBC16QAM1/3	Alamouti STBC16QAM1/3	2×SISO QPSK1/3
2.9 dB	2.6 dB	2.4 dB	1.7 dB	0.5 dB

---

①　表 8.2 中的 2×SISO 方案对应于两种极化的独立编码和解码[13]。SFBC 和 STBC 相当于 Alamouti 的空−频和空−时变化。

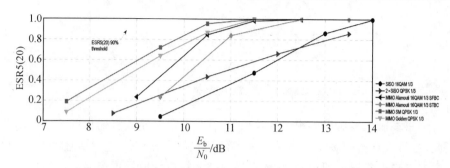

图 8.14　根据文献[44]用 ESR5(20)表征的仿真结果

值得一提的是,在采用多输入多输出的第一个地面/卫星混合广播标准 DVB－NGH 中,空间多路复用因子也选定为 2。当然,这种选择不是由卫星驱动的,而是由地面双极化驱动的。地面双极化表现出类似的特征(存在 LoS、高发射 XPD 和高相关性)。对于 2 阶多输入多输出,DVB－NGH 采用了一种新的方案,称为 eSM－PH(增强型 SM－phase 跳变)[7,45]。与 SM 相似,eSM－PH 也在两个正交极化之间划分信息符号,保留了多输入多输出调制,同时根据指定的旋转角度,通过在信息符号通过天线传输之前对其进行加权和组合,增强了对相关性的鲁棒性。这个旋转角度在网络级别上是已知的,已经针对星座顺序和有意发射功率不平衡的每个组合进行了调整。最后,周期性相位跳变项被添加到第二个天线上,以便随机化代码结构。根据文献[7],在 UHF 频段的典型地面信道中,当终端的移动速度为 30 km/h 时,在 SNR 为 15 dB 的情况下,eSM－PH 提供了 81％的容量增加。相反,对于相同的容量(每个副载波符号 4 位),eSM－PH 提供 7.7 dB 的增益。值得注意的是,尽管 eSM－PH 是由地面信道驱动的,但将其包含在可选的混合多输入多输出方案中意味着它同样适用于卫星链路,因此将其包含在本部分中。

8.4.2　混合卫星/地面多输入多输出技术

混合系统的 ST 编码(如 8.2.2 节和 8.2.3 节所定义的)是一个相对较新的领域。最初的 ST 编码技术用于单流/发射机系统第一次是在文献[46]中针对一个 MFN 架构提出的。针对一个 SFN 架构,文献[47,48]考虑了使用双极化对来自卫星和多个地面中继器的信号进行 4×2 ST 编码。最初,这些最初的工作大部分是基于 SM 和 Alamouti 设计的。由 DVB－NGH 触发的一系列更复杂的多输入双输出(Multiple-Input Dual-Output,MIDO)码结构(如 L2、MUMIDO、受限增强空间复用(Restricted

Enhanced Spatial Multiplexing，RESM）和 C1 码）在文献中也被提出和研究[49-51]。

在为混合场景设计 MIMO 的编码时，应该考虑 8.2 节中分析的特定系统特性。选择 MIMO 技术的主要原因是即使其中一个组件丢失（在混合系统中大多数情况下会出现这种情况），也能保证名义上的接收机性能。另一个需要考虑的方面是信道估计所需的导频符号的数量。在四个发射机的情况下，如果需要来自所有信道的信道响应，对于实现相同的估计精度，导频密度是一个发射机情况（SISO）所需密度的 4 倍。出于这个原因，在为 DVB－NGH 选择的最后方案中，卫星简单地重复地面塔的传输。因此，假定来自 SC 和 CGC 的接收信号的相对延迟在 OFDM 符号的保护间隔内，接收是可能的。

为最佳地利用混合网络，在 DVB－NGH 中考虑采用 2～4 个发射机的 MIMO 编码。CGC 和 SC 均可使用 1 种或 2 种极化。DVB－NGH SFN 中选择的混合 MIMO 技术见表 8.3。

表 8.3　DVB－NGH SFN 中选择的混合 MIMO 技术

Tx	地面	卫星	配置
2	单极化	单极化	速率 1：eSFN，Alamouti
3	双极化	单极化	速率 1：eSFN，Alamouti＋QAM 速率 2：VMIMO
3	单极化	双极化	速率 1：eSFN，Alamouti＋QAM 速率 2：VMIMO
4	双极化	双极化	速率 1：eSFN，Alamouti＋ Alamouti 速率 2：eSM＋PH 地面＋ eSM＋PH 卫星（卫星上的 eSFN）

当 SC 和 CGC 只有单一极化可用时，可以执行 Alamouti 编码。此外，可以使用 eSFN（增强型 SFN）预编码[7]来形成简单的混合 SFN 网络。另外，当地面传输是双极化但卫星为单极化时，可以使用被称为 Alamouti＋QAM 的 QAM 和 Alamouti 传输的简单组合。该场景还可以使用 eSFN。如果追求 2 阶传输，则可以使用虚拟 MIMO（Virtual MIMO，VMIMO）[3]，其中单极化发射机模拟优化的 2×1 信道，而双极化发射机发射 2 阶 MIMO。当地面传输使用单极化、卫星传输是双极化时，可以使用 Alamouti ＋ QAM[3]，其中地面和卫星发射机的角色与 VMIMO 相比

正好相反。另外，有可能使用 eSFN 和 VMIMO。当 SC 和 CGC 都采用双极化时，简单的 1 阶传输解决方案是从卫星和地面发射机发射相同的 Alamouti 块。此外，卫星可以使用 eSFN 来增强操作。该编码称为 Alamouti＋Alamouti。除 1 阶外，eSM 被指定为 2 阶。

对于 2 阶方案，接收机需要配备双极化功能。

现在考虑 DVB－SH 的 MIMO 扩展，编码设计侧重于两个发射机采用相同数据的情况。在两个发射机采用 OFDM 信令的情况下，考虑 DVB－SH/A 配置。为此，设想以下结构[44]。

(1)分布式 SM。其中从卫星和地面 CGC 发送相同的空间多路复用流。来自两条链路的传输被视为多路径组件，从而提供分集性。该编码需要两个符号的联合解码。

(2)分布式 SM ＋块 Alamouti。这涉及在卫星和地面链路上使用同位置天线(极化)和 Alamouti 编码之间的 SM。该编码希望通过简单的 SM 提供附加的编码增益。然而，与传统的 Alamouti 编码不同，它不适合单个符号可确定性，需要使用两个符号(实际上是四个符号)的联合解码来提取最佳性能，这增加了接收机的复杂性。

上述结构适用于极化、时间和/或链路上的编码(如果有的话)，而频率选择性尚未被考虑。虽然卫星信道通常是频率平坦的，但由于卫星接收和地面信号之间存在相对延迟，因此也会在地面转发器信道上产生多径。对于在两个分量上传输相同数据的 DVB－SH/A 的 MIMO 扩展，相对延迟会导致 OFDM 符号的每个子载波的信道呈现频率选择性。频率选择性的可用性激励使用空间频率块码(Space Frequency Block Code,SFBC)，正如文献[40]中考虑的那样，它们利用 MIMO－OFDM 系统中的频率分集。构建 SFBC 的一种方法涉及使用可用的全速率全分集码(如 Golden 码[40])，其中时间维度由子载波维度取代[48]。

8.4.3 应用于交互式系统

正如 8.2.5 节中讨论的那样，交互式卫星系统的双极化 MIMO 的潜在益处是已有文献中未涵盖的话题，但也有一些例外[52]，已经在 ESA 的 ARTES1 合同[54]中获得了 Inmarsat 的宽带全球局域网(Broadband Global Area Network,BGAN)框架物理层[53]中可能实现的双极化 MIMO 的某些潜在增益的证明。因此，采用 MIMO 比特交织编码调制(Bit-Inteleared Coded Modulation,BICM)传输系统模型如图 8.15 所示。此处采用的 MIMO 方法与之前描述的用于数字卫星广播的方法非常相似。空中接口的主要区别在于,在交互式系统中,时间交织器大小受延迟约束的限制。选用 Inmarsat 的 BGAN[55] 载波进行 QPSK 调制的仿真,Turbo FEC 码率范围为 0.34~0.87,时间交织器为 80 ms。为进行仿真,采用文献[29]中描述的双极化 MIMO 信道的海上参数。与广播系统类似,为公平比较,假定使用的单极化 SISO 或双极化 MIMO 的 UT 总功率相同。在仿真中考虑了一个包括同信道共极化和交叉极化的真实多波束卫星天线模型。经过一些折中之后,与 soft-MMSE SIC 检测器一样,采用 SM 与 V-BLAST 一起作为 MIMO 技术使用[56]。在进行仿真时,假设信道估计是理想的。

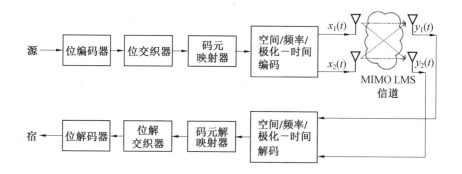

图 8.15　MIMO BICM 传输系统模型

在海事的情况下,双极化 MIMO 允许通过大约 3 dB 的功率增加来使吞吐量翻倍,而不是常规单极化 SISO 系统所需的 4~6 dB(如通过增加码率)。由于受系统内同频干扰和操作环境的影响,因此 MIMO 增益严重依赖于系统 C/I。初步结果表明,对于较低的 C/I 值和中等树阴影(Intermediate Tree Shadow,ITS)类型的信道,MIMO 增益会降低。考虑到 8.2.5 节中讨论的有效载荷/系统复杂度影响,如何在交互式 MSS 卫星系统中得到有效的 MIMO 益处还需要进一步的研究。

8.4.4　MIMO 技术演示平台

ESA 一直致力于研究 MIMO 技术,其通过授予芬兰伊莱比特作为主要承包商的 ESA ARTES 5.1 合同完成了多输入多输出硬件演示平台[57]而达到研究高潮。该项目为混合卫星/地面 S 波段移动数字广播系统提供了一个综合实验室演示平台(图 8.16)[15]。物理层采用基于双极化 MIMO

技术的 DVB-SH 标准的增强版本。这款完整的数字 MIMO 演示平台是同类产品中的第一款,它可以对应用于卫星广播网络的 MIMO 技术进行深入的验证和优化,并补充和证明硬件开发前发布的基于理论或仿真的结果。

图 8.16　Elektrobit 卫星/地面混合 MIMO 硬件模拟器

这项新技术需要对 DVB-SH 标准做一点修改,主要原因是 DVB-SH 标准没有规定多流传输的导频模式。因此,用于 OFDM 模式的发射机单元会稍微偏离标准,以便分配允许在接收机处进行 MIMO 信道估计的导频序列。为解决该问题而选择的解决方案是使用本地正交序列,根据所有天线在所有导频子载波上发射文献[58]中描述的信号序列。此外,"天线 1"的导频序列与 DVB-SH 导频序列相似。总的来说,DVB-SH 标准的变化非常小。运行这个 MIMO 测试平台来执行全面的系统测试活动,以使用所测量的 MIMOSA 信道样本来评估附加极化 DVB-SH 系统的许多方面性能。文献[15,49]总结了大量实验测试得出的结论,下面将举例说明测试结果。

图 8.17 所示为基于 MIX 测量信道的单独卫星性能,该图在开阔、郊区和树荫的混合环境下运行,是 MIMOSA 测量试验的结果(见 8.3.1节)。第一个结论是,MIMO 总是比 SISO 和 2×SISO 更好,随着 SNR 的增加,其改善程度也越来越高。有两种方法可以解释这种改进:通过固定频谱效率和量化从使用 MIMO 或通过假设运行 SNR 来节省功率,然后评估数据速率的相应提高。例如,使用基于 DVB-SH 的 SISO 技术,典型的系统配置将基于 QPSK 速率的 1/2(1 bit/symbol)。就频谱效率水平而

言,与 SISO 相比,MIMO 可以节省至少 3 dB 的星上功率。请注意,相同的 ESR5(20)将与不同的帧误差率相对应,这一事实解释了 SISO、2×SISO 和 MIMO 技术的性能。一般来说,对于给定 ESR5(20)性能目标,在LMS DPPB 情况下的 MIMO 增益随着 LoS SNR 的增加而增加。回顾8.2.1节中的链路预算系统级讨论,可以得出结论:工作在 20 dB 左右SINR 的单波束卫星配置对于 DPPB MIMO 来说具有最高的潜力。

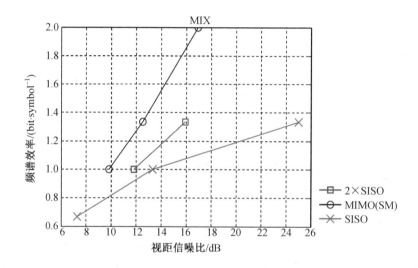

图 8.17 基于 MIX 测量信道的单独卫星性能

MIMO HW 的下一组结果是混合配置中 MIMO 和 SISO 之间的比较。在这种情况下,SISO 是指贡献单个流到总接收功率的每个分量,这相当于现有的 DVB—SH 标准未修改;MIMO 是指从每个分量发送的双极化流,其中每个发射机重复采用 SM 的相同数据。图 8.18 所示为基于MIX 测量信道的混合 SFN 性能。假设一个特定的地面链路预算和中继站到 UT 链路距离一定,卫星与地面接收功率之比等于 37/100。以前,在横坐标上报告的 SNR 是指 LoS SNR(也用于地面链路),这是将来自两个组件的接收功率相加得到的。频谱效率等于 1 bit/symbol,向 SISO 混合系统添加第二个流(极化)可节省 4 dB 的功耗。这些性能增益随着工作 SNR的增加而增加。

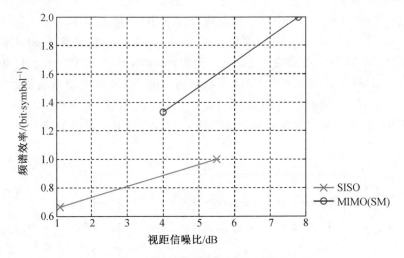

图 8.18　基于 MIX 测量信道的混合 SFN 性能

8.5　本章小结

本章总结了在研究 MIMO 技术对混合 MSB 和交互式 MSS 的适用性方面取得的进展。

经过 ESA R&D 十几年的努力,移动广播 MIMO 技术已经相当成熟,并且已经达到了基于真实卫星测量的实验室演示的水平。与传统的 SISO 解决方案相比,双极化卫星 MIMO 及其地面辅助组件可以提高混合数字移动广播网络的频谱效率,同时,功率增加有限。从另一个角度来说,双极化 MIMO 允许减少卫星 EIRP 以实现当前系统的相同吞吐量。预期的功率节省在卫星 MIMO 场景下为 3 dB,在混合 MIMO 场景下为 4 dB。这些改进是可行的,因为接收机的复杂性增加在可承受的范围内。

相比之下,MIMO 卫星移动交互已成为人们关注的热点。采用与数字移动广播相似的技术,初步研究表明,与目前的 SISO 系统相比,MIMO 允许系统吞吐量翻倍,且用户功率节约不可忽视。然而,迄今为止获得的 MIMO 性能不包括一些实际的缺陷,如多 MIMO 信道估计等。

与地面无线网络相比,卫星 MIMO 仍处于起步阶段,但像 NGH 这样的混合移动广播标准已经包含了这项技术。而且实验证明,DVB−SH 做一点修改就可以支持该技术。考虑到 L 波段和 S 波段 MSS 频谱的稀缺性,相信 DPPB MIMO 架构可以为下一代混合数字移动广播和 MSS 系统提高功率和频谱效率做出贡献。

对于未来的研究方向,以下相关领域是很有前景的。

(1)具有实用性的次优接收机的卫星 MIMO。

(2)卫星信道上的迭代 MIMO 检测和解码。

(3)除 S 波段(如 C 波段)外的频带中的双极化 MIMO。

(4)窄带交互式 MSS(L/S 波段)中的双极化 MIMO。

(5)Ka 波段移动广播/宽带中的双极化 MIMO,用于提高峰值数据速率(不是用于实现分集或复用增益)。

(6)用于交互式 MSS 的多用户 MIMO(预编码)。

(7)用于 GNSS(全球导航卫星系统)的 MIMO 可靠数据传输。

本章参考文献

[1] A. Sibille, C. Oestges, A. Zanella, MIMO: From Theory to Implementation, first ed. , Academic Press, UK, 2010.

[2] ETSI EN 302583 V1. 0. 0, Digital Video Broadcasting (DVB); Framing Structure, Channel Coding and Modulation for Satellite Transmission to Handheld(DVB-SH), June 2007.

[3] ETSI EN 303105 V1. 1. 1, Digital Video Broadcasting (DVB); Next Generation Broadcasting System to Handheld, Physical Layer Specification (DVB-NGH), 2013.

[4] E. Eberlein, F. Burkhardt, G. Sommerkorn, S. Jaeckel, R. Prieto-Cerdeira, Analysis of the MIMO channel for LMS systems, in: ESA Workshop onRadiowave Propagation, ESTEC Noordwijk, The Netherlands, December 2011.

[5] F. Burkhardt, E. Eberlein, S. Jaeckel, G. Sommerkorn, R. Prieto-Cerdeira, MIMOSA—a dual approach to detailed LMS channel modeling, Int. J. Satell. Commun. Netw. 32(4)(2014)309-328.

[6] P. -D. Arapoglou, K. Liolis, M. Bertinelli, A. Panagopoulos, P. Cottis, R. De Gaudenzi, MIMO over satellite: a review, IEEE Commun. Surv. Tutorials13(1)(2011)27-51.

[7] D. Vargas, D. Gozálvez, D. Gómez-Barquero, N. Cardona, MIMO for DVB-NGH, the next generation mobile TV broadcasting, IEEE Commun. Mag. 7(2013)130-137.

[8] S. DiPierro, R. Akturan, R. Michalski, Sirius XM satellite radio

system overview and services, in: 11th ASMS/5th SPSC, 2010, pp. 506-511.

[9] S. Scalise, C. Parraga Niebla, R. De Gaudenzi, O. DelRio Herrero, D. Finocchiaro, A. Arcidiacono, S-MIM: a novel radio interface for efficient messaging services over satellite, IEEE Commun. Mag. 51 (3)(2013)119-125.

[10] G. Gallinaro, E. Tirrò, F. Di Cecca, M. Migliorelli, N. Gatti, S. Cioni, Next generation interactive S-band mobile systems: challenges and solutions, Int. J. Satell. Commun. Syst. Netw. 32 (4)(2014)247-262.

[11] P. -D. Arapoglou, M. Zamkotsian, P. G. Cottis, Dual polarization MIMO in LMS broadcasting systems: possible benefits and challenges, Int. J. Satell. Commun. Netw. 29(4)(2011)349-366.

[12] ESA ARTES 5. 1, S-band high-power reconfigurable front-end demonstrator, TAS-E, FinalReport, 2012.

[13] J. Vaughan, Multipactor, IEEE Trans. Electron Devices 35 (7) (1988)1172-1180.

[14] P. -D. Arapoglou, P. Burzigotti, A. Bolea Alamanac, R. De Gaudenzi, Capacity potential of mobile satellite broadcasting systems employing dual polarization per beam, in: 20105th Advanced Satell. Multimedia Syst. Conf. 11th Signal Process. Space Commun. Worksh. (ASMS/SPSC 2010), Cagliari, Italy, September 2010, pp. 213-220.

[15] A. Byman, A. Hulkkonen, P. -D. Arapoglou, M. Bertinelli, R. De Gaudenzi, MIMO for mobile satellite digital broadcasting: from theory to practice, IEEE Trans. Veh. Technol. 2014.

[16] M. Vazquez-Castro, F. Perez-Fontan, S. R. Saunders, Shadowing correlation assessment and modeling for satellite diversity in urban environments, Int. J. Satell. Commun. 20(2)(2002)151-166.

[17] P. Hoeher, et al. , Digital audio broadcasting(DAB) viaarchimedes/ mediastar HEO-satellites, in: In the Proc. of the 2nd Workshop on Mobile and Personal Satellite Communications, Springer, 1996, pp. 150-161.

[18] P. Chini, G. Giambene, S. Kota, A survey on mobile satellite

systems, Int. J. Satell. Commun. Netw. 28(1)(2010)29-57.

[19] J. Tronc, P. Angeletti, N. Song, M. Haardt, J. Arendt, G. Gallinaro, Overview and comparison of on-ground and on-board beamforming techniques in mobile satellite service applications, Int. J. Satell. Commun. Netw. 32(4(July/August))(2014)291-308.

[20] B. Vojcic, D. Matheson, H. Clark, Network of mobile networks: hybrid terrestrial-satellite radio, in: 2009 Int. Worksh. Satell. Space Commun. (IWSSC 2009), Siena, Italy, 9-11 September, 2009, pp. 451-455.

[21] ESA TRP, On-Board Processor for Dual Polarisation Mobile Payloads, Activity Kicked-Off, Prime is Astrium UK, 2013.

[22] P. R. King, Modelling and measurement of the land mobile satellite MIMO radio propagation channel, Ph. D. thesis, University of Surrey, Guildford, UK, 2007.

[23] P. R. King, S. Stavrou, Low elevation wideband land mobile satellite MIMO channel characteristics, IEEE Trans. Wireless Commun. 6 (7)2007,2712-2720.

[24] U. M. Ekpe, Modelling and measurement analysis of the satellite MIMO radio channel, Ph. D. thesis, University of Surrey, Guildford, UK, 2012.

[25] F. Lacoste, J. Lemorton, L. Casadebaig, M. Ait-Ighil, B. Montenegro-Villacieros, G. Carrie, F. Rousseau, SISO, MIMO and SIMO characterisation of the land mobile and nomadic satellite propagation channels, in: Proc. 7th European Conf. Antennas Propag., Gothenburg, April 2013.

[26] F. Burkhardt, S. Jaeckel, E. Eberlein, R. Prieto-Cerdeira, QuaDRiGa: a MIMO channel model for land mobile satellite, in: 8th European Conference on Antennas and Propagation, The Hague, April 2014, pp. 1274-1278.

第 9 章　网络编码及其在卫星系统中的应用

9.1 引　　言

　　网络编码是一个起源于网络信息论领域的庞大概念。它可以被描述为一种节点可以（线性地）合并数据包，使信息以编码数据包的形式流动，并最终在目的地被解码的技术。可解码性取决于是否接收到足够多的线性独立的数据包组合及编码数据包生成运算的相关信息。虽然这一概念相当简单，但距其作为一项信息论的框架扩展到其他领域并演变成具备可实现的具体算法及协议的成熟形式还有些时日。尽管如此，其首批可能的应用之一是使用卫星广播系统作为中继节点的两节点通信。注意，这里的术语广播被用于表示通信卫星以透明的方式向整个波束覆盖区域转发信号的能力。在这个示例中，两个节点希望在每个方向上交换信息（图 9.1）。在原场景中，节点 A 向卫星发送信息，该信息随后被卫星广播到两个节点；接收到信息后，节点 B 向卫星发送信息，该信息随后被卫星广播到两个节点。在网络编码场景中，节点 A 向卫星发送信息，然后节点 B 向卫星发送另一个信息；卫星通过异或（Exclusive-Or，XOR）线性运算，合并两个信息，并将新信息广播到两个节点；节点 A 接收新信息，并使用原始信息执行相同的 XOR 运算，从而解码出节点 B 发送的信息；节点 B 应用同样的技术，从而解码出节点 A 发送的信息。后一种场景通过减少 25％ 的传输时间提供了显著的增益。虽然这种简单的网络编码场景展现出了显著的增益，但它是基于一个非常简单化和理论化的通信模型的，且没有明确的实现路径。多年来，网络编码尽管取得了许多显著的成果及数学描述，但一直停留在信息论领域。

　　Ahlswede 等[1] 的创造性工作全面开启了有望取得重要成果的研究路径。Ho 等[2] 引入了随机线性网络编码（Random Linear Network Coding，RLNC），并证明它提供了可成功解码概率的下界。许多后续结果表明，无论是一般的网络编码还是特定的 RLNC，都可以改善有损无线链路的可靠性、吞吐量和延迟。

在 RLNC 中,线性运算以编码向量的形式描述,其中系数在伽罗瓦域 (Galois Field,GF)(2^m)上随机选取。Chou 等[3]表明,$m=4$ 保证了编码向量之间的极低的碰撞概率,而 $m=3$ 在额外数据开销及碰撞之间提供了更好的权衡。这里,碰撞被用于描述两个随机选取的系数线性相关。注意,RLNC 提供了一种非对等且分布式的方法来避免编码向量碰撞,因此有极高的概率确保每个编码数据包提供新的运算信息以实现可解码性。

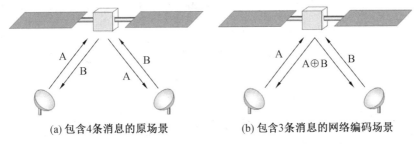

(a) 包含4条消息的原场景   (b) 包含3条消息的网络编码场景

图 9.1　经由一个中继节点的两节点通信

9.1.1　网络编码基本原理

网络编码基本原理是,允许网络中的中间节点通过多个数据包的代数组合混合(编码)不同的数据流,从而大幅度提高数据吞吐量和网络鲁棒性。在此之上,网络编码技术认为节点具备一组对接收到或生成的数据包进行处理的函数。如今的网络将代表编码分组网络的一个子集,其中每个节点有两个主要功能:转发和复制数据包。传统网络的任务是传输源节点提供的原始数据包。与之相反,网络编码将数据包看作一个可运算的代数实体。从信息论的角度,可以证明网络的组播容量等于源和任意一个目的地之间最大流的最小值[1]。最重要的是,单靠路由通常不足以达到这个标准的极限,中间节点需要使用特殊的编码运算,混合其从邻近节点接收到的数据单元。研究还表明,线性编码足以实现组播容量[4],随机生成的分布式线性编码也能以较高的概率实现组播容量[5],这就是 RLNC 的基础。网络编码协议将数据包看作来自特定有限域的符号集合。节点生成这些符号的线性组合,并在网络中转发它们,这样就可以利用线性编码的基本特性,如编码算法(线性组合)和解码算法(如高斯消去法),以及删除修正能力。在 RLNC 中,系数在域内随机均匀选取。网络的目标是向接收端提供足够多的线性组合(编码数据包),以便其能够求解线性方程组。

1. 编码数据包生成

在 g bit 符号的运算中,从 P_1 和 P_2 数据包生成线性编码数据包如

图 9.2 所示。具体而言,是在伽罗瓦域 GF(2^g)上运算。不妨假定在这个例子中两个数据包具备相同的长度,即 n 比特。选取 g bit 的两个符号(C_1,C_2)表示线性组合的系数,又称编码系数。每个数据包被分成多个 g bit 的符号,即连续 g bit 组成一个单元(符号)。数据包 P_i 的每个符号乘以符号 C_i,所得的乘积求和后添加到每个数据包中的相应符号位置。

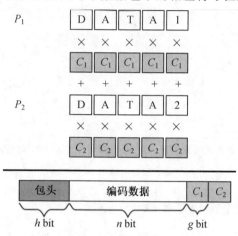

图 9.2 从 P_1 和 P_2 数据包生成线性编码数据包

这些形成编码数据包的符号,其数据内容总大小也是 n bit。最后,将编码数据与包头和用于生成数据包的系数级联,其中包头和系数需要在接收端用于恢复信息。

2.网络编码的挑战

尽管网络编码在吞吐量、延迟和弹性方面提供了一系列优势,但使用这些新的能力显然存在挑战。以下列举网络编码的一些挑战及相应的处理策略。

(1)RLNC 的解码复杂度。这与高斯消去法有关,如果大量数据包丢失,RLNC 代码结构能够防止只获取部分信息。近期对该领域的研究工作集中于编码结构、原始数据包局部恢复及性能退化之间权衡的量化。对于单跳拓扑结构,一种既减少解码运算又允许数据部分恢复的简单机制是使用系统性网络编码[6],即系统发送未编码的原始数据包,并仅在为引入额外冗余时发送编码数据包。

(2)冗余的添加位置和添加数量。一般情况下,对于丢包概率较高的链路,应该增加较高的冗余度。一个高效的机制是在高损链路进行传输的节点上生成更多的编码数据包,而不是像喷泉码那样在源端引入冗余。后者会给网络造成额外的负担,因为它会造成端到端的冗余。另一个相关的问题是应添加多少冗余。参考文献[7,8]提供了根据优化准则选择发送的冗余数据包数量的各种备选方案。

(3)是否反馈。尽管内容的性质在确定是否可以重传数据包中起决定性作用,但在尽力业务传输中是使用 FEC 方法(无反馈)还是合理地利用反馈来提高网络编码的影响仍是一个有待探讨的问题[7]。

9.1.2　卫星网络中的网络编码

经典信息论的最小割最大流定理为网络中的组播容量提供了一个上界。网络编码最重要的成果之一是能够实现网络中的组播容量[1],因此优于传统的路由技术。在卫星网络中,网络编码的第一个实践结果是可靠的组播场景,即数据必须通过一个不可靠的广播卫星信道分配给多个用户(卫星终端)[9]。这些场景在海量科学数据的传输中非常普遍,如地球观测卫星遥感数据的分发。在这种场景中,网络编码不仅作为一种非常高效的 FEC 机制起作用,还在重传大型终端群的数据时表现出极大的可扩展性。

另一个重要成果是在实用卫星网络[10]中实现了网络编码中继节点,这意味着在一个(地面)中继节点上进行双跳通信。由于大多数卫星网络都呈现出基于透明卫星系统的辐射式拓扑结构,因此数据包只能在地面站进行合并。注意,在这种场景中,效率增益是以容量而不是传输时间来实现的,即将两个上行信道合并成一个下行信道。然而,Vieira[11]等提出,再生有效载荷最终会支持网络编码,以实现两个终端之间单跳通信的相同效率增益(图9.3)。

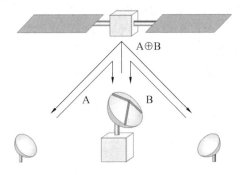

图9.3　两个节点以透明卫星和地面站作为中继节点的通信

网络编码的基本原理之一是中间节点不仅可以存储转发数据包,也可以对它们执行运算。这也意味着,由于网络编码可以提供多路径支持,因此路由也实现了一个新的维度。一方面,节点可以通过无线信道监听传输,然后使用这些数据包生成新的编码数据包或将它们用于解码过程;另一方面,编码数据包可在不同路径上传输,失去它们的传输序列,以无序状态到达目的地。注意,传统路由技术和更高层协议通常将无序数据包视为网络拥塞的标志。虽然网络编码可能会接收到无序的编码数据包,但只能按照适当的顺序解码数据并传输到更高层。在卫星系统中应用这一概念最初是在文献 [9] 中提出,之后在文献 [11] 中得到进一步扩展,利用了其中的多路径场景。一个直观的例子是 DVB-SH[12] 系统,其中卫星通过与地面中继合作来提高在城市地区的覆盖率。

在这个场景中,由于传输可以是直接从卫星传输到手持设备,也可以是间接地通过地面中继器传输,因此存在多路径。此外,手持设备可在特定地理区域中同时接收这两种传输。在低轨(Low Earth Orbit,LEO)卫星群等多卫星系统中,也可能出现多径拓扑结构,其中终端、卫星和地面站间的路径随时间动态变化。一个能够与 GEO 卫星进行星间链接的低地球轨道(Low Earth Orbit,LEO)群提供了无数的动态多径拓扑结构,文献[9]进行了论证,认为网络编码可以很好地利用这些多星系统中存在的动态拓扑结构。还有许多其他涉及 LEO 和 GEO 卫星的可能的多径拓扑示例。此外,以变化的信道条件、动态拓扑、带宽和延迟为特征,网络编码与涉及地面和个人卫星服务(Personal Satellite Service,PASTS)的异构网络也非常相关。即使反馈能力有限,网络编码也可以用于联合开拓多路径[13]。

然而,当波束在特定地理区域中重叠时,多波束卫星系统也可以呈现多径拓扑结构。在由数十道波束覆盖大型地域的宽带卫星系统中,许多终端的确处于两个或多个波束重叠的区域内。跨波束频率复用通常被用于常规有效载荷的卫星,以避免波束之间的干扰。尽管如此,如果终端能够同时接收来自不同波束的信号,那么利用多波束卫星系统中存在的多径拓扑是可能的。这一新概念在文献[14]中提出,这表明网络编码的多径能力可以被用于提供波束间的流量负载均衡机制。值得注意的是,常规有效载荷卫星系统都被设计成波束之间容量均衡分配,即使是同一时间,不同波束间的业务需求也差异巨大。对于这种场景,网络编码的好处在于其框架可提供多径路由选择、细粒度动态负载均衡及误差保护。

注意,传统网络不支持多径路由选择,源点和目的节点之间只有一条有效路径。新的方案已表明,在多波束卫星系统中,网络编码相较于传统路由实现了高达 1.75 倍的增益[15],但这仍是一个开放的研究课题。尽管如此,网络编码增益还是以多波束卫星系统提供的容量为界[16],其中性能增益取决于邻近波束提供的未使用容量。

下面将对这些场景进行更详细的探讨,以网络编码理论的相关结论作为支撑,将其与实用卫星网络相结合,同时解决关键的执行细节。

9.2　广播通信与协同网络

本节重点讨论网络编码如何成为广播通信的正常解决方案。这是因为它的一些优势是依赖于广播信道而存在的。而且,本节表明网络编码提供了异构和混合卫星网络的协同机制不仅比原方案更有效率,而且更加简单。本节还展示了一个 DVB-SH 卫星系统的实例,以及如何将网络编码技术应用到该系统中来利用协作机制,最后讨论了不同实现方案的效益和复杂性。

9.2.1　网络编码的广播和协同

包括卫星系统在内的无线通信系统依靠信道将数据正常地广播给多个用户。一些卫星系统提供的主要服务是向多个潜在异构的终端进行广播传输(如视频、电视、广播)。原方案使用调度机制来为这些异构接收机提供可靠性[17],即通过使用 FEC 技术和数据轮播。后者会提供大量冗余,而 FEC 算法可以内置交织技术,或者将它们串联起来,以提供少量冗余[18]。网络编码可以提供更高效(容量实现)、更简单(信号较少)的方案来解决问题[19]。事实上,网络编码特别适合在高延迟信道中提供可靠的广播通信[7,20]。

图 9.4 所示为网络编码的广播优势,即高吞吐量和最低限度的信号需求。下面的示例是一个小型的组播系统,它的目的是说明网络编码在存在信号丢失的情况下为同一广播信道的许多接收机提供相同信息的优势。在这个例子中,三个接收机将接收三个数据包,即 P_1、P_2、P_3。每个接收机丢失一个不同的数据包,即第一个接收机丢失第一个数据包 P_1,第二个接收机丢失 P_2,第三个接收机丢失 P_3。

显然,调度技术需要:有一个信令方案来了解哪些数据包丢失;至少进行三次新的传输来重发每个数据包。但是,可以创建数据包的线性组合,如发送 $P_1+P_2+P_3$,并允许每个接收机通过从中减去已接收到的数据包来恢复丢失的数据包。例如,第一个接收机可以从 $P_1+P_2+P_3$ 中减去 P_2 和 P_3 来恢复 P_1。因此,一次信号发送足以完成传输。另一个关键优势

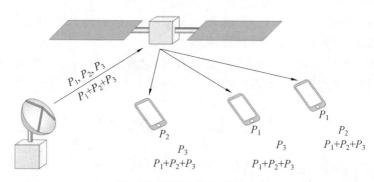

图 9.4　网络编码的广播优势

是,通过网络编码提供这些好处所需的信号最少,甚至不需要信号。文献[19]展示了在 CSI 不可用的情况下,使用随机编码策略相对于纯调度方案的优势。在实际应用中,这意味着采用(随机)网络编码的广播卫星系统比传统(调度)方案更高效,利用网络编码的数学特性以解码复杂度为代价来提高吞吐量增益。已知 CSI 时,即使 CSI 仅在一小部分时间内可用,也会通过编码提供可观的增益。这些结论可以处理大量终端无法使用 CSI 的纯广播卫星系统场景,随机编码策略可以同时向多个终端提供丢失信号恢复。此外,它还可以处理少量终端已知 CSI 的相反的场景,允许进行特定的丢失信号恢复来降低信息完整性延迟。这些少量终端的场景多存在于数据库复制、数字影院发行、科学数据传输等专业应用中。通过使用编码数据包而不是重传一个或多个终端丢失的原始数据包,减少了数据包的总体数量,这意味着每个终端正确接收所有信息的时间更短,即完整性延迟更低。

另一个优势是,在广播应用中使用网络编码,也可将系统使用的能量降低许多倍。如文献[21]中移动设备所示,这种收益来自于传输数据包数量的降低。

卫星系统的预期收益更高,因为:终端解码数据包的处理能量将与移动设备和智能手机中的类似[21];与地面无线链路相比,卫星链路通过降低接收数据包数量节省的能量明显更高。这意味着,即使是承担着解码数据包的负担,使用电池的卫星终端仍可通过降低接收数据包数量节省能量。

需说明的是,广播服务的性能受到最差链路(如最高丢失率)的接收机限制。那么广播服务要么需要权衡最优链路的用户的服务质量,为所有节点保持合理的服务;要么需限制最差链路节点的服务。文献[22-24]提出,协同无线通信利用多用户网络的空间分集增益,能够在降低基础设施网络上负担的同时向终端用户提供更高的可靠性。在这种情况下,网络编码通过允许节点使用代数运算来合并接收或生成数据包,是在数据包传输成本(如完成时间和带宽)方面提高协作通信性能的关键。近期的研究工作揭示了 NC 在涉及无线网络的不同场景下对协作通信的好处[25-29]。

　　下面通过一个例子来说明协同的好处。图 9.5 所示为使用网络编码的协同,卫星系统可以按照之前例子中类似的方式来传输 P_1、P_2 和 P_3。这次,卫星不发送编码数据包,接收机也不使用卫星的 CSI。但现在允许接收机重新编码缓冲区中已有的数据包,并使用其他地面无线接口(如Wi-Fi),向邻近接收机广播这些数据包。虽然交换未编码的数据包是可能的,但显然它将像广播那样需要更多的传输次数。例如,通过选择发送数据包 P_1 或 P_2,拥有 3 个数据包的节点只会使 2 个接收机而不是 3 个接收机受益,这可以通过发送 3 个数据包的线性组合来实现。

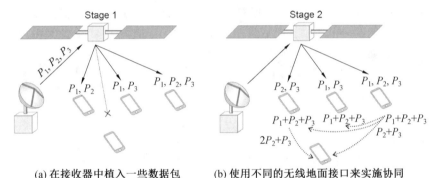

(a) 在接收器中植入一些数据包　　(b) 使用不同的无线地面接口来实施协同

图 9.5　使用网络编码的协同

　　相反,最右端节点可以发送数据包 $P_1+P_2+P_3$ 和 P_2+P_3,使 3 个节点均受益。

　　在这个简单的例子中,这些协同技术将卫星的总传输次数从 4 次减少到 3 次,如果能够完成系统覆盖范围内对节点的传输,使用编码将使协同传输次数从 2 次减少到 1 次。注意,每一次编码传输都会对大量接收机产生恢复效应,从而恢复原始数据包。

　　更有趣的是,局部协作可以使不直接由卫星服务的设备接收来自邻近设备的数据包,从而扩展卫星系统的覆盖范围。在图 9.5 所示的例子中,底端节点(处于覆盖范围之外)已接收了来自最右端节点发送的数据包。在这个阶段,最左端节点可以无协作地传输一个随机线性组合,如 $2P_2+P_3$,并最终完成底端接收机的传输。与广播一样,网络编码也降低了确保有效传输所需的发信数量。在图 9.5 所示的例子中,如果最右端节点不使用编码,那么在传输丢失的数据包之前,需要知道哪些数据包在相邻设备中丢失。这个简单的例子显示在卫星上传输的数据包减少了 25%,在协作终端之间传输的数据包减少了 50%,同时避免了任何类型的信号传递。对于车联网的具体案例,参考文献 [30] 中的结论展示了网络编码为不同覆盖场景提供的定量化增益,终端之间更多的协作可以带来更高的增益。文献 [30] 中的仿真结果表明,与图 9.5 中的情况相比,同一场景中数据包的数量降低了 60%。

现在大多数设备都有多个无线接口,因此在车载通信的情况下,假设卫星接收机也会有 Wi-Fi 接口或者专用短距离通信(Dedicated Short-Range Communication,DSRC)是合理的。利用第二个无线接口的存在改善卫星广播的协作无线通信是一个有效的途径。尽管这种协作将以能量和可能的电池使用作为代价,但是它采用了网络编码,在消息交换的数量方面是节能的,并且由于它不基于 3G/4G 通信,因此不需要数据使用成本。尽管如此,也无法保证设备将被聚集在一起,或节点的移动能够顾及短时间内的协同。而且实时传输业务只会将一个短时间窗口的交换数据包计算在内,并由缓存区来填补数据空白。

9.2.2 基于 DVB-SH 的卫星系统

DVB-SH 标准[12]提供了向手持终端传送基于 IP 的媒体内容的规范,它补充并完善了现有的 DVB-H 标准。

DVB-SH 标准是针对 3 GHz 以下的频率设计的。它定义了卫星和地面链路的物理层,因为它支持卫星和地面混合(DVB-SH)网络,以提高城市地区的覆盖率。注意,DVB-SH 只定义了下行链路,但为了支持交互业务,整个系统可能会包括 GPRS/3G 上行链路。

在基于 DVB-SH 的卫星系统中,地面中继器和转发器的作用是提高城市地区的覆盖率,因为这些高人口地区受到阴影、多径传播和非视距情况的影响。根据定义,转发器只对 DVB-SH 调制信号执行物理层操作,而中继器则提供可能包含本地内容且兼容 DVB-SH 的信号。含地面中继器的 DVB-SH 卫星系统如图 9.6 所示,地面中继器连接地面站,转发器则直接从卫星接收 DVB-SH 信号。

这种混合卫星网络创建了一个可供网络编码使用的多径(网络)拓扑结构,以改善内容分发。虽然(固定的)转发器通常在卫星未能覆盖的区域提供服务,但在文献 [31] 中介绍的移动转发器却并非如此。注意,多径传

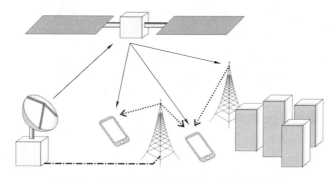

图 9.6　含地面中继器的 DVB-SH 卫星系统

播源于无线电信号通过两个或多个路径到达接收天线,而多径拓扑则源于源节点和目的节点之间的网络有多条路径。编码数据包可通过地面中继器传送给接收机,以恢复在卫星链路上经历的数据丢失。尽管 DVB-SH[12]已经在物理层提供信号分集,从而利用多径拓扑结构,但网络编码可以利用终端(如车载网络)配备的不同无线接口,因为它运行在更高层。

为在基于 DVB-SH 的系统中实现网络编码,有两种不同的方案:只在 IP 层引入编码数据包,它可以由启用了网络编码的接收机解码,由原接收机丢弃;将多协议封装(Multi-Protocol Encapsulation,MPE)替换为可以通过扩展包头来支持网络编码的不同封装协议[32]。

后者要求每个接收机在封装级支持网络编码,但同时也允许用网络编码取代 MPE - FEC,它是旨在处理移动设备信道损伤而设计的上层 FEC[33]。

注意,在现有的系统中加入网络编码技术将是不可能的。尽管如此,下一代手持式卫星广播系统的发展应该明确考虑网络编码。下一代基于 DVB-SH 的封装级网络编码支持系统将在可靠组播方面利用网络编码的效率,以减少 60% ~ 80% 的数据包数量[30]。文献 [34] 也表明,与里德-所罗门(Reed-Solomon)码相比,特定的网络编码算法可以实现高达 71% 的延迟增益。此外,它还将利用卫星链路和地面(广播)中继器产生的固有多径拓扑结构。

9.2.3　广播与协同网络场景概述

在第一个场景中,网络编码是为了在广播卫星删除信道上为终端提供可靠的组播。假设只有几百个终端,信道条件在各终端之间是独立的,并且这些终端具有有限的回传信道。网络编码的增益大致是处理信道条件最差的终端的数据丢失与处理所有终端数据丢失总量之间的差异。今后的工作不仅要注意编码数据包生成算法的优化,还要注重反馈控制回路和延迟,以及终端数量、信道条件、CSI 和服务质量之间的权衡。

在第二个场景中,网络编码是通过促进双接口终端之间的协作来实现纯广播卫星信道的丢失数据恢复的。假设各终端具有独立的卫星信道,且各终端在彼此的范围内共享一个地面无线广播信道。网络编码增益很大程度上取决于具体情况,但这种类型的协作可以使无线地面信道上交换的数据包数量减少 60%。今后的研究工作需侧重于协作终端之间的分布式网络编码算法,以及评估可行的地面无线协作场景。

在第三个场景中,网络编码是针对带有地面(广播)中继器的纯广播卫星信道的数据丢失最小化而提出的。假设在基于 DVB-SH 的系统中使用更高层的网络编码是可能的,这可以在多径和编码方面补充现有的物理层和链路层机制。与传统编码方案相比,网络编码增益有望达到 60% 左右。未来的工作将集中于实用卫星系统上多径网络编码算法的优化、跨层设计,以及物理层和链路层的联合优化。

9.3 宽带多波束卫星

常规有效载荷的多波束卫星采用非常窄的重叠波束,以在宽覆盖范围内提供近乎均匀的射频功率密度[35],并采用频率复用技术提高相同功率和频率带宽的整体容量。由于在每个波束中常规有效载荷只能提供均匀的带宽分布,而在大的地理区域中需求分布并不均匀,因此这造成了可用资源和用户需求之间的不匹配。DVB-S2 系统[36]利用 CSI 对单播业务[37]采用 ACM,使调制编码适应各终端所经历的 SINR,从而提供更好的资源利用。尽管这本质上改变了每个波束中的可用资源,但这些资源大多受到天气因素的影响,因此需求与可用服务之间仍然存在不匹配的情况。

为解决这个问题,可以引入灵活的资源分配机制。带有灵活的行波管(Traveling Wave Tubes,TWT)和多端口放大器的卫星有效载荷[38]可以提供给每个波束可变的功率,而数字或模拟处理器则可以提供给每个波束所需的带宽。这些有效载荷可以提供非常规的频率复用和非常规的载波功率分配。尽管载波不能被相邻的波束重复利用,但这些可以通过网关切换,提供在一定细粒度内适应不同业务需求的分配模式[39,40]。跳波束是一种可以处理可变载波数/波束数的替代途径。跳波束在有效载荷的实现和效率上具有潜在的优势,但跳波束的缺点是会导致突发的下行传输。这是因为跳波束技术提供了波束照射的时分复用（Time Division Multiplexing，TDM）[41]，根据业务给一些波束比其他波束分配更多的时隙，即允许多波束卫星根据统计数据实现波束间基于需求的带宽分配[42]。本章后面详细描述的网络编码方案还可通过将部分传输业务卸载到波束重叠区域的相邻波束，从而适应卫星系统常规有效载荷的业务需求动态变化。

虽然仅针对可变需求分布的地面段解决方案更可取，但混合解决方案可以在地面段和空间段的性能和复杂度之间取得平衡[43]。本章所涵盖的网络解决方案可以在地面段实现，只需软件修改，不需要触及物理层。因此，它们与常规有效载荷完全兼容。

在移动性和软切换管理方面，个人移动卫星通信（如宽带全球区域网络（Broadband Global Area Network，BGAN））为这些特性提供了很好的支持[44]，但目前也仅限于 432 kbit/s 的数据速率。DVB－RCS 标准[45]增加了对火车和飞机多个用户的支持，包括波束（硬）切换支持。其主要缺点是终端一次调谐到单波束。

因此，在波束间切换时，它不能提供连续的服务。技术挑战是使波束间切换更快[46]，并提高切换阈值以减少服务中断次数[46,47]。基于 LEO 群或 GEO 的移动卫星通信支持软切换，如支持 BGAN 的多波束 Inmarsat 卫星[49]。由于下一代卫星终端可以从多个波束接收信号，因此提供软切换的能力仅受到相邻波束资源可用性的限制[50]。可以预见，（固定）宽带卫星系统提供移动服务的趋势是最终将通过采用 GEO 移动宽带系统中的已用技术来解决软切换问题。然而，网络编码为多径路由提供了一个框架，使其能够在不触及系统下层的情况下实现对软切换的支持。

9.3.1　关键挑战

多波束系统的主要挑战可总结如下。

（1）不对称信道条件。终端不仅被不同的波束覆盖，而且在同一波束覆盖范围内经历不同的信道条件。虽然 ACM 被用于为不同波束提供相近的丢包概率，但无线电资源管理（Radio Resource Management，RRM）可能根据服务提供策略向终端分配不同的数据速率。为最大限度地提高波束的总数据速率，RRM 和服务质量策略可能会对 SINR 较低的终端进行低优先级服务。RRM 策略也可以定义为为所有终端提供相似的服务质量，或者在业务的类别方面提供差异化的服务质量[51]。终端所经历的 SINR 取决于各种条件，包括天气模式、与波束边缘的距离及因频率复用

271

而产生的干扰。

(2)不对称业务需求。由于各个区域的活跃终端和用户数量不同,因此各个波束的业务需求在本质上是不对称的。

(3)时变的业务需求。宽带服务的业务需求在一天内差异明显。多波束系统覆盖多个时区可以改变一天内不同波束之间的需求关系。举一个简单例子,虽然在 7:00 时葡萄牙的宽带需求可能极低,但西班牙的宽带需求可能会明显上升,因为西班牙当地时间是 8:00。这种关系在夜晚发生逆转。

(4)波束不稳定。具有极窄波束的多波束卫星可以在波束边缘附近呈现影响终端的覆盖偏差问题。Vieira 等[52]提出利用波束交叠来解决卫星指向不稳定导致的瞬时服务不足问题。对现在的天线来说,这不是关键问题,但如果未来使用大型可展开反射面天线(如 Ka 波段 5 m 孔径),这个问题将不容忽视。由于卫星指向误差通常保持在 0.05°以下,因此波束不稳定性的原因是波束较窄和终端处于波束边缘。针对这种情况,系统模型将指向中心的欧几里得距离保持在 0.05°以下,使指向偏差保持在一定的目标边缘内。

当超过这个距离时,驱动器将根据最大误差的来源,执行反转俯仰或横滚漂移。要了解更多详情,读者可参阅文献[54]中关于这种不稳定性在波束覆盖范围方面的影响的论述。

9.3.2 使用网络编码的软切换示例

图 9.7 所示为以编码方式使用多路径与在两个路径上重复发送数据的收益比较。图 9.7(a)表示终端可以同时接收波束 1 和波束 2 的情况。从这个意义上讲,卫星可能通过两条不同的路径向终端发送信息。传统的系统将通过向两个波束分配资源并通过每个波束发送相同的数据包来执行软切换。这个决策无视了来自其他终端的波束负载需求,旨在提供额外的可靠性。在网络编码系统中,可以灵活地通过每个波束发送不同比例的数据(只要发送足够多的编码数据包)并选择所需的冗余级别。在图 9.7(b)中,由于信道的限制和/或系统的负载,因此系统选择通过一条路径发送 3 个编码数据包,通过另一条路径发送 2 个编码数据包。虽然图 9.7(a)的系统比图 9.7(b)的编码系统多发送一个数据包,但可明显看出,编码系统提供了更强的抗丢包能力。在本例中,两种情况都能最多维持 2 个数据包丢失。但是,在没有编码的情况下,当 2 个路径中丢失的数据包相同时,数据包无法恢复。但若采用编码,将不会出现这样的问题,因为每个路径可以

发送不同的线性组合,允许丢失任意 2 个数据包,而接收端只需要 3 个独立的线性组合(生成的 5 个数据包中的任意 3 个)即可恢复原始数据。

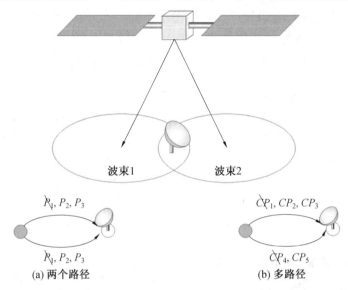

图 9.7　以编码方式使用多路径与在两个路径上重复发送数据的收益比较

从图 9.7(b)中可以明显看出,编码机制可以为恢复所有数据包提供额外的保证。然而,如果出现更多的数据包丢失,接收机恢复任何单个数据包的能力都可能受损。在 RLNC 中,包含 M 个数据包的编码将需要 M 个编码数据包来恢复任何信息,这是一个关键的挑战。关键是权衡通过使用稀疏编码(RLNC 是密集编码)的局部数据恢复和因编码的稀疏性而造成的性能固有损失(在图 9.7 所示的例子中,RLNC 在足够大的域中是延迟最优的)之间的关系。一个简单的解决方案是使用一种系统性结构,即发送一次未编码的原始数据包,而所有额外发送的数据包使用 RLNC 编码[6]。系统性网络编码不会导致性能衰退的同时保证数据包的局部恢复及解码复杂性的降低。相关详情可参阅文献[6]。文献[34]表明,相比于 Reed−Solomon 编码,系统性网络编码可以实现高达 71% 的延迟增益,这种比较侧重于 DVB−S2/RCS 铁路场景和 BGAN 移动终端场景中多媒体传输的数据包级 FEC。

9.3.3　多路径网络编码的可靠性

利用网络编码[1]可以简化从一个波束到另一个波束的资源再分配,即使在有损信道的情况下,也可以利用多条可用路径来提供收益,参见文献

[55-57]。

首先关注单个单播会话的情况。考虑该会话需要传输 M 个数据包，且存在数据包删除信道集 C。其中，每条信道 $c \in C$ 的丢包概率为 Pe_c。假设资源分配算法为每个信道指定多个编码数据包的传输，如 m_c，其中 $N = \sum_{c \in C} m_c \geqslant M$，一般来说要确保有足够的线性组合传输到终端。同时，假设编码数据包是使用 RLNC[5] 在足够大的域生成的。后者允许每一个新的编码数据包都可以提供一个独立的线性组合给需要额外信息的终端，且接收到 M 个编码数据包足以解码。

定义 $P(i_1, \cdots, i_{|C|})$ 为信道 $c \in C$ 传输 i_c 个数据包的概率，从而有

$$P(i_1, \cdots, i_{|C|}) = \prod_{c=1}^{|C|} Bi_{(i_c; m_c, Pe_c)} \tag{9.1}$$

$$Bi_{(k; n, p)} = \binom{n}{k} (1-p)^k p^{n-k}$$

那么，成功传输 M 个数据包的概率 P_s 可定义为

$$P_s = 1 - \sum_{\substack{\{i_1, \cdots, i_{|C|}\colon \sum_{1 \leqslant k \leqslant |C|} i_k \leqslant M-1, \\ i_k \in [0, \cdots, m_k] \forall k\}}} (i_1, \cdots, i_{|C|}) \tag{9.2}$$

在 $Pe_c = Pe, \forall c \in C$ 的情况下，后者可简化为 $P_s = 1 - \sum_{i=0}^{M-1} Bi_{(i; N, Pe)}$。

在当前卫星系统中采用自适应调制和编码机制（Modulation and Coding，MODCOD）来保证给定丢包概率是一个合理假设。对于这种情况，m_c 的选择由负载均衡算法决定，而 N 的选取是为了在特定的 ε 下提供指定的性能保证，即 $P_s \geqslant 1 - \varepsilon$。在容许延迟的业务中网络编码存在反馈[8] 的情况下，N 的值也可以自适应地选择。

在一般情况下，这些信道的丢包概率 Pe_c 并不一致，这对负载均衡算法增加了额外的限制。尽管这种场景对于地面无线系统非常重要，但对于目前的卫星系统来说可能没有关系。尽管如此，未来系统的设计权衡可能偏向于解决丢包概率 Pe_c 的不一致问题，以实现链路层 FEC[58]。注意，为保证信息的成功传递，需要传输的编码数据包数量 N 将取决于每个波束中调度了多少个编码数据包。因此，N 成为该问题的另一个变量。但是，还可以根据文献 [57] 中的结论有效地计算出编码数据包数量，将此应用于两条传输路径（波束）的情况。式（9.3）根据波束 1 中可以分配的编码数据包个数 m_1，可以得到波束 2 中需要分配的编码数据包个数 m_2：

$$m_2 = \frac{1}{p_2}\left(\beta\left(Pe_2 + \frac{1}{3}\right) + M - m_1 p_1 + \right.$$

$$\left. \frac{1}{p_2}\sqrt{2\beta(m_1 p_1(Pe_1 - Pe_2) + MPe_2 + \frac{\beta}{2}\left(Pe_2 + \frac{1}{3}\right)^2}\right) \qquad (9.3)$$

式中, $p_k = 1 - Pe_k$; $\beta = \ln\frac{1}{\varepsilon}$。

在信道丢包概率 Pe_c 不一致的情况下,网络编码具有额外的优势。由于原始数据包的解码依赖于收集足够多的编码数据包,因此对原始数据包的处理是公平的,即没有数据包比其他数据包遭受更高的损失。在没有编码的情况下,原始数据包会经历不同的丢失概率,造成系统固有的不公平。

9.3.4　多波束卫星中的多路径

在多波束卫星的情况下,Vieira 等[14] 首先确定波束交叠可以提供多条具有跨波束负载均衡潜力的路径,并在文献 [52] 中给出了在移动卫星终端负载感知软切换中使用网络编码的初步结论。波束部分重叠的宽带多波束卫星如图 9.8 所示,在多波束系统中,终端能够从两个或两个以上部分交叠的波束接收数据,从逻辑拓扑的角度提供多路径,这表现在每个终端与多个波束的连接上。这在本质上意味着当前的系统可能变得更加灵活,只需通过升级终端就可以同时从多个波束接收数据,从而为用户提供更好的服务。事实上,可以以战略方式部署这些增强后的终端:目标终端位于两个相邻波束的边缘上,从而保证从每个波束得到合理的服务。文献 [14] 中的结论表明,由于能够利用多波束卫星系统提供的闲置容量,因此总数据速率实现了高达 50% 的增益[16]。 如前所述,网络编码为多径路由、细粒度动态负载均衡和可变误差保护提供了一个框架。传统网络并不支持多径路由,与传统路由方式相比,网络编码方式产生了高达 1.75 倍的

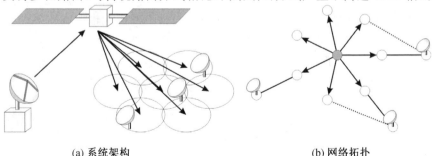

(a) 系统架构　　　　　　　　　　(b) 网络拓扑

图 9.8　波束部分重叠的宽带多波束卫星

增益[15]。然而,这是一个开放的研究课题,不基于网络编码的替代方法仍然可以通过波束交叠来使用闲置容量。

研究一个宽带多波束卫星提供单播服务的情况。定义波束集 B 和会话集 K。每个波束 $i \in B$ 支持单播会话集 $K_i \subset K$ 中的一个,其中单次会话用 $s_l \in K_i$ 表示。假设一个会话被指定到最高 SINR 的波束,并定义 J_{ij} 为指定到波束 i 但也由波束 j 提供服务的会话集合。每个波束 i 具有 $N(i)$ 个相邻(交叠)波束。

定义 $R^k_{s_l}$ 为由波束 k 提供服务的会话 s_l 的传输速率,部分取决于可实现的 MODCOD 速率。令 M_{s_l} 和 $N_{s_l}(N_{s_l} \geqslant M_{s_l})$ 分别代表会话 s_l 的原始和编码数据包数量,其中后者构成系统要发送的数据包数量,以实现预期的可靠性。T^i 代表波束 i 独立于交叠波束而运行的传输时间,即为指定给它的所有会话提供服务。因此,如果使用网络编码,则有

$$T^i = \sum_{s_l \in K_i} N_{s_l}/R^i_{s_l} \tag{9.4}$$

在无编码的场景中,N_{s_l} 应替换为 M_{s_l}。最终,T^i 被定义为在允许与相邻波束协同(资源分配)时,波束 i 的传输时间。

在信道损耗一致的情况下,即 $Pe_c = Pe, \forall c \in C$,定义 $\alpha^i_{s_l}$ 为来自第 i 个波束传输的会话 s_l 的数据包的一部分。对于指定给每个波束 i 的每一个会话 s_l,$\alpha^i_{s_l} + \sum_{k \in N(i)} \alpha^k_{s_l} = 1$。$T^i$ 由第 i 个波束在三类会话中的贡献决定:指定的会话不能被其他波束覆盖;指定的会话部分由其他波束提供服务;第 i 个波束部分覆盖指定到其他波束的会话。这些影响分别对应下式中的三项:

$$T^i = \sum_{s_l \in K_i, s_l \notin J_{ij} \forall j \in N(i)} \frac{N_{s_l}}{R^i_{s_l}} + \sum_{j \in N(i)} \sum_{s_l \in J_{ij}} \alpha^i_{s_l} \frac{N_{s_l}}{R^i_{s_l}} + \sum_{j | i \in N(j)} \sum_{s_l \in J_{ji}} \alpha^i_{s_l} \frac{N_{s_l}}{R^i_{s_l}} \tag{9.5}$$

在信道损耗不一致的情况下,T^i 表达式更加复杂,因为它应根据信道损耗概率和期望的可靠性保证 ε 正确地选择每个会话中指定到每个波束的编码数据包。当会话 s_l 所在波束的丢包概率给定为向量 $[\boldsymbol{Pe}_j]$ 时,定义 $m_i(s_l, \varepsilon, [\boldsymbol{Pe}_j])$ 为会话 s_l 指定到波束 i 的编码数据包的数量。因此,有

$$T^i = \sum_{s_l \in K_i, s_l \notin J_{ij} \forall j \in N(i)} \frac{N_{s_l}}{R^i_{s_l}} + \sum_{j \in N(i)} \sum_{s_l \in J_{ij}} \frac{m_i(s_l, \varepsilon, [\boldsymbol{Pe}_k])}{R^i_{s_l}} +$$
$$\sum_{j | i \in N(j)} \sum_{s_l \in J_{ji}} \frac{m_i(s_l, \varepsilon, [\boldsymbol{Pe}_k])}{R^i_{s_l}} \tag{9.6}$$

其目标是分配合适的资源,为不同波束提供有效负载,即通过改变目前使用的固定配置,可靠地传递更多数据。

9.3.5　宽带多波束卫星场景概述

在第一个场景中,网络编码是为了在宽带多波束卫星网络上为终端提供高效的软切换能力,重点是前向链路上的单播业务。假设终端能够接收多波束,且安装在火车、飞机等高速平台上,其中(窄)波束之间的切换在旅程中很常见。网络编码增益可以用从损失中恢复的延迟增益来衡量。初始结果指出,与 Reed-Solomon 码相比,其增益高达 70% 。注意,这是通过利用网络编码算法的多径和 FEC 能力来实现的,因此算法没有在返回链路上使用反馈机制。今后的工作中不仅要着眼于编码数据包生成算法的优化,还要着眼于跨层设计,以便将网络编码与下层的软切换管理紧密地结合起来。

在第二个场景中,网络编码使宽带多波束卫星及其终端能够接收多波束信号,重点也是前向链路上的单播业务,且网络编码算法没有在返回链路上使用反馈机制。

假设由多个波束覆盖的终端在每个波束上有不同的丢包概率。网络编码将通过在不同波束上提供不同等级的 FEC 保护来补偿不同的丢包概率以获取增益。未来将致力于分析如果不能在多个波束上提供相同的丢包概率,而是提供不同弹性的网络编码,则是否有效。此外,网络编码算法和跨层设计也需要详细探讨。

在第三个场景中,网络编码为宽带多波束卫星网络提供波束级的负载均衡机制。假设终端能够接收多波束,且许多终端都在多波束的覆盖范围内。当每个波束的实际需求不一致时,在常规有效载荷卫星上的总数据速率方面,网络编码的增益有望达到 50% 左右。未来的工作将集中在网络编码算法的优化、集成多波束接收的跨层设计、资源分配机制和具备多波束接收能力的终端部署策略上。

9.4　编码展望

如前所述,网络编码最重要的结论之一就是它能够实现网络的组播容量。从实用观点来看,组播通信表现在流组播和可靠组播两方面。前者通常应用于实时多媒体流,其中比特弹性编解码器提供了一定的 FEC,但没有保证可靠性。另外,可靠组播通常被用于科学原始数据、数据库复制、分布式计算及其他需要向多用户可靠地传输大量数据的应用中。然而,视频点播等新应用模糊了流组播和可靠组播之间的界限,可靠组播通信需要近实时的性能。

由于卫星通信的广播特性和平坦的网络拓扑结构,因此视频会议、新闻资料、数据复制、内容分发,特别是 IPTV 业务在卫星网络中非常普遍[59,60]。在可靠组播方面,特殊的传输层或应用层协议被用于提供无线通信的可靠性机制。由于这是点对多点通信,因此 FEC 通常用于为误码率(Bit Error Rate,BER)提供足够的冗余。虽然 FEC 引入了一些开销,但它在接收端方面具有很高的可扩展性,因为如果实际 BER 保持在目标 BER 以下,将会有很高的纠错概率。一个补充机制是自动重传请求(Automatic Repeat Request,ARQ),它是接收端利用反馈机制通过发送端某个数据包或帧被正确(或不正确)接收的一种差错控制方式。发送端在收到相应的确认时,在一个特定的截止时间后自动重传数据包/帧。与 FEC 不同的是,当接收机相互独立时,由于它们不经历相同的误差,因此 ARQ 不具有可扩展性。

对于卫星网络,可靠组播机制通常采用 FEC 和 ARQ 协同工作的混合方案,这样可以在冗余和重传之间进行权衡。当然,这种权衡取决于信道特性和它所服务的终端的规模。可靠的组播机制不是为向数百万终端提供广播服务而设计的。然而,人们的消费方式却随着内容分布、IPTV 服务和点播流媒体的演变而变化。对于这些下一代服务,一个组播数据流可能只在一定时间窗内与少量终端(该波束内)相关,即使考虑使用带有数字视频录像机(Digital Video Recorder,DVR)的媒体缓存时也是如此。在这种情况下,无误差的内容分发可以在这些创新服务中发挥极其重要的作用。一方面,如果实际 BER 的冗余度过大,FEC 会引入过多的开销,这也意味着很少发生重传;另一方面,如果 FEC 冗余度不足,过多重传的出现也会使整体效率降低。注意,由于这是广播信道,因此重传可以对所有接收端有益。

网络编码提供了一种高效的可靠组播机制,能够适应不断变化的误码率条件,并最大化重传效率。一方面,RLNC 和类似的网络编码算法是接近最优吞吐量的,其效率将由高擦除率的接收机决定,这意味着在擦除率最高的接收机成功接收足够多的编码数据包线性组合后,所有接收机都将成功解码出信息,这也意味着信息只有在所有编码数据包被接收后才有可能被解码;另一方面,机会网络编码[61]通过以未编码的形式传输新的数据包来减少解码延迟,同时创建定制的编码数据包,使多个终端能够从互相独立的数据丢失中恢复信息,这意味着多个终端能够对单个编码数据包与不同的缺失数据包组合进行解码,从而提取缺失的单个数据包。尽管它可能需要广泛使用反馈信道来报告错误,但这个方法不仅显著降低了解码延迟,而且降低了解码复杂性。

这两种不同的网络编码方式实际上可以结合起来,根据具体的场景,为可靠组播机制创建网络编码方案。在这种情况下,权衡不在于冗余和重传,而在于反馈和解码延迟。这意味着,机会网络编码方式将更适用于实现少量终端的可靠组播机制,而 RLNC 方式将更适用于大量终端。

图 9.9 所示为网络编码在不同的擦除率下以最优吞吐量运行时的性能。相比之下,只有当 FEC 冗余度与擦除率相匹配时,FEC ＋ ARQ 方式才能高效运行,当擦除率更高时,必须采用在大量终端情况下低效的 ARQ 机制来恢复数据。

网络编码通过其名称暗示了对分层网络模型的颠覆性。目前的系统实际上并没有实现严格的分层模型,尤其是在无线网络中。在文献［62］中,作者指出,在动态链路情况下需要一定的跨层设计,相似时间尺度的事件发生在不同层之间,如时变的无线信道和数据链路层服务。另外,有线网络具有稳定的网络链路,不需要在数据链路层和物理层之间进行跨层设计。

尽管如此,网络编码也打破了分层网络模型中公认的做法,并汇集了通常在其他层中发现的功能。首先,数据包的实际编码通常存在于数据链路层,但是网络编码可以为 FEC 和 ARQ 机制提供替代方案。其次,多径路由通常不受网络层的支持,因为它会导致数据包的无序传输和循环。但是,网络编码不受无序数据包的影响,它可以利用单播情况下目的节点可用的多条路径,或者组播情况下目的节点可用的多条路径。而且,网络编码的代数性质实际上类似于先进的无线通信系统中存在的一些物理层技术。例如,MIMO 系统可以描述为矩阵形式:

$$y = Hx + n$$

式中,y 和 x 分别为接收向量和发送向量;H 是信道矩阵;n 是噪声。类似地,编码数据包可以看作以信道矩阵为编码向量对发送向量进行编码后所得的接收向量。

网络编码本身通常被描述为处于 2.5 层或 3.5 层,即数据链路层与网络层之间,或网络层与传输层之间。尽管如此,基于网络编码的端对端文件分发应用程序倾向于将其作为软件的一个组成部分,因此应将其视为应用层。此外,无线传感器网络(Wireless Sensor Network,WSN)倾向于采用单片协议栈来优化能量效率、针对性部署和进行特定服务。由于网络编码在编码端具有较低的计算复杂度,因此特别适用于许多基于低功率无线

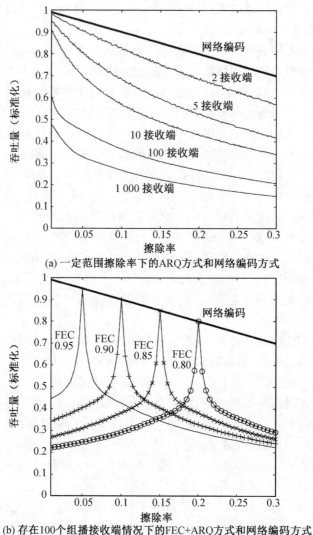

(a) 一定范围擦除率下的ARQ方式和网络编码方式

(b) 存在100个组播接收端情况下的FEC+ARQ方式和网络编码方式

图 9.9　网络编码在不同的擦除率下以最优吞吐量运行时的性能

传感器节点的数据收集 WSN。在这种情况下,网络编码作为协议栈的一部分来实现,它不能被描述为处于特定层与层之间。

9.5　本章小结

本章主张在当前和未来的卫星系统中使用网络编码作为增强资源分配机制和提高终端用户服务质量的手段。卫星网络不仅是提供广播和组播服务的天然环境,还允许从源到终端用户有多个异构的路径,为系统运行提供更强的灵活性。

网络编码数据包可以在协议栈的封装层和/或网络层生成和管理,可以在部署卫星没有硬件变化的情况下增强当前和未来的卫星系统,这使得它成为一种引人注目的技术。此外,网络编码应被纳入促进协同与认知卫星系统发展的工具和机制范畴。

本章对网络编码作了简要的介绍,并在三种主要情况下研究了其在卫星网络中的潜力。首先,本章分析了广播业务的网络编码收益及支持此类服务的地面协同所带来的收益。网络编码不仅为广播传输提供了更有效率的手段(特别是在有多个接收机的有损环境中),而且也为地面接收机之间无缝、高效、分布式协作机制打开了大门。因此,网络编码用作一种广播技术来应用卫星网络,甚至可以在允许协作时进一步应用。然后,本章分析了网络编码在宽带多波束卫星上的潜力。在这些环境中,网络编码能够受益于波束重叠创建的多路径及地面终端同时接收和处理各波束的信号所带来的多路径。这些发现对于常规有效载荷系统是有用的,在跳波束卫星中也可以采用类似的方法。因此,所提出的技术可以对跳波束卫星进行补充,以适应短期业务的动态变化。最后,本章针对网络编码作为一种自适应高效的混合 ARQ 机制的优势,提出了一些编码展望,这些机制与标准纠删码相比具有显著优势,其中后者是针对给定的丢包概率定制的。

虽然网络编码的数据处理条件无论在接收机还是在卫星系统都是一个值得关注的问题,但最近的研究表明,其在资源受限的移动设备中处理速度相当高,根据具体情况一般可达到几百兆比特每秒,甚至可达几吉比特每秒[21],而在笔记本电脑和台式电脑中,处理速度可能会更高,单个处理器可达到几十吉比特每秒[63,64]。这些结论表明了网络编码可以在卫星设备中实现,它对卫星设备所需的数据处理影响很小,同时也对移动终端的能量需求影响很小[21]。

最后请注意,应该强调的是网络编码在很大程度上是一个开放的研究课题。虽然在信息论和网络编码主要极限方面的工作仍然十分活跃,但该技术已经有了商业化的部署。在卫星通信领域,卫星主站销售方面的市场领导者已在其核心技术中实现了 RLNC[65]。未来研究的重点很可能集中在两个主要领域：一方面，网络编码将开始集成到以 IP 为中心的应用中，这些应用工作于现有系统之上；另一方面，网络编码也将被考虑集成到具有更复杂和动态拓扑的新型卫星网络和具有多个无线接口的终端中。

本章参考文献

[1] R. Ahlswede, N. Cai, S.-Y. R. Li, R. W. Yeung, Network information flow, IEEE Trans. Inform. Theory 46(4)(2000)1204-1216.

[2] T. Ho, R. Koetter, M. Medard, D. R. Karger, M. Effros, The benefits of coding over routing in a randomized setting, in: IEEE International Symposium on Information Theory(ISIT), 2003, p. 442.

[3] P. A. Chou, Y. Wu, K. Jain, Practical network coding, in: Allerton' 03: 41st Annual Allerton Conference on Communication, Control and Computing, Monticello, IL, US, Oct. 2003.

[4] R. Koetter, M. Médard, An algebraic approach to network coding, IEEE/ACM Trans. Network. 11(5)(2003)782-795.

[5] T. Ho, M. Medard, R. Koetter, D. R. Karger, M. Effros, J. Shi, B. Leong, A random linear network coding approach to multicast, IEEE Trans. Inform. Theory 52(10)(2006)4413-4430.

[6] D. E. Lucani, M. Medard, M. Stojanovic, Systematic network coding for time-division duplexing, in: 2010 IEEE International Symposium on Information Theory Proceedings(ISIT), 2010, pp. 2403-2407.

[7] D. E. Lucani, M. Medard, M. Stojanovic, On coding for delay-network coding for time-division duplexing, IEEE Trans. Inform. Theory 58 (4)(2012)2330-2348.

[8] D. E. Lucani, M. Stojanovic, M. Medard, Random linear network coding for time division duplexing: when to stop talking and start listening, in: IEEE INFOCOM 2009, 2009, pp. 1800-1808.

[9] F. Vieira, J. Barros, Network coding multicast in satellite networks, in: Next Generation Internet Networks, 2009, NGI'09, 2009, pp. 1-6.

[10] C. Hausl, O. Iscan, F. Rossetto, Optimal time and rate allocation for a network-coded bidirectional two-hop communication, in: 2010 European Wireless Conference(EW), 2010, pp. 1015-1022.

[11] F. Vieira, S. Shintre, J. Barros, How feasible is network coding in current satellite systems? in: Advanced Satellite Multimedia Systems Conference (ASMA) and the 11th Signal Processing for Space Communications Workshop(SPSC),2010,pp. 31-37.

[12] European Telecommunications Standards Institute, TS 102 584: Guidelines for Implementation for Satellite Services to Handheld Devices (SH) Below 3 GHz, ETSI, Sophia Antipolis, France, November 2011.

[13] D. E. Lucani, M. J. Montpetit, Network coding for next generation personal satellite converged services, in: P. Pillai, R. Shorey, E. Ferro (Eds.), Personal Satellite Services, Lecture Notes of the Institute for Computer Sciences, Social Informatics and Telecommunications Engineering vol. 52, Springer, Berlin, Heidelberg,2013,pp. 17-25.

[14] F. Vieira,D. E. Lucani,N. Alagha,Codes and balances: multibeam satellite load balancing with coded packets, in: IEEE International Conference on Communications (ICC),Ottawa,Canada,June 2012.

[15] M. A. Vazquez-Castro. Graph model and network coding gain of multibeam satellite communications, in: 2013 IEEE International Conference on Communications(ICC),June 2013,pp. 4293-4297.

[16] R. Alegre-Godoy, N. Alagha, M. A. Vazquez-Castro, Offered capacity optimization mechanisms for multi-beam satellite systems, in: 2012 IEEE International Conference on Communications(ICC),2012,pp. 3180-3184.

[17] M. Chipeta, M. Karaliopoulos, L. Fan, B. G. Evans, Integrating packet-level FEC with data carousels for reliable content delivery in satellite broadcast/multicast systems, Int. J. Satell. Commun. Network. 24(6)(2006)493-520.

[18] European Telecommunications Standards Institute, EN 3025583: Framing Structure, Channel Coding and Modulation for Satellite Services to Handheld Devices (SH) Below 3 GHz, ETSI, Sophia Antipolis,France,March 2008.

[19] A. Eryilmaz,A. Ozdaglar,M. Medard,On delay performance gains from network coding, in: 2006 40th Annual Conference on

Information Sciences and Systems, 2006, pp. 864-870.

[20] D. E. Lucani, M. Medard, M. Stojanovic, Broadcasting in time-division duplexing: a random linear network coding approach, in: Workshop on Network Coding, Theory, and Applications(NetCod), 2009, pp. 62-67.

[21] A. Paramanathan, M. V. Pedersen, D. E. Lucani, F. H. P. Fitzek, M. Katz, Lean and mean: network coding for commercial devices, IEEE Wireless Commun. 20 (5)(2013)54-61.

[22] F. H. P. Fitzek, M. Katz, Cooperation in Wireless Networks: Principles and Applications: Real Egoistic Behavior Is to Cooperate!, Springer-Verlag, New York, Secaucus, NJ, USA, 2006.

[23] Y. -W. Hong, W. -J. Huang, F. -H. Chiu, C. -C. J. Kuo, Cooperative communications in resource-constrained wireless networks, IEEE Signal Process. Mag. 24 (3)(2007)47-57.

[24] J. N. Laneman, D. N. C. Tse, G. W. Wornell, Cooperative diversity in wireless networks: efficient protocols and outage behavior, IEEE Trans. Inform. Theory 50 (12) (2004)3062-3080.

[25] X. Bao, J. Li, Matching code-on-graph with network-on-graph: adaptive network coding for wireless relay networks, in: Proc. Allerton Conf. on Commun. , Control and Computing, IL, 2005.

[26] C. Peng, Q. Zhang, M. Zhao, Y. Yao, On the performance analysis of network-coded cooperation in wireless networks, in: 26th IEEE International Conference on Computer Communications (INFOCOM), 2007, pp. 1460-1468.

[27] J. Zhang, Q. Zhang, Cooperative network coding-aware routing for multi-rate wireless networks, in: IEEE INFOCOM, 2009, pp. 181-189.

[28] S. Sharma, Y. Shi, J. Liu, Y. T. Hou, S. Kompella, S. F. Midkiff, Network coding in cooperative communications: Friend or foe? IEEE Trans. Mobile Comput. 11(7)(2012)1073-1085.

[29] Q. Zhang, J. Heide, M. V. Pedersen, F. H. P. Fitzek, MBMS with user cooperation and network coding, in: 2011 IEEE Global Telecommunications Conference(GLOBECOM), 2011, pp. 1-6.

[30] G. Cocco, C. Ibars, N. Alagha, Cooperative coverage extension in

heterogeneous machine-to-machine networks, in: GLOBECOM Workshops (GC Wkshps), 2012 IEEE, December 2012, pp. 1693-1699.

[31] G. Cocco,C. Ibars,O. DelRio Herrero,Cooperative satellite to land mobile gap-filler-less interactive system architecture,in: Advanced Satellite Multimedia Systems Conference (ASMA) and the 11th Signal Processing for Space Communications Workshop (SPSC), September 2010,pp. 309-314.

[32] Bernhard Collini-Nocker, ULE versus MPE as an IP-over-DVB encapsulation,in: Proc. HET-NETs'04,Ilkley,U. K. ,July 2004.

[33] European Telecommunications Standards Institute, TR 102 993: Upper Layer FEC for DVB Systems, ETSI, Sophia Antipolis, France,February 2011.

[34] P. Saxena, M. A. Vazquez-Castro, Network coding advantage over MDS codes for multimedia transmission via erasure satellite channels, in: R. Dhaou, A. -L. Beylot, M. -J. Montpetit, D. Lucani,L. Mucchi(Eds.),Personal Satellite Services,Lecture Notes of the Institute for Computer Sciences, Social Informatics and Telecommunications Engineering, vol. 123, Springer International Publishing,Switzerland,2013,pp. 199-210.

[35] G. Sterbini, Analysis of satellite multibeam antennas' performances,Acta Astronaut. 59(15)(2006)166-174.

[36] European Telecommunications Standards Institute, EN 302307: Digital Video Broadcasting (DVB): Second Generation, ETSI, Sophia Antipolis,France,June 2006.

[37] R. Rinaldo,R. D. Gaudenzi,Capacity analysis and system optimization for the forward link of multi-beam satellite broadband systems exploiting adaptive coding and modulation, Int. J. Satell. Commun. Network. 22(3)(2004)401-423.

[38] P. Angeletti, M. Lisi, Multiport power amplifiers for flexible satellite antennas and payloads,Microwave J. 53(5)(2010)96-110.

[39] J. Lizarraga,P. Angeletti,N. Alagha,M. Aloisio,Multibeam satellites performance analysis in non-uniform traffic conditions, in: 2013 IEEE14th International Vacuum Electronics Conference (IVEC),

May 2013,pp. 1-2.

[40] P Gabellini, L. D'Agristina, N. Alagha, P. Angeletti, Hotspot v2. x, a performance optimization tool for multi-beam broadband satellite systems, in: Proc. 2nd ESA Workshop on Advanced Flexible Telecom Payloads, Noordwijk, The Netherlands, 2012.

[41] P. Angeletti, D. Fernandez Prim, R. Rinaldo, Beam hopping in multi-beam broadband satellite systems: system performance and payload architecture analysis, in: AIAA 24th ICSSC Conference, San Diego, CA, June 2006.

[42] M. Schubert, H. Boche, Solution of the multiuser downlink beamforming problem with individual SINR constraints, IEEE Trans. Vehic. Tech. 53(1)(2004)18-28.

[43] I. Thibault, F. Lombardo, E. A. Candreva, A. Vanelli-Coralli, G. E. Corazza, Coarse beamforming techniques for multi-beam satellite networks, in: 2012 IEEE International Conference on Communications(ICC), June 2012, pp. 3270-3274.

[44] A. Franchi, A. Howell, J. Sengupta, Broadband mobile via satellite inmarsat BGAN, in: IEEE Seminar Digests, vol. 23, 2000.

[45] A. Bolea Alamanac, P. M. L. Chan, L. Duquerroy, Y. F. Hu, G. Gallinaro, W. Guo, D. Mignolo, DVB-RCS goes mobile: challenges and technical solutions, Int. J. Satell. Commun. Network. 28 (3-4) (2010)137-155.

[46] L. Song, A-J. Liu, Y-F. Ma, Adaptive handoff algorithm for multi-beam GEO mobile satellite system, in: IEEE International Conference on Communications (ICC), May 2008, pp. 1947-1951.

[47] T. Ei, F. Wang, A trajectory-aware handoff algorithm based on GPS information, Ann. Telecommun. 65(2010)411-417. 10. 1007/ s12243-009-0141-y.

[48] P. K. Chowdhury, M. Atiquzzaman, W. Ivancic, Handover schemes in satellite networks: state-of-the-art and future research directions, IEEE Commun. Surv. Tutorials 8 (4)(2006)2-14.

[49] http://www. groundcontrol. com/bgan_coverage_map. htm.

[50] K. -D. Lee, H. -K. Kim, D. -G. Oh, H. -J. Lee, Adaptive suboptimal admission control for bulk handover requests in multi-beam satellite

networks, in: 2004 IEEE International Conference on Communications(ICC),vol. 4,June 2004,pp. 2327-2331.

[51] M. A. Vazquez Castro,F. Vieira,DVB-S2 full cross-layer design for QoS provision,IEEE Commun. Mag. 50(1)(2012)128-135.

[52] F. Vieira,D. E. Lucani,N. Alagha,Load-aware soft-handovers for multibeam satellites: a network coding perspective,in: Advanced Satellite Multimedia Systems Conference(ASMS) and 12th Signal Processing for Space Communications Workshop (SPSC), September 2012,pp. 189-196.

[53] M. W. Thomson, Astromesh deployable reflectors for Ku- and Ka-band commercial satellites, in: 20th AIAA International Communication Satellite Systems Conference and Exhibit,2002,pp. 12-15.

[54] http://youtu. be/_qBmgVOcdBo.

[55] X. Zhang, B. Li,Optimized multipath network coding in lossy wireless networks,IEEE J. Selected Areas Commun. 27(5)(2009) 622-634.

[56] X. Zhang, B. Li, Dice: a game theoretic framework for wireless multipath network coding, in: Proceedings of the 9th ACM International Symposium on Mobile ad hoc Networking and Computing, MobiHoc'08, ACM, New York, USA, 2008, pp. 293-302.

[57] A. Moreira, D. E. Lucani,On coding for asymmetric wireless interfaces,in:2012 International Symposium on Network Coding (NetCod),2012,pp. 149-154.

[58] J. Lei,M. A. Vazquez-Castro,T. Stockhammer,F. Vieira,Link layer FEC for quality-of-service provision for mobile internet services over DVB-S2,Int. J. Satell. Commun. Network. 28(3-4) (2010)183-207.

[59] M. Koyabe, G. Fairhurst, Wide area multicast internet access via satellite, in: 5th European Conference on Satellite Communications (ECSC),November 1999.

[60] G. Akkor,M. Hadjitheodosiou,J. S. Baras,Transport protocols in multicast via satellite, Int. J. Satell. Commun. Network. 22 (6)

(2004)611-627.

[61] W. Chen,K. B. Letaief,Z. Cao,Opportunistic network coding for wireless networks, in: IEEE International Conference on Communications(ICC),2007,pp. 4634-4639.

[62] R. Landry, K. Grace, A. Saidi, On the design and management of heterogeneous networks: a predictability-based perspective, IEEE Commun. Mag. 42(11)(2004)80-87.

[63] M. V. Pedersen, J. Heide, P. Vingelmann, F. H. P. Fitzek, Network coding over the 232-5 prime field, in: 2013 IEEE International Conference on Communications (ICC), 2013, pp. 2922-2927.

[64] M. V. Pedersen,D. E. Lucani,F. H. P. Fitzek,C. W. Sorensen,A. S. Badr,Network coding designs suited for the real world: What works,what doesn't,what's promising,in:2013 IEEE Information Theory Workshop(ITW),2013,pp. 1-5.

[65] http://www. codeontechnologies. com/partners/.

第 10 章　卫星通信中的认知无线电场景 ——CoRaSat 项目

认知无线电（Cognitive Radio，CR）技术在卫星通信（Satellite Communication，SatCom）领域的研究还处于起步阶段。在地面无线通信系统中，认知无线电技术已经被深入研究并进行了实测验证，但其在卫星通信系统中的使用还面临着新的挑战。在这一背景下，为更有效地利用频谱，卫星认知无线通信（Cognitive Radio for Satellite Communication，CoRaSat）项目首次致力于研究、开发和演示认知无线电技术在卫星通信系统中的应用[1]。本章概述了 CoRaSat 项目所研究的应用场景，在考虑市场与商业结构、管理与标准化框架及技术结构后，分析了 Ka、Ku、S 和 C 频段的应用场景。本章还给出了在 CoRaSat 项目中用于方案选择的方法，并为所选择的 Ka 波段方案定义了初步的系统架构，最后得出了一些有用的结论供进一步分析。

10.1　引　言

CoRaSat 项目是欧盟的第 7 框架项目，由 ICT Call 8 资助。该项目由波伦亚大学（意大利）牵头，其他参研单位包括泰雷兹阿莱尼亚宇航公司（法国）、卢森堡大学（卢森堡）、SES TechCom S. A.（卢森堡）、Newtec Cy（比利时）和萨里大学（英国）。

目前，优化利用频谱资源的重要手段之一是采用动态频谱接入技术。认知无线电技术有提高地面无线通信系统频谱利用率的潜力，然而很少有研究关注认知无线电技术给卫星通信领域带来的潜在好处。

在这一背景下，CoRaSat 通过研究一种频谱可分配给任意卫星通信服务的场景，将这两个元素组合在一起。CoRaSat 旨在研究、开发和演示用于智能频谱开发的 SatCom 系统中的 CR 技术。CoRaSat 在考虑卫星通信特性的前提下，首次采用了系统、详尽的方法研究其适用性，并分析了认知无线电的概念。

CoRaSat 项目的研究背景如下。

（1）卫星通信被认为是实现具有挑战性的欧洲数字议程目标的关键因素。因为卫星通信覆盖范围大，所以其最适合部署在采用地面有线和无线网络部署不经济的区域，从而帮助解决欧洲数字鸿沟的问题。

（2）SatCom 面临的一个根本问题是如何提高频谱利用率，以提高传输性能，降低传输成本，提高市场竞争力。SatCom 频谱利用方法主要包括基于地理服务区域、角度分离或服务类型的静态频带分离。动态的频谱利用可以更有效地利用频谱资源。在地面无线通信中，认知无线电已经展示出了其在提高频谱利用率方面的巨大潜力。如果采用动态的频谱利用方法，将可以有效地减轻当前宽带卫星系统中的系统限制问题，如波束间干扰问题。

（3）卫星通信行业和学术界只稍微提及了卫星通信中认知无线电的概念和原理。

①目前尚未对卫星通信中认知无线电技术的适用性进行系统分析，研究仅限于科学论文。

②现在还没有针对卫星通信系统认知无线电技术的概念实施验证，特别是对于 2 GHz 及更高的频段。其中，Ka 频段是欧洲卫星通信产业的优先使用频段。

（4）卫星通信领域的动态频谱利用和基于认知无线电的卫星通信仍然是一个尚未开发的领域。

CoRaSat 将推动行业利益相关者、欧洲机构和政府机构制定战略路线图，建立监管和标准化小组，以确保是否采取必要措施，通过认知通信分析SatCom 的新业务前景，支持"欧洲数字议程"[2]。卫星频段中灵活/动态频谱使用方法的发展可以开辟新的市场前景，从而帮助欧洲卫星通信行业和运营商保持全球竞争力。

10.1.1 CoRaSat 前景

CoRaSat(图 10.1)是一个基于认知无线电的卫星通信系统，它实现了频谱的动态及智能利用，能够利用在主要或次要分配上分配给其他服务的未使用或未充分利用的频率资源。在成功的演示之后，CoRaSat 旨在最大限度地利用资源以开辟新的商业前景，在不对与认知系统使用相同频谱的授权卫星或地面系统造成任何有害干扰的基础上，尽可能降低传输成本。这些卫星或地面系统实际上不会意识到卫星认知系统的存在。

CoRaSat 项目旨在通过如下技术手段实现这一前景。

（1）研究、开发并演示同卫星通信系统相关的认知无线电技术，动态使用频谱，提高用户体验。

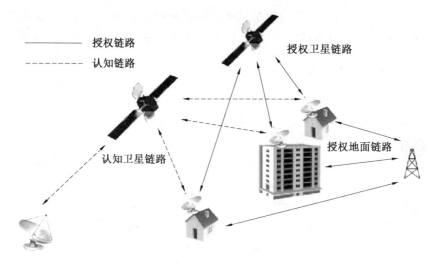

图 10.1　基于认知无线的卫星通信 CoRaSat 系统

（2）论证利用动态频谱的优点大于缺点，并将在卫星通信领域带来新的业务前景。

（3）提供支持和指导方针，确定使用 CR 方法的法规、标准化和技术路线图，以支持欧洲数字议程。

10.2　CoRaSat 场景

有多个在卫星通信系统中采用 CR 概念和技术来分析灵活频谱利用的方案具有很大的应用潜力[3-6]。尤其是认知无线电技术可应用在频谱感知和干扰抑制方面：频谱感知（更详细地说，能量检测和循环平稳特征检测）；波束形成；地理位置数据库；认知区域。其中，认知区域被定义为在该区域内，对于给定的干扰阈值，仅允许随机操作通过使用认知方案来减少干扰。

考虑的场景包括基本的卫星通信系统场景，CoRaSat 应用 CR 来评估其动态频谱利用的潜力，同时考虑到各自的市场、监管、标准化和技术框架。CoRaSat 评估了应用认知无线电技术来智能利用频谱的潜能，就此评估了不同频段，如 Ka、Ku、C 和 S 频段。这些场景与给定频带内的特定频率范围有关，不同的监管条件适用于不同的频率范围。此外，场景考虑了地球同步轨道卫星（Geostationary Satellite Orbit，GSO）和非地球同步轨道卫星（Non-Geostationary Satellite Orbit，NGSO）的下行和上行卫星链路,同时考虑了固定和移动卫星终端。这里依据频带区分场景,但这些场景的命名遵照的是项目规则(因此最先列出场景 G,因为其针对 Ka 频段)。

10.2.1 Ka 频段

在 Ka 频段,CoRaSat 项目研究了 4 个频带,并基于市场、监管、标准化和技术方面的相关性分析了这些频带在使用 CR(认知无线电)技术时潜在的动态频谱使用方法。

(1)场景 A——CR GSO 卫星下行链路(17.3～17.7 GHz)。CEPT 已采用了 ECC/DEC/(05)08 决议[7],该决议规定了卫星固定业务高密度应用(High-Density Applications in the Fixed Satellite Service,HDFSS)如何使用此频段。决议保证了对 17.3～17.7 GHz 频段的分配不会影响到卫星广播业务(Broadcasting Satellite Service,BSS)中馈电上行链路对该频段的使用,并且规定了此频段不会被分配到已有地面服务的地区(一些国家除外)。决议同样授权了非协调卫星固定业务(Fixed Satellite Service,FSS)地球站在这些频段中的部署。这里的问题在于,通过采用 CR 技术来动态使用频谱,是否可以提高非协调 FSS 站的频谱利用率。此外,针对移动平台上的卫星终端,ECC 决策 ECC/DEC/(13)01[8] 解决了运行于给定频带内的移动平台上地球站(Earth Stations on Mobile Platform,ESOMP)的协调使用问题。在这个频段中,CoRaSat 项目研究以下几个方面(图 10.2):FSS 认知卫星终端和其他使用相同频段的 BSS GSO 馈电链路系统的频带复用问题;移动平台上卫星终端支持。

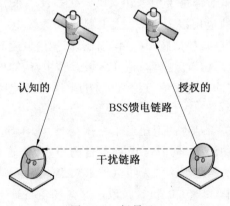

认知的　　　　　　　　授权的

BSS馈电链路

干扰链路

图 10.2　场景 A

(2)场景 B——CR GSO 卫星下行链路(17.7～19.7 GHz)。CEPT 已采用了 ERC/DEC/(00)07 [9] 决议,该决议指导了 FSS 和固定业务(Fixed

Service,FS)如何使用这一频段。决议规定,FSS 的站点可部署在任何地方,但是可能会受到 FS 无线电站点的干扰。在地面发射器的周围地区可通过 CR 技术获得频谱的使用权,这显著提高了 FSS 对频谱的利用率。CR 技术在保护 FSS 下行链路不受 FS 干扰影响的前提下,可以通过提供频谱的使用权显著提高 FSS 对频谱的利用率。通过在 17.7~19.7 GHz 带宽中添加显著的用户容量,可以将此方案视为 FSS 专用频段 19.7~20.2 GHz 的扩展。此外,针对移动平台上的卫星终端,ECC 决策 ECC/DEC/(13)01[8]解决了运行于给定频带内的 ESOMP 的协调使用问题。CoRaSat 项目分析了以下几个方面(图 10.3):FSS 认知卫星终端复用享有优先保护权的 FS 链路的频带;移动平台上的卫星终端支持。

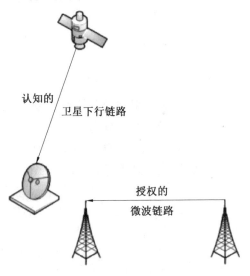

图 10.3　场景 B

(3)场景 C——CR GSO 卫星上行链路(27.5~29.5 GHz)。CEPT 的决议 ECC/DEC/(05)01[10]提供了这一频段中 FS 和 FSS 站点间的频率分割方法。欧洲的国家几乎不使用 FS 频段。通过在卫星上行链路中采用 CR 技术,FSS 站灵活使用 FS 频段以最大限度地利用频率,从而动态控制对 FS 站产生的干扰。2013 年 3 月,ECC/DEC(05)01 进行了修订。此外,针对移动平台上的卫星终端,ECC 决策 ECC/DEC/(13)01 解决了运行于给定频带中的 ESOMP 的协调使用问题。在该频段中,CoRaSat 项目研究了以下几个方面(图 10.4):FSS 认知卫星终端和享有优先保护权的 FS 链路的频率复用问题;移动平台上的卫星终端支持。

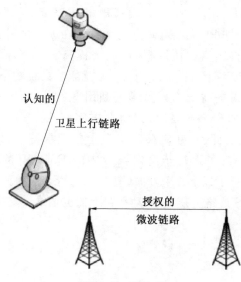

图 10.4　场景 C

(4)场景 G——CR NGSO(非对地静止轨道)卫星下行链路/上行链路
(17.7~19.7 GHz、27.828 5~28.444 5 GHz 和 28.948 5~29.452 5 GHz)。
这个场景针对的是运行于 Ka 频段中的认知 NGSO FSS 系统和现有 FS 地
面系统间的频谱共享问题,其中认知卫星终端可动态控制对现有地面站造
成的干扰。这里同时考虑了下行链路(17.7~19.7 GHz)和上行链路
(27.828 5~28.444 5 GHz和 28.948 5~29.452 5 GHz)两个频带范围。
在这个方面,相关的 ECC 决策如下。

①ERC/DEC/(00)07。指导了 FSS 和 FS 如何使用 17.7~19.7 GHz
频段。

②ECC/DEC/(05)01。提供了 FS 和 FSS 站点在 27.5~29.5 GHz 的
频带中的分割方法。

③ECC/DEC/(13)01。解决了运行于给定频带内的 ESOMP 的协调
使用问题。

具体而言,如上面提到的,ECC/DEC/(00)07 规定,FSS 站可部署于
任何地方,但可能受到诸如 FS 无线电台等地面链路的干扰。CR 技术可
通过在地面发射机附近提供给 FSS 对频谱的使用权,显著提高频谱利用
率。CR 技术还可以动态、灵活地保护 FSS 下行链路免受 FS 干扰。通过
在 17.7~19.7 GHz 频段增加用户容量,该场景的下行链路部分可看作对
FSS 专用频带 19.7~20.2 GHz 的一种扩展。此外,ECC/DEC/(05)01 指

定 FS 系统使用 27.828 5~28.444 5 GHz 和 28.948 5~29.452 5 GHz 频段,同时规定 CEPT 不得授权在 27.828 5~28.444 5 GHz 和 28.948 5~29.452 5 GHz 频段内部署未协调的 FSS 地面站。CoRaSat 项目(图 10.5)分析了以下方面:星载移动平台上的 NGSO FSS 认知卫星终端与在 17.7~19.7 GHz 频段(仅下行链路)中享有优先保护权的 FS 链路的频段共享问题;NGSO FSS 认知卫星终端与在所有子带中享有优先保护权的 FS 链路的频段共享问题。

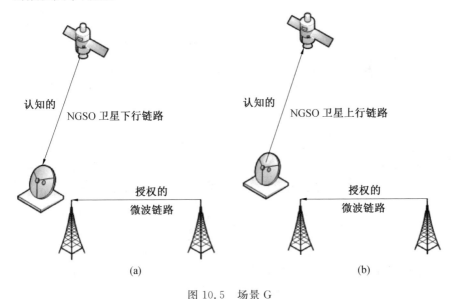

图 10.5　场景 G

10.2.2　Ku 频段

针对 Ku 频段,本章研究了 CR GSO 卫星下行链路/上行链路(10.7~12.75 GHz、12.75~13.25 GHz 和 13.75~14.5 GHz)(场景 D)。卫星系统现已应用这部分频谱。该场景处理了双 GSO 卫星系统的频谱共享问题,其中认知 GEO 卫星系统使用含全向天线的终端(如移动设备)且在上行链路和下行链路中利用 CR 技术,通过动态适应另一个授权 GSO 卫星系统不断变化的干扰环境,可能扩大该频谱的使用范围。此外,本场景同时处理了 FS-GSO FSS 的共享问题,其中 GSO FSS 认知卫星复用授权 FS 链路的频段。CoRaSat 项目中考虑了以下方面(图 10.6):认知 GSO 卫星终端复用另一颗授权 GSO 卫星的频段;GSO FSS 认知卫星终端复用 FS 链路的频段;移动平台上 GSO 卫星终端的支持。

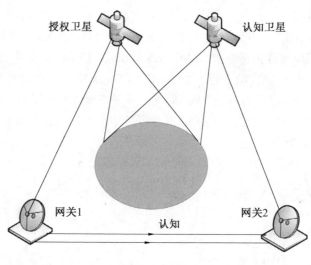

图 10.6　场景 D

10.2.3　C 频段

针对 C 频段,本章研究了 CR GSO 卫星下行链路(3.4～3.8 GHz)(场景 E)。地面 FS 和卫星业务可以共享 C 频段的这部分频谱,授权系统可以是卫星系统或地面系统。CoRaSat 考虑卫星系统是否可以根据现有卫星和地面固定系统产生的干扰环境,利用 CR 技术更高效地利用这一频谱,动态地适应其在下行链路中的频率使用。CoRaSat 项目研究了以下方面(图 10.7):FSS 认知卫星终端复用 FS 链路的频带;移动平台上卫星终端的支持。

10.2.4　S 频段

针对 S 频段,本章主要研究了 CR GSO 卫星上行链路/下行链路(1 980～2 010 MHz 和 2 170～2 200 MHz)(场景 F)。这里利用了空间和地面段中不同的广播和交互式技术,部署含移动用户终端的混合星地系统,授权的融合星地网络包含卫星和地面辅助组件。辅助地面 CR 链路能够动态调整其前向和反向链路来适应不断变化的干扰场景。CoRaSat 项目研究了以下方面(图 10.8):认知混合星地广播终端;认知地面终端。

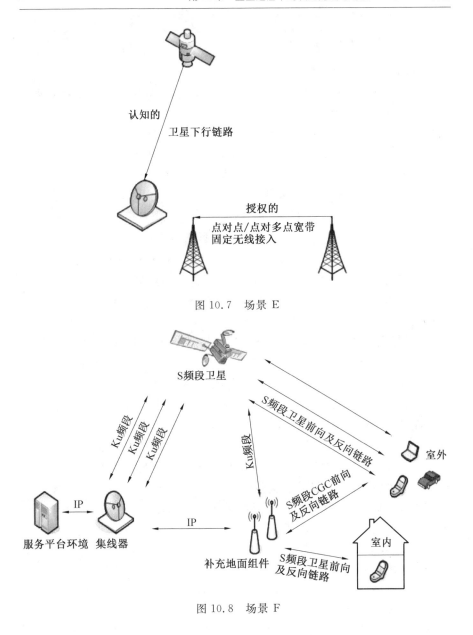

图 10.7　场景 E

图 10.8　场景 F

10.3　场景评估与选择方法

本节将提供 CoRaSat 项目使用及选择最适宜场景的方法。具体来说，是考虑市场与业务、监管、标准化和技术框架，实施场景优选[4]。

10.3.1 市场与商业框架

1. CR 的应用业务驱动

与卫星通信中的潜在 CR 发展相关的业务挑战在于非协调卫星终端用户设备能否有效利用当前未被充分利用的共享频段。尤其是与频谱利用率增加、容量增加和潜在服务成本降低的优势相比,所有商业案例都需要考虑 CR 技术的部署和运营所造成的成本和复杂性问题。

与不需要协调和协同技术的传统专用频带方法相比,CR 技术、设备和基础设施的开发都需要大规模的投入。实际部署需要将终端用户设备的成本保持在合理水平。实际上,部分终端用户设备和相关基础设施需要重新开发,需要合理的商业案例来达到这种效果。从本质上讲,这主要是基于对当前未充分利用的频谱资源的开发,可在商业和技术上得到证明。这些资源可以通过引入 CR 技术获得。这种灵活的频谱使用方法能更有效地利用频谱资源,而 CR 方法在地面通信系统中的应用表明其具有实现这一目标的潜力。

研究的焦点在于基于认知提供卫星服务的特定使用案例,其中授权服务可由地面设施或卫星提供。因此,研究的范围是分析业务附加成本产生的影响和额外的频谱资源、效率的提高,以期支持更多客户。

该背景下的另一个焦点和商业驱动就是干扰抑制能力和频谱分割能力的提升。干扰是卫星运营商面临的一个主要问题,因为其影响运营商的核心业务。干扰对卫星运营商的收益有着多重影响。地面或其他卫星系统造成的长期且持久的干扰使卫星运营商面临着重大的挑战,这损害了授权业务的创收能力,并降低了这些频率的使用价值。基于 CR 的解决方案可缓解这种局面,并提供收入可观的重要应用。使用 CR 技术来定位、分析和抑制时间和/或空间的干扰,短期内会对运营商的收入造成影响。因此,可以用 CR 方案抑制干扰的效果来衡量其价值。

2. 市场和业务需求

为从市场的角度对上述场景进行优先级排序,根据运营需求和业务经验对市场和服务需求进行了汇总和评估,以确定在 CoRaSat 中定义的场景的潜在应用[3-6]。首先要考虑的是干扰对商业的影响,因为它影响着卫星运营商的核心业务。干扰对卫星运营商有多方面的影响。

(1)时间和/或空间干扰可以通过专业方式进行定位、分析和抑制,导致收入受到短期影响。因此,CR 解决方案的价值可以通过其抑制干扰的效果来衡量。

（2）地面系统的长期和持续干扰对卫星运营商来说是一个重大的挑战。由于干扰频谱降低了授权系统的收入潜力，因此也降低了包括使用这些频率在内的所有解决方案的价值。

基于 CR 的解决方案有可能会对这些焦点问题、可测量的使用和增加收入提供有效的方案。在卫星系统的当前状态、市场需求和效率提高的前提下，对 CoRaSat 项目中考虑的每个频段进行了市场分析。

（1）Ka 频段主要用于宽带业务，而对于用于消费者互联网接入的经济高效的端到端宽带业务市场压力很大。这个技术途径现在被大多数的卫星运营商采用。Ka 频段资源比较充裕，但还未和 Ku 频段一样在卫星广播业务中被广泛使用。为确定欧洲的 Ka 频段宽带市场需求，BATS[11]项目提供了一些关键的信息，如卫星宽带业务的潜在需求及城乡之间宽带业务差距的扩大，以实现"欧洲数字议程"[2]中规定的目标：欧洲宽带速度达到至少 30 Mbit/s，其中至少 50％的人口可以享受超过 100 Mbit/s 的数据访问速率。BATS 项目表明，鉴于市场潜力，并考虑到带宽需求的增加，访问附加频谱的方法（如与其他服务共享频谱），可以带来巨大收益。这证明了有必要在卫星通信环境中分析 CR 技术，以便在利用这些共享频带的同时能够保证干扰风险最小。

可预见的是，频谱拥挤会使未来的 Ka 频段部署更加困难，特别是在东部轨道经度。因此，高吞吐量卫星已经开始受到来自端对端消费者服务成本的市场压力和 Ka 频段频谱稀缺的影响，其性能可以通过适当的频率复用方案来提升。下行链路频谱的可用性是一个主要的问题。在所有国际电信联盟管辖的地区内，GSO 的授权频谱只有 500 MHz 是可用的。进一步了解 2.0 GHz 的认知频谱可能有助于更有效地利用空间资源，卫星运营商目前正考虑采取措施以满足未来的用户链路高需求，并为消费者提供可承受的端到端连接服务。

（2）全球 Ku 频段转发器市场，2011—2021 年需要增加 1 095 个转发器才能满足容量需求，其中西欧有全球最大的 Ku 频段租赁市场[12]。DTH（HD/UHD）和 VSAT 服务将推动这一市场的扩张，并促进移动服务和视频分发业务的发展。这需要增加对频谱的访问，从而更有效地利用当前可用频谱，以满足需求。

根据列出的 Ku 频段场景业务规范，在 VSAT 和移动服务的场景中采用 CR 技术是最有效的。此外，CR 技术使得在上行链路中使用新的频段成为可能。由于军事雷达站的限制，因此在某些国家，当前只可运行天线尺寸大于 1.2 m、频率在 13.75～14.00 GHz 的协调地面站。还可以设想，在雷达装置附近安装不协调的小型终端,或在移动平台上安装定向天线较少的终端。在 Ku 频段的其余部分,特定的频段和低频上行频率 12.75～13.25 GHz 被一些国家的 FS 大量占用,因此兼容性受到挑战。此外,通常需要重新安装卫星上行链路站点,从而产生额外的成本。另外,由于卫星服务现有频带被过度使用及由此产生的频谱稀缺问题,因此在 VSAT 和偶尔使用服务的频率共享方案中,卫星运营商重新分配频谱(激活、停用或重新定位载波)以减少未使用的频谱块。CR 系统可以帮助解决这个频谱分割问题,并最大限度地提高频谱利用率。

(3)相比于 Ku 频段甚至 Ka 频段,C 频段受到降雨和大气降水的影响较小,具有更好的传输条件。因此,C 频段使得洲内和洲际通信具有非常高的可用性和广泛的覆盖性能。为满足全球客户的需求,卫星运营商不断创新,C 频段卫星网络投资规模增大,C 频段的解决方案和服务市场不断发展。例如,新的系统概念为其现有的固定卫星网络提供了补充的覆盖解决方案,这需要结合宽波束、点波束和频率复用技术。这些技术与波束之间增强的连接选项和天线技术的其他改进的组合将会显著提高频谱效率。C 频段将特别受益于这些发展,因为它们为现有客户及其传统设备提供了轻松的迁移路径。与此同时,现有的部署方案在为客户提供高效、可靠和性能更优的服务时面临着众多挑战。第一个例子是,由于 GSO 卫星信号与地面信号之间功率电平的巨大差异,因此由地面系统引入到卫星频谱(甚至是频谱外信号)的任何干扰都可能降低卫星信号质量,进而影响链路性能和端到端的服务质量(Quality of Service,QoS)。

(4)在 S 波段,由于其良好的频带,因此由卫星段和互补地面组件(Complementary Ground Component,CGC)组成的混合网络的运行具有将移动业务部署到各种不同终端的优势。使用 S 频段的收益与使用现有的小型天线、小型手机的移动网络运营商的收益相似,二者都具有良好的室内穿透性、大气传播性、高速性、低功率传输和在相对无干扰和无阻碍的频谱中保持低噪声水平的能力。此外,S 频段的使用使卫星的覆盖范围非常广泛,不仅创建了混合网络拓扑结构,还在欧盟多国中提供了 2 倍(15＋5) MHz 的协调可用性。2 GHz S 频段频谱邻近于 3GPP 标准文件中分配的 UMTS 3G 频率,这个频段被广泛应用于欧洲的 3G 地面服务。因此,必须要重视卫星空间段传输与可能利用不同技术的地面 CGC 地面段之间的频段内干扰。此外,由于 UMTS 服务的相邻分配,因此需要考虑 S 波段传输对这些地面 3G 发射机(节点 B)的带外干扰。据了解,从混合卫星地面场景的运行中产生的问题可能需要利用系统内典型环境中管理的抑制技术,该环境由多个前向波束和多个后向波束组成,包括城市和郊区,有低塔或高塔建筑。因此,应进一步开发系统内技术解决方案和网络管理技术,以便最有效地利用由同一运营商管理的卫星和地面组件。

CoRaSat 在市场和业务领域进行的分析表明,使用 CR(认知无线电)会对场景 A 产生潜在好处(鉴于现有的 HDFSS 定义),也有益于场景 B 和场景 C 的协作来允许宽带交互式卫星通信[4]。上述分析表明,未来的 CR 功能可以在这些类型的卫星服务中展现出一定的商业效益。

另外,场景 D、E、F 和 G 因一些固有的约束而限制了应用 CR 的效果,这些约束如下。

①部署的卫星服务类型不适宜。

②与当前系统配置相比,商业影响有限且缺乏额外的支持用户。

③部署限制、实施成本及预期的复杂性不支持高性价比的实施和(或)运营。

10.3.2　管理框架

为从管理的角度确定最具吸引力的场景,CoRaSat 项目分析了欧洲和世界范围内所有有关授权用户和考虑的频段的现有使用标准和频率配置[5],具体分析了 ITU－R、CEPT、ECA 和多个国家的标准。前面章节中在描述相关场景时已对一些考虑的配置做了阐述,这使得在基于若干未来应该被考虑的管理障碍的情况下,可以识别出最适宜的场景。这些障碍将会在把 CR 技术应用于卫星通信时出现,如地理位置数据库安全(机密性、完整性和可用性)、CR 设备认证、频谱交易方面、不同国家中的不同成熟度(尤其是发达国家、发展中国家)和 FSS 与 FS 的高密度部署(影响部署数据准确性及其可用性)。

基于这些考虑和研究,得出了考虑特定频带场景的以下相关结论[5,6]。

(1)Ka 频段。CR 具备提高授权系统和认知卫星系统间频谱共享(效率)的潜能,尤其是在 FS(授权)和 FSS(认知)间的共享场景中。对于17.3～17.7 GHz 和 17.7～19.7 GHz 频段(下行链路 Ka 频段)中的场景可能需要对现有管理框架进行一些合理修改,而对于 27.5～29.5 GHz、27.828 5～28.444 5 GHz 和 28.948 5～29.452 5 GHz 频段中的场景(上行链路 Ka 频段)则或许需要更大的修改。

(2)Ku 频段。对于 Ku 频段中考虑的各种案例,使用 CR 也许只能提高其中一种案例的共享程度,即 FS(授权)和 GSO FSS(认知)间共享的上行链路方向。对于下行链路频带,可能需要对现有管理框架进行一些合理修改;而对于上行链路频带,或许需要更大的修改。

(3)C 频段。并不期望 CR 能提高 C 频段方案中的共享。为从 CR 技术中受益,可能需要在国际范围内对现有管理框架进行大幅修改。

(4)S 频段。预期 CR 将提高该场景中的系统内共享。此外,现有管理架构或许需要进行微小的修改。

基于这些考虑,CoRaSat 预期就管理方面而言,Ka 频段(下行链路)和 S 频段场景最具吸引力。

10.3.3　标准化框架

前几节中描述的每个场景都对过去和正在进行的与 CR 相关的标准化活动进行了深入的研究。这项研究允许为基于 CR 的卫星通信确定最合适的方案[5]。

尽管到目前为止,已经执行了很多方案,但 CR 系统标准化依然是一项需要付出极大努力且具有挑战性的工作。迄今为止,CR 标准化活动主要聚焦于地面通信,这些活动是各个组织(IEEE、ITU、ETSI、3GPP、Wireless Innovation Forum、ECMA、IETF 和 DARPA)依据各种不同的标准独立进行的,彼此间未有协调。其中的缺点已经由欧盟第七框架计划(Cognitive Radio Standardization Intiative FP7,CRS-iFP7)协作活动指出。CRS-iFP7 协作活动旨在促进当前和未来的 FP7 欧洲项目关于 CR 系统和信息通信技术(Information Communication Technology,ICT)标准组织的标准化活动的合作与协调。但是,标准化组织之间仍然需要进行协调,以便集合各方努力的成果,同时防止标准化组织在相同范围内独立开展标准化工作。

另外,不同的国家有不同的频谱管理规范。由于社会和经济环境不同,因此这一现象是合理的,但这种情况使得 CR 系统的标准化和全球标准的制定变得复杂。另外,CR 技术的相关现有标准大多数都是针对地面系统(尤其是电视空白频段),几乎没有涉及卫星场景。这种情况要求修订现有的 CR 标准或制定新的标准,特别是对于在卫星通信系统中使用 CR 获得潜在益处且提升认知卫星系统和授权系统之间的频谱共享条件的场景。

CoRaSat 中分析了以下标准化框架。

(1)IEEE 802.22。电视空白频段(TV White Space,TVWS)中的 CR。

(2)IEEE DySPAN 1900 系列。TVWS 中的动态频谱接入。

（3）ITU－R。国际移动电信（International Mobile Telecommunication，IMT）和地面移动系统中的 CR。

（4）3GPP。CR 技术在长期演进（Long Term Evolution，LTE）接入网络中的应用。

（5）ETSI。TVWS 区域和 S 频段卫星－CGC 集成中的技术报告。

（6）WINNF。空白频段和公共安全中的 CR。

（7）IETF。TVWS 中的应用协议。

（8）ECMA。TVWS 设备问题。

（9）DARPA。关于下一代（Next-Generation，XG）系统中卫星的几点问题。

需要强调的是，在卫星系统中唯一提及的与 CR 相关的方面，是融合卫星地面系统的 ETSI DVB－SH 标准在 S 频段内进行系统内共享。

10.3.4　技术框架

在 CoRaSat 技术框架上，对 CR 技术进行了初步研究，并审查了包括欧盟委员会（European Commission，EC）、ESA 和国家资助项目在内的相关项目[5]，通过聚焦频谱感知和频谱利用技术对地面及卫星领域的科学技术文献进行了综述。随后，在与所考虑的 CoRaSat 方案相关的卫星和地面领域，对相关最先进的系统和技术进行了概述。值得强调的是，大多数文献综述主要聚焦在地面通信，针对 CR 对卫星通信的影响研究很少，而后者是 CoRaSat 项目重点关注的方向。

现在已有大量关于地面 CR 技术及相关内容的文献[14-16]，并且为实现 CR 网络要求的主要功能，已经提出了多种解决方案。CoRaSat 项目综述了现有文献中提出的有关频谱感知和高效频谱利用的主要解决方案。频谱感知被用于获取周围无线电环境的信息。频谱利用解决方案旨在为共存的认知用户或网络提供公平的频谱接入。这主要通过协调对可用频谱空穴的接入，同时确保授权系统和认知系统间无干扰共存的实现。图 10.9 所示为地面 CR 技术分类。

基于上述详细的文献综述，下面列举了不同 CR 技术间的优劣。

（1）交织。在这一技术中，有两种可用的方法，分别为频谱感知和地理位置数据库。

①频谱感知。频谱感知的优势在于：在理想情况下，对于授权线路实现无缝、无中断端到端通信的标称的可用性；在不同的作用域（如频率、时间、空间和角度位置等）识别频谱机会，以提高认知网络容量；拥有动态频

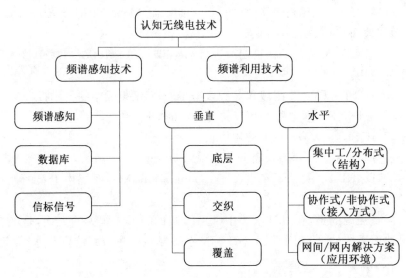

图 10.9　地面 CR 技术分类

谱配置；在宽带上提供自适应认知传输；为高干扰区域提供最佳通信方案。另外，需考虑的挑战有：弱信号检测；需要宽带和高级前端来检测宽带信号；隐藏节点问题；缺乏有关干扰/噪声不确定性的先验信息；在感知时间、吞吐量和能量效率间进行权衡；复杂性问题。

②地理位置数据库。地理位置数据库的优势包括：具有较充足的技术储备；提供中心化解决方案；已得到监管者和公司的重视，如 Spectrum Bridge 已考虑将其用于电视空白频段解决方案。而对于其面临的挑战，应考虑以下几个方面：静态频谱分配；第三方的数据库管理需求；需要准确预测模型和历史信息。

（2）底层。底层（Underlay）这个类别 CR 技术的优势包括：不需要用于传输的频谱空穴；可用频谱的高效使用；已有的干扰抑制技术可轻松地适用于 Underlay 模式，如波束成形、干扰对齐和其他基于扩频的技术和功率控制技术。而有待解决的挑战包括：需要了解 CSI/位置/干扰阈值的信息；将诱导干扰限制在要求的范围内；同步问题；在高干扰区域中并不适用。

（3）覆盖。覆盖（Overlay）CR 技术的优势在于：互利互惠，因为认知方案也传输授权消息；不需要频谱空穴；对全网络的了解；适用于高中低干扰区域；对授权的和未授权的频段通信均适用。另外，该案例中需要解决的挑战有：需要授权用户码本和信息；需要高水平的协调；需要先进的传输和编码方案;其信息－理论方法及实施的难度;安全性问题。

正如前面阐述的,绝大多数针对 CR 技术的研究都基于地面通信。但也有一些研究分析了 CR 技术在卫星通信中的适用性[17-31]。根据共存场景,现有的卫星认知文献可分为以下三种类型:卫星－地面混合场景;双卫星场景;其他(兼适用于两种场景)。作为参考,读者可参阅与卫星－地面混合场景紧密相关的文献[17－21]、与双卫星背景紧密相关的文献[22－26]及通用于两种场景的文献[27－31]。这些与其他一些研究成果,包括 CR 测试床、实地测试及原型系统中所取得的结果,都被纳入了 CoRaSat 项目的参考范围。

这些观察结果实现了对 CoRaSat 项目中所包含的每个场景进行技术差距分析。CR 技术差距分析总结见表 10.1,表中总结了已确认的技术及这些技术在涉及的各个场景中的评估优先顺序,基于所涉及场景定义的抽象系统模型,在进行可用技术定性评估后,得到结果。CoRaSat 也将在未来研究中进行相关定量分析。

表 10.1　CR 技术差距分析总结[5]

CoRaSat 场景	CR 技术类别	CR 技术	优势	不足
A	Underlay	①波束成形 ②禁区	①高效,适应性强 ②部署更简单	①复杂度高 ②需要适应协议
	交织	①角度域 ②极化域	数据库内信息	①高级前端,协议 ②数据库安全性与完整性
	Overlay	—	—	长时延,恢复授权信息困难
B	Underlay	①波束成形 ②禁区	①高效,适应性强 ②部署更简单	①复杂度高 ②需要适应协议
	交织	数据库/感知组合	适应性强,数据库内信息	①高级前端,协议,复杂度高 ②数据库安全性与完整性
	Overlay	—	—	长时延,恢复授权信息困难

续表10.1

CoRaSat 场景	CR 技术类别	CR 技术	优势	不足
C	Underlay	①波束成形 ②禁区	①高效,适应性强 ②部署更简单	①复杂度高 ②需要适应协议
	交织	数据库/感知组合	适应性强,信息已存在于数据库	①高级前端,协议,复杂度高 ②数据库安全性与完整性
	Overlay	—	无时延	需使用专用天线来接收现有消息
D	Underlay	①波束成形(FL) ②禁区(FL) ③干扰对齐(RL) ④预编码(RL)	⑤高效,适应性强 ⑥部署更简单	①复杂度高 ②需要适应协议
	交织	盲宽带监测	高效,不需要依赖于先验信息	复杂度高
	Overlay	①以终端为中心 ②以网关为中心	①无冗余 ②对全网络的了解	①多于两个接收端,缺乏相关背景知识 ②冗余,时延
E	Underlay	在认知接收机处进行波束成形	①高效,适应性强 ②部署更简单	复杂度高
	交织	数据库/感知组合	①适应性强 ②数据库内信息	①高级前端,协议,复杂度 ②数据库安全性与完整性
	Overlay	—	—	①中继不实用 ②复杂度高
F	Underlay	①波束成形 ②禁区	①高效,适应性强 ②部署更简单	①复杂度高 ②需要适应协议
	交织	数据库/感知组合	适应性强,数据库内信息	①高级前端,协议,复杂度 ②数据库安全性与完整性
	Overlay	①以终端为中心 ②以网关为中心	①无冗余 ②宽互联网认知	①多余两个接收端,缺乏相关知识 ②冗余,时延

续表10.1

CoRaSat 场景	CR 技术类别	CR 技术	优势	不足
G	Underlay	①波束成形 ②禁区	①高效,适应性强 ②部署更简单	①复杂度高 ②需要适应协议
	交织	数据库/感知组合	适应性强,数据库内信息	①高级前端,协议,复杂度 ②数据库安全性与完整性
	Overlay	—	—	长时延,恢复授权信息困难

注:FL 表示前向链路;RL 表示退回链路。

卫星场景损伤见表10.2,表中给出了可能给 CR 技术应用于所考虑情景的卫星系统带来的影响。卫星场景干扰类型见表10.3。

表 10.2　卫星场景损伤[5]

CoRaSat 场景	减损	可能产生的影响
A	①传播模型(视距、指向性、极化及相关区域) ②往返时延 ③馈电链路特性 ④宽波束覆盖 ⑤系统结构	①低仰角时干扰增大 ②断开延迟升高 ③高功率传输,干扰增大
B	①传播模型(视距、指向性、极化及相关区域) ②往返时延 ③星地间信号功率失衡 ④宽波束覆盖 ⑤系统结构	①下行链路干扰影响较大地理区间 ②低仰角时干扰增大 ③断开延迟升高 ④授权用户周边干扰增大
C	①传播模型(视距、指向性、极化及相关区域) ②系统结构	①多个现任用户干扰汇集 ②低仰角时干扰增大 ③高功率传输,干扰增大

续表10.2

CoRaSat 场景	减损	可能产生的影响
D	①传播模型(视距、指向性、极化及相关区域) ②往返时延 ③宽波束覆盖 ④网关特性	①需要实时信息 ②去极化使干扰增大 ③断开延迟升高 ④下行链路干扰影响较大地理区间 ⑤复杂度提升
E	①传播模型(视距、指向性、极化及相关区域) ②星地间信号电平功率失衡 ③系统结构	①低仰角时干扰增大 ②来自地面的干扰增大
F	①传播模型(视距、指向性、极化及相关区域) ②往返时延 ③接收机特性(非线性、动态、灵敏度、天线指向性等) ④宽波束覆盖 ⑤系统结构	①混合系统相互协调的复杂性 ②低频使干扰增大 ③断开延迟升高 ④混合系统双接收的复杂性
G	①传播模型(视距、指向性、极化、相关区域及 NGSO 卫星移动性) ②往返时延(DL) ③星地间信号电平功率失衡(DL)	①下行链路干扰影响较大地理区间(DL) ②断开延迟升高(DL) ③现有用户周边干扰增大(DL) ④多个现任用户干扰汇集(UL) ⑤高功率传输,干扰增大(UL) ⑥低仰角时干扰增大 ⑦时变干扰

注:DL 表示下行链路;UL 表示上行链路。

　　基于上述从技术角度得到的观察结果,可以得出结论。所有三个 CR 技术组都可能适用于上行频率范围 27.828 5~28.444 5 GHz、28.948 5~29.452 5 GHz 和 27.5~29.5 GHz。Ka 频段下行链路,频率范围在 17.3~17.7 GHz 和 17.7~19.7 GHz 的场景不支持 Overlay,因为其不可行。对于 C 频段场景,Overlay 概念可能不适用,因为中继设备不可能正确发挥功能。

　　对于考虑的场景,每个案例的干扰类型和卫星配置都被确认了。可以得出结论:在卫星场景中应用原本在地面环境下开发出的技术仍然面临着许多挑战。定性分析,根据所考虑的场景(频率范围/系统架构)、传输方向(上行链路/下行链路)和干扰类型确定每个挑战的重要性。

表 10.3　卫星场景干扰类型[5]

CoRaSat 场景	干扰类型
A	GSO BSS 馈电链路 地面站 → GSO FSS
B	FS → GSO FSS
C	GSO FSS 上行链路 → FS
D	各个 GSO FSS 终端之间
E	地面网关 I → 卫星地面站 C(强干扰) 卫星 C → 地面网关 I(弱干扰)
F	各个终端之间
G	FS → NGSO FSS(DL) NGSO FSS 上行链路 → FS(UL)

10.4　选定场景

基于上述的场景及 CoRaSat 项目成果中提供的诸多细节[6],项目选定了以下场景进行进一步分析。

1. 场景 A:Ka 频段(17.3~17.7 GHz)中的 CR GSO 卫星下行链路

该场景描述了 Ka 频段(17.3~17.7 GHz)中 CR GSO 卫星下行链路(图 10.2)。

具体而言,GSO FSS 认知卫星终端(固定/移动)复用了其他同样运行于 17.3~17.7 GHz 频段中的 GSO BSS 馈电链路系统的频带。

(1)授权用户:GSO BSS 馈电链路。

(2)认知用户:GSO FSS。

2. 场景 B:Ka 频段(17.7~19.7 GHz)中的 CR GSO 卫星下行链路

该场景描述了 Ka 频段(17.7~19.7 GHz)中 CR GSO 卫星下行链路(图 10.3)。

具体而言,GSO FSS 认知卫星终端(固定/移动)复用了在 17.7~19.7 GHz 频段中享有优先保护权的 FS 链路的频段。

(1)授权用户:FS。

(2)认知用户:GSO FSS。

3. 场景 C:Ka 频段(27.5~29.5 GHz)中的 CR GSO 卫星上行链路

该场景描述了 Ka 频段(27.5~29.5 GHz)中 CR GSO 卫星上行链路(图 10.4)。

具体而言,GSO FSS 认知卫星终端(固定/移动)复用了在 27.5~29.5 GHz频段中享有优先保护权的 FS 链路的频带。

(1)授权用户:FS。

(2)认知用户:GSO FSS。

10.5　选定场景的初步系统架构

本节概述了非独占 Ka 频段中 FSS 地面站潜在部署的初步系统架构[32]。其中,假定认知卫星 FSS 系统和授权系统(地面 FS 或卫星 BSS 馈电链路)共存。认知卫星 FSS 系统被假定为一个 GSO 卫星通信系统,其频率复用方案提供了宽或多点波束覆盖。

总体卫星网络架构如图 10.10 所示,其包含以下部分。

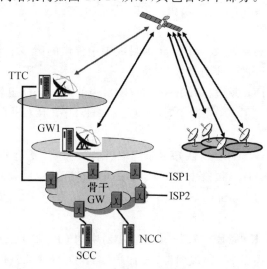

图 10.10　总体卫星网络架构

(1)空间段由至少一颗卫星组成。由于存在一系列馈线和用户波束,因此每颗卫星允许在一组信关站(Gateway,GW)和用户终端间建立双向链路。

（2）地面段包含以下组成部分。

①一组锚定网关，负责传输和接收数据，控制和管理用户终端的传输流量。

②一个遥测、跟踪和控制（Telemetry，Tracking and Control，TTC）站，用以传输和接收空间段的交互信息。

③一个卫星控制中心（Satellite Control Center，SCC），旨在监测和控制空间段。

④一个网络控制中心（Network Control Center，NCC），负责管理一系列 GW。

（3）用户端由一组用户终端组成。用户终端连接到一个局域网，以便向最终用户传递有效信息。每个终端包含一条接收 RF 链路和一条发送 RF 链路。终端碟形天线的大小通常为 75 cm，而功率范围为 2～4 W。

连接锚定网关和用户终端的网络遵循星形拓扑结构。一个独立于接入网络的主干网络负责 SCC、NCC、信关站、TTC 和互联网服务供应商（Internet Service Provider，ISP）间的互联，以传送管控信息。

一条前向（或反向）链路被分割成一条馈电（或用户）上行链路和一条用户（或馈电）下行链路。基于四色复用方案，考虑两种可能的频率规划方案。

FSS 卫星系统的一种标称频率规划方案如图 10.11 所示。

（1）用户下行链路分配到独占的 FSS 频段（即 19.7～20.2 GHz），并且与 BSS（即 17.3～17.7 GHz）和 FS（即 17.7～19.7 GHz）共享部分 Ka 频段。因此，分配给用户下行链路的频率为 2.9 GHz，且采用正交圆极化。根据常规四色复用方案，这对应于单波束 1.4 GHz 的频谱配置（包括 18.7～18.8 GHz 的保护频带）。相比于仅运行在独占 FSS 频段的系统，此方案获得了 5.6 倍（即 1.4/0.25 GHz）的有效频谱"提升"。

（2）用户上行链路分配到独占的 FSS 频段（即 29.5～30 GHz），并与 FS 共享 27.5～29.5 GHz 频段。因此，分配到用户下行链路的频率是 2.5 GHz，并且采用正交圆极化。根据常规四色复用方案，这对应于单波束 1.25 GHz 的频谱配置。相比于仅运行在独占 FSS 频段的系统，此方案获得了 5 倍（即 1.25/0.25 GHz）的有效频谱"提升"。

FSS 卫星系统备选频率规划方案如图 10.12 所示。

（3）用户下行链路分配到独占的 FSS 频段（即 19.7～20.2 GHz），并主要与 BSS（即 17.3～17.7 GHz）和 FS（即 17.7～19.7 GHz）共享部分 Ka 频段。因此，分配到用户下行链路的频率是 2.9 GHz，并且采用正交圆

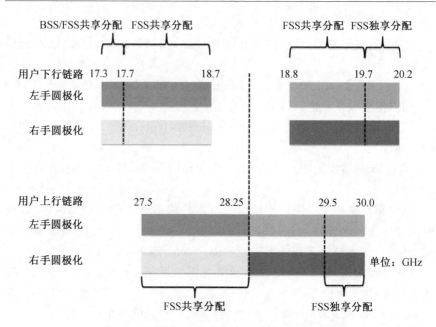

图 10.11　FSS 卫星系统的标称频率规划方案

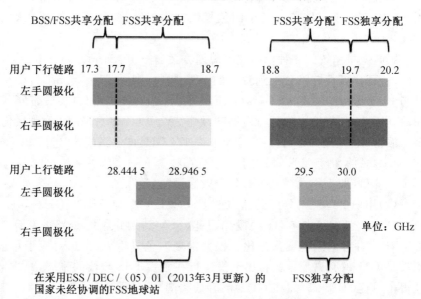

图 10.12　FSS 卫星系统备选频率规划方案

极化。根据常规四色复用方案,这对应于单波束 1.4 GHz 的频谱配置(包括一个 18.7～18.8 GHz 的保护频带)。相比于仅运行在独占 FSS 频段的系统,此方案获得了 5.6 倍(即 1.4/0.25 GHz)的有效频谱"提升"。

(4)用户上行链路系统独占了 FSS 频段(即 29.5~30 GHz),并与 FS 共享了 28.446 5~28.946 5 GHz 频段。因此,分配到用户下行链路的频率是 1 GHz,并且采用正交圆极化。根据常规四色方案,这对应于单波束 500 MHz 的频谱配置。相比于仅运行在独占 FSS 频段的系统,这个方案获得了 2 倍(即 1/0.5 GHz)的有效频谱"提升"。

在馈电链路上,假定用户上行链路未使用的 Ka 频段部分也可被用以最大限度地提高单个信关站的转发能力,从而削减信关站数量。

在网络中,使用 CR 技术有望实现与 FS 的频谱共享。这样做的目的是,在保证 QoS 的同时,获得比仅运行在 FSS 频段的卫星网络更大的总体吞吐量。

每个用户波束频谱的增大,一方面通过给每个终端用户波束分配更高带宽提升空间段容量,另一方面减小卫星系统频率复用造成的潜在波束间干扰。这要求卫星系统以比每个终端用户更高的波束带宽配置运行。具体而言,综上所述,以最先进卫星系统的 2~5.6 倍带宽配置运行。通过使用跳波束技术来令各波束分时共享功率,通过使用更大的卫星天线来提高天线增益。

基于上述考虑因素和场景描述,Ka 频段中的干扰场景如图 10.13 所示,图中确认了带干扰问题的以下三个频率共享场景。

(1)频段 17.3~17.7 GHz。FSS 不会对 BSS 馈电链路造成干扰。FSS 受到的干扰中,只有来自 BSS 馈电链路的干扰可能限制其对共享频段的使用。

(2)频段 17.7~19.7 GHz。依据 ITU 规范第 21 条规定的地面功率通量密度设计卫星通信系统,可以预计 FSS 将不会对 FS 产生干扰。与此相反,由于以下原因,因此 FS 将会对 FSS 产生干扰。

①接收一个与 FS 信道重叠的 FSS 信号。

②接收一个或几个位于 FS 信道相邻频段中的 FSS 信号。

③FSS 终端前端因一个或多个 FS 信道(或 17.3~17.7 GHz 频段的 BSS 信道)而饱和。

(3)27.5~29.5 GHz 频段。以下考虑因素适用于 28.446 5~28.946 5 GHz 频段。仅在以下情况下,FSS 和 FS 间会发生干扰。

①未遵循 CEPT 决策 ECC/DEC/(05)01。

②FSS 和 FS 处于 28.836 5~29.948 5 MHz 频段内,在 2005 年 3 月 18 日之前,一些国家中被授权此频段的 FS 链路可以申请保护,但在 2020

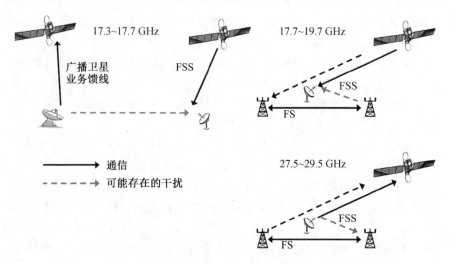

图 10.13　Ka 频段中的干扰场景

年 1 月 1 日之后则无法继续获得保护。

③FS/FSS 接收机相邻信道的选择性不足以移除来自 FSS/FS 站的带外辐射。

为评估地面和卫星系统间的共享兼容性,在比较不同的共享技术时,应定义并考虑一套适当的方案。在 CoRaSat 项目中,这样的评估将基于两个主要步骤:场景级的分析和系统级的集成。

场景级的分析基于对一些特定系统输入参数和有待共享系统遵守的一些 QoS 目标的了解。系统输入参数和 QoS 目标均作为输入,定义基于特定认知操作参数的优化方案,随后的优化输出将作为基于适当定义的系统关键指数的系统级集成的输入。这使得系统总体性能可被测量,从而可对不同技术进行比较。

系统输入参数指设置认知系统时需考虑的输入信息。系统输入参数可分为三大类:地理位置参数,考虑了授权和认知系统从地理视角的特征;设备参数,指在考虑授权和认知设备的情况下,目标区域中设备的相关信息;环境参数,指周围环境信息。

系列目标关键性能指标是指现有系统和认知系统共存需遵守的要求,所有设计的技术均需满足这些要求。具体而言,CoRaSat 项目着眼于授权和认知用户的保护,并将其作为总体系统设计的一个关键性能指标。保护需求是指,在考虑 ITU－R 和 ECC 相关定义的情况下,确保授权系统和认知系统间保护实现的另一种方法。需求还包括认知用户需遵守的对授权用户的辐射干扰限制。认知系统的端到端服务质量和总体容量是另一个重要的性能指标。

　　系统输入参数、QoS 目标和关键共享性能指标均可作为 CR 技术的输入，用于确保卫星组件和地面组件间的有效共享。所考虑的 CR 技术将被应用于图 10.13 所描绘的三个场景中。为实现这个目标，把预期将被使用的 CR 技术归属于交织（即感知、数据库或二者的结合）和 Underlay（即波束成形、禁区或二者的结合）类别。

　　通过利用以下三大关键性能指标（Key Performance Indicator，KPI），可比较适用于上述场景的各项 CR 技术：系统能力；地理位置业务可用性；架构复杂性影响。

10.6　本 章 小 结

　　本章对 CoRaSat 项目进行了概述。具体而言，是从市场和业务框架、监管和标准化框架及技术框架视角介绍并描述了 FP7 项目中研究的 Ka 频段、Ku 频段、C 频段和 S 频段场景。此外，本章还概述了此类评估使用的方法，提供了最有希望的解决方案场景的一些相关初步结果[10]。另外，本章还概述了在非独占 Ka 频段中部署 FSS 地面站的初步系统架构，设计了认知 FSS 系统和授权系统（地面 FS 或 BSS 馈电上行链路站）的共存。撰写本章节时，相关人员正在为 Ka 频段卫星系统背景下 CR 技术的应用起草一份系统参考文件（参见 ETSI 工作项目 DTR/SES－00343[32]）。

本章参考文献

［1］ CoRaSat（COgnitive RAdio for SATellite Communications），FP7 ICT STREP Grant Agreement no. 316779，http：//www. ict-corasat. eu/.

［2］ European Commission COM（2010）245，A Digital Agenda for Europe，August 26，2010.

［3］ K. Liolis，G. Schlueter，J. Krause，F. Zimmer，L. Combelles，J. Grotz，S. Chatzinotas，B. Evans，A. Guidotti，D. Tarchi，A. Vanelli-Coralli，Cognitive radio scenarios for satellite communications：The CoRaSat approach，in：Future Network & Mobile Summit（FUNEMS），July 2013.

［4］CoRaSat Deliverable D2. 1,Service and MarketRequirements,2013.

［5］CoRaSat Deliverable D2. 2, Regulatory, Standardization and Technology Framework,2013.

［6］CoRaSat Deliverable D2. 3,Scenarios Definition and Selection,2013.

［7］ECC/DEC/(05)08,The Availability of Frequency Bands for High Density Applications in the Fixed-Satellite Service(Space-to-Earth and Earth-to-Space),2005.

［8］ECC/DEC/(13)01,The Harmonized Use,Free Circulation and Exemption fromIndividual Licensing of Earth Stations On Mobile Platforms(ESOMPs)within the Frequency Bands 17. 3－20. 2 GHz and 27. 5－30. 0 GHz,2013.

［9］ERC/DEC/(00)07,ERC Decision of 19 October 2000 on the Shared Use of the Band 17. 7-19. 7 GHz by the Fixed Service and Earth Stations of the Fixed-Satellite Service(Space-to-Earth),2000.

［10］ECC/DEC/(05)01, The Use of the Band 27. 5-29. 5 GHz by the Fixed Service and Uncoordinated Earth Stations of the Fixed-Satellite Service(Earth-to-Space),2005.

［11］BATS (Broadband Access via integrated Terrestrial & Satellite systems), EC FP7 IP Project,http://www. batsproject. eu/.

［12］Northern SkyResearch(NSR),Report Briefing,Global Assessment of Satellite Supply & Demand,9th ed. ,2012.

［13］CRS-i (Cognitive Radio Standardization Initiative), FP7 Coordination Action Grant Agreement no. 318563,http://www. ict-crsi. eu/.

［14］A. J. Goldsmith,L. J. Greenstein,N. B. Mandayam,H. V. Poor, Principles of CognitiveRadio, Cambridge University Press, Cambridge,UK,2012.

［15］Special issue on "Future radio spectrum access",Proceedings of IEEE,no. 3,March 2014.

［16］E. Z. Tragos,S. Zeadally,A. G. Fragkiadakis,V. A. Siris,Spectrum assignment in cognitive radio networks: a comprehensive survey, IEEE Commun. Surv. Tutorials15(3)2013 1108-1135.

［17］S. K. Sharma, S. Chatzinotas, B. Ottersten,Spectrum sensing in dual polarized fading channels for cognitive SatComs,in: Proc. of IEEE Global Communications Conference,December 2012.

[18] B. Evans, M. Werner, E. Lutz, M. Bousquet, G. E. Corazza, G. Maral, R. Rumeau, Integration of satellite and terrestrial systems in future multimedia communications, IEEE Wireless Commun. 12 (5)2005 72-80.

[19] S. Kandeepan, L. De Nardis, M. Di Benedetto, A. Guidotti, G. E. Corazza, Cognitive satellite terrestrial radios, in: 2010 IEEE Global Telecommunications Conference (GLOBECOM 2010), December 6-10,2010,pp. 1-6.

[20] Report ITU-R M. 2109, Sharing studies between IMT-advanced systems andgeostationary satellite networks in the fixed satellite service in 3400-4200 and 4500-4800MHz,frequency bands,2007.

[21] B. Shankar, P. -D. Arapoglou, B. Ottersten, Space-frequency coding for dual polarized hybrid mobile satellite systems, IEEE Trans. Wireless Commun. 11 (8) (2012)2806-2814.

[22] S. K. Sharma,S. Chatzinotas,B. Ottersten,Exploiting polarization for spectrum sensing in cognitive SatComs, in: Proc. of CROWNCOM Conference,June 2012.

[23] H. Gam, D. Oh, B. Ku,Compatibility of integrated satellite systems with another satellite system operating in adjacent beam, World Acad. Sci. Eng. Technol. 4 (71) (2010)361-364.

[24] L. N. Wang, B. Wang,Distributed power control for cognitive satellite networks,Adv. Mater. Res. 490-495(2012)1156-1160.

[25] J. -M. Park,S. Nam,D. -S. Oh,Coexistence of gateway uplinks for high altitude platform station with uplink for the fixed-satellite service in 6 GHz band, in: 2011 17th Asia-Pacific Conference on Communications(APCC),October 2-5,2011,pp. 715-719.

[26] L. A. W. Bambace, D. C. Ceballos, Sharing possibilities amongst CDMA mobile satellite systems, and impacts of terminal characteristics on sharing, Acta Astronaut. 41 (4-10) (1997), 649-659.

[27] S. K. Sharma, S. Chatzinotas, B. Ottersten, Satellite cognitive communications and spectrum regulation,in: Proc. of International Regulations of Space Communications Workshop,May 24-25,2012.

[28] Y. H. Yun, J. H. Cho, An orthogonal cognitive radio for a satellite

communication link, in: IEEE 20th International Symposium on Personal, Indoor and MobileRadio, Communications, September 2009, pp. 3154-3158.

[29] L. Gavrilovska, V. Atanasovski, Resource management in wireless heterogeneous networks (WHNs), in: International Conference in Telecommunication in Modern Satellite, Cable, and Broadcasting Services(TELSIKS '09), October 2009, pp. 97-106.

[30] ESA ContractReport, Applicability of Cognitive Radio to Satellite Systems(ACROSS), VTT TechnicalResearch Centre, Finland, July 2012, http://telecom. esa. int/telecom/ www/object/index. cfm? fobjectid=31484.

[31] A. Pérez-Neira, C. Ibars, J. Serra, A. del Coso, J. Gómez-Vilardebó, M. Caus, K. P. Liolis, MIMO channel modeling and transmission techniques for multi-satellite and hybrid satellite terrestrial mobile networks, Phys. Commun. 4(2)(2011)127-139.

[32] ETSI Work Item DTR/SES-00343, Satellite Earth Stations and Systems (SES); SystemReference Document (SRDoc); CognitiveRadio techniques for Satellite Communications Operating in Ka-Band.

第 11 章　混合星地系统——使用卫星扩展地面系统

11.1 引　言

自 20 世纪 60 年代起,卫星就已经成为混合星地系统中不可或缺的一部分。例如,Intelsat I 作为地面通信网络的补充,已经为电视、电话和传真业务提供了横跨大西洋的中继转发链路。卫星凭借其广阔的覆盖范围可以有效地提供国内和跨国的广播业务,这是能够支持随时随地双向通信的唯一途径。

20 世纪 90 年代末,铱星和全球星提出了一种可以提供个人双向通信的现代移动卫星业务(Mobile Satellite Service, MSS),但是由于地面通信业务导致的竞争压力和较低的市场需求,因此这一业务并没有在商业推广上取得成功。

近年来,移动卫星业务系统和地面无线通信方面的技术都有着重大突破,这推动了混合星地系统方面新应用的技术发展。这些技术带来的一个潜在好处就是能够更有效地利用有限频谱资源。目前,Thuraya 卫星系统、Terrestar 卫星系统及 Inmarsat 卫星系统都应用了最前沿的卫星技术,如采用点波束来扩展系统的容量等。对于地面通信系统,3GPP 的 LTE 系统很好地代表了近年来地面通信技术的发展。

尽管 LTE 等地面通信系统在无线移动通信行业上占有一定的优势,但卫星通信却有着地面通信网络难以比拟的重要优势,那就是卫星可以提供稳定的全球覆盖和全球互联。当地面通信设施遭遇诸如设备故障等问题而无法使用时,卫星通信是唯一的选择。例如,2005 年飓风卡特里娜让美国路易斯安那州损失惨重,但此事也成为发展混合 Terrestar 卫星系统的一大重要推力。至关重要的是,FCC 开放了辅助通信设施所使用的地面频段,这为该领域带来了商机。因此,发展基于 LTE 技术的卫星组件是十分合算的,其提供的全国范围无缝连接将显著提高诸如 2 600 MHz 的 IMT 高频段部分的市场价值。

11.2 混合系统的性能

11.2.1 空中接口的技术

卫星与地面通信网络互联的方法有很多种,但每种互联方式都有有待解决的技术难题。与频谱利用有关的最重要的技术问题就是使用多频网络(Multi-Frequency Network,MFN)还是单频网络(Single-Frequency Network,SFN)的问题。多频网络在不同频段上建立了两个独立的无线接入系统,它们可以使用相同或不同的空中接口。多频网络的主要优势在于两个不同的通信组件之间不存在干扰。此外,两个无线接入系统可针对不同的信道条件、带宽及系统吞吐量独立地进行优化。

多频网络是实现地面组件与空中组件互联的一种传统方式,这需要用户终端同时包含地面网络和卫星网络的连接模块。这两个连接模块分别工作在不同的频段,并且可以使用完全不同的空口技术。需要不同空口技术的原因如下。

(1)避免干扰。

(2)不同网络层次之间的互操作性,如下。

①无线接入技术。

②无线资源管理。

③核心网。

(3)卫星和地面系统被分配使用不同的频段。

(4)卫星和地面系统需要不同的带宽。

(5)卫星和地面系统的用户终端运行在不同的信号功率下。

(6)卫星和地面系统提供不同种类的业务。

(7)卫星和地面系统有以下不同的无线传输特性。

①路径传输损耗的巨大差异(可达到 80 dB)。

②传输时延的巨大差异(卫星段可达 $5 \sim 250$ ms,地面段仅有 $0.1 \sim 10$ μs)。

③LEO/MEO 卫星较大的多普勒频移。

(8)卫星转发器有如下特殊的要求。

①较高的容量 vs 地面基站。

②先进的点波束天线技术。

③单个点波束需要的较高 EIRP 值。

④严苛的射频要求,如高功率,宽带宽,大量的并行信道。

单频网络使频率共享成为可能,这使得频率资源得到了高效利用。单频网络包含以下几点优势。

(1)较高的频谱效率。

(2)可以充分挖掘认知无线电技术的潜能。

(3)用户设备的高度通用性,如下。

①可以使用相同的无线接入技术。

②可以共享无线资源管理方案。

单频网络在 2 400~4 200 MHz 尤其是在 IMT 频段更有吸引力,这些频段能更有利于卫星通信实现全国覆盖。然而,由于路径传输损耗比较大,因此这些频段并不适用于实现地面的广域覆盖。虽然传播损耗很大,但是基于认知的不同方法(如基于位置数据的认知方法)可以局部地应用在星地组件的频率共享中。

无线接入技术的充分利用是实现高效的混合星地通信系统的关键。因此,空中接口技术需要足够灵活,从而可以满足星地两种不同通信系统对以下项目的要求。

①调制和编码方案(Modulation and Coding Scheme,MCS)。

②交织/加扰的长度。

③不同传输模式中的选择,波束形成或空间复用 MIMO。

④时频数据包调度。

⑤数据包重传机制混合自动重发请求(Hybrid Automatic Repeat Request,HARQ)。

在单频混合星地系统中,较大的传输时延使卫星组件在使用自适应无线链路技术方面受到很大程度上的限制。

地面无线通信网络系统依赖于相对较高的信号功率,但正如 DVB-SH 系统所展现的,卫星信号是十分微弱的。地面系统趋向于使用更小的蜂窝网络来提高系统的数据吞吐量,这进一步证明了地面无线通信网络对信号功率的依赖。相应地,地面宽带移动信道多是带有频率选择性衰落的多径信道,而卫星信道多是视距传播信道(或受到遮蔽的直射信道),偶尔有严重的阴影衰落。至少在带宽低于 5 MHz 时全出现上述的情况。无线信道的频率选择性是在多用户的场景下实现有效的自适应时频无线资源管理的关键,这一结论已在地面 LTE 无线接入技术中得到验证。由于卫星系统中不存在频率选择性信道,且存在较大的传输时延,因此卫星系统下的自适应时频无线资源管理始终是一个未能解决的问题。

11.2.2 互操作性与核心网络

通过核心网络的协调来实现地面和卫星之间的无缝协作是至关重要的。实际上,核心网络应该是基于 IP 的,这可以为无线接入节点和服务层之间提供标准化接口。实现高度一体化的优秀案例是 GEO 卫星 Inmarsat[6] 系统和 Terrestar[5] 系统,它们部署的 IP 核心网络为不同业务提供功能互操作性。Inmarsat 的 BGAN 卫星链路部署了 FDM/TDMA 空中接口,它提供了 64 kbit/s 的电路交换移动综合业务数字网 (Integrated Service Digital Network,ISDN)、低速 4.8 kbit/s 的语音业务和高达 492 kbit/s 的共享信道 IP 分组交换业务。BGAN 终端通过 USB、蓝牙、Wi-Fi 和以太网支持计算机互联。Terrestar 是依托用户终端的 MFN 系统,它把 GSM/WCDMA、GPS 和 WLAN /蓝牙的空中接口技术与基于 TDMA 的 GMR-1 3G 集成到一个基于 IP 的手机中[9]。物理层和网络层互操作的解决方案多年来一直是研究热点。CR 技术可以成为未来用于增强地面和卫星通信系统的共存和利用的潜在关键技术。例如,最近在 ESA 项目 ACROSS[10] 中就研究了 CR 技术对卫星通信的适用性。

卫星和地面的互操作性以有成本效益的方式促进了长距离的无线电链路通信,并实现了全国范围内的广域业务覆盖。还可以部署混合卫星/地面系统来平衡卫星和地面组件之间的网络负载。此外,将卫星和地面结合起来的无缝服务提供了系统级分集。综上所述,这种系统级分集可能在地面通信网络出现故障时体现出重要价值。

ETSI 对地面 3G/4G 通信系统演进的卫星通信系统进行了深入的分析。它定义了两个潜在的部署概念,即融合 MSS 和混合 MSS[11]。融合 MSS 系统由卫星网络和地面网络组成,卫星传输通过多点波束和补充地面网络实现。卫星和地面组件的互联和控制是由卫星资源与网络管理系统完成的。在混合卫星/地面通信方案中,卫星和地面组件是相互连接的,可以共享相同的频段,并以相互独立的方式部署相同的核心网络。

下面通过两个实例来介绍融合和混合卫星/地面通信系统的特性。

11.2.3 混合系统实例

融合方法的目的是提高广播质量,混合卫星/地面方法的目的是增强双向通信质量。下面分别对一种融合方法和一种混合卫星/地面方法进行讨论。前者是将在未来部署的 ETSI 概念,后者是利用最先进的卫星技术的商业系统。

1. 融合 DVB－SH 系统

ETSI 规范中定义的 DVB－SH 概念[12]是在 3 GHz 频段下运行的融合卫星/地面网络的一个示例,主要用于为便携式设备、手持终端和汽车等移动设备提供移动数字多媒体广播业务。DVB－SH 还支持双向、低速数据信号传输业务,这种传输可能实现 ETSI S－MIM 标准支持的遥测和交互业务的结合[13]。DVB－SH 方案基于由一个 SC 和一个补充地面组件(Complementary Ground Component,CGC)组成的融合架构,这种融合架构提供卫星和地面覆盖区域之间的连续无缝服务(图 11.1)。混合 DVB－SH 波形设计用于室内和室外移动终端的典型无线电信道条件,具有广泛的终端移动性条件。构建 DVB－SH 使得 SC 可以利用由地面中继转发器组成的地面组件进行增强的大面积覆盖,这些中继转发器也可以安装在移动平台上。转发器分为三类:广播基础设施发射机,补充卫星接收困难地区的接收;个人填隙器,为位于覆盖范围有限的地区(如室内)的用户提供补偿;移动广播基础设施发射机,创建移动基础设施。

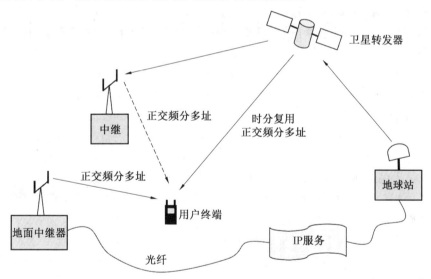

图 11.1 由 ETSI 定义的混合 DVB－SH 系统主架构

地面分布式网络通过光纤或卫星链路将基于 IP 的媒体内容传输到中继器和卫星地面站。DVB－SH 系统为 SC 提供正交频分复用(Orthogonal Frequency-Division Station,OFDM)和时分复用(Time-Division Multiplexing,TDM)两个空中接口模式。OFDM 模式支持 SFN,其在提高频谱效率方面是最佳选择。TDM 模式通常部署在 MFN 中。由于 OFDM 在地面网络标准化中得到了广泛应用,因此将 OFDM 应用于 CGC 是一个自然的选择。

近期,有学者开发出了用于数字地面和混合广播到手持终端的下一代传输系统,即 DVB-NGH[14]。DVB-NGH 为诸如电视、无线电广播和数据服务的数字数据流的传输提供增强服务。DVB-NGH 基于 DVB-T2 标准,包括以下四种模式。

(1)基本模式。单天线、单调谐器接收机的地面单天线和多天线传输。

(2)MIMO 模式。具有多天线、多功能接收机的地面多天线传输。

(3)混合模式。地面和卫星传输的结合,只需要接收机侧的单个接收机。

(4)混合 MIMO 模式。需要多天线和多功能接收机的地面和卫星传输的结合。

与 DVB-T2 相比,DVB-NGH 能以更高效的频谱利用方式为移动手持设备提供广播业务。

2. 混合 Terrestar 系统

Terrestar 对地静止卫星系统[5]自 2009 年开始运行,它代表了当时最先进的混合卫星/地面技术,提供所有基于 IP 的移动数据和语音业务(图 11.2)。它使用了最先进的卫星点波束技术,能够在美国(包括夏威夷和阿拉斯加)和加拿大的大陆建立约 500 个可重新配置的点波束。Terrestar-1 卫星 2 GHz 的反射面天线直径为 18 m,该卫星的尺寸为 15 m×30 m×32 m,质量接近 7 000 kg。Terrestar 的点波束技术使得波束方向图可以重新配置,从而能够将 IP 语音和数据容量指向无线通信需求最大的地理区域。因此,美国东海岸被许多小型波束覆盖,而中西部则通过相对较大的波束提供各种业务。例如,当发生自然灾害时,数据容量可以被转移到需要增加应急数据功能的特定区域中。

Terrestar 面向使用集成天线的手机的新一代移动通信系统。巨大的反射面天线产生的高增益点波束会降低无线链路的预算,因此 Terrestar 系统是可实现的。Terrestar 系统表明,手机可以提供混合卫星/地面业务(图 11.2)。多模智能手机支持全球移动通信系统(Global System for Mobile Communication, GSM)、3GPP、宽带码分多址(Wideband Code Division Multiple Access, WCDMA)[7]和卫星 GMR-1 3G(GEO-移动无线接口与第三代核心网互操作),即使在地面网络中断的情况下,也可用于安全的 IP 数据业务[15]。

Terrestar 系统采用混合 MFN 方法,其中地面组件使用 GSM/

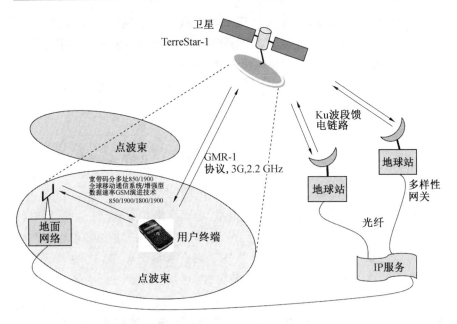

图 11.2   混合 Terrestar 的主要架构

WCDMA无线接口,在 2 GHz 以下的标准蜂窝频段上运行,而 2.2 GHz 卫星无线接口则采用 FDMA/TDMA 类型的 ETSI GMR－1 标准[15]。卫星接口协议(GMR－1 3G)由 3GPP 系列地面数字蜂窝标准演变而来,并且与 GSM/UMTS 核心网络架构兼容。GMR－1 物理层遵循与 GSM 物理层类似的时分多址技术,但考虑了不同无线电传播环境所产生的差异。例如,GMR－1 支持覆盖1~5 个 31.25 kHz 的子带和1~12 个 0.6 ms 时隙的可变突发大小,给出理论上的最大比特率约 585 kbit/s。很明显,使用具有外部天线的专用数据终端可以得到最高的数据速率。

下面考虑混合卫星/地面系统,该系统利用自适应无线电链路和 CR 技术,并且能够显著增强总体频谱效率。由此可以推测,基于 CR 的方法可以通过令卫星和地面通信之间达到某种平衡来避免二者之间的竞争。

11.3   认知混合卫星/地面通信系统

采用 CR 技术可以使混合卫星/地面系统实现更多的功能。本节所提出的认知混合系统的分类如图 11.3 所示,图中地面和卫星系统共存,认知技术被用来提高网络 QoS,如使用 SC 技术平衡移动数据的峰值。一些研究论文,如文献[16,17],用"混合"来描述地面和卫星共用同一频段的系统。文献[18,19]指出,卫星也可用于帮助认知地面网络来提高其性能。最后,如文献[20,21]所示,CR 技术可用于改进使用卫星和地面组件组合的卫星/地面系统的操作,为终端用户提供业务。

图 11.3　认知混合系统的分类

本书的分类不同于传统的组合卫星/地面网络在文献[11]中所提出的分类。文献[11]中术语"融合""混合"和"双重"用于描述卫星和地面网络的并行运行情况。11.2.2 节已经描述了融合和混合系统,这些术语定义了为客户提供相同服务的系统的运行方式。另外,文献[11]中还建立了地面局域网和骨干网之间的卫星回程连接,作为实施卫星/地面组合网络的附加方式。与 ETSI 分类相比,本书使用"混合"一词来涵盖认知通信的各个方面。

这里考虑了几个不同的属性来支持新的分类。在认知混合系统的情况下,可以有两个完全独立的系统运行在同一频段(共存)。因此,这个分类中包括一个新的考虑到不同系统在同一频谱下共存的方法。卫星辅助可以视为回程概念的延伸。此外,当在系统中采用认知技术来增强操作时,使用 CR 技术的组合卫星/地面系统考虑了所有由 ETSI 描述的三个并行组合场景。

图 11.4 所示为四个认知混合系统场景,其中包括两个主要一次要共存场景,如图 11.4(a)、(b)所示;一个卫星辅助地面网络,如图 11.4(c)所示;在组合系统(图 11.4(d))中,卫星在相同的频率下工作,并可能使用相同的空中接口,该系统将地面网络的覆盖范围从人口密集地区扩展到人口稀疏地区。使用卫星网络可以扩展地面网络的覆盖,同时也可以减少地面基础设施的数量。下面将详细讨论每个系统。

11.3.1　星地共存系统

可以从两个角度研究地面和卫星系统的共存。如文献[16,20]所描述的,卫星系统是频谱的主用户(Primary User,PU),地面系统是频谱的次级用户(Secondary User, SU);卫星系统作为次级用户,可以动态地使用

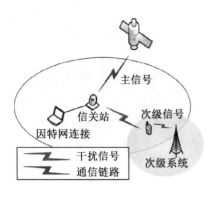

(a) 具有次级地面系统的主要卫星系统

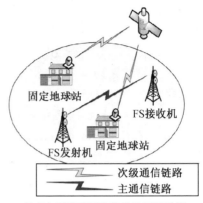

(b) 具有主要地面网络的辅助卫星系统

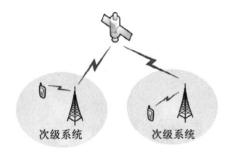

(c) 卫星辅助地面网络

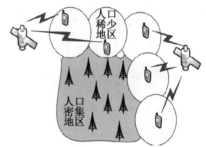

(d) 通过卫星扩展地面网络

图 11.4 四个认知混合系统场景(见附录 部分彩图)

当前地面系统可用的频率。第一种情况的一个例子是工作在 S 频段中的 DVB-SH 系统作为主用户,在可用位置和时刻接入相同频谱的 Wi-Fi 型地面系统作为次级用户。

频谱感知是辅助地面次级用户接入卫星频谱的一个非常重要的部分。文献[17,22]提出了频谱感知的方法,用来应对在卫星下行链路中由低电平信号和宽带信号所带来的挑战。文献[23]中的结果表明,频谱感知只能支持不同环境中的短距离次级用户接入。同时,数据库的使用也存在限制,如存在用户设备正在移动的动态操作模式,以及频谱分配需要根据无线电信道条件的改变而调整的情况。然而,由于可以获得主用户和次级用户的 QoS 保证,因此数据库技术可以为频率共享提供更好的机会。当数据库告诉 SU 所请求的位置未被占用时,则不存在同信道干扰。例如,在 Ka 频段,可利用国家注册管理机构来获取固定服务(Fixed Service,FS)链接信息、位置和使用频率的信息。此外,这些技术的商业模式也很容易被开发[23]。

除频谱感知外,本节还研究了主一次级情景相关的资源管理问题。Vassaki 等在文献[24]提出了一种有效的功率分配方法,此方法考虑了次级地面网络链路的 QoS 要求,同时保证了主卫星下行链路的中断概率。在文献[20]考虑的镜像场景中,主要地面网络和次级卫星网络都使用高度定向的天线和位置识别的方法来实现同一频段的共存。这里,地面 FS 系统作为主用户在 Ka 频段工作,固定卫星业务(Fixed Satellite Service,FSS)系统作为次级用户同时访问该频段,用于上行链路传输。

11.3.2　卫星辅助地面网路

文献[18,19]中提出了混合卫星/地面系统,其中地面网络和卫星网络在向终端用户提供服务方面都有明确的作用,这个系统使用卫星来协助地面次级网络。文献[19]中,通过卫星将地面单元彼此连接起来,这些单元作为频谱的次级用户运行。基站向卫星发送上行数据,下行链路数据由基站接收。在文献[18]中描述的架构中,卫星是控制中心,负责频谱分配和管理。

前述卫星协助系统可看作对传统主干卫星系统的扩展,这个传统的主干卫星系统将地面网络连接到像极地地区那样的主干网络上面。

文献[19]认为,智能 CR 方法只能用于基于地面站的地面传输系统和卫星上行链路传输系统。由于卫星的覆盖范围较大,因此卫星下行链路不能采用动态频谱共享功能。因为地面站使用的是强指向性的天线,所以卫星上行链路未对地面系统造成过多的干扰。然而,与仰角较大的上行链路相比,仰角较小的上行链路的传输往往会对地面系统产生更多的干扰。可以预见,在前面描述的这些长距离和短距离的混合系统中,上行链路传输系统与地面通信系统共享同一频段。

11.3.3　采用 CR 技术的卫星/地面结合系统

可以预见,未来卫星系统的一个重要部分将会被融合到地面系统中[25]。为让这些系统更高效地运行(尤其是采用 SFN 模式的系统),需要采用智能资源管理技术[26]。卫星/地面组合场景的一个重要方面就是文献[27]中描述的最佳连接概念。最佳连接不仅要求始终连接,还要求以最佳的方式连接,选择最佳的接入技术。

文献[21]研究了卫星/地面无线网络中的负载均衡问题。文献[21]所提出的方法是将网络类型、信号强度、数据速率和网络负载视为无线接入技术选择过程中的主要决定参数,用以平衡各可能的卫星和地面接口间的流量。此外,文献[20,28]描述了一个有趣的系统,该系统研究了在一个重叠混合网络中卫星干扰对地面 LTE 网络的影响,这两种网络均使用相同的频段。在这个背景下,由于其动态资源管理能力,因此 LTE 系统可视作第一代 CR 系统,11.4 节中将对此进行详细描述。

11.3.4　认知卫星通信中的挑战

相比于地面移动通信系统,卫星系统在采用动态的、认知的技术时面临着更多挑战。其中一个主要的问题是,卫星系统中有较长的传输链路,带来了更大的传输时延。例如,地面 LTE 系统能够利用几毫秒时间内的反馈信息来控制传输参数,而地球静止轨道卫星的端到端延迟高达 250 ms,这限制了在要求的时间尺度上进行动态操作的能力。长传输链路所带来的另一个问题是,接收端上的信号较弱,很多情况下需要高增益天线来确保在接收机上能够获得足够大的 SINR,这对系统提出了很高的要求,如要对这些信号进行频谱感知,且感知也需要高增益天线[23]。

卫星波束覆盖范围是卫星系统上行链路运行过程中的一个重要方面,卫星的波束覆盖范围远大于地面蜂窝系统的覆盖范围。如果有许多认知发射器(如蜂窝基站)运行于相同的频段,那么这些设备对卫星的累积干扰很可能提升干扰电平,从而使卫星无法从该波束区域接收到期望的信号。

最后,卫星系统的设计应能确保其能长时间连续运行,在业务开始前的几年需要解决技术问题。空间段的设计应能确保单颗卫星的使用寿命高达 15 年。同时,这也意味着这些系统是极度不灵活的。由于动态操作可能性极其有限(尤其是在 GEO 轨道中),因此应特别重视发射前的设计。但低地球轨道(Low-Earth Orbit,LEO)卫星在使用期间可升级,如需要时可增加新的卫星。

11.4　混合卫星/地面 LTE 网络的概念

下面将研究一个基于 LTE 技术的典型混合双向 MSS 概念。在高载波频段内,如在较高 IMT 频段范围(2 300~2 400 MHz、2 500~2 690 MHz 和 3 400~3 600 MHz)内,地面 LTE 网络在农村地区不可行。这是因为在这些频段上,农村地区存在较强的无线电传播衰减。因此,2.6 GHz频带中的 LTE 业务目前只在城市区域微蜂窝网络中提供,而通过在这些地区部署 700~800 MHz 的频段可以实现全国范围内的覆盖。在微蜂窝中,可使用更高的频率,这是因为接入节点的密度足以实现高的 LoS 连接,以获得良好的信号水平。由于 2.3～6 GHz 载波频率的地面无线业务仅限城市地区,只有少部分的地理区域获得服务,因此总体的频谱利用率较低。为提高频谱的利用率,可采用空分多址接入技术,由卫星提供农村区域的覆盖业务(图 11.5)。然而,由于卫星蜂窝和地面蜂窝的重叠覆盖,因此系统间的干扰将不可避免。预期的卫星/地面混合通信系统的一个主要好处就是可在全国范围内以认知的方式复用 LTE 的所有现有的频段。

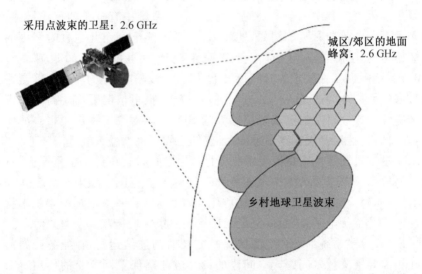

采用点波束的卫星:2.6 GHz

城区/郊区的地面蜂窝:2.6 GHz

乡村地球卫星波束

图 11.5　共享 IMT 2.6 GHz 频段的卫星/地面混合场景

下面将考查一个混合重叠场景。在该场景中,2.6 GHz LTE 业务由地面组件或卫星组件实现。为实现较高的频谱利用率,卫星和地面组件需要共享该频段,这需要进行细致的系统设计并采用基于认知的混合系统来控制地面网络和卫星网络间的干扰。其焦点在于最先进的 LTE 技术及其未来演进(先进 LTE),它包含了能够避免授权认知干扰的自适应无线电链路的特征[29,30]。

11.4.1　系统间干扰控制方法

一般而言,干扰管理可大致分为三类:通过接收机处理的干扰抑制;通过如跳频的方式进行的干扰随机化;干扰避免[31]。在部署统一频率复用方案的 LTE 等先进无线系统中,不同干扰抑制方法的高效部署至关重要。传统上适用于任何典型蜂窝网络的一个已被广泛验证的用于避免干扰的有效方法就是频率规划。近期,文献[32,33]等研究了适用于卫星/地面融合系统的频率规划技术。然而,如果轨道倾斜导致卫星波束发生偏移,那么使用频率规划将无法完全避免干扰[34]。此外,频率复用方案将不可避免地导致系统总体吞吐量降低。下面将讨论基于 LTE 技术的卫星/地面混合系统中的干扰场景。

1. 系统间干扰场景

当卫星和地面双向 LTE 通信系统共享同一频段时,地面组件可对卫星组件(Satellite Component,SC)造成明显的干扰。由于卫星相对于地面微蜂窝网络具有较低的信号功率,因此卫星对地面无线接入系统的干扰仅处于中等水平。这一结论可由 11.4.3 节中的仿真结果验证。在卫星上行链路中,因存在大量地面用户设备而导致的聚合干扰处于一个较高的水平。20 世纪 90 年代,随着 2 GHz 频带中 3G UMTS 技术的发展,学术界开始了关于大量用户设备对卫星接收造成的聚合干扰的研究。例如,ITU 已经给出了一种评估卫星聚合干扰程度的方法[35]。ITU 给出结论:3G 地面移动通信系统会对 2 025~2 110 MHz 和 2 200~2 290 MHz 频段的空间研究、空间操作和地球观测卫星业务产生难以接受的干扰。然而,ITU 也指出限制聚合干扰的 3G 设备最大数量是实现频谱共享的有效技术解决方案。ITU 给出了这些低密度移动系统在上述频带中的技术特征。LTE 技术通过部署 LTE 无线资源管理(Radio Resource Management,RRM)的认知特性,提供了一种在混合 LTE 网络中实现干扰协调的方法。正如下面将讨论的,LTE 的部署确实有很多条件,这也会降低上行链路干扰。在 Terrestar 系统中,主要通过不同上行频带之间的有效滤波来避免地面 3G 发射机的上行干扰(3G 设备的 1 850~1 910 MHz 和卫星上行链路的 2 000~2 020 MHz)。

由于卫星下行链路信号比地面下行链路信号弱 10~30 dB,因此卫星用户终端受到的地面干扰水平也可能较高,这取决于地面终端到基站的距离。在这种情况下,无缝混合 LTE 通信网络可以利用全混合的用户设备将卫星终端连接到地面基站,以此来避免干扰问题。这在混合 LTE 网络中是可能的,因为其在统一的网络控制之下部署了相互连接的地面和卫星基站。因此,用户设备连续地测量多个基站的无线信道条件,并且基于测量报告将 LTE 网络设备连接到信道条件最好的基站。LTE 基站和基准用户设备通过采用干扰抑制的接收算法可以抵抗一定程度的干扰。例如,一个双天线卫星用户终端接收机能够抑制最强的地面 LTE 基站信号[36,37]。

在混合卫星/地面通信系统中,卫星接收机中的聚合地面移动设备干扰可能很高,原因如下(图 11.6)。

(1)一个卫星波束内存在大量移动设备。

(2)移动设备相对较大的最大发射功率(Tx)(23 dBm)。

(3)各向同性的移动设备天线方向图。

(4)一定数量移动设备的 LoS。

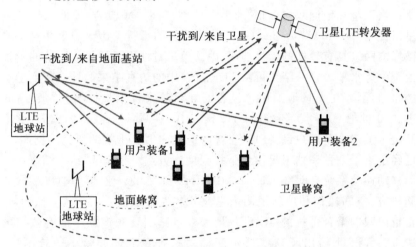

图 11.6 在混合的卫星/地面通信共享同一频段的系统间干扰的情况

地面 LTE 网络的部署方式和用户方向图会降低上行链路干扰,尤其是在高载波频段(如 2 600～3 400 MHz 的 IMT 频段)。

(1)卫星点波束技术降低了一个波束内的移动设备数量。

(2)室外微蜂窝部署在短距离移动设备和基站之间。

①占主导地位的视距传播。

②较低的移动设备发射功率(Tx)。

③信号沿着街道峡谷传播。

④建筑物阻碍了至卫星的传播。

⑤高载波频段巨大的传输损耗。

⑥用户设备的低天线增益。

(3)大多数用户在室内(达到 80%)。

①发射功率(Tx)很小。

②建筑物外墙、窗户导致的信号传播至户外的严重衰减。

2. 干扰避免方案

因为卫星组件和地面组件有不同的工作条件,所以在共享的相同频段内采用认知技术来管理系统间干扰抑制的方法是可行的[38-40]。考虑到 S 频段中的实际 LTE 微蜂窝/微微蜂窝部署,通过在卫星和地面单频率网络(Single Frequency Network,SFN)部署以下项目,认知技术可被用以抑制系统间干扰:

(1)不同的频率复用方案。卫星点波束的频率复用使地面组件形成了无干扰区域。

(2)卫星组件的特定子带。在 OFDMA 系统中,卫星组件可被分配一个预先定义好的频段。

(3)低卫星信号功率导致的干扰容限。地面网络受到的干扰是适度的。

(4)卫星终端天线波束方向图导致的干扰容限。

①天线的方向性,如外部用户终端天线或 VSAT 应用的天线方向性降低了地面干扰。

②先进的多天线接收机算法可用于抑制地面干扰。

(5)非相关无线信道导致的干扰容限。例如,地面阴影区域可由卫星用户部署。

(6)部分孤立的地面 LTE 用户导致的干扰容限(室内达到 80%)。卫星接收侧的干扰可被降低。

(7)卫星干扰的静态特性(尤其是下行链路)。地面用户终端可采用先进的多天线接收机算法来抑制卫星干扰。

(8)快速自适应的地面 LTE 限制了卫星上行频段的地面干扰。接入控制可以减少卫星频段中地面用户的数量。

传统的频率复用方案有效地避免了干扰,但缺点是降低了系统的总体容量和频谱效率。图 11.7 所示为频率复用因子为 3 和 4 时的卫星点波束方案。频率复用因子为 3 时采用了三个频段,每个频段包括双极化信号,如右旋圆极化(1a 和 2a)和左旋圆极化(1b 和 2b)。当将频段划分为两个子带时,可以使用频率复用因子为 4 的方案。如果部署空间复用 MIMO,同一小区中的两个双极化载波可以使小区容量和用户数据速率加快 1 倍(见文献[41]和第 8 章),这需要卫星和用户终端同时采用双极化天线。在反向链路,通过部署一个双极化卫星接收机可以增加链路预算。但是,部署双极化 MIMO 发射机会使射频链路的 Tx 加倍,这增加了卫星功率、质量和体积需求。在论及通用的频率规划时,必须强调的是,频率复用方案很适合卫星点波束,这是因为此时点波束图比其在城市地面网络中得到了更好的设计。在地面网络中,传输信号沿着街道峡谷长距离传播,并在包括建筑等在内的阻碍传播的方向上急剧衰减。

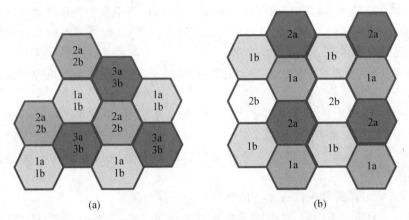

(a)　　　　　　　　　　　　　　　　(b)

图 11.7　两个以不同方式部署极化域(a,b)的频率复用方案

卫星 LTE 蜂窝和地面城市微蜂窝大小的不同使得干扰避免还可通过对地面网络应用特定的频率复用方案来实现。例如,如果地面微蜂窝 LTE 网络的部署位于图 11.7(b)中的频率为 1a 的卫星蜂窝中,便可将其他所有频率分配给地面微蜂窝用户。随后,为避免干扰而造成的地面网络吞吐量损失为 1/4。在图 11.7(a)中,该损失为 1/3,因为地面网络将避免使用 1a 频率和 1b 频率。如果 SC 部署比地面组件更小的频带,该损失将进一步降低。

采用 RRM 技术的混合卫星/地面 LTE 系统利用认知技术来自适应地控制上行链路对卫星的干扰。据此,可避免地面对卫星上行链路子带的使用,也可以考虑卫星链路中的延迟,根据在卫星接收机上测得的 SINR 控制地面对卫星上行链路子带的使用。LTE RRM 能够动态调整地面使用,确保将干扰维持在可接受的水平,从而可连续分析地面微蜂窝/微微蜂窝实际干扰的影响、室内用户设备比例和时变地面负载等。在未来 5G[42] 移动通信系统中,同样由于接入节点上的多元 2 维天线阵列,因此卫星接收的干扰将被进一步抑制。这些阵列的部署可将地面信号水平提高 10 dB 以上。例如,通过部署指向每个用户的 8 × 8 的自适应天线阵列,地面信号可获得 18 dB 的增益。

基于认知的 RRM 还可用于通过利用卫星业务来平衡地面网络负载,提高系统容量。也就是说,除用于扩展覆盖范围外,卫星蜂窝还可用于平衡地面网络的负载,即为那些偶尔遭受服务中断的地面蜂窝边缘用户提供额外的容量。实际上,共享 LTE RRM 可将地面用户分配到负载不是很高的卫星子带上。如果为卫星点波束部署了频率复用方案,且地面用户部署了不同于卫星用户的频段,也可能实现上述性能。部署双模用户终端的 Orbcomm 卫星系统的 M2M 通信便实现了这类认知能力。Orbcomm 系统在世界各地提供物联网服务,但在地面覆盖区域中,双模终端能够自行在卫星和蜂窝服务间选择最可靠的一种模式[43]。

11.4.2　混合卫星/地面 LTE 概念

下面将更详细地讨论卫星/地面混合 LTE 概念,并介绍一个允许最大程度利用现有 LTE 技术的系统架构。对卫星和地面组件间的干扰控制而言,那些 LTE 性能是至关重要的。

1. 混合 LTE 卫星/地面通信体系架构

LTE 的设计架构之所以尽可能保持扁平,是为了得到一个基于 IP 的、端到端延迟尽可能低的高效通信系统[29]。图 11.8 所示的概念提供了卫星和地面组件间的无缝操作和有效干扰管理,这是通过将卫星 LTE BS 视作一个通过卫星中继扩大覆盖范围的普通 LTE 实现的。也就是说,卫星 LTE BS 被连接到控制各地面 LTE BS 间切换的相同移动管理实体(Mobility Management Entity,MME)。此外,X2 接口可用于卫星和地面 LTE BS 间的干扰协调。显然,要处理卫星通信中较长的双向延迟(对于 LEO 卫星,为 5~10 ms;对于 GEO 卫星,约为 250 ms),需对卫星 LTE BS 的操作进行调整。由于卫星 LTE 中的延迟较长,因此真正在系统间进行干扰动态避免和协调中起到关键作用的是地面 LTE。

已有研究人员分析了 LTE 卫星通信的可行性。例如,文献[44]认为,要处理长传播延迟,需要对物理层进行重大修改,即需要特定的随机接入序列。此外,可能还需要其他一些较小的改进。但文献[44]假定的场景是双向传播延迟约为 250 ms 的 GEO 卫星。对于 LEO 卫星,采用 LTE 技术更加可行,因为双向传播延迟(5~10 ms)约等于 LTE 无线帧周期 10 ms。LTE 的重传机制可以大幅降低接入控制的难度,解决阴影引起的长期衰落问题。此外,与 GEO 卫星相比,LEO 卫星产生的传播路径损耗降低了约 30 dB。实际上,假定 LEO 卫星,并结合文献[44]中的结论,可以认为地面 LTE 空中接口也适用于卫星通信。但 LTE 卫星链路的性能明显取决于实际卫星无线信道特征。固定用户终端可实现相对较高的数据率,因为它们能够借助高增益外部天线和 LoS 传播条件。事实上,有研究表明,卫星上的 LTE 是一个用以连接局域网的可行回程解决方案[45]。真正的移动卫星 LTE 使用更具挑战性,因为 SC 无法部署与地面 LTE BS 一样快速的无线链路自适应方案。但 LEO 在自适应无线链路中是可行的,因为此时快速(多路径)衰落不及在地面通信中那么重要。在 LEO 系统中,往返传播延迟恰好在 LTE 无线帧周期(10 ms)范围内,在考虑遮蔽(缓慢)衰落时,这将不能作为主要的限制因素。LTE 中的数据包重发方案在某种程度上解决了这个挑战,但延迟问题仍然是未来研究的一个重要议题。

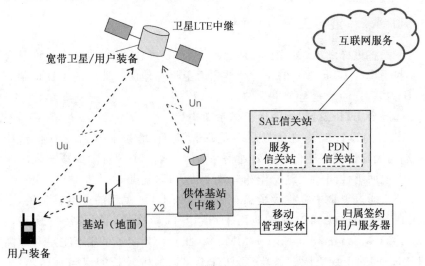

图 11.8 共享同样频带的基于 LTE 的卫星/地面混合通信概念的主要架构

另一个问题是,在使用具有集成天线的手机的情况下,卫星 LTE 的信号电平相当低,因此卫星用户数据速率不能像地面用户那样高。在假设下行链路带宽为 5 MHz 时,LTE LEO 卫星下行链路在 2 600 MHz 频带的预算。在衰落为 6 dB 的无线信道中,链路预算在手机使用0 dBi天线增益的集成天线的情况下提供 11 dB 的信噪比,这使得该系统能够使用码率为 1/2 的 16 - QAM 调制,并且由此最大系统数据吞吐量可以达到约 7 Mbit/s[29]。在信噪比为 17 dB 的 LoS 信道中,能够实现码率为 4/5 的 16 - QAM 调制,并且在 5 MHz 的带宽下系统数据吞吐量可以达到约 12 Mbit/s。应注意的是,对信噪比的要求在实际中需考虑 3 dB 的裕量[29]。在 2 600 MHz LTE 频段,前向链路和反向链路都保留 70 MHz 带宽。因此,使用 5 MHz 的吞吐量值时,总体系统数据吞吐量可以在 70 MHz 带宽下达到 150 Mbit/s 以上。很明显,虽然 LTE 系统频谱效率显著高于 2G/3G 类型的无线系统,但是为卫星波束内的大量用户提供足够的系统吞吐量仍然是一个挑战。由于当前城市用户由地面微蜂窝网络提供服务,因此这一问题在很大程度上得到了解决。通过为卫星通信分配更多的带宽、减少点波束的数量、改善用户终端天线性能及在混合卫星/地面网络中以有效的方式部署认知技术,可以有效地解决农村用户的系统容量限制问题。

表 11.1　LTE LEO 卫星下行链路在 2 600 MHz 频带的预算

	下行链路	单位
卫星距离	800	km
载波频率	2 600	MHz
噪声带宽 B	500×10^6	Hz
自由空间路径损耗	159	dB
玻尔兹曼常数 k	1.38×10^{-23}	J/K
噪声系数(NF)	9	dB
T	290	K
$k \times T \times B$	-107.0	dBm
接收机灵敏度	-98.0	dBm
接收端有效全向辐射功率	78	dBm
接收端天线增益	0	dBi
衰落余量	6	dB
接收端信号电平	-87	dBm
接收机 SNR	11.0	dB

2. LTE 中的干扰控制

部署设计 LTE 网络的频率复用因子为 1,这就需要设计 MAC 层和无线资源分配功能来协调和避免带内干扰(图 11.9)。例如,每个用户设备(User Equipment,UE)能够测量通过下行链路频带的 SINR 电平,并向其所连接的 BS 报告最有利的子带。因此,LTE 包含这样的自适应无线链路特征,其允许基站向具有最佳瞬时无线电信道条件的用户(高数据速率的最佳机会)动态地分配宽带信道。IP 分组调度和经过 HARQ 过程的分组重传是 LTE RRM 的关键功能,其目的是尽可能有效地向多个用户提供所需的资源[29]。RRM 工作在多个协议层,包括:QoS 管理和接入控制(L3 层);HARQ,动态调度和链路自适应(MAC 层);控制信道适配,信道质量指示(Channel Quality Indicator,CQI)管理和功率控制(PHY 层)。

LTE 下行链路通过测量瞬时 SINR 分配调度用户可能的最佳子带来实现高的频谱效率和多用户增益。实际上,UE 在 1 ms 子帧的基础上对

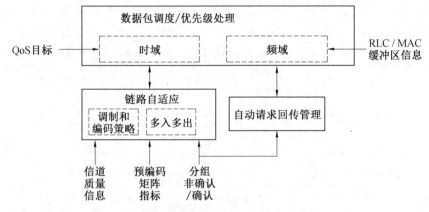

图 11.9　MAC 层无线资源管理模块框图

下行链路参考子载波估计不同子带的 SINR,并将该值映射到预定义义的 CQI 表。最高的 CQI 值使 MCS 64−QAM 码率为 5/6,在用户−用户基础上自适应无线链路和时频域调度,避免具有强干扰的子帧时隙和子带。例如,如果在 20 MHz LTE 频带内存在以 3 MHz 带宽工作的卫星终端,则自适应无线链路技术能够动态地避免受干扰的子带。在某些情况下,卫星干扰可以通过一些手段被减弱。例如,在某些用户设备被阴影效应或多径衰落大幅影响时,地面 LTE 可以为这些用户部署卫星频带。事实上,LTE系统具有内置的认知功能,从而避免干扰,使得每个用户有机会利用最佳的可用无线信道。

11.4.3　LTE 覆盖场景的性能

本节研究由卫星波束覆盖引起的干扰的地面 LTE 网络的性能。对于其性能的研究将集中在下行链路,因为下行系统容量限制了许多可用的业务,如互联网浏览和视频/数据加载。值得注意的是,卫星用户终端干扰对地面基站的影响及地面用户终端对卫星接收机的干扰是后续需要研究的重要课题。

1. LTE 用户设备的卫星干扰

卫星系统和地面系统共享相同的频带,LTE 卫星下行链路波束干扰地面 LTE 设备的接收,并导致地面 LTE 网络性能退化。退化程度通过图 11.10 所示的模型进行评估。卫星干扰的影响很大程度上取决于 UE 与服务 BS 的距离。LTE 系统保证在小区边缘的用户的特定 QoS 级别,由于在小区边缘的用户更容易受到卫星干扰的影响,因此 UE 的 SINR 处于最低级别,这是因为来自服务 BS 的衰减信号和来自相邻小区的强干扰。实际网络中的 SINR 取决于地面无线信道特性,以及网络规划、网络大小和网络目标。

　　简单起见,假设 LTE 小区中只有一个用户的场景。除服务 BS 的有用信号外,该 UE 还收到来自相邻 BS(小区间干扰)和卫星(卫星干扰)的干扰信号。在仿真中,假设具有频率选择性衰落和非衰落卫星信号的微小区郊区无线环境。比较三个干扰场景(图 11.10):无干扰、只有地面小区干扰、地面和卫星覆盖干扰。

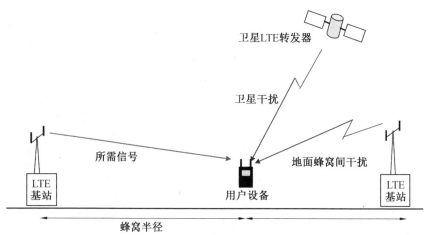

图 11.10　卫星/地面混合网络中卫星干扰对地面无线链路性能影响评估仿真场景

　　该选定的方法指出了在考虑地面小区间干扰时,需同时考虑卫星对地面 LTE 网络的额外干扰。根据表 11.1 中的链路预算结果,假定地面上的卫星信号强度为固定值 -90 dBm。链路预算方面的假设是,在郊区微小区环境中卫星信号衰减了 6 dB。该假设某种程度上是随机的,这代表了在 LoS 卫星无线信道上,阴影效应引起了 6 dB 的衰减。需要指出的是,在该仿真模型中卫星信号被视为对地面网络的静态干扰,因此代表了平均干扰水平。在这些假设之下,LoS 条件下的最大卫星信号强度为 -84 dBm。相对应的,平均接收机 SINR 为 17 dB。利用码率为 1/2 的 16$-$QAM 和码率为 4/5 的 16$-$QAM 可分别实现 SINR 值为 11 dB 和 17 dB 情况下的 MCS,其在 5 MHz 频段上的 LTE 系统数据吞吐量分别约为 7 Mbit/s 和 12 Mbit/s。这些值对应了约 $1\sim2$ bit $\cdot$ s^{-1} $\cdot$ Hz^{-1} 的频谱效率,与地面 LTE 频谱效率基本相当。需要指出,由于对 SC 设置了受阻 LoS 无线信道,这些吞吐量值偏大。另外,用户终端使用的是天线增益为 0 dBi 的集成天线的假设，又限制了这些吞吐量值。地面 LTE 下行链路性能评价所用的仿真参数见表 11.2。

表 11.2　地面 LTE 下行链路性能评价所用的仿真参数

参数	值	注释
LTE 基站发射端功率	5 W	微基站功率
发射端天线增益	14 dBi	
载波频率	2 600 MHz	IMT 频带 2 500～2 690 MHz
基站/用户设备天线高度	15 m/1.5 m	
带宽	5 MHz	
用户设备运动速度	36 km/h	
RB 数量	25	LET 在 5 MHz 的带宽上共计 25 个频域 RB
小区半径	80 m	BS 空间＝2×小区半径
地面信道模型	ITU−R IMT−A 郊区宏蜂窝	绝大多数是 LoS，小部分是 NLoS[46,47]
卫星信道	LoS 常量	
卫星信号在地面系统中的功率	−90 dBm	常量
热噪声	−107 dBm	
射频噪声系数	9 dB	手持终端
LTE 资源调度	单一资源块优选	在每个发射隙中一直选择最佳

该研究还说明了在 SC 不变时，地面 LTE 下行链路中最优时频域资源分配与调度将产生的影响。据此，从 SINR 的角度来看，在数据传输频域中选择 25 个可能频率，可构成最佳 LTE 资源块（Resource Block，RB）。每个用户的地面系统信号强度随传播路径中阴影衰落和快速衰落模式独立变化，这带来了显著的多用户增益。在仿真中，UE 向远离基站的方向运动，最终到达小区边缘。根据期望信号的衰落值、来自邻近 LTE 小区的变化的地面干扰、静态卫星干扰和加性白高斯噪声（Additive White Gaussian Noise，AWGN），计算出 UE 收到的 SINR 值。因此，由于 UE 的速度为 36 km/h，且期望信号的频率选择性无线信道模型，时间域和频率域中的 SINR 均连续变化。在 IMT−A 信道模型生成器生成的 1 000 个郊区无线电信道中重复进行 UE 距离扫描，产生统计稳定的平均 LTE 性

能。在每张信道快拍中,整个带宽及每个独立的 LTE RB 上的无线信号的脉冲响应都被转换为频率响应,根据该频率响应可计算 SINR,通过选择能产生最高 SINR 的 RB 作为调度 RB,模拟 LTE 资源调度——对应于性能上限。对于下限,计算了全频段的 SINR,即 5 MHz 带宽中所有 25 个 RB 的平均 SINR。

图 11.11 所示为 UE 的 SINR 随 UE 到提供 LTE 服务的基站距离变化的关系,图中各条曲线分别描绘了全频段 SINR 所有 25 个 RB 的平均 SINR 和调度 RB 的最高 SINR。选定的 QPSK 2/3 MCS 所需的 SINR 值为 6.8 dB,以实现 1.33 bit $\cdot$ s^{-1} $\cdot$ Hz^{-1} 的频谱效率。该 SINR 值包括了实际系统中需要的典型实施裕量(Implementation Margin,IM Req)。需要指出,文献[29]中的 SINR 值是基于对 LTE 物理层功能和程序进行精准建模的大量链路级仿真得到的。

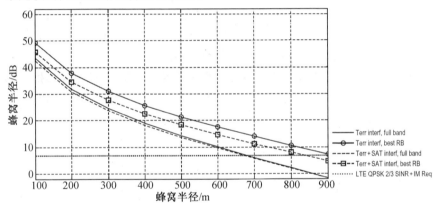

图 11.11　UE 的 SINR 随 UE 到提供 LTE 服务的基站距离变化的关系

图 11.11 的结果表明,如果考虑整个 5 MHz 带宽上的平均 SINR,QPSK 2/3 MCS 的覆盖范围将高达 675 m。对于调度的最佳 RB,在只存在地面小区间干扰的情况下,该覆盖范围约为 900 m。如果同时引入了卫星干扰,则该覆盖范围约为 825 m。该仿真结果表明,卫星干扰仅对小区覆盖范围造成了较小的减少效果。需要指出,从地面 LTE 网络角度来看,−90 dBm 的卫星信号电平是非常低的。限制卫星干扰大小的因素主要有以下两个:首先,LTE 网络使用了统一的频率复用,这是地面小区间干扰的主要来源;其次,传播到地面的卫星信号强度小于地面通信系统信号强度。在小区边缘,全频带平均 SINR 下最佳 RB 优化调度对于地面干扰和卫星干扰的影响分别约为 8 dB 和 6 dB。卫星干扰致使小区上最佳 RB 的 SINR 大小降低了 2.5~3.5 dB。

图 11.12 所示为最佳调度 RB 的地面 LTE 下行链路吞吐量随 UE 距服务基站的距离变化的情况,该仿真场景考虑了 LTE 下行链路中的导频冗余和离散 MCS 的情况[29]。MCS 及其各自的敏感度与 UE 的 SINR 进行比较。在每个传输时隙上,如果 SINR 超过特定 MCS 值,瞬时数据包即视作传输成功。正如之前提到的,UE 的 SINR 取决于传播路径损耗(即 UE 的位置)和瞬时信道状态,这些值在各个 RB 间是不同的。图 11.12 表明,在一个与外界隔离的无干扰的 LTE 小区中,经历最佳 RB 的 SINR 的 UE 即足以实现整个小区上的最高 MCS(64-QAM 4/5)。在地面小区间干扰下,由于未满足最高 MCS 的目标 SINR 水平,且未使用下一个较低的 MCS,因此在 400 m 的小区范围内,吞吐量会开始衰减。随着 UE 逐步远离基站,吞吐量会持续衰减,直至到达小区边缘。该过程使用 QPSK 调制。根据 UE 到业务基站的距离,卫星干扰的影响使得最佳 RB 的吞吐量降低 15%~20%。根据用户设备到基站的距离,卫星干扰的影响致使最佳 RB 的吞吐量降低 15%~20%。显然,吞吐量降低取决于可用 MCS(最大信道范数的选择)的间隔。卫星干扰的影响可视作一个特定 MCS 操作范围的减小,因为从较高的 MCS 转换到较低的 MCS(在距离上发生变化)相当于是 SINR 层面上的衰减(图 11.11)。例如,因卫星干扰的影响,所以 64-QAM 4/5 的操作范围从 400 m 缩小到 300 m。

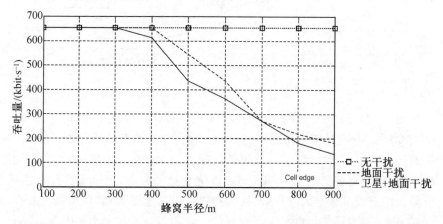

图 11.12 最佳调度 RB 的地面 LTE 下行链路吞吐量随 UE 距服务基站的距离变化的情况

上述仿真基于干扰对吞吐量的影响。假设在 AWGN 条件下具有相同性能。从干扰的角度来说,这代表了最坏的情况,因为 LTE 设备部署了先进的双天线接收算法,用以抑制最强的干扰信号。

2. 卫星干扰下的 LTE 系统性能

本节使用先进 LTE 系统模拟器,研究存在卫星干扰的情况下的 LTE 系统性能。该模拟器部署了一个链路对系统层级的接口,模拟器部署了链路层级接口和预定查找表,这些表是从包括郊区无线信道模型的精确 LTE 链路及模拟器中获得的,着眼于下行链路基于互联网协议的语音 (Voice over Internet Protocol,VoIP)传输,因为其被认为是卫星/地面混合系统最重要的场景。VoIP 业务使用含单层传输的闭环空间多路复用[48]。文献[28]对数据服务的性能进行了说明,结果表明,卫星传输对具有可承受一定卫星干扰水平的数据用户具有很小的影响。

应用了抽样时间为 20 ms 的自适应多码率为 12.2 kbit/s 的编解码器,在话音峰值期间,以 20 ms 的间隔传输 VoIP;在静默时段,以 160 ms 的间隔传输静默指示符数据包。这表明,在每次传输时间间隔,只有少数的活跃用户需要调度。然而,为保证必要的 QoS,调度算法需考虑用户调度延迟。

图 11.13 所示为适用于 VoIP 用户的 LTE 下行链路模型。对于 VoIP 用户,上行链路控制信道被用作反馈模式,用户在该模式下向 BS 传输了宽带预编码矩阵指示符和子带 CQI。基于报告的 PMI 指数,可从 LTE 码本中选择相应的 BS 传输天线加权系数[49]。宽带 PMI 指数基于整个信号宽带上的接收信号强度,然后该 PMI 指数被反馈回 BS,后者大部分时间用来提升信号强度。

在 VoIP 用户场景中,目标在于最大程度降低中断概率,进而促使 VoIP 丢包率最小化,因此选择了最低 MCS 以保证 VoIP 包的传输。因为 HARQ 用户具备最高的调度优先接入权,所以排队时间最长的用户最先被传递到频域进行调度。

(1)网络拓扑结构和系统设定。

考虑一个 2.6 GHz 的地面 LTE 网络。它包含由七个三扇区基站构成的六边形多蜂窝环境。每个蜂窝周围环绕着两层蜂窝,用以模拟实际蜂窝间干扰。仿真模型遵照 ITU-R[46]建议,定义了各种用户环境和移动应用,唯一例外的是所有的用户都位于户外。模型中单个卫星波束是固定的,它覆盖频率复用因子为 1 的整个地面网络。根据 ITU-R 建议[46],大多数地面系统的参数被设定在表 11.2 中。

假定地面 LTE 蜂窝受到的干扰来自于一颗 LEO 卫星,在郊区宏蜂窝环境中进行了仿真。应用双极化陆地移动卫星信道模型[50,51]来建模卫星无线信道,同时应用郊区的 WINNER Ⅱ 信道模型来建模地面无线链

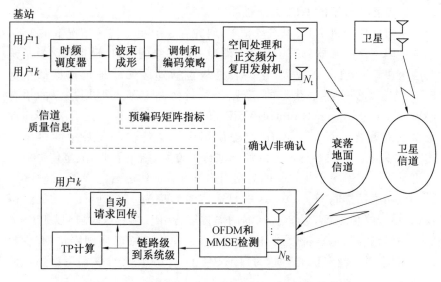

图 11.13　适用于 VoIP 用户的 LTE 下行链路模型

路[52]。地面 LTE 宽带固定为 5 MHz,卫星网络则部署 1.4 MHz、3 MHz 和 5 MHz 的带宽。不同带宽对应的卫星总传输功率彼此相等。LTE VoIP 容量的评估遵照 ITU－R 建议,在一个蜂窝中每 1 MHz 分配 40 个用户,从而一个系统模拟中的用户数量为 4 200,它们在网络中是随机分布的(表 11.3)。

表 11.3　系统模拟参数

参数	语音用户
时间间隔	20 s
用户数量	4 200(200 用户/蜂窝)
站点间距离	1.299 km
传输方案	SU 2×2 MIMO mode 6
基站功率	40 W
地面系统带宽	5 MHz
卫星 EIPR	43~58 dBW
卫星带宽	1.4 MHz、3 MHz 或 5 MHz
FFT 采样数	512
资源块数目	25

续表11.3

参数	语音用户
调度器	时—频保证的 VoIP 分组
调度平均窗口	25 RB
通信模型	VoIP

（2）VoIP 业务的性能结果。

根据 ITU－R 的要求[47]评估 VoIP 的容量。假设 12.2 kbit/s 的编解码器具有 50% 的话音激活因子。VoIP 容量以用户的中断概率作为性能度量标准。假设 VoIP 数据包所允许的空中接口时延为 50 ms，若在50 ms内成功向用户传输的 VoIP 数据包少于 98%，则认为相应单个 VoIP 用户中断。仿真结果表明，在无卫星干扰的场景内，可实现 2.6% 的中断概率，这低于 LTE 5% 的中断概率目标[30]。该良好性能是采用了基于 HARQ 的自适应 LTE 无线链路技术的结果，该技术利用了基于码本的 MIMO 传输、MCS 优化和基于子带的 CQI 反馈等技术。图 11.14 表明，卫星干扰导致的 LTE VoIP 容量性能的降低表现为中断概率的提高。仿真结果表明，在卫星干扰功率低于 －80 dBm 的情况下，中断概率提高不足 1%。这是因为许多蜂窝边缘用户（对于包含 200 个用户的蜂窝）易受邻近蜂窝的强烈干扰。对于这些用户，卫星干扰较弱，地面蜂窝间干扰才是中断概率提高的主要原因。当接收到的卫星干扰功率超过 －80 dBm 时，中断概率愈加取决于干扰带宽。一方面，是因为与地面蜂窝间干扰相比，卫星干扰功

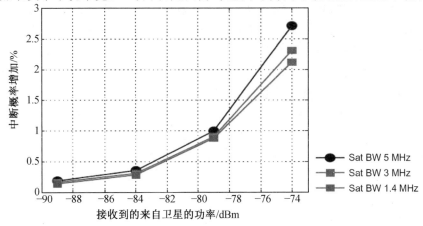

图 11.14　卫星干扰导致的中断概率（用户随机分布）（见附录　部分彩图）

率水平提高;另一方面,是因为子带卫星信号分配(在 5 MHz 带宽中 1.4 MHz/3 MHz)允许 VoIP 流量使用无干扰子带。当卫星干扰功率为 −74 dBm 时,可明显看出该效应。由于 4 200 个用户中只有少部分位于蜂窝边缘,因此中断概率的提高并不明显。

11.5　未来研究方向

2007 年世界无线电通信大会将 400～6 000 MHz 的频段定义为额外的 IMT 频带。实际上,从地面通信的角度来看,对于乡村无线网络的建立只有在较低的频率上才是经济可行的,因此 700～900 MHz 的频谱可实现更多的利益。更高的频段(如 2 600 MHz 频段)的性能提升有限,因为它实际上只可部署于人口密度高的小型城市蜂窝中。然而,随着对无线数据的需求指数级增长,在未来需要充分使用目前在 2 GHz 以上的 IMT 频段。从卫星无线信道特征角度来看,这些频段也适用于卫星通信。因此,通过将小蜂窝高数据吞吐量的地面组件和大小区中等数据率能力的 SC 进行结合形成无缝的混合星地网络是一个更有利的方案,同时在城市/郊区和乡村区域中尽可能提供最佳用户体验。对于使用卫星/地面混合通信提供全球覆盖的未来发展趋势,可参见文献[53]等中的讨论。

欧洲 5G 项目 METIS[42] 意在为 2020 年后的无线通信技术的研究做技术储备。它研究了潜在的未来服务需求,并得出结论:未来需要广泛的基于 IP 的数据服务。METIS 定义了五个主要实用场景,这些场景的特征分别为:在小型蜂窝内具备高数据率和高系统吞吐量;在拥挤区域确保良好的服务水平;使用大量设备进行 M2M 通信;为具备各种移动性的设备提供支持;随时随地提供可靠/实时连接。显然,只将地面与卫星通信优势进行结合,才能实现所有这些实用场景的最佳服务水平。例如,只有地面室外微蜂窝/室内微微蜂窝能够提供足够高的用户数据率和更高的局域多用户系统吞吐量。极端的实时服务也需要地面通信,然而在地面通信无效的区域中只有卫星通信能够提供可靠通信。卫星还特别适用于大范围地理区域的低数据率传感器网络连接。若要追求 S 频段的最大频谱/空间效率,卫星通信将为人口稀疏的区域带来经济高效、高数据率的双向 IP 数据服务。使用这些频率,卫星和地面混合认知通信提供的无缝服务将显著提高频谱利用效率。

11.6　本章小结

本章讨论了借助 CR 技术来实现卫星/地面混合通信的频谱共享问题,介绍了不同的认知混合系统体系及其相关技术挑战。需要强调的是,不同形式的 CR 技术提供了避免和协调卫星与地面组件间的干扰的通用方法。本章还提出了基于 LTE 技术的潜在卫星/地面混合通信系统概念,使用 S 频段为乡村地区提供了基于 IP 的语音和数据服务。该混合方案依赖于 LTE 的自适应无线链路性能和卫星点波束技术的认知部署,显著提高了频谱利用率,保证了在城市和农村的无缝覆盖和系统容量。初步仿真结果表明,卫星对地面网络的干扰在可接受范围之内。此外,采用 CR 技术可以有效控制地面对卫星接收机的干扰。因此,可以说在未来卫星/地面混合通信系统中,使用 CR 技术可以实现 S 频段频谱效率的提升。需要进一步研究的技术包括卫星和地面组件间干扰的控制方法、减少两个组件中的干扰及提高两个组件间的系统吞吐量的多天线技术、提供两个组件间高效互操作性的先进联合 RRM 方法等。

本章参考文献

[1] Available at:http://www.iridium.com.

[2] Available at:http://www.globalstar.com.

[3] N. Courville,et al.,Hybrid satellite/terrestrial networks:state of the art and future perspectives,in:Proc. IWSTI ' 07 QShine 2007 Workshop:Satellite/Terrestrial Interworking,Vancouver,Canada, August 2007,pp. 14-17

[4] Available at:http://www.thuraya.com.

[5] Available at:http://www.ssloral.com/html/pressreleases/pr 20090518. html.

[6] Available at:http://www.inmarsat.com.

[7] 3GPP Standards,2014,Available at:http://www.3gpp.org/specifications.

[8] ETSI TS 102 584 v.1.1.1,Digital video broadcasting(DVB)—DVB—SH implementation guidelines,Technical Specification,December 2008.

[9] EB, 2010, Available at: http://www.elektrobit.fi/whats_new/

newsletters/eb_wireless_ newsletter/2011/issue_01/the_eb_designed_ windows_phone_the_terrestar_genus_ receives_2010_satellite_ spotlight_product_of_the_year_award_from_tmcnet.

[10] ACROSS, Applicability of Cognitive Radio to Satellite Systems, ESA Project, 2012, Available at:http://telecom. esa. int/telecom/ www/object/index. cfm? fobjectid=31484.

[11] ETSI TR 103 124, v. 1. 1. 1, Satellite Earth stations and systems (SES); combined satellite and terrestrial networks scenarios, TechnicalReport,July 2013.

[12] ETSI TS 102 585 v. 1. 2. 1, Digital video broadcasting (DVB); system specifications for satellite services to handheld devices(SH) below 3 GHz,Technical Specification,September 2011.

[13] ETSI TS 102 721 v. 1. 1. 1,Satellite Earth stations and systems; air interface for S-band mobile interactive multimedia(S-MIM); part1: general system architectureand configurations, Technical Specification,December 2011.

[14] ETSI EN 302 755, v. 1. 3. 1, Digital Video Broadcasting (DVB); Next Generation Broadcasting System to Handheld,Physical Layer Specification(DVB-NGH), DVB Document A160, November 2012 (final draft).

[15] ETSI TS 101 376-1-3 v3. 1. 1,GEO-mobile radio interface specifications (release 3); third generation satellite packet radio service; part1: general specifications; sub-part 3: general system description GMR-13G 41. 202,Technical Specification,July 2009.

[16] R. Suffriti,et al. ,Cognitive hybrid satellite-terrestrial systems,in: Proc. CogART,2011.

[17] S. K. Sharma, S. Chatzinotas, B. Ottersten,Cognitive radio techniques for satellite communication systems,in: Proc. VTC Fall,2013.

[18] D. Gozupek, S. Bayhan, F. Alagöz, A novel handover protocol to prevent hidden nodeproblem in satellite assisted cognitive radio networks,in: Proc. ISWPC,2008.

[19] S. Kandeepan,L. De Nardis,M. -G. Di Benedetto,A. Guidotti,G.

E. Corazza, Cognitive satellite terrestrial radios, in: Proc. Globecom, 2010.

[20] M. Höyhtyä, J. Kyröläinen, A. Hulkkonen, J. Ylitalo, A. Roivainen, Application of cognitive radio techniques to satellite communication, in: Proc. DySPAN, 2012, pp. 540-551.

[21] M. Ali, P. Pillai, Y. F. Hu, Load-aware radio access selection in future generation satellite-terrestrial wireless networks, Int. J. Wireless Mob. Netw. 4 (2012)35-54.

[22] S. K. Sharma, S. Chatzinotas, B. Ottersten, Satellite cognitive communications: interference modeling and techniques selection, in: Proc. ASMS, 2012, pp. 111-118.

[23] M. Höyhtyä, Secondary terrestrial use of broadcasting satellite services below 3 GHz, Int. J. Wireless Mob. Netw. 5(2013)1-14

[24] S. Vassaki, M. I. Poulakis, A. D. Panagopoulos, P. Constantinou, Power allocation in cognitive satellite terrestrial networks with QoS constraints, IEEE Commun. Lett. 17(2013)1344-1347

[25] B. Evans, M. Werner, E. Lutz, M. Bousquet, G. E. Corazza, G. Maral, R. Rumeau, E. Ferro, Integration of satellite and terrestrial systems in future multimediacommunication, IEEE Wireless Commun. 12 (2005)72-80

[26] S. A. Wilkus, et al. , Field measurements of a hybrid DVB-SH single frequency network with an inclined satellite orbit, IEEE Trans. Broadcast. 56(2010)523-531

[27] E. Gustafsson, A. Jonsson, Always best connected, IEEE Wireless Commun. 10(2003)49-55

[28] A. Roivainen, J. Ylitalo, J. Kyröläinen, M. Juntti, Performance of terrestrial network with the presence of overlay satellite network, in: Proc. ICC, 2013. Budapest, Hungary, 9-13 June, pp. 5089-5093.

[29] S. Sesia, I. Toufik, M. Baker(Eds.), LTE, The UMTS Long Term Evolution, John Wiley & Sons, Chichester, UK, 2011.

[30] H. Holma, A. Toskala(Eds.), LTE for UMTS: Evolution to LTE-

Advanced, John Wiley & Sons, 2011.

[31] C. Bes, C. Boustie, A. Hulkkonen, J. Ylitalo, P. Pirinen, Mobile broadband everywhere: the satellite a solution for a rapid and large 3,9G deployment, in: Proc. ICSNC, 2011.

[32] T. Yamazato, T. Aman, M. Katayama, Dynamic bandwidth allocation of satellite/terrestrial integrated mobile communication system, in: Proc. GLOBECOM, 2010.

[33] J. Mashino, T. Sugiyama, Subcarrier suppressed transmission for OFDMA in satellite/terrestrial integrated mobile communication system, in: Proc. ICC, 2011.

[34] D. I. Stojce, Global Mobile Satellite Communications for Maritime, Land and Aeronautical Applications, Springer, Dordrecht, Netherlands, 2005.

[35] ITU-R SA11. 54, Provisions to protect the space research (SR), space operations (SO) and Earth exploration-satellite services (EES) and to facilitate sharing with the mobile service in the 2025—2110 MHz and 2200—2290 MHz bands, Technical Report, 1995.

[36] S. K. Sharma, S. Chatzinotas, B. Ottersten, Spatial filtering for underlay cognitive SatComs, 5th International Conference on Personal Satellite Services, in: PSATS 2013, Toulouse, France, 2013

[37] S. K. Sharma, S. Chatzinotas, B. Ottersten, Transmit beamforming for spectral coexistence of satellite and terrestrial networks, 8th International Conference on CognitiveRadio Oriented Wireless Networks, in: CROWNCOM 2013, Washington, DC, July 2013.

[38] K. Liu, Q. Zhao, Distributed learning in multi-armed bandit with multiple players, IEEE Trans. Signal Process. 58 (2010) 5667-5681.

[39] P. Zhou, Y. Chang, J. A. Copeland, Reinforcement learning for repeated power control game in cognitive radio networks, IEEE J. Sel. Areas Commun. 30(2012)54-69.

[40] A. Anandkumar, N. Michael, A. K. Tang, A. Swami, Distributed

algorithms for learning and cognitive mediumaccess with logarithmic regret，IEEE J. Sel. Areas Commun. 29（2011）731-745.

[41] J. Kyröläinen，A. Hulkkonen，J. Ylitalo，A. Byman，S. Bhavani，P.-D. Arapoglou，J. Grotz，Applicability of MIMO to satellite communications，Int. J. Satell. Commun. Netw. 32（2013）343-357.

[42] METIS，Deliverable D1. 1：Scenarios，Requirements and KPIs for 5G Mobile and Wireless System，2013，Available at：https：//www. metis 2020. com/wp-content/uploads/ deliverables/METIS_D1. 1_ v1. pdf.

[43] Available at：http：//www. orbcomm. com/networks/dual-mode.

[44] F. Bastia，C. Bersani，E. A. Candreva，S. Cioni，G. E. Corazza，M. Neri，C. Palestini，M. Papaleo，S. Rosati，A. Vanelli-Coralli，LTE adaptation for mobile broadband satellite networks，EURASIP J. Wireless Commun. Netw. 2009(2009)13(Article ID 989062).

[45] AGLmedia，LTE Backhaul Demonstration，2014，Available at：http：//www. aglmediagroup. com/hughes-demos-wireless-lte-transmissions-over-satellite- backhaul/.

[46] ITU—R M. 2135，Guidelines for evaluation of radio interface technologies for IMT—Advanced，Technical Report，2008.

[47] ITU—R M. 2134，Requirements related to technical performance for IMT-advanced radio interface(s)，Technical Report，2008.

[48] 3GPP TS36. 213 v. 8. 8. 0，Evolved universal terrestrialradio access E—UTRA；physical layer procedures，Technical Specification，2009.

[49] 3GPP TS36. 211v. 8. 9. 0，Evolved universal terrestrial radio access E — UTRA；physical channels and modulation，Technical Specification，2009.

[50] K. P. Liolis，J. Gomez-Vilardebo，E. Casini，A. Perez-Neira，Statistical modeling of dual-polarized MIMO land mobile satellite channels，IEEE Trans. Commun. 58(2010)3077-3083.

[51] F. Perez Fontán，M. Vázquez-Castro，C. E. Cabado，J. P. García，E.

Kubista, Statisticalmodeling of the LMS channel, IEEE Trans. Veh. Technol. 50(6)(2001)1549-1567.

[52] P. Kyösti, J. Meinilä, L. Hentilä, X. Zhao, T. Jämsä, C. Schneider, M. Narandzic, M. Milojevic, A. Hong, J. Ylitalo, V. -M. Holappa, M. Alatossava, R. Bultitude, Y. de Jong, T. Rautiainen, WINNER Ⅱ channel models, IST-4-027756 WINNER D1.1.2 v1.1, Technical Report, 2007.

[53] T. Taleb, Y. Hadjadj-Aoul, T. Ahmed, Challenges, opportunities, and solutions for converged satellite and terrestrial networks, IEEE Wireless Commun. 18(2011)46-52.

第 12 章　认知双卫星系统

12.1　引　　言

在有限的资源之下,全球的通信系统基础设施面临着的一个重大挑战是日益增长的高质量服务需求。卫星网络是达成该挑战的最有效途径。为提供这些服务,不仅需要研究更为复杂和高效的系统,还需确保这些系统可与已有在轨网络协调共存,并不会造成任何业务中断。近年来,受人类认知概念的启发,有人提出利用认知概念来提升网络智能性。认知概念旨在从质量和效率两方面提高总体系统性能。本章将介绍多卫星系统及这些系统中认知的作用,其中重点分析实际双卫星系统(Dual Satellite System,DSS)场景。

12.1.1　多卫星系统

全球日益增长的卫星业务[1]促使人们创建了多卫星系统,即在一个地理区域上部署一颗以上的卫星的系统。因此,很有必要研究这些系统的共存及相互影响。

1. 自愿系统

自愿形成的多卫星系统基本上是多卫星网络,该网络中多颗卫星在同一地理区域上运行,并以协调的方式向地面终端用户提供服务。在这些多卫星网络中,协调传输极为必要[2]。例如,欧洲和北美上空运行的多颗卫星(卫星之间轨道间隔只有 2°)在 Ku 频段提供 FSS。对于 GEO 的 MSS,因为移动用户天线的区分能力有限,所以通过对 L 频段进行分段,可以最大程度降低互相的干扰。另一个例子是 GPS、GALILEO 和 GLONASS 的共存,这三者位于 MEO 轨道上,且运行于相同的频段(L 频段),但子带分配存在差异,同时需要采取必要措施限制它们之间的干扰。在使用的子带相同的情况下,可通过 CDMA 方式进行区分。

2. 非自愿系统

非自愿的多卫星系统是因空间业务量的增加,以和空间、时间和轨道域的限制而形成的。例如,多个卫星的重叠覆盖导致地面用户能够接收到多颗卫星的信号,这样的系统设计能保证授权卫星系统服务不降级,并且不同的卫星可以共存。在这种多卫星网络中,需要认知传输技术。据作者所知,这种多卫星系统目前尚未部署。已计划但并未实际部署的两个卫星系统,Teledesic [3-5] 和 Skybridge [6-9],触发了该领域的相关研究。

应该指出,为设计自愿系统,需要使用协调传输技术。这些技术主要以集中的方式进行优化。在非自愿系统的情况下,所需的技术应该更具有动态性和适应性,从而易于基于认知优化的实现。本章重点分析非自愿系统,以及在该系统中采用认知技术如何显著改善这些系统的质量和效率。下面将讨论认知的基本原理及其在非自愿多卫星场景下的适用性问题。

12.1.2 认知卫星系统

1. 背景

要在使用资源有限的情况下实现无缝通信,卫星网络可与地面网络和其他卫星网络共存。共存即在不同网络之间进行资源管理。在高效、最佳服务的网络中,希望达到最佳的资源分配。在这种情况下,传统的分配方案将无法满足要求。联邦通信委员会在文献[10]中的工作报告显示,基于目前的静态频谱分配方案(将相似技术特征的业务聚集在一起),现在使用的无线电频谱几乎有 90% 的时间未得到充分利用。报告还指出,对 MSS 的分配非常有限,未来的无线网络尤其需要在 L 频段提供高配置服务。因此,下一代多卫星网络需要采用智能动态的资源分配和管理技术。除可用频谱有限外,重要的是确保共存的卫星网络之间不会相互干扰,从而使其提供的服务质量不降低。此外,在 LMS 场景下,应该开发由多颗卫星提供的资源,从而为地面用户提供普遍高质量的服务。有待改进的技术指标有频谱利用、干扰管理和连续(高质量)可用性。

下面提出一种基于认知的设计模型,用来提高上述所列的技术指标。

2. 认知原则

1999 年,Mitola 的一篇论文提出了认知概念[11]。2005 年,在文献[12]中,Haykin 将认知进一步应用到无线通信中,并创造了认知无线电(Cognitive Radio,CR)这个新的术语。Haykin[12] 对 CR 的定义如下。

认知无线电是一个智能的无线通信系统,其能够感知周围环境(即外部世界),使用在建立中理解的方法了解环境,并基于以下两个主要目标,实时相应改变特定的操作参数(如传输功率、载波频率和调制方式),使自身的内部状态适应即将接收到变化的 RF 激励信号:随时随地依据需求提供高度可靠的通信;高效利用无线电频谱。

因此,CR 技术提供智能传输协议。在该协议中,通信涉及对可用资源的动态高效感知、对感知的处理及根据该处理进行的行动,以便在资源有限时提供无缝服务。因此,可以自然而然地将认知技术应用于卫星网络,以适应不断变化的条件和需求。

认知的概念应用于使用精确认知环的通信系统[13]。认知环框图如图12.1 所示,网络中的 CR 节点感知外部激励。随后,感知到的数据被处理,并且基于这些处理的数据,采取最有效的行动来实现目标。这个过程中使系统性能提高,以确保实现预定的目标。该认知环展现了 CR 的基本步骤,即感知—处理—执行。

此外,在认知场景中,用户被分为主用户(PU)和次用户(SU)。PU 是在认知传播中被赋予优先权的授权用户,这就确保了其服务不会因其他系统的存在而中断。SU 是使用认知技术,调整自身与主用户共存,同时不致使主用户服务质量下降的用户。例如,在卫星地面混合网络中,地面网络(通常)视为 PU,而卫星网络在不影响地面网络的情况下利用资源为其用户提供服务。该网络示例是用于无线中继传输的微波固定服务链路、在Ka 频带中运行基于固定卫星服务的卫星和用于无线区域网络(Wireless Regional Area Network,WRAN)的混合卫星 IEEE802.22 系统[14]等。

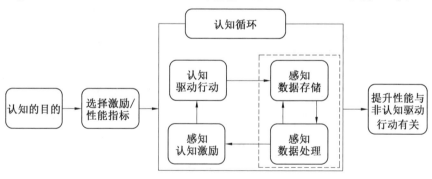

图 12.1　认知环框图

12.2　双卫星系统

12.2.1　简介

DSS 是指有两颗卫星同时工作在相同频段和相同覆盖区域的卫星通

信网络场景。在该系统中,两颗卫星共享空间和频谱自由度。DSS 描述的卫星场景如下。

(1)单波束和多波束共存的 DSS。

传统的单波束卫星可以与多波束卫星共存,从而形成 DSS。图 12.2(a) 所示为该系统的示例。这两颗卫星覆盖范围内的用户可能由其中一颗或两颗卫星同时提供服务。

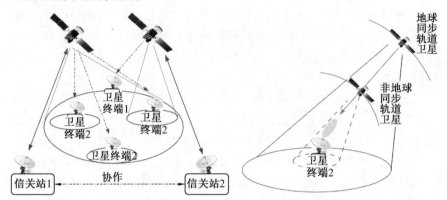

(a) 由单波束和多波束卫星组成的DSS场景　　(b) 由NGEO和GEO卫星组成的DSS场景

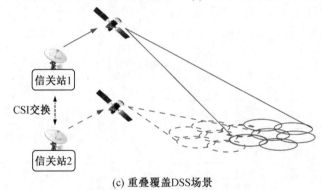

(c) 重叠覆盖DSS场景

图 12.2　一些典型的 DSS 场景

(2)NGEO 和 GEO 卫星共存的 DSS 场景。

GEO 卫星也可以与 LEO 与 MEO 卫星(NGEO)共同组成 DSS 系统,如图 12.2(b)中所示。因为 GEO 卫星所覆盖的区域始终是固定的,而 NGEO 卫星在某些时间段内也会覆盖这些区域,所以此时两颗卫星需要共存。这样的共存系统不仅需要应对共轨位置卫星的信号干扰,同时还需要应对 NGEO 卫星遮挡 GEO 卫星视距传播路径时产生的干扰。Skybridge 和 Teledesic 的 LEO 卫星系统是 NGEO/GEO 卫星共存系统的两个实例,它们采用与 GEO 卫星通信系统相同的频带,但这两个系统最终并未部署。例如,为避免干扰,Skybridge 卫星系统在其卫星移动到距离赤道一定距离的范围内时(GEO 轨道热点区域)停止通信[6]。另外,Teledesic 的卫星系统在其星下点横穿地球赤道的时候停止通信。对于位于北半球的地面终端,只有卫星的星下点在地面终端以北时,卫星与地面终端才可以进行通信。同样,对于位于南半球的地面终端,只有卫星的星下点在地面终端以南时,卫星与地面终端才可以进行通信。

(3)重叠覆盖 DSS。

重叠覆盖 DSS 是由覆盖范围有重叠区域的两颗相似卫星组成的 DSS。由于空间业务的增加和用户需求的提升,因此在相距较近的位置部署了许多目的不同的卫星,这会导致某些区域出现重叠覆盖的现象。图 12.2(c)表示的就是这样的 DSS。目前运行于热点轨道位置(如 13°E 或 19°E)的多颗 FSS 卫星采用了正交频率方案,这是一种传统的 DSS 的实现方法。

(4)替换(升级换代)阶段 DSS。

新旧卫星替换期间,在旧的卫星完全离开轨道之前,新旧两颗卫星会在很长的一段时间内共存。这种替换阶段使得新旧两颗卫星构成了一个 DSS。

显然,DSS 可以模拟许多种卫星场景,因此对 DSS 的研究十分重要。现有的许多卫星系统都可以作为 DSS 来进行分析,如 O3b-GEO 卫星网络、铱星和下一代铱星系统等。如要了解更多详情,可以参考文献[15-17]等相关文献。

12.2.2　DSS 中的挑战

上面所描述的 DSS 有一些固有的问题和局限性,这些问题需要在优化利用网络的过程中加以解决。

1. 频谱资源有限

DSS 需要高效和优化的技术来利用目前可用的频谱资源。例如,ITU-RR 的 5.523A 建议规定,一部分 Ka 频段被分配给 GEO 卫星。但是,一些将要部署的 NGEO 卫星网络(如 MEO O3b 的多卫星系统[18])也会利用这部分频谱进行通信,这使得 DSS 不得不解决频谱共享的问题。

2. 强干扰

两个共享空间和频率的卫星网络共存时,两个网络之间存在某种程度的干扰,这些干扰也需要被重点解决。DSS 中的干扰可以被分为两种。第一种是由两个共存网络的无线信号带来的干扰,这种干扰需要利用干扰抑制技术或者干扰消除技术来处理;第二种是卫星的视距传输路径被遮挡时带来的干扰。在 GEO 和 NGEO 卫星所组成的 DSS 系统中,NGEO 卫星移动到 GEO 卫星与其地面终端之间时会带来这种干扰。

3. 信道可用性低

由于两个系统共享有限的频谱资源,因此无线信道的可用性是 DSS 面临的重大挑战。尽管这个问题在 FSS 中也会出现,但是该问题对 LMS 场景尤为重要。在 LMS 场景中,卫星与地面终端的信道条件时刻变化,因此信道的阴影效应和与其他卫星网络之间不协调的共享将导致信道可用性下降。文献[19,20]详细研究了这个问题。

为充分利用 DSS 可同时提高服务质量和频谱利用效率的能力,就需要先解决上述问题。对此,CR 将是一个高效的解决方案。这是因为,认知循环的每一个步骤都可以精确地映射为一个工程设计要求,并且可以使用准确的方法来实现。图 12.1 所示的认知循环的不同阶段可以对应图 12.3所示的工程实际问题的不同阶段,认知的基本目标可以转化为工程设计方面的系统设计目标。此外,无线传感器的输出可作为认知激励,可以使用信号处理及优化技术来感知和处理。认知驱动的行为可以被进一步看作用于通信以实现设计目标的工程/传输技术。这种精确的映射表明,抽象的认知循环原理可以通过实在的、具体的设计步骤来实现。这也再次证明了认知技术在诸如 DSS 的卫星系统中的适用性,因为出于对成本效益和复杂性的考虑,这些系统中需要精确而稳健的协议。

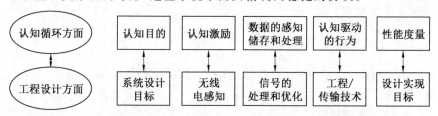

图 12.3　认知循环的不同步骤与工程设计步骤的对应关系

基于这些具体的工程设计步骤,在 DSS 中应用 CR 技术可以应对以下问题。

(1)提高频谱利用率,见文献[21—23]等。

(2)优化干扰管理,见文献[24—27]等。

(3)提高信道可用性,见文献[26,28,29]等。

为达到不同的认知目的,研究人员对用于 DSS 的认知技术进行了更详细地分类,基于不同认知目标的认知技术分类见表 12.1,12.4 节将对此进行介绍。

表 12.1 基于不同认知目标的认知技术分类

认知目的	认知激励	数据的感知、储存和处理	认知驱动的行为	需要改进的性能
提高频谱再利用	频谱使用极化使用	系统/信道建模 计算功率谱密度 分析算法的实现	多路复用技术 调度 空闲频谱中的传输	频谱效率 能量使用效率
优化干扰管理	干扰	系统/信道建模 计算干扰 对干扰级别分类	干扰校准 预编码 波束成形 速率分割	频谱效率 能量使用效率
提高系统可用性	信道可用性	系统/信道建模 计算阴影遮蔽门限 实现阴影遮蔽分类算法	MIMO 技术 网络编码	分集 (空域、时域、角度)
系统设计目标	无线电感知器输出	信号的处理和优化	工程/传输技术	设计实现目标

注:每行中的列表示与每个认知目标相关的认知循环的阶段。第一行表示认知循环的步骤,最后一行表示相对应的工程设计步骤。

12.2.3 可从认知 DSS 中获益的应用

卫星通信系统支持多种多样的应用,这些应用可以满足大量多样的需求。例如,通过卫星建立的地面站与登月舱之间的通信必须是可靠的,而机场塔台与飞机之间的传输必须保证具有较低的时延。CR DSS 可以提供高可靠性的吞吐量和可用性,这正是某些应用的需求,因此这些应用可从认知 DSS 中获益。而这些应用往往涉及固定和移动宽带多媒体业务,如高清晰度(High Definition,HD)广播和 HD 交互式多媒体业务[31]。其他类似的应用包括机器间的通信[32]、物联网[33]和云计算等业务,这些应用程序受益于 DSS 中的 CR。

12.3 用于认知设计的 DSS 建模

12.3.1 DSS 建模的背景

认知 DSS 性能高度依赖准确的系统和信道级建模,主要是因为认知通信的一个组成部分是评估外部环境激励。通过对环境的了解可以帮助系统采用合适的决策来适应环境,进而提高通信的可靠性和有效性。在认知方面,建模使得系统可以对 DSS 的不足进行识别,并选择要通过 CR 进行改进的性能指标。然后,可以选择和实施将在系统和(或)信道模型中使用的认知技术,这种认知行为会对所选性能指标进行改进。

12.3.2　FSS-DSS 的已有模型

为对 FSS-DSS 进行建模,需要掌握以下预备知识:

1. 基础知识

为在本章中做出全面阐述,现在对与场景无关的、对所有 DSS 都适用的假设和链路预算方面的预备知识进行介绍。每个 DSS 使用两颗卫星(SAT1 和 SAT2)和至少两个地面终端(ST1 和 ST2),每颗卫星至少对应一个终端。如果系统中存在多波束卫星,大多数前向下行链路模型在每个波束内的时分多址(Time Division Multiple Access,TDMA)下考虑每个波束的一个用户。此外,通常还假定两颗卫星的关口站被高速无损光纤连接起来,并以此进行通信。

(1)链路预算建模。

链路预算使用文献[34]中采用的标准方法进行建模,但文献[15]将该方法扩展到了双卫星场景中。使用表 12.2 中的表示法,ST2 地球站上的接收功率 P_{rst2} 可以表示为

$$P_{rst2} = P_{tsat2}(d_{nn})G_{tsat2}(0)G_{rst2}(0)L_{other}\frac{\lambda^2}{4\pi d_{nn}^2} \tag{12.1}$$

表 12.2　链接预算建模术语

参数	符号
传输带宽	W
玻尔兹曼常数	k
接收天线的噪声温度	T_r
卫星 ST2 的传输功率	P_{tsat2}
卫星 SAT2 发射机在地球站 ST1 接收机方向的离轴角	θ_1
地球站 ST1 接收机在卫星 SAT2 接收机方向的离轴角	θ_2
卫星 ST2 的发射天线增益	G_{tsat2}
卫星 ST1 的接收天线增益	G_{rst1}

续表12.2

参数	符号
卫星 ST2 的接收天线增益	G_{rst2}
其他损耗，如天线指向损耗、有效负载损耗、极化损耗、时变大气损耗等	L_{other}
地球站 ST2 和卫星 SAT2 间的距离	d_{nn}
地球站 ST1 和卫星 SAT2 间的距离	d_{ng}

考虑相关载波噪声比(C/N)和干扰噪声比(I/N)的表达式。对于下行链路传输，ST2 地球站的 C/N 可以表示为

$$(C/N)_{st2} = \frac{P_{rst2}}{KT_rW} = \frac{P_{tsat2}(d_{nn})G_{tsat2}(0)G_{rsat2}(0)L_{other}}{KT_rW} \frac{\lambda^2}{4\pi d_{nn}^2} \quad (12.2)$$

式中，$P_{tsat2}(d_{nn})$是当地球站 ST2 和卫星 SAT2 间距离为 d_{nn} 时建立链路所需的传输功率。ST1 地面站上的干扰噪声比为

$$(I/N)_{st1} = \frac{P_{tsat2}(d_{nn})G_{tsat2}(\theta_1)G_{rst1}(\theta_2)L_{other}}{KT_tW} \frac{\lambda^2}{4\pi d_{ng}^2} \quad (12.3)$$

式中，$G_{tsat2}(\theta_1)$和$G_{rst1}(\theta_2)$分别是卫星 SAT2 的发射天线朝向θ_1方向（从正轴方向）的增益和地球站 ST1 的接收天线朝向θ_2方向（从正轴方向）的增益。通过更换相应的变量，可以获得上行链路的相应表达式（$(C/N)_{sat2}$和$(I/N)_{sat1}$）。

（2）天线增益建模。

DSS 建模还需要对天线增益进行建模。天线增益的建模方法分为以下两种。

①单馈源单波束网络天线模型，其解析式表示为

$$G(\theta) = G_{max} \left(\frac{J_1(u(i,j))}{2u(i,j)} + 36 \frac{J_3(u(i,j))^2}{u(i,j)} \right)^2 \quad (12.4)$$

式中，$u(i,j) = 2.01723\sin(\theta(i,j))/\sin\theta_{3dB}$，$\theta_{3dB}$是 3 dB 角，$\theta(i,j)$代表第 i 个用户相对于卫星第 j 道波束中心的偏转角；J_m 是 m 阶第一类贝塞尔函数；G_{max}是最大天线增益。文献[36]将单波束馈电模型用于多波束卫星，结果如文献[2,37]所述：一个波束区域内不同点增益分布的精确模型可用于设计高效的认知技术。因此，该模型在有关文献中被广泛认可。天线方向图的仿真结果如图 12.4 所示。

②采用 ITU－R 中对 GEO 天线[38]和 NGEO 天线[39]设计的建议，文献[18]就采用了这种方法。

正如文献[18]中所示，这些天线模型主要用于初步的技术研究。然

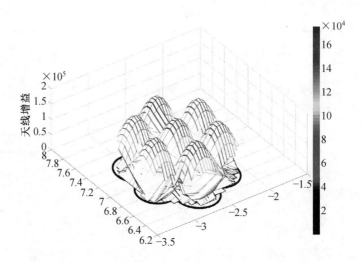

图 12.4　天线方向图的仿真结果(见附录　部分彩图)

而,研究中通常采用实际天线模型。

(3)负载建模。

当前存在许多类型的 FSS 负载模型。多波束高通量卫星系统是当前卫星通信系统的发展趋势,对于这一特定案例,负载模型可以根据前向链路的性能分为以下三类。

①传统负载旨在确保分配到每个波束上的资源都是固定的。

②灵活负载允许在星上灵活地为每个波束分配带宽。

③跳波束负载假定了一个与传统负载和灵活负载完全不同的空中接口。具体而言,是定义了长度为 W 个时隙的一个窗口,并且每个时隙中仅为部分波束提供服务。该分配旨在使每个波束的服务吞吐量和请求的吞吐量相匹配。

文献[41]通过理论传输证明理论负载与实际负载相等,但其也表明,若引入实际负载约束,则会导致理论与实际负载不匹配。实际应用中,不同负载表明在大多数层级下系统的设计不同,包括网关和用户终端的架构设计、适宜协议的选择与设计及技术的设计与应用。例如,文献[42]评估了在双卫星跳波束系统的特定环境中两种众所周知的认知技术。

(4)FSS 信道建模。

利用文献[44]中提出的相关区域(Correlated Area,CA),文献[43]对FSS 基本信道建模进行了综述,这对所有场景都是通用的。信道衰减很大程度上受到降雨的影响,衰减范围从几分贝到二十多分贝不等。在特定条件(如降雨或阴天)下,可假定所有用户都具有相近的信道衰减值,即这些用户在时间和空间上是相关的。该信道通过定义图 12.5 中的"相关区域"进行建模。这些 CA 并非固定,而是在覆盖范围内以风速移动。一个 CA 中的所有用户因为具备类似的信道条件,所以在传输时将采用类似的预处理。在认知 DSS 中,应用预编码和波束成形技术及调度策略时,必须考虑该物理模型。需要指出的是,CA 模型建立在实际观察的基础上,因此可被证明是一个高度准确的信道建模方法。有兴趣的读者可参阅文献[44]了解详细信息。

(5)信号模型。

文献[45]提出了多波束卫星信号的统一模型。该模型适用于所有域(时域、空间域和频域),且可通过使用恰当的参数适用于不同场景。该模型可扩展到 DSS。应指出,该模型包含所有域中的通用情况,因此可用于 DSS 中的信号建模。在对 DSS 领域的研究有限的情况下,DSS 使用的信号模型相当简化(这些都将在下一节中进行介绍),文献[45]中的研究工作为未来 DSS 的高级建模提供了框架。除这些一般预备知识外,针对一些特定场景,DSS 模型还需要考虑一些特殊的问题。下面将分小节描述这些不同类别的 FSS-DSS 建模。

2. 单波束多波束共存的 DSS

在由单波束和多波束卫星共存形成的 DSS 中,部分或全部多波束卫星接收机落在图 12.2(a)所示的单波束卫星的覆盖范围内。这是因为单波束卫星波束的覆盖范围更大。一些运营商,如 SES S. A. ,已经部署了含共轨卫星的卫星系统,其主要用于备份。文献[45]对用于下行链路传输的多波束卫星系统进行了系统地建模,这些多波束卫星系统的 DSS 扩展在前面小节中已有阐释。文献[46]对用于上行链路传输的多波束卫星系统进行了建模,该模型向 DSS 的扩展如下所述。

(1)系统模型。如图 12.2(a)所示,该系统包含服务的覆盖区域相同的一颗单波束卫星(SAT1)和一颗多波束卫星(SAT2)。就轨位而言,单波束卫星和多波束卫星可以是相邻的,甚至可以是同轨的。此外,该系统考虑一个单波束卫星地面终端(ST1)和 K 个多波束卫星地面终端(ST2),后者由 SAT2 的 K 个波束服务。一个 ST1 和 K 个 ST2 在同一个时隙通过相同的频带进行传输。此外,假定各终端使用包含 $L=M+1$ 个载波的多载波传输方案。在所有载波中,ST1 传输 M 个符号,并且每个 ST2 传输 1 个符号。可以观察到,与之前的研究工作中使用多天线维度不同,这里使用多载波维度进行干扰对齐。

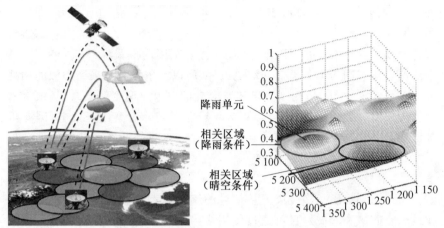

(a) 包含基于相关区域链路的卫星信道模型　　(b) 取自文献[43]的相关区域示意图

图 12.5　相关区域

（2）信号模型。文献[46]详细介绍了上行链路传输的信号模型，该模型向 DSS 的扩展可参见文献[47]。单波束卫星终端（SAT1）的接收信号为

$$y_p = Hx + \sum_{i=1}^{K} F_i x_i + z_p \tag{12.5}$$

式中，y_p 代表 $L \times 1$ 接收符号矢量；x 和 x_i 分别是来自 ST1 和第 i 个 ST2 的 $M \times 1$ 和 $L \times 1$ 发射符号矢量；z_p 是接收机噪声。假定输入信号 x、x_i 为高斯分布，并遵守总功率约束。$L \times M$ 矩阵 H 代表 SAT1 和 ST1 间的信道增益，$L \times L$ 矩阵 F_i 则代表 SAT1 和第 i 个 ST2 间的信道增益。SAT2 信关站联合处理器上的接收信号可表示为

$$y_s = \sum_{i=1}^{K} \widetilde{F}_i x_i + \widetilde{H}_x + z_s \tag{12.6}$$

式中，y_s 代表 $KL \times 1$ 接收符号矢量；z_s 是接收机噪声。$KL \times M$ 信道矩阵 $\widetilde{H}$ 代表所有 SAT2 波束和 ST1 间的信道增益，$KL \times L$ 信道矩阵 $\widetilde{F}_i$ 则代表了所有 SAT2 波束和第 i 个 ST2 间的信道增益。应指出，由于存在大量的接收机，因此在前向链路中应用干扰对齐看起来更加复杂。

除该模型和预备知识外，多波束卫星系统建模的另一个重要方面是由地面终端位置引发的多链路接收问题，而该问题已在文献[36]中进行了深入分析。

3. NGEO/GEO 共存 DSS

本节建模了由 NGEO 和 GEO 卫星形成的 DSS，并重点解决系统内出

现的不同层卫星间相互干扰的问题。该场景如图 12.2(b)所示,并在文献
[15]中进行了深入探讨。此类场景的具体建模如下。

(1)系统模型。应指出,服务于高纬度地面站的 GEO 卫星网络中永远
不会出现共线状况,因此不会对 GEO 网络产生有害的干扰。然而,对于服
务靠近赤道的地面站的 GEO 卫星网络,NGEO 卫星可能直接行进至
GEO 卫星和赤道面上的地面站间的连线上。当 NGEO 卫星(SAT2)位于
GEO 卫星的地面站(ST1)和 GEO 卫星(SAT1)之间时,共线干扰就会发
生。在该模型的下行链路传输中,来自 NGEO 卫星(SAT2)的传输可对
GEO 卫星地面站(ST1)产生干扰。在上行链路传输中,存在一条从 ST2
到 SAT1 的传输干扰链路。这两种情况都需维持 GEO 链路,同时保障
NGEO 链路传输。例如,当运行到赤道平面的某个确定范围内,靠近 GEO
轨道热点时,Skybridge 卫星将停止信息传输[6]。

(2)信号和信道模型。此场景的信号模型可按照上述其他 DSS 场景
的模型进行建模,但信道模型的建模需顾及更多特性。如图 12.2(b)所
示,在 NGEO 和 GEO 共存场景中,地面站同时对准 GEO 和 NGEO 卫星,
会通过其主波束接收并产生干扰。这意味着,地面站天线方向图对准
GEO 卫星,同时将接收到来自共线的 NGEO 卫星的干扰信号。另外,
NGEO 卫星将接收到来自地面站的干扰信号,而这个信号本是地面站发
送给 GEO 卫星的。只有当地面站的偏航角很小时,这些干扰信号才产生
明显影响,因为它们的指向性很强。因此,在建模这些信道时,需要考虑
12.3.2 节中所描述情况之外的其他问题。SAT1 和 ST1 间的信道可建模
成一个三状态马尔可夫信道。在信道处于“on”状态时,SAT1 正确发送/
接收与 ST1 的交互信号;而在信道处于“off”状态时,没有任何信号被接
收。在“off”状态下,ST1 和 SAT1 上的干扰均增加。在第三种状态——
“不完全”状态下,信号被接收,但由于 NGEO 对 GEO 的部分遮蔽,因此信
号能量会产生很大损失。

4. 重叠覆盖 DSS

当两颗卫星的覆盖范围存在重叠时,覆盖范围内的一些(甚至全部)地
面接收机能够同时接收到来自两颗卫星的信号,此时形成的 DSS 如图
12.2(c)所示。以下模型是经典的单频通用模型,文献[36]已针对模型在
单卫星场景中的应用进行了详细的探讨。接下来将介绍该模型向 DSS 的
扩展。

(1)系统模型。为使模型不失一般性,考虑两颗覆盖区域重叠的同轨
多波束卫星服务于 FSS 用户,并对此系统进行建模。假定用户在每个波

束的覆盖范围内均匀分布,同样假定两颗卫星在各个波束中的用户间应用TDMA,这使得在每个时隙中,每个波束仅服务一个用户。当前的研究重点是下行链路(卫星和地面站间的链路)。

(2)信号和信道模型。在 DSS 重叠覆盖多波束卫星系统中,N_1 和 N_2 分别是两颗卫星上的天线数量,K_1 和 K_2 分别指代每个覆盖范围内的单天线用户数量。每对收发信机间形成一个 MU-MISO 广播信道,基于用户位置(x,y)的第 k 个接收机上接收到的信号[36]为

$$r_k(x,y) = \sum_{l=1}^{N_1} h_{lk1}(x,y)x_{1l} + \sum_{l=1}^{N_2} h_{lk2}(x,y)x_{2l} + n_k \qquad (12.7)$$

式中,$r_k(x,y)$ 是坐标(x,y) 处的接收信号;$h_{lki}(x,y)$是第 i 颗卫星的第 l 条天线对坐标(x,y)上第 k 个用户造成的总体信道系统效应;N_i 是第 i 颗卫星的天线数;X_{tl} 是来自第 t 颗卫星的第 l 条天线的信号$(t=1,2)$;n_k 是在第 k 个用户的接收天线上测得的 i.i.d. 零均值 AWGN。

文献[2,37] 中也深入探讨了该 DSS 场景。

12.3.3 现有 LMS-DSS 模型

与 FSS-DSS 场景相反,LMS-DSS 场景几乎不存在系统模型(从架构角度看)。对此,一个可能的原因是,12.3.2 节中描述的 FSS-DSS 系统模型可直接应用于 LMS-DSS 场景。但由于大多数运行于 L/S 频段的 LMS 系统经历的是快速的时变信道,因此两种场景中的信道模型存在着本质差异。因此,LMS 信道模型是基于状态的。也就是说,LMS 的信道模型通过描述不同的信道状态来解释接收信号的较大动态范围(障碍物阻隔视距传输导致的慢衰落、终端邻近区域中多路径效应或散射体导致的快衰落,以及这二者的结合)。大量文献都研究了 LMS-DSS 场景中的信号/信道模型,参见文献[19,20,48,49]。

下面首先介绍用以开发信道状态模型的文献中固有假定系统模型,其次介绍针对 LMS-DSS 场景的一个四信道状态模型。

1. 系统模型

图 12.6 所示为 LMS-DSS 系统模型。可以看到,来自外部网络的数据被发送到两个信关站,随后被这两个信关站转发到其相关卫星上。这两颗卫星应位于合适的轨道位置,以确保用户有极大的概率看到其中至少一颗卫星(也就是多卫星分集)来应对快速变化的信道,用户能够与其中一颗卫星(甚至是两颗)建立通信链路来接收/发送数据。一般而言,这个决策是根据可用性确定的。也就是说,一个移动用户与特定卫星之间的视距链

路可被障碍物阻断,尤其是在城市峡谷型环境中,这会导致短暂的信号丢失。当拥有两颗卫星时,与其中一颗卫星的视距链路被阻断的用户可连接到另一颗卫星上,从而获得连续的服务[48]。

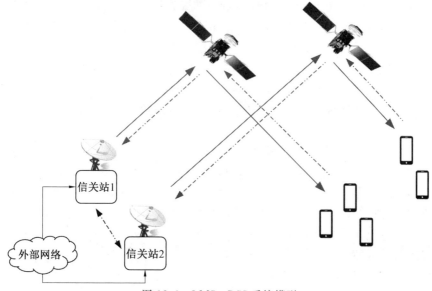

图 12.6　LMS-DSS 系统模型

不同信关站之间也可进行协作、交换用户信息,以及应用空间分集和 CR 等技术来提高系统性能,应对信道影响。例如,将用户关联到在当时可用的卫星上的影响是其中一颗卫星可能超载。随后,各信关站可认知性地执行负载均衡操作,并将两颗卫星的所有用户关联到负载较小的那颗卫星上。

2. 信道模型

正如前面所提到的,LMS 信道模型是基于状态的,因为移动信道很大程度上取决于建模的特定环境,其受不同的减损、慢衰落变化、快衰落变化,以及慢衰落与快衰落的结合变化的制约。缓慢变化与状态对应,具体而言,关注的是一个单信道建模为"好"或"坏"状态的模型。

一旦状态和状态的转换完成建模后,直射与非直射信号的幅度将产生。在普通的 LMS 信道中,这是通过将对数正态分布、莱斯分布和瑞利分布结合起来进行建模的。下面将只研究怎样给状态及状态的转换建模。大多数情况下,该建模是可行的,这得益于可收集接收统计数据的大量测量活动。下面将提供可降低甚至避免这些活动复杂性的例子。

(1)半马尔可夫信道模型。

应用在两颗卫星上的半马尔可夫模型是应用在单颗卫星上的半马尔可夫模型的一种直接扩展。后者描述了两个接收状态,即当用户接收到信号时的"好"状态和用户无法接收到信号时的"坏"状态。对其的扩展是通过结合单颗卫星的两个状态形成如下的四个状态获得的。

①"好-好"。用户可接收来自两颗卫星的信号。

②"好-坏"/"坏-好"。用户仅可接收其中一颗卫星的信号。

③"坏-坏"。用户无法接收两颗卫星中任何一颗卫星的信号。

通过定义从每个状态周期的统计数据中获得的状态转移概率,该模型可进一步得到完善[48]。

(2)对数正态分布信道模型。

该模型基于两颗卫星的半马尔可夫模型,不同的是每个状态持续被建模为对数正态分布。大量的文献都接受了在单卫星信道中使用对数正态分布描述状态的持续。然而,其向联合状态持续("好-好""好-坏""坏-好"和"坏-坏")的转换不是太精确,如文献[48]中所论述的,这需要一定程度的灵活性。

(3)阴影相关信道模型。

虽然受限于城市环境,但文献[19]中的阴影相关信道模型依然展现出两大主要优势。首先,这个模型无须进行实际测量活动便可在计算机上完全运行;其次,该模型允许用图形表示卫星和地面移动终端之间的任何可能的几何结构,因此可以更好地理解两颗卫星的系统行为。

从根本上说,这个模型考虑了文献[29,50]中通常提供的待建模环境中建筑物的高度和宽度的统计分布,以此来产生移动站周围建筑物的几何投影。随后,通过计算天际线遮蔽角(图 12.7),可以生成一系列每颗卫星"好"的和"坏"的状态,以及不同移动站位置或卫星方位角。该系列可获得各种情况下两个信道的相关系数,这个相关系数从以下几个方面描述了两个信道的状态。

①正相关。两条卫星链路将可能同时处于视距和遮蔽环境,因此分集无法对实用性提供任何显著的改善。

②零相关。两条卫星链路相互独立,但这并不一定能够确保分集对实用性提供任何显著的改善。

③负相关。两条卫星链路的行为相反,即当其中一颗卫星被阻断时,另一颗卫星可能处于视距环境,反之亦然。

对于提高可用性计算,文献[51]中的模型是基于物理-几何特性的,

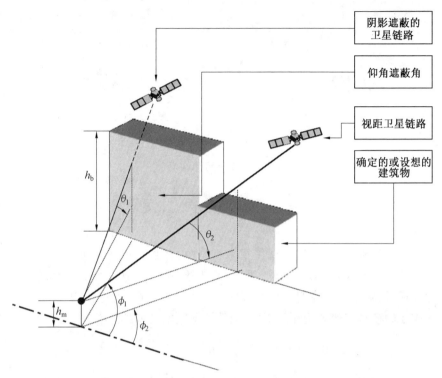

注:建筑物可由建筑物数据库(Buildings Database,BDB)获得或通过生成虚拟环境
获得,h_b 指建筑高度,h_m 指移动站高度。

图 12.7 受到阴影遮蔽的视距卫星链路

并且描述了两个信道遮蔽/阻断效应的互相关系数的特征。显然,这个简
单的建模方法可以在很大程度上促进基于认知的 DSS 的设计。

(4)Lutz 信道模型。

Lutz 信道模型是前面描述的相关信道的半马尔可夫模型的变化。这
个模型的主要优势在于其只需要单颗卫星的统计数据,且这些统计数据易
于参数化,并且使用在大量的文献中。本节介绍的前两个模型需要四种组
合("好—好""好—坏""坏—好"和"坏—坏")中任意一种的统计数据,这些
统计数据难以获得及参数化。对此,采用的方法是从两条单卫星信道入
手,通过相关系数,考虑各信道间的相关性来获得四状态模型[52]。

如前面提到的,希望通过在移动场景中部署两颗卫星获得的改善主要
是提高可用性。从这个意义上而言,文献[52]还介绍了一个图 12.8 所示
的服务可用性模型,该模型可从四状态 Lutz 模型推导而来。

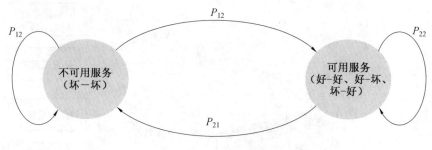

图 12.8　服务可用性模型

12.4　认　知　DSS

已经看到,DSS 可以出现在很多场景中,并且这些场景可以用不同的方式建模。此外,如 12.2 节所描述的,为确保 DSS 中两个卫星系统的高效共存,认知技术被证明是极为有用的。在这一节中,通过使用在 12.3 节中描述的模型来研究应用于 DSS 上的认知技术的分类。

12.4.1　认知 DSS 分类的分析

已经提出了一个认知循环来评估被应用于 DSS 上的认知通信的概念。图 12.1 描述了该认知循环,其工程设计的等效图可参见图 12.3,其对 DSS 场景的扩展见表 12.1。

文献中已研究了很多种认知 DSS。根据已提出的认知循环,这些认知 DSS 的每一个都可归类到不同的认知目标下。用以实现该目标的不同步骤可对应于已提出的认知循环的不同阶段(表 12.1)。就此研究各种现有认知 DSS 的分类,并且通过这些认知 DSS 类别所采取的不同步骤,确定认知循环的阶段。

现有认知 DSS 可被分成以下三类。

(1)基于频谱管理的认知 DSS。

(2)基于干扰管理的认知 DSS。

(3)基于系统可用性的认知 DSS。

下一节将详细地介绍这三种双卫星系统。

1.基于频谱管理的认知 DSS

基于频谱管理的认知 DSS 通过采用认知技术来处理频谱稀缺问题。文献[10]中详细分析了卫星系统中频谱利用率低的问题。DSS 中的两个卫星系统共享一段频谱,因此需要使用智能技术来管理有限的可用频谱。文献[14]详细研究了认知系统中的认知环的实现步骤和需要深入解释的工程实现问题。12.3 节中介绍的 DSS 模型都可以用来实现这些技术。一般来说,多波束/单波束共存 DSS 将单波束卫星视作主用户;在 NGEO/GEO 共存 DSS 中,GEO 卫星视为主用户。

(1)认知激励。

为实现以频谱管理为目标的认知技术,卫星系统感知到的外部激励对于空闲频谱是可用的,这是利用合适频谱感知技术感知频谱的主要步骤。相关文献提出了许多频谱感知技术,这些技术适用于所有多卫星场景,而不局限于 DSS[21-23]。三个主要的用于感知的信号处理技术包括匹配滤波器检测、能量检测和循环平稳特征检测[53]。但是,这些技术会受到接收信号强度的影响,这是因为信号强度在变化的环境中不能得到保证。在这种情况下,协作感知效率更高。

(2)存储和处理。

在感知频谱利用率后(空间上的和时间上的),使用功率谱密度(Power Spectral Density,PSD)等度量指标量化感知到的频谱,基于 PSD 应用不同算法来识别观察到的 PSD 是否具有一定的主用户检测概率。此外,通过频谱感知技术确定的空间—时间—频率域中的频谱利用可分为三类:黑色空间,被高功率卫星占用的部分频谱或某些时间本地干扰;灰色空间,被低功率干扰源占用的部分频谱;白色空间,除自然和人为的环境噪声外,未受 RF 干扰的部分频谱。在不同的 DSS 场景中,次级用户在优选的白色空间中进行机会传输。如果要在灰色或黑色空间中进行传输,则需要系统采用适当的干扰管理技术。下一节将讨论这些技术。频谱空穴中的机会传输还包括在三维空间频谱空穴中的传输,这意味着频谱空穴的识别取决于传输角度和极化方式。另外,部分频谱也有机会用于认知传输。

(3)认知技术。

频谱管理的认知驱动行为或传输技术可分为以下两类。

①机会传输。应用于 DSS 的一种非常基本且非常有效的认知技术,是次级用户在主用户频谱空穴中进行的的机会传输。具体而言,次级用户上的 CR 终端给予主用户较高的优先权,在非干扰的基础上,在时空中利用无线电频谱。

文献[37]在重叠覆盖共存的 DSS 场景中,利用认知跳波束的概念研究了机会传输技术的一种实现方法。主卫星网络允许以预定的频谱带宽发送信号,但在次级用户上应用了动态频谱感知,并且空闲的频段被分配给次级用户。在传统的跳波束系统中,每个波束都使用了全频复用,而不像传统多波束系统中使用部分频率复用。认知跳波束 DSS 利用了这一特性。因为在特定的时隙中,全部可用波束中只有特定的一部分是活跃的,所以 DSS 的次级卫星网络可使用未被使用的频率。从根本上说,主卫星系统是一个具备较多波束的跳波束系统,而次级卫星系统可看作一个具备较少波束和较低峰值功率的跳波束系统。

②协作传输。传统的频谱管理技术本质上是认知的,即复用和调度。在认知 DSS 场景(如 NGEO/GEO 共存场景)中,主用户和次级用户可在主用户的可容忍范围内共享频谱。这些资源可以在频域(频分复用)或时域(时分复用)中被共享。在这些场景中,假定两颗卫星具备相同的操作器或协同操作器来供执行这样的协同机制。此外,在单波束/多波束共存 DSS 场景中,12.3.2 节中所示的上行链路模型可基于用户的需求分配频谱,这增加了对频谱管理的认识。这种情况已经在文献[46]中得到了很好的表述,可以直接应用到 DSS 中。图 12.9 所示为认知载波分配的流程图。

这些频谱管理认知技术的输出在频谱资源稀缺的情况下会减少,减少的输出可由频谱效率或功率效率等量来进行衡量。

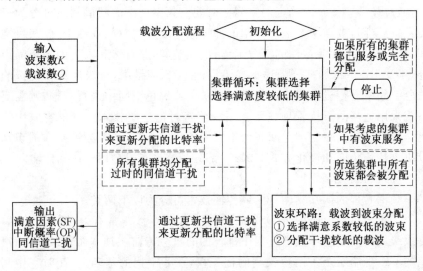

图 12.9　认知载波分配的流程图

2. 基于干扰管理的认知 DSS

本节对以干扰管理为目的并采用认知技术的 DSS 进行分类。DSS 中两个卫星系统的频谱共存可以被建模为一个授权系统和认知系统之间存在干扰信道的 CR 网络,在认知 DSS 中采用大量干扰管理技术来降低/消除次级用户对主用户的干扰,同时维持二级用户的 QoS。这里应指出,一个认知系统应能够容忍干扰。下面将会结合网络编码(Network Coding,NC)详细讨论该情况。这些技术也可遵照接下来要提出的认知循环进行研究。

(1)认知激励。

用于评估对抗干扰的认知技术执行的外部激励是主用户节点上的无线干扰感知,这正是通过评估在主用户上获得的无线信号来完成的。在进行下一步处理之前,在规定的时间/空间/频率域上将观察到这些信号。

(2)存储和处理数据。

观察到的信号可进一步被存储及处理,以评估主用户上的干扰量。这个过程涉及通过量化观察到的信号来识别干扰。FCC 任务小组报告[10] 定义了干扰温度的度量以模拟主用户受到的来自次级用户的干扰。因此,在认知 DSS 中,干扰管理技术旨在确保主用户上的干扰温度不超过预先设定的阈值。

(3)认知技术。

认知 DSS 中考虑的干扰管理技术可再细分为三个类别加以研究。

①基于灵活/波束成形系统的干扰管理。文献[45]中广泛分析了取决于域的干扰管理。这些技术对于以上讨论的所有下行链路传输场景均有效。使用 12.3.2 节中描述的统一系统模型来简要描述这些技术。需要注意的是,在这些技术中,假定主 SAT1 和二级 SAT2 均使用了干扰管理。

a.灵活系统。在不进行预编码的情况下,使用统一系统模型进行干扰管理,$F_i = I_k$。通过文献[45]中详细描述的基于 SAT1 和 SAT2 上频谱遮蔽矢量 w_{ik} 的优化使用,可最大程度降低干扰。

b.波束成形系统。为实现在时间—空间域中的干扰管理,在波束成形方向分离用户流。假定 $N_c = 1$,频谱遮蔽矩阵 $[W_i]_{kl} = 1, \forall k, l$,通过为两颗卫星优化选择波束成形矩阵 F_i,干扰将被降低到最低程度。迫零波束成形给出了一个基本波束成形矩阵的实例。文献[45]中提出了其他优化波束成形矩阵。

②干扰对齐(Interference Alignment,IA)。IA 的基本原则是基于信号子空间上和非意向接收机上的干扰对齐,可通过牺牲一些接收信号轻松过滤掉干扰。IA 可行的基本假设是,有多个可用的域(空间、频率、时间或编码),且发射机知道非意向接收机处的 CSI。文献[54]最早将 IA 技术应用到卫星系统的下行链路场景中。文献[54]还证明,子空间干扰对齐在下

行链路卫星场景中是可行的,其中仅需使用一些几何特性约束。随后,有研究人员研究了上行链路传输中的 IA,因为一般来说在下行链路中,卫星的地理覆盖范围较大,地面接收机在特定的区域对齐卫星发送信号的过程将是极为复杂的。文献[47]讨论了上行链路传输中的 DSS,其中 IA 被用于多波束卫星终端,以抑制单波束卫星受到的干扰。此外,根据认知程度,可有不同的 IA 技术。

a.静态 IA。ST2 上采用的最简单的 IA 案例是基于文献[55]中引入的初始 IA 概念。根据此概念,可选定一个干扰对齐需遵照的非零矢量 v。对齐方向的选择可通过预定网关的信令来确定。迫零滤波器可移除在 v 上对齐的干扰。该基本 IA 方法会带来一单位的复用增益,所以并非最优选择。

b.协同 IA。向 IA 添加更多的认知后将获得协同 IA。在协同 IA 中,主系统和二级系统会根据最佳条件,动态协同交换 CSI 信息和对齐矢量。

c.非协同 IA。在这个方法中,认知是在主用户端实施的,而主系统和二级系统并未协同。ST2 选择 v 来最大化其吞吐量,SAT1 随后感知 v,并使用适当的滤波器。

此外,文献[56]提出了含频率压缩的 IA 技术,其中涉及减小频域中相邻信号间的间隔,同时采用先进技术来抑制或利用额外降低的干扰。

③通过功率控制的干扰抑制。DSS 还面临着另外一种干扰,即共线干扰,其在 NGEO-GEO 共存场景中尤为明显。认知 DSS 采用功率控制技术来抑制共线干扰。GEO 卫星系统视为主系统,NGEO 卫星系统则视为次级系统。12.3.2 节讨论了对这些场景的建模,而这些场景的相关图解可参考图 12.2(b)。在上行链路和下行链路分别利用公式优化问题进行干扰抑制[15]。在上行链路传输中,功率分配优化问题要求 NGEO 地面站(ST2)控制其传输功率,以使 GEO 卫星终端上的干扰 $(I/N)_{sat1}$ 低于阈值水平,同时可确保其自身的 QoS。在下行链路传输中,功率分配优化问题要求 NGEO 卫星(SAT2)以一定的功率水平传输,从而确保地面上 NGEO 终端(ST2)获得期望的 $(C/N)_{st2}$ 比率,并且地面上 GEO 终端(ST1)的 $(I/N)_{st1}$ 低于阈值水平。此外,NGEO 卫星的星载功率约束也应得到满足。

3.基于系统可用性的认知 DSS

任何两个共享有限频谱的系统都需要经常处理如何提高可用性的问题,DSS 案例中也是如此。当场景是移动的,也就是 LMS-DSS 时,意味着除共享有限频谱外,用户对于卫星的可见性也随时间变化,即用户用以发送或收集数据的频谱空穴有限且不断变化,此时高效技术的开发就显得更加重要。

尽管目前没有任何具体的研究工作致力于 LMS－DSS 场景的评估，但众所周知,NC 和 MIMO 技术有助于提高移动场景中的可用性。这些技术基于容忍干扰而非 12.4.1 节中提出的抑制干扰的理念。下面将介绍这两种技术,分析这两种技术在 LMS－DSS 场景中的应用方式,并指出文献中应用这些技术的研究工作。

(1)网络编码。

NC 是 Ahlswede 等在文献[57]中提出的开创性成果,是一项相对较新的技术,它基于对到达网络节点的信息流的组合,而不只是转发这些信息流[58]。如执行得当,NC 将可带来吞吐量、可靠性、安全性、媒体访问控制、能量节约及文献[59]中概述的其他诸多方面的改善。已有大量研究工作评估了 NC 在卫星系统中的实施方法,文献[60,61]中研究的是 MAC/IP 层上的实施,文献[62]中研究的是上层中的实施,但还未有在 LMS－DSS 系统中应用 CR 技术的相关研究。然而,文献中的现有研究工作经稍加改进即可应用于 LMS－DSS 系统。

文献[63]描述了一个前向链路的例子。该研究工作表明,LMS－DSS 场景中的基站、关口站将累积一定数量指向次级用户的数据包,并在发送这些数据包前对其进行网络编码。这降低了次级用户的传输时间,从而为其他用户预留了更多的可用频谱。

文献[64]描述了一个反向链路的例子。主用户累积到达其缓冲器的数据包,随后在发送前对其应用 NC 进行组合。直觉上,当主用户使用 NC 时,每个主用户的忙碌周期较少受到数据包批量大小的限制。由于采用了数据包累积和基于分组的传输,因此忙碌与闲置周期间的转变变得更可预测。由于 NC 的可预测性,因此其降低了对次级用户检测的需求,并提高了次级用户在频谱中寻找空穴的机会。请注意,该例子几乎可直接应用于 LMS－DSS 场景。其中,主用户将发送其数据包到编码卫星网络,二级用户可更成功地进行频谱感知,即可获得更高的可用性。此外,文献[65]研究了这类技术在多信道环境及假定实际衰落条件下的使用问题。根据 12.3.3 节中介绍的模型,通过正确的信道建模,可将该项技术充分应用于 LMS－DSS 场景中。

文献[61]中的研究工作尽管非特定指向 LMS－DSS 场景,但其应用 NC 的方式与此相同。在此案例中,信道模型是用 12.3.3 节中的半马尔可夫方法建立的。文献[61]提出的方案的主要优点是导出最佳编码策略,以实现一定程度的可用性。12.5 节将讨论如何将文献[61]的研究结果扩展到 CR LMS-DSS 场景中。

（2）MIMO 技术。

MIMO 技术是一项已经成熟的技术，其基于这样一个事实：两个实体间交换的信息是通过多天线产生的。多个天线位置可以仅在发射机（MISO）端、仅在接收机（SIMO）端或同时在发射机和接收机（MIMO）端[66]。由此可以使用多种不同的发送方案，包括将相同的信息通过多个天线（空间分集）发送和使用空时编码通过不同天线发送。

在 NC 的情况下，使用 CR MIMO 技术的主要目的是提高可用性，旨在为 PU 和 SU 提供增强的频谱感知技术。例如，文献[67]中提出了一种合作方式。用户交换他们检测到的频谱空穴，由于交换是通过多个天线执行的（应用空间分集、时间分集、空时编码等），因此检测频谱空穴是否真正空闲可以获得更可靠的信息。这种方法在混合 DSS 场景中是完全可行的，其中用户可以通过地面网络交换关于卫星频谱的信息，然后使用适当频谱通过卫星传输信息。

4. 基于协议栈层的认知技术分类

所有上述技术都应用于协议栈的不同层，因此还可以基于它们所应用的协议栈的层对认知技术进行分类。基于协议栈层次的认知过程和技术的分类与基于目标的分类法的跨层引用见表 12.3，基于协议栈层次的认知过程和技术的分类更倾向于 DSS 的工程设计观点，侧重于根据可行性、成本和复杂性，从不同的设计角度实现认知。

表 12.3　基于协议栈层次的认知过程和技术的分类与基于目标的分类法的跨层引用

协议堆栈层	增加频谱复用	优化干扰管理	提高系统可用性
物理层	频谱利用率 极化利用率 计算功率 频谱密度 算法的分析 系统/信道建模	计算干扰 温度 干扰的分类等级 干扰对齐 预编码 波束形成 系统/信道建模	计算遮蔽门限 分类遮蔽的实现算法 物理层网络编码 系统/信道建模
MAC 和传输层	多路复用调度 谱孔传输	速率分割 资源分配	MIMO 技术 物理层网络编码 系统/信道建模 MIMO 技术网络编码 基于 GEO 位置的技术

12.5　网络编码 DSS

如 12.4.1 节所述,NC 是 DSS 中 CR 的一种潜在技术,更具体地,是应用在 LMS－DSS 中的 CR 技术,因为它可以应用于 MAC 层来协调用户访问系统的方式。为进一步说明,本节将接着文献[61]中的工作,给出一个关于如何在 CR LMS－DSS 中应用 NC 的具体示例。

12.5.1　系统模型和信道模型

双卫星多源单接收机系统模型如图 12.10 所示,假设 DSS 具有|S|个移动源和一个接收机。该系统具有两颗卫星,每个移动源的每个卫星信道使用 12.3.3 节中介绍的 Lutz 信道模型进行建模,每个源具有独立的统计识别信息。这意味着每个源与卫星的连接都是用"好－好""好－坏""坏－好"或"坏－坏"状态对来描述的。为验证信道相关性是否影响性能,考虑以下三种不同情况。

(1)|S|源－卫星 1 和|S|源－卫星 2 链路是不相关的。

(2)|S|源－卫星 1 和|S|源－卫星 2 链路是相关的。

(3)|S|源－卫星 1 和|S|源－卫星 2 链路是完全相关的。

假定源可以通过某种机制交换数据包。值得注意的是,这是在文献[68]中无线传感器网络(Wireless Sensor Network,WSN)、文献[69]中的智能网关和文献[70]中的延迟容忍网络(Delay Tolerant Network,DTN)采用的可行方法。然后,源选择分组的子集,并使用某种技术将其广播到卫星,从而使得中断概率,即接收机不能收集所有分组的概率降低。为此,本节研究了两种不同的技术,即认知无线电空间分集(Cognitive Radio Spatial Diversity,CR SD)技术和认知无线电空间分集与网络编码(Cognitive Radio Spatial Diversity with Network Coding,CR SD＋NC)技术。

实际应用中,许多场景都与描述的系统相匹配。例如,一些传感器连接到偏远地区(如森林)的动物。这些传感器将利用先进功能将感知到的信息传输到少量的接收机。这些接收端将在通过任何可用的卫星将信息发送到远程主机之前进行协作[68]。由于周围环境的随机性(阻挡视线、降雨等),因此信道在某些时间段将处于可用/不可用两种状态。此外,如涉及几个军用移动基站的场景,它们收集部署在战区的部队发送的信息(如受到攻击的城市)。需要注意的是,这是一个基于真实情况的假设,在将信

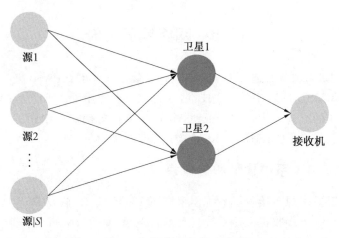

图 12.10　双卫星多源单接收机系统模型

息发送到卫星之前,移动台会进行分组交换。由于高层建筑阻挡视线或由敌人造成的暂时中断等,因此移动源的信道可处于可用/不可用状态。

12.5.2　提出的技术

1. 认知无线电空间分集

在这个方案下,移动源 $|S|$ 的集合 $S=\{s_1,\cdots,s_{|S|}\}$ 协调传输 N 个分组($N\leqslant|S|$),$P=\{p_1,\cdots,p_N\}$。使 s_1 到 s_N 每个移动源发送 $p_1\sim p_N$ 的分组。在 CR SD 方案中,源 $s_{N+1},s_{N+2},\cdots,s_{|S|}$ 发送 $p_1,p_2,\cdots,p_{|S|} \bmod N$ 分组。因此,对于 $N<|S|$,至少一个分组由多个源发送,并且分组被发送到两个卫星,以这种方式实现简单的空间分集方案。

由于系统资源有限,因此 12.4.1 节引入了一种 CR 频谱管理技术,即移动源通过频谱感知访问系统。更具体地说,源可以采用频谱感知,如12.4.1节(NC 部分)中介绍的反向链路情况,详见文献[64,65]。值得一提的是,对于卫星情景,节点之间的大的物理分离可能会导致感知困难,因此所提出的频谱感知技术有一定的局限性,该技术的使用局限于节点相对靠近的情况。图 12.11 所示为 CR SD 方案的图形说明,各源已交换数据包,并相互协调以选择每个源发送的包。S_i 发送包 $p_i \bmod N$。当 $N<|S|$ 时,至少有一个数据包由不止一个源进行发送,这些包被发送至两颗卫星,从而实现了简单的空间分集方案。

2. 认知无线电空间分集与网络编码

根据这个方案,每个 $|S|$ 源采用 CR SD + NC 发送单个编码分组作为

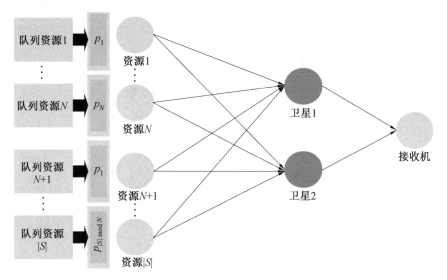

图 12.11　CR SD 方案的图形说明

多个分组的组合。具体来说,每个源使用随机线性网络编码(Random Linear Network Coding,RLNC)从相同的本地 N 个分组生成单个编码分组,其中假设 $N \geqslant 1$,编码系数包含在分组报头中。在接收机侧,至少接收 N 个编码数据包以恢复原始数据包。在用户通过频谱感知访问系统之前,图 12.12 所示为提出的 CR SD ＋ NC 方案,其中编码的分组被表示为 $C(\cdot)$,每个源发送同样的 $p_1 \sim p_N$ 随机线性数据包组合。

12.5.3　分析和结果

下面讨论概念上的性能。

(1)在 CR SD 方案之下,接收机有很大的概率获得重复数据包。例如,发送某个数据包 p_j 的源,其拥有一颗或两颗良好状态的卫星("好－好""好－坏"或"坏－好")。

(2)在 CR SD ＋ NC 方案下,仍有可能接收到重复数据包,但这仅限于两颗卫星同时从相同的源接收数据包的情况。尽管它们包含了来自相同 N 个数据包的信息,但来自于不同的源的数据包本质上是不同的。这为数据包提供了合理的保护,因为如果一个源所对应的一颗卫星或两颗卫星均处于"坏"状态,将同等地影响所有数据包,而不是像 CR SD 方案中那样只影响单个数据包。此外,NC 还改善了系统的 CR 部分。由于采用了数据包累积和基于批的传输,因此忙碌和空闲周期间的转换变得更可预测。也就是说,源降低了感知需求,并将增加通过感知发现可用载波的

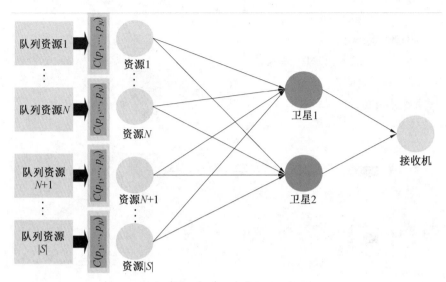

图 12.12　提出的 CR SD＋NC 方案

机会[64]。

　　将这一简单方案扩展到认知辅助 DSS 的方法如下。使用如文献[19]中的可用性模型取代马尔可夫信道模型(在有两颗或更多卫星的方案中,这将变得太过复杂)可简化实际设计。在该特定的场景中,从可用性(即系统是否对源可用)而非状态的角度来进行信道建模将更为方便。来自一个源的数据包如果被两颗卫星接收,并不会给系统带来额外的好处。然而,它至少应该被一颗卫星接收。因此,如果将每个源的四状态 Lutz 模型转换为已在 12.3.3 节中介绍的服务可用性,那么文献[61]中的所有表达式和理论推论可直接应用于 DSS 场景,其中只需将 p_G 和 p_B(分别为单颗卫星中信道处于"好"状态和"坏"状态的平均概率)替换为适当的 p_A 和 p_B 值(分别为系统可用的平均概率和系统不可用的概率)。相关系数对 p_A 和 p_B 值有重要影响[52]。相关信道倾向于占据同等的状态,即与非相关信道的四状态模型(参见 12.3.3 节)相比,状态"坏－坏"和"好－好"出现的概率较高,状态"好－坏"和"坏－好"出现的概率较低(较高的 p_B 值),非相关信道则相反(较高的 p_A 值)。

　　仿真系统的参数见表 12.4。首先是 WSN 场景,其中传感器与卫星协作,将感知到的数据传输到远程主机。在这类型网络中,数据包较小,传输速率较低。考虑一个快速变化的信道,即模拟不断变化的飓风或沙尘暴的开/关状态快速转换。其次是 DTN 场景,其中多个地面站与中继卫星协作,向航天器发送信息。由于这类系统用于遥控作用的上行链路传输速率极低,因此数据包大小设定为典型的 IP 协议值,即 1 500 B。在大雨间歇周期建模中,开/关状态转换的平均周期为 20/10 min。在这两个场景中,仿真过程考虑了源和两颗卫星间为完全不相关、相关和完全相关信道的情况。

表 12.4　仿真系统的参数

参数	系统 1:WSN[68]	系统 2:DTN[71]
卫星数量	1(SSS)/2(DSS)	1(SSS)/2(DSS)
数据包大小/B	200	1 500
数据包速率/(kbit·s^{-1})	200	10
源数量	1~10	1~10
ON 状态平均持续时间/s	4	1 200
OFF 状态平均持续时间/s	4	600
相关系数	0/1	0/1
N	2	2

注:SSS 为单卫星系统(Single Satellite System);DSS 为双卫星系统(Dual Satellite System)。

上述仿真系统的性能结果将分两部分阐述。首先,在 12.5.3 节中,在 SSS 和 DSS 下评估了 CR SD 方案,以分析使用两颗卫星可带来的性能提高。其次,在 12.5.3 节中,在 DSS 中评估了 CR SD + NC 方案,并将其性能与 CR SD 方案的性能进行了比较。

1. CR－DSS 性能

图 12.13 所示为在 SSS 和 DSS 场景下,CR SD 方案在系统 1 场景下的性能;图 12.14 所示为在 SSS 和 DSS 场景下,CR SD 方案在系统 2 场景下的性能。

当源和卫星间的信道完全不相关(图 12.13(a)和图 12.14(a))时,DSS 提供了最大增益。由于每个源始终至少有一颗卫星可用,因此系统中断概率为 0(由于 Y 轴采用对数标度,因此无法在曲线中看出)。当源和卫星间的信道为完全相关(图 12.13(c)和图 12.14(c))时,DSS 没有任何可用性方面的优势,因为各个源的卫星行为完全等同(分别代表 SSS 性能和 DSS 性能的曲线相互重合)。对于介于二者之间的任何相关度(图 12.13(b)和图 12.14(b)),DSS 相对于 SSS 更具优势。各源到卫星的信道越不相关,系统可用性方面的性能提高将越明显。

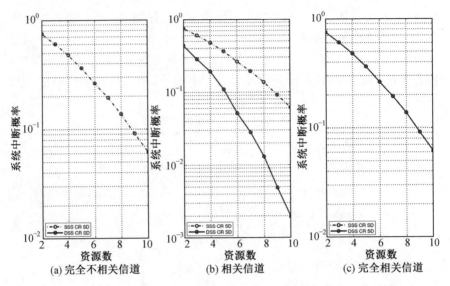

图 12.13　在 SSS 和 DSS 场景下,CR SD 方案在系统 1 场景下的性能

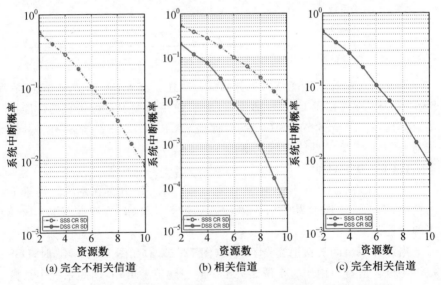

图 12.14　在 SSS 和 DSS 场景下,CR SD 方案在系统 2 场景下的性能

2. 使用 NC 辅助 CR－DSS 改善 CR－DSS

　　图 12.15 和图 12.16 分别是在 DSS 场景中,系统 1 和系统 2 的 CR SD＋NC 与 CR SD 性能的比较。从 12.5.3 节的分析中可以看到,如果信道完全不相关,CR SD 和 CR SD ＋ NC 的性能将等同,系统中断概率均为 0。也就是说,对于每个源,始终有至少一颗卫星可用,所有数据包均能够到达

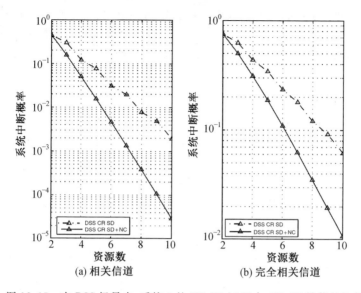

图 12.15 在 DSS 场景中，系统 1 的 CR SD＋NC 与 CR SD 性能的比较

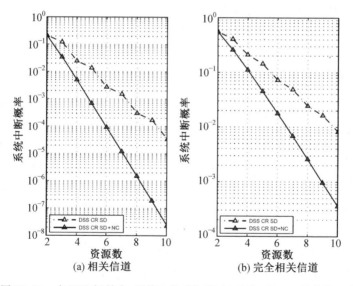

图 12.16 在 DSS 场景中，系统 2 的 CR SD＋NC 与 CR SD 性能的比较

接收机。当各源到卫星的信道完全相关时，CR SD ＋ NC 的性能与 SSS 中的 CR SD ＋ NC 相同，因为两颗卫星要么同时可用，要么同时不可用。因此，文献[61]中的分析表明使用 NC 会避免接收重复数据包，并为数据包提供足够的保护。对于介于二者之间的任何相关度，CR SD ＋ NC 始终

提供优于 CR SD 的性能,因为它可以利用两颗卫星。

12.6　本章小结

本章介绍了 DSS,并论证了在这些系统中应用认知通信技术的相关问题。特别地,基于不同的系统设计目标,本章对该领域的现有研究趋势进行了综述与分类。应用于 DSS 中工程设计相应阶段间的映射提供了认知通信循环,从而缩小了认知技术从抽象概念到实际设计的差距。此外,本章还对现有的 DSS 模型进行了广泛的研究(针对 FSS 信道和 LMS 信道),并对不同模型的相干认知研究进行了综述。认知 DSS 中的现有趋势和开放研究领域见表 12.5。

表 12.5　认知 DSS 中的现有趋势和开放研究领域

场景	频谱管理	干扰管理	系统可用性
单波束/多波束	有	有	限制
NGEO/GEO	限制	有	限制
重叠波束	有	有	有

注:这里注明"有"的领域都在文献中有详尽的研究,注明"限制"的领域则尚未进行广泛研究。

可以得出,尽管这个领域中已有相当多的研究工作,但是仍有如下多个问题需要进一步深入研究。

(1)研究实际实现的技术方面,即研究开发并实现认知技术所需的硬件电路。

(2)研究认知技术当前在卫星通信中的实现标准,如交互式传输标准、广播标准等。

(3)研究在 DSS 中使用认知技术的安全影响。

这些方面将最终提供基于认知设计的实际收益。因此,在进行对于认知 DSS 的概念/学术研究之后,是时候该将目光转向技术/实现问题了。此外,利用基于认知的设计实施的技术评估,本章中介绍的关于三个认知目标的最优组合将是未来的工作方向。另一个有待探索的重要研究方向是系统间传输涉及的安全性问题。有兴趣的读者可以以本章为基础,探索该领域中的各种开放性挑战。

本章参考文献

［1］ H. Cukurtepe,I. Akgun,Towards space traffic management system, Acta Astronaut. 65(5)(2009)870-878.

［2］ D. Christopoulos, S. Chatzinotas, B. E. Ottersten, User scheduling for coordinated dual satellite systems with linear precoding,CoRR(2012) abs/1211. 5888.

［3］ M. A. Sturza,Architecture of the teledesic satellite system,in:Proceedings of the Internal Mobile Satellite Conference,1995.

［4］ R. Chávez Santiago, V. Y. Kontorovitch, M. Lara Barrón, Modified methodology for computing interference in Leo satellite environments,Int. J. Satell. Commun. Netw. 21(6)(2003)547-560.

［5］ J. Stuart,M. Sturza,D. Patterson,Frequency sharing for satellite communication system,October13,1998,US Patent 5822680.

［6］ E. W. Ashford, Non-GEO systems: where have all the satellites gone? Acta Astronaut. 55 (2004) 649-657. New Opportunities for Space. Selected Proceedings of the 54th International Astronautical Federation Congress.

［7］ J.-L. Palmade, E. Frayssinhes, V. Martinot, E. Lansard, The Skybridge constellation design, in: J. van der Ha (Ed.), Mission Design and Implementation of Satellite Con stellations,vol. 1 of Space Technology Proceedings, Springer, The Netherlands, 1998, pp. 133-140.

［8］ R. Higgins, Method for limiting interference between satellite communications systems,March 15,2005. US Patent 6866231.

［9］ J. V. Evans,The proposed non-geostationary Ku-Band satellite systems, Space Comms. 16(2000)1-13.

［10］ K. Larson, E. Al, Spectrum policy task force: report of the interference protection working group,Tech. rep. ,FCC,2002.

［11］ J. Mitola, G. Q. Maguire Jr. , Cognitive radio: making software radios more personal,IEEE Pers. Commun. 6(4)(1999)13-18.

［12］ S. Haykin, Cognitiveradio: brain-empowered wireless communications, IEEE J. Sel. Areas Commun. 23(2)(2005)201-220.

[13] B. Wang, K. Liu, Advances in cognitive radio networks: a survey, IEEE J. Sel. Top. Sign. Process. 5(1)(2011)5-23.

[14] S. Kandeepan, L. De Nardis, M. Di Benedetto, A. Guidotti, G. Corazza, Cognitive satel liteterrestrial radios, in: 2010 IEEE Global Telecommunications Conference(GLOBE COM 2010),2010,pp. 1-6.

[15] S. K. Sharma, S. Chatzinotas, B. Ottersten, Inline interference mitigation techniques for spectral coexistence of GEO and NGEO satellites, in: Proc. 31st AIAA Int. Commun. Satellite Systems Conf. ,October 2013.

[16] S. Pratt, R. Raines, C. Fossa, M. A. Temple, An operational and performance overview of the iridium low earth orbit satellite system, IEEE Commun. Surv. Tutorials 2(2)(1999)2-10.

[17] P. Noschese, S. Porfili, S. Di Girolamo, Ads-b via iridium next satellites, in: 2011 Tyrrhenian International Workshop on Digital Communications—Enhanced Surveillance of Aircraft and Vehicles (TIWDC/ESAV),2011,pp. 213-218.

[18] S. K. Sharma, S. Chatzinotas, B. Ottersten, In-line interference mitigation techniques for spectral coexistence of GEO and NGEO satellites,Int. J. Satell. Commun. Netw. (2014).

[19] M. A. Vázquez-Castro, F. Perez-Fontan, S. R. Saunders, Shadowing correlation assessment and modeling for satellite diversity in urban environments,Int. J. Satell. Commun. 20(2)(2002)151-166.

[20] M. Rieche, D. Arndt, A. Ihlow, G. Del Galdo, Image-based state modeling of a land mobile dual satellite system, in: IEEE International Symposium on Broadband Multimedia Systems and Broadcasting,2013.

[21] T. Yucek, H. Arslan, A survey of spectrum sensing algorithms for cognitive radio applications, IEEE Commun. Surv. Tutorials 11(1) (2009)116-130.

[22] I. F. Akyildiz, W. -Y. Lee, M. C. Vuran, S. Mohanty, Next generation/dynamic spectrum access/cognitive radio wireless networks: a survey,Comput. Netw. 50(2006)2127-2159.

[23] P. Ren, Y. Wang, Q. Du, J. Xu, A survey on dynamic spectrum access protocols for distributed cognitive wireless networks,

EURASIP J. Wirel. Commun. Netw. 2012(1)(2012)1-21.

[24] X. Hong, C.-X. Wang, J. Thompson, Interference modeling of cognitive radio networks, in: Vehicular Technology Conference, 2008. VTC Spring 2008. IEEE, 2008,pp. 1851-1855.

[25] A. Rabbachin, T. Quek, H. Shin, M. Win, Cognitive network interference,IEEE J. Sel. Areas Commun. 29(2)(2011)480-493.

[26] K. Ruttik,K. Koufos,R. Jantti,Computation of aggregate interference frommultiple secondary transmitters,IEEE Commun. Lett. 15(4)(2011)437-439.

[27] A. Rabbachin, T. Quek, H. Shin, M. Win, Cognitive network interference-modeling and applications,in:2011 IEEE International Conference on Communications(ICC),2011,pp. 1-6.

[28] N. Devroye,P. Mitran,V. Tarokh,Achievable rates in cognitive radio channels,IEEE Trans. Inf. Theory 52(5)(2006)1813-1827.

[29] M. A. Vázquez-Castro, D. Belay-Zeleke, A. Curieses-Guerrero, Availability of systems based on satellites with spatial diversity and HAPS,IEE Electron. Lett. 38(6)(2002)286-288.

[30] M. Loncaric,D. Tralic,M. Brzica,J. Petrovic,S. Grgic,Managing mixed HD and SD broadcasting, in: ELMAR '09, International Symposium,2009,pp. 79-82.

[31] M. Dabrowski,Emerging technologies for interactive TV,in:2013 Federated Conference on Computer Science and Information Systems(FedCSIS),2013,pp. 787-793.

[32] D. T. Hoang,D. Niyato,Performance analysis of cognitive machine-to-machine communications, in: 2012 IEEE International Conference on Communication Systems(ICCS),2012,pp. 245-249.

[33] L. Coetzee,J. Eksteen,The internet of things—promise for the future? An introduction, in: 2011 IST-Africa Conference Proceedings,2011,pp. 1-9.

[34] G. Maral, M. Bousquet, Satellite Communications Systems: Systems, Techniques and Technology, Novartis Foundation Symposium,Wiley,2002.

[35] M. Diaz, N. Courville, C. Mosquera, G. Liva, G. Corazza,Non-linear interference mitigation for broadband multimedia satellite

systems, in: International Workshop on Satellite and Space Communications, 2007, IWSSC '07, 2007, pp. 61-65.

[36] M. A. Vázquez-Castro, N. Alagha, Multi-link reception multibeam satellite system model, in: 2012 6th Advanced Satellite Multimedia Systems Conference(ASMS) and 12th Signal Processing for Space Communications Workshop (SPSC), 2012, pp. 132-138.

[37] S. K. Sharma, S. Chatzinotas, B. Ottersten, Cognitive beamhopping for spectral coexistence of multibeam satellites, in: Future Network and Mobile Summit (FutureNetwork- Summit), IEEE, 2013, pp. 1-10.

[38] ITU－R S. 672-4: Satellite antenna radiation pattern for use as a design objective in the fixed-satellite service employing geostationary satellites.

[39] ITU－R S. 1528: Satellite antenna radiation patterns for non-geostationary orbit satellite antennas operating in the fixed-satellite service below 30 GHz.

[40] R. Alegre-Godoy, M. A. Vázquez-Castro, L. Jiang, Unified multibeam satellite system model for payload performance analysis, in: G. Giambene, C. Sacchi (Eds.), Personal Satellite Services, vol. 71 of Lecture Notes of the Institute for Computer Sciences, Social Informatics and Telecommunications Engineering, Springer, Berlin, 2011, pp. 365-377.

[41] J. Lei, M. A. Vázquez-Castro, Multibeam satellite frequency/time duality study and capacity optimization, J. Commun. Netw. 13(5) (2011)472-480.

[42] S. K. Sharma, S. Chatzinotas, B. Ottersten, Cognitive beamhopping for spectral coexistence of multibeam satellites, Int. J. Satell. Commun. Netw. (2014).

[43] M. A. Vázquez-Castro, F. Vieira, DVB-S2 full cross-layer design for QoS provision, IEEE Commun. Mag. 50(1)(2012)128-135.

[44] M. A. Vázquez-Castro, G. Granados, Cross-layer packet scheduler design of a multibeam broadband satellite system with adaptive coding and modulation, IEEE Trans. Wirel. Commun. 6(1)(2007) 248-258.

[45] L. Jiang, M. A. Vázquez-Castro, Interference management versus interference cancellation: Satcom case, in: PSATS, 2011, pp. 260-273.

[46] J. E. Barcelo-Llado, M. A. Vázquez-Castro, L. Jiang, A. Hjorungnes, Distributed power and carrier allocation in multibeam satellite uplink with individual SINR constraints, in: IEEE Global Telecommunications Conference, 2009, GLOBECOM 2009, 2009, pp. 1-6.

[47] S. K. Sharma, S. Chatzinotas, B. Ottersten, Interference alignment for spectral coexistence of heterogeneous networks, EURASIP J. Wirel. Commun. Netw. 2013(1)(2013)46.

[48] D. Arndt, A. Ihlow, T. Heyn, A. Heuberger, R. Prieto-Cerdeira, E. Eberlein, State modelling of the land mobile propagation channel for dual-satellite systems, EURASIP J. Wirel. Commun. Netw. 2012(1)(2012)228.

[49] M. A. Vázquez-Castro, C. Tzaras, S. Saunders, F. Perez-Fontan, Shadowing correlation for mobile satellite diversity in urban areas, in: International Antennas and Propagation, ISAP 2000, Fukoaka, Japan, August 2000.

[50] J. Goldhirsh, W. J. Vogel, Handbook of propagation efficient ECTS for vehicular and personal mobile satellite systems. Overview of experimental and modeling results, Tech. rep. , The Johns Hopkins University, Applied Physics Laboratory, 1998.

[51] M. A. Vázquez-Castro, F. Perez-Fontan, H. Iglesias-Salgueiro, M. A. Barcia-Fernandez, A simple three-segment model for shadowing cross correlation in multisatellite systems in street canyons, Microw. Opt. Technol. Lett. 28(2001)160-164.

[52] E. Lutz, A Markov model for correlated land mobile satellite channels, Int. J. Satell. Commun. 14(1996)333-339.

[53] S. Sharma, S. Chatzinotas, B. Ottersten, Satellite cognitive communications: interference modeling and techniques selection, in: 2012 6th Advanced Satellite Multimedia Systems Conference (ASMS) and 12th Signal Processing for Space Communications Workshop(SPSC), 2012, pp. 111-118.

[54] P. Jain, M. A. Vázquez-Castro, Subspace interferencealignment for multibeam satellite communications systems, in: 2010 5th Advanced Satellite Multimedia Systems Conference (ASMA) and the 11th Signal Processing for Space Communications Workshop (SPSC), 2010, pp. 234-239.

[55] V. Cadambe, S. Jafar, Interference alignment and degrees of freedom of the K-user interference channel, IEEE Trans. Inf. Theory 54(8)(2008)3425-3441.

[56] S. K. Sharma, S. Chatzinotas, B. Ottersten, Frequency packing for interference alignment-based cognitive dual satellite systems, in: Vehicular Technology Conference, VTC 2013-Fall, Las Vegas, USA, September 2013.

[57] R. Ahlswede, N. Cai, S.-Y. Robert, R. W. Yeung, Network information flow, IEEE Trans. Inf. Theory, 46(2000)1204-1206.

[58] C. Fragouli, E. Soljanin, Network Coding Fundamentals, Now Publishers, Hanover, MA, 2007.

[59] C. Fragouli, Network coding: beyond throughput benefits, IEEE Proc. 99(2011)461-471.

[60] R. Alegre-Godoy, N. Alagha, M. A. Vázquez-Castro, Offered capacity optimization mechanisms for multi-beam satellite systems, in: IEEE International Conference on Communications, 2012, pp. 3180-3184.

[61] R. Alegre-Godoy, M. A. Vázquez-Castro, Spatial diversity with network coding for on/off satellite channels, IEEE Commun. Lett. 17(8)(2013)1612-1615.

[62] M. A. V.-C. Paresh Saxena, Network coding advantage over MDS codes for multimedia transmission via erasure satellite channels, in: 5th International Conference on Personal Satellite Services, 2013, pp. 199-210.

[63] W. Mu, L. Ma, X. Z. Tan, L. Li, L. Liu, Network coding for cognitive radio systems, in: International Conference on Computer Science and Network Technology, 2011, pp. 228-231.

[64] S. Wang, Y. E. Sagduyu, J. Zhang, J. H. Li, Spectrum shaping via network coding in cognitive radio networks, in: IEEE INFOCOM,

2011,pp. 396-400.

[65] C. Zheng, E. Dutkiewicz, R. P. Liu, R. Vesilo, Z. Zhou, Efficient data transmission with random linear coding in multi-channel cognitive radio networks, in: IEEE Wireless Communications and Networking Conference, 2013, pp. 77-82.

[66] D. Ezri, A quick introduction to MIMO technology, in: IEEE International Conference on Microwaves, Communications, Antennas and Electronics Systems, 2009, pp. 1-23.

[67] W. Ma, M. Q. Wu, D. Liu, M. L. Wang, User sensing based on MIMO cognitive radio sensor network, in: IEEE International Conference on Communications Computer Science and Information Technology, 2009, pp. 205-208.

[68] I. Bisio, M. Marchese, Efficient satellite-based sensor networks for information retrieval, IEEE Syst. J. 2(2008)464-475.

[69] A. Kyrgiazos, B. Evans, P. Thompson, N. Jeannin, Gateway diversity scheme for a future broadband satellite system, in: 2012 6th Advanced Satellite Multimedia Systems Conference (ASMS) and 12th Signal Processing for Space Communications Workshop (SPSC), September 2012, pp. 363-370.

[70] C. Caini, V. Fiore, Moon to earth DTN communications through lunar relay satellites, in: 2012 6th Advanced Satellite Multimedia Systems Conference(ASMS)and 12th Signal Processing for Space Communications Workshop(SPSC), September 2012, pp. 89-95.

[71] T. de Cola, M. Marchese, Reliable data delivery over deep space networks: benefits of long erasure codes over ARQ strategies, IEEE Wirel. Commun. 17(2010)57-65.

第 13 章　混合卫星系统频谱共存的认知波束成形

13.1　引　　言

　　认知通信被认为是一项颇有前景的、有望处理由日益增长的宽带需求和多媒体无线服务引起的频谱稀缺问题的技术。该项技术允许在不影响主系统正常运行的情况下，允许二级未授权系统和主授权系统频谱共存。在不同认知无线电(Cognitive Radio,CR)技术的帮助之下，无线网络可通过不同的方式共享同一段频谱，如两个地面网络、两个卫星网络或卫星—地面网络。有关 CR 的文献中普遍考虑的技术有频谱感知(Spectrum Sensing,SS)或交织、底衬式频谱共享、频谱重叠及数据库相关技术[1,2]。本章将聚焦旨在保证主接收机能得到充分保护，二级用户(Secondary User,SU)可与主用户共存的底衬式 CR 技术。

　　为对主系统和二级系统间的可用频谱共享加以利用，现有技术大部分都重点关注三个维度：频域、时域和空域。然而，由于智能天线和波束成形技术带来的优势，因此可以在同样的时间、同样的地理区域将多个用户多路复用到相同的信道[3]。在认知通信的背景下，频谱空间的角度维或方向维可视为通过空间维度来利用未被充分使用的主频谱的有效方法。近期，空间维度在不同频谱共享中的应用受到重点关注[3-5]。

　　波束赋形是天线阵列中使用的一项信号处理技术，其具有空间辨别和空间滤波能力的优势[6]。在传统的基于固定频谱的无线系统中，多天线波束赋形技术被广泛用作有效抑制共信道干扰的一种方法[7-9]。在 CR 背景下，研究人员一直在研究波束赋形技术在二级网络中实现干扰控制[10]、容量最大化[11]和 SINR 均衡[12]等各种目标的概率。因为需另外考虑对主干扰阈值的约束，所以底衬式 CR 的波束赋形设计问题变得更具挑战性。认知波束形成(Cognitive Beamforming,CB)可视为一项底衬 CR 技术，因为其允许两个无线系统共存，并且在保障二级用户期望的 QoS 的同时为主接收机提供充分的保护。在目前的 CR 文献中，对 CB 技术的研究大多基于两个地面网络的共存场景[10~12]，然而只有少数文献研究了 CB 在卫星通信（SatCom）场景中的应用[13,14]。本章将重点研究 CB 技术在卫星和地面网络频谱共存中的应用。

13.2　一般环境中的波束成形

13.2.1　波束成形原理

波束成形是一项空间滤波技术，能够分离出源于不同位置但含重叠频率的信号[6]。波束成型器由一个配备天线阵列的处理器构成，其将大部分能量指向期望的方向，且在干扰方向上产生零陷。其主要原理是，向每个天线提供适当的延迟和权值，然后各信号叠加起来，也就是指定天线阵列的方向，并对波束赋形。尽管从字面上看，术语"波束成形"是指辐射能量，但波束成形既可用于辐射能量，也可用于接收能量。波束成型器的主要目标是实现多用户场景中 SINR 的改善。SINR 的改善通常是通过将阵列方向图的主瓣聚焦于期望的发送/接收方向来实现，也可通过令阵列方向图零陷指向干扰方向来实现。鉴于互易原则，发送和接收时的阵列天线方向图是相同的，因此一个天线阵列既可作为接收波束成型器，也可作为发送波束成型器，两种情况下遵循相同的原则。然而，在频分双工（Frequency Division Duplex，FDD）系统中，阵列尺寸由载波波长决定。

在过去几十年中，波束成形被广泛应用于不同的无线领域，如通信、雷达、监测、音频和声呐。传统的波束成型器是模拟型的，不仅非常昂贵，而且对于元件的容差和漂移也极为敏感。现在对高速模拟/数字（Analog to Digital，A/D）转换器和数字处理器的研究取得了极大进展，因此可以在上述应用中使用数字波束成形技术，实现动态范围的提高，以及通过更好的振幅与相位控制创建多波束。在模拟和数字领域，最常被用来创建期望波束的方法是基于冲击无线电频率（Radio Frequency，RF）波的时间延迟和相位偏移[15]。在时间延迟方法中，通过增加独立于频率和宽带操作的时间延迟步骤来形成阵列波束；而在相位偏移方法中，为每个接收机引入一个相位而非应用时间延迟。由于生成时间延迟的困难，因此时间延迟波束成型器设计起来较为复杂，但其适用于宽带场景和大型阵列。相位偏移波束成型器的设计则较为简单，但仅适用于窄带场景和小型阵列。有兴趣的读者可参阅文献[6,15]以了解窄带和宽带波束成形解决方案的详细描述。

13.2.2　波束成形技术分类

对于波束成形,目前使用的阵列信号处理技术有几种。本节从不同的角度对现有波束成形解决方案进行分类。

1. 基于波束成形权值生成的分类

设计权值时,根据组合权值的选择方式及是否考虑了鲁棒性,波束成形器可大致分为数据独立、统计最优和鲁棒三类[6,16]。

(1)数据独立波束成形。

在该技术中,选择权重使得波束成形器响应近似于独立于阵列数据或数据统计的期望响应。这类型波束成形设计类似于传统的有限冲激响应(Finite Impulse Response,FIR)滤波器设计。该技术可分成以下两类。

①经典波束成形。其考虑了传统意义上的波束成形,也就是在一个方向点上近似它统一的期望响应,而在其他方向上的响应为零。

②一般数据独立响应设计。这一类型的波束成形器包括近似(生成)一个任意的期望响应。

(2)统计优化波束成形。

在该技术中,基于阵列上接收信号的统计数据选择权值[6]。该波束成形器的主要目标是通过优化波束成形器响应,令输出中包含最少的噪声和干扰信号。该技术可分成以下几类。

①多旁瓣对消器(Multiple Side-Lobe Canceller,MSC)。其由一条主信道和一个或多个辅助信道构成,在指向期望信号方向高度方向响应。该波束成形器的目标在于选择辅助信道权值来对消进入主信道响应旁瓣的干扰。这个方法容易实施,但为确定权值,需要辅助信道中不存在期望信号。

②参考信号的使用。在该方法中,采用参考信号来近似地代表一个信号。波束成形器的目标是最小化波束成形器输出和参考信号间的 MSE。从而,波束成形器权矢量依赖于未知期望信号和参考信号间的互协方差。该方法无须了解期望信号的方向,但需要生成一个适当的参考信号。

③SINR 最大化。在这个方法中,将直接选择波束成形权重使 SINR 最大。该方法可真正最大化 SINR,但需要同时了解期望信号和噪声的协方差矩阵。

④线性约束最小方差(Linearly Constrained Minimum Variance,LCMV)波束成形。在许多实际应用中,由于实际的约束,因此上述方法均不适用。在实际中,期望信号的 SNR 可能是未知的,导致 SINR 最大化方

法中对噪声和信号协方差矩阵的估算不准确,且如果其始终存在,将导致 MSC 方法中信号被对消。此外,参考信号方法还可能因为缺乏对期望信号的了解而不适宜。在这种背景下,可使用 LCMV 技术来消除上述缺陷。LCMV 技术的主要原理是波束成形器的响应是受到限制的,使得期望方向的信号以特定的增益和相位通过,而干扰和噪声的值最小化。

2. 基于鲁棒性的分类

(1)非鲁棒性波束成形。

基于 CSI 和理想阵列响应矢量(即期望信号和干扰信号的到达方向(Direction of Arrival,DoA))的完备了解而设计的波束成形器即非鲁棒性波束成形器。在实际应用时需要估测上述参数,波束成形器的性能将取决于在设计波束成形器时对这些参数估计的准确性。在根据估计 CSI 和方向信息设计出波束成形器后,这些参数随时可能变化,此时波束成形权值将不再适配新的无线环境。在实际场景中,非鲁棒性波束成形器提供的解决方案只可作为上限。

(2)鲁棒性波束成形。

最小方差等传统自适应波束成形技术即使是在阵列响应矢量中只存在的较小不匹配时,也会缺乏鲁棒性。实际上,当真实信号特征偏离假定值时,就会产生不匹配问题[17]。为解决这个问题,文献[18—21]基于确定性最坏情况模型和概率约束或随机模型,提出了鲁棒性技术[22,23]。基于确定性最坏情况方法的技术旨在忽略确定性最坏情况场景的概率,假定阵列始终在最坏条件下运行,优化输出 SINR。另外,基于随机模型的技术将阵列响应矢量不匹配视作随机矢量,然后保持固定概率的无失真约束[23]。

与非鲁棒性的公式相比,鲁棒性波束成形器的公式较为复杂,但可使用凸优化理论将其转换为可处理的凸形式,然后便可使用内部点算法或其他适当的数值技术来解算这些方程。文献[16]中的研究工作概述了一种先进的凸优化方法,并综述了大量考虑各类设计问题的优化波束成形器,包括接收波束成形器、发送波束成形器和网络波束成形器。

3. 基于目标的分类

(1)和速率最大化。

该波束成形器的目标是最大化总体系统的和速率,即吞吐量受制于传输功率的约束。在多用户无线网络中,加权和速率(Weighted Sum Rate,WSR)对于不同优先级的用户是有用的,在许多网络控制和优化方法中起到重要作用。在根据时变 CSI 信息和 QoS 参数(即权值)分配资源的自适应资源分配策略中,存在 WSR 最大化问题[24]。其他涉及 WSR 的例子包括无线网络中的功率/速率分配、传输波束成形模式联合优化、单播/多播无线网络的查找可实现速率区域等[25]。这个问题属于非凸但重要的问题,文献中使用了各种集中式或分布式方法对其进行处理[24,26-28]。

（2）SINR/速率均衡。

该波束成形器的目标是满足多用户的公平性要求,令所有用户的SINR 都同等处于最优水平[29]。在这种情况下,无线系统的性能受到弱用户的限制,导致总体和速率降低。本质上,该波束成形器解决了最大最小SINR 问题,即最坏情况用户速率的最大化。目前已有文献在各种场景下对这个问题进行了广泛的研究[29-32]。

（3）功率最小化。

①QoS 约束下的功率最小化。

该波束成形器又称 QoS 波束成形器,其主要目标是最小化总功率消耗,同时保证每个用户上的接收 SINR 高于预确定的阈值[33]。该问题公式化在解决 QoS 约束资源分配问题中起到重要作用。已有文献在各种无线网络中对这个问题进行了研究,如文献[33]中的协调多蜂窝网络、文献[34] 中的多用户 MIMO 下行链路、文献[35]中的放大和广播双向网络、文献[36] 中的 CR 网络等。

②能量高效的波束成形器。

能量效率可定义为系统吞吐量对总体使用功率（包括运行功率和传输功率）之比[37]。该波束成形器的目标是在有或没有发射功率约束的情况下最大化无线系统的能量效率。在此背景下,文献[37]通过改变运行和发射功率的比例来研究卫星前向链路在频谱和能量效率方面的性能。此外,文献[38]中的研究工作考虑静态和动态功率消耗,通过最大化多蜂窝多用户联合波束成形系统中的最小用户能量效率来研究基于公平性的能量效率问题。

（4）干扰最小化。

①最低 QoS 要求下的干扰功率最小化。

干扰最小化在频谱共享无线网络中起到重要作用。该波束成形器的主要目标是最小化主接收机上接收到的干扰功率,同时确保 SU 的最低QoS 要求[39,40]。换句话说,每个认知发射器的波束成形矢量的设计均以最大化其相应接收机上的期望信号功率、最小化对所有主接收机造成的总体干扰为原则。

②泄漏功率最小化。

IA 是不同类型无线干扰信道中的重要干扰抑制方法。IA 的主要目标是通过逐渐降低干扰功率泄漏来实现对齐,通过应用干扰抑制滤波器后的接收信号中存在的干扰功率来测量对齐质量[41]。该类波束成形器的目标是最大化信号对泄漏功率加噪声比(Signal to Leakage Power Plus Noise Ratio,SLNR)[42]。该波束成形问题的另一种方案是使用信号和干扰泄漏的最小均方误差(MMSE－Signal to Leakage,MMSE－SL)作为代价函数。

4. 基于位置信息意识的分类

(1)基于 SNR 的波束成形器。

存在大量波束成形器,其不考虑期望用户和干扰用户的 DoA 信息。该类别下的波束成形器直接依赖于接收 SNR,并使用期望用户和干扰用户间的信道来模拟波束成形问题。虽然 DoA 信息可以直接包含在信道中,但是由于无线多径环境的散射性质,因此在设计波束成形器时很难获得 DoA 信息。在许多无线环境中,由于多径散射和衰落,因此可能难以获得阵列天线与期望/干扰用户之间的清晰视距(Line of Sight,LoS)路径。在这种情况下,只能基于 SNR 或信道信息来设计波束成形权重。

(2)基于 SNR 和 DoA 信息的波束成形器。

通过了解 DoA 信息,可以更灵活地设计一个有效的波束成形器。这些波束成形器是基于信道、期望和干扰用户的 DoA 信息进行设计的,并且在设计时考虑了关于期望用户和干扰用户位置的约束。这种类型的波束成形器适用于均匀线性阵列(Unform Linear Array,ULA)和期望/干扰用户之间存在 LoS 路径的情况。在这些条件下,可以在设计波束成形器时准确地获取 DoA 信息。MVDR 波束成形器和 LCMV 波束成形器等均归于这一类别。13.5 节和 13.6 节中将讨论这些波束成形器在混合卫星地面网络频谱共存方面的应用。

13.3　在 CR 网络中的应用

在有关 CR 的文献中,波束成形已经被应用为底衬 CR 技术,以使其对期望用户的 SINR 最大化,同时保证对 PU 的累积干扰低于干扰阈值。常规波束成形问题与认知波束成形(Cognitive Beamforming,CB)问题的主要区别在于,CB 在设计波束成形器时引入了主网络施加的干扰约束,这些约束可能会大大增加相应的波束成形和速率分配技术的复杂性。近期,研究人员基于不同的次级网络优化目标,广泛研究了 CB 方法,如和速率最大化[43]、SINR/速率均衡[31,44,45]和功率最小化与 QoS 约束[46－48]。下面将分析 CR 网络波束成形技术的不同应用。

13.3.1　干扰抑制

在 CR 网络中,对主系统的干扰抑制是一个关键问题,因为主系统的操作在任何情况下都不得被中断。因此,在为底衬(Underlay)认知无线网络(Cognitive Radio Network,CRN)设计下行链路波束成形时,需要考虑对 PU 所有干扰的附加约束。在这种情况下,可以在次级发射机处使用合适的发射波束成形技术,以便减轻对主接收机的干扰。在 CR 网络与主要蜂窝网络共存的下行链路中,每个认知基站(Base Station,BS)都可以采用波束成形来与预期用户进行通信,同时确保主要接收机接收到的总干扰不超过指定的门限[49,50]。在文献[50]中,该规定的限值称为干扰阈值。文献[49]提出了一种与用户选择相结合的有效发射波束成形技术,以便最大化下行链路吞吐量并满足 SINR 约束,同时抑制对 PU 的干扰。结果表明,文献[49]提出的用户选择算法通过与迫零波束成形(Zero Forcing Beamforming,ZFB)算法相结合,能够提高系统吞吐量,抑制干扰和降低复杂度。

通过增加 BS 天线阵列中的天线数量,可以增加信号能量的空间方向性,从而导致更高的 SINR 和对 PU 更低的平均干扰。另外,在保持天线数量不变的同时增加 PU 的数量则会产生相反的效果。因此,在与主网络共存的 CR 网络中,需在上述参数之间进行权衡。在这一背景下,文献[39]中对认知用户的平均 SIR 和所有主用户受到平均干扰的权衡问题进行了研究。随后,文献[39]对这两个界限进行性能分析,并证明,在认知发射器中采用与主接收机天线数量相等的天线数,有利于实现对主用户的弱干扰或零干扰。在类似的情况下,文献[40]研究了波束矢量的设计问题(即相应接收机上的期望信号功率最大化,同时对所有主接收机造成的总体干扰和噪声最小化)。此外,文献[51]研究了主接收机的 CB 受到干扰期望和干扰中断概率约束的问题。结果证明,主要干扰阈值和次级发射功率之间存在临界点。当次级发射功率小于临界点时,次级吞吐量仅由其发射功率决定,否则仅取决于主干扰阈值。此外,文献[52]中的研究工作考查了有干扰约束的下行链路 CB 问题,并证明,由此可推导出一个双虚拟上行链路问题,产生与原来的问题一样的波束成形器。

13.3.2　波束成形和功率控制

发射功率控制通过与波束成形相结合,已经在多用户蜂窝系统抑制干扰方面显示出了强大潜力。文献[50]研究了联合波束成形和功率分配问题,该问题针对考虑和速率最大化和 SINR 均衡问题的 CR 网络的单输入多输出多路接入信道(Single Input Multiple Output Multiple Access Channel,SIMO-MAC)。在 SU 的峰值功率约束及 PU 的干扰功率约束下,考虑了这个问题。在类似的场景下,文献[53]研究了资源分配问题,其目标是最小化认知 BS 中的总功率。该总功率受制于以下因素:对所有蜂窝边缘主用户和认知蜂窝内的次级用户的 SINR 约束;对位于认知蜂窝外的其他主用户的总体干扰控制。假定经由主用户和认知 BS 间的可靠回程链路,认知 BS 可获取蜂窝边缘主用户的数据。此外,文献[48]中研究了联合收发认知波束成形器设计问题,以使次级 BS 的传输功率最小化,同时提出次级用户上接收 SINR 下限和主用户上干扰阈值上限的问题。

在 CR 网络的背景下,假设 CR 发射机知道其干扰 PR 终端的所有信道信息,通过考虑 PR 终端上 CR 发射功率约束和一组干扰功率约束,文献[54]提出了多种的 CB 计划。然而,在实际应用中,完全了解此信道信息是不现实的。在这种情况下,文献[55]考虑联合发射预编码和功率控制的问题,以便于在没有精确的 CSI 假设时,有效地在避免 PR 终端上干扰和优化 CR 链路性能之间做好平衡。因此,文献[55]提出了有效干扰信道(Effective Interference Channel,EIC)的观点,该干扰信道的思想可以在接收到的主信号上通过盲/半盲估计在 CR 发射机上有效地学习。

13.3.3　波束成形和用户调度

在多用户 CR 网络中,可以使用与用户调度结合的波束成形方法,以便通过设计波束成形器选择最佳认知用户进行服务。在这一场景下,文献中的大多数研究工作考虑了为次级用户设计高效的调度算法问题,以期最大化次级系统的吞吐量,同时最小化对主用户的干扰。在这方面,文献[49]通过将信道是正交的认知用户预选到 PU 信道来研究上述问题,以最小化对 PU 的干扰。因此,从预选认知用户调度其相互正交的 M 个最佳认知用户,并应用 ZF 波束成形来消除这些候选认知用户之间的干扰。在类似的场景下,考虑到多个 SU 和多个 PU 的情况,以及所有用户的 CSI 的可用性,文献[56]研究了主要用户和认知用户的调度方案,以提高整个网络的和速率。该方案中集成了 ZF 波束成形和天线选择技术。其中,前者主要用于支持数据的多路并行传输,后者主要用于减少次级系统上行链路中的反馈。

然而在实际中,当次级用户的数量较高或系统使用了 FDD 模式时,获得精确的 CSI 是十分困难的。在该背景下,文献[57]提出了一种基于机会波束成形的两步调度方案。在该文献所给出的方案中,每个认知发射机生成一组 M 阶正交波束成形矩阵,然后将其发送至主用户,由主用户从这一组矩阵中选择受到干扰最小的最佳波束成形矩阵。然后,被选定的波束成形矩阵的指数将被反馈给认知发射机。在第二步中,认知发射机将根据最佳矩阵(第一步中所选择出的矩阵)形成的波束指向所有次级用户,然后每一个次级用户都将计算相应波束的 SINR 值,并将其最大的 SINR 值和相应波束的指数反馈给认知发射机。此时,认知发射机选择拥有最高 SINR 值的次级用户进行通信。这个两阶段的调度方法需要在次级用户和主用户之间进行协同。文献[58,59]分别从不同的角度论述了该协同方案。

此外,文献[60]为下行 MU－MIMO CR 网络(多个次级用户与一个主用户共存)设计了基于联合用户调度和波束成形的码本。文献[61]研究了联合链路调度、波束成形的问题,并且为使次级网络链路的和速率最大化,该文献还考虑了基于时分多址的认知无线网格型拓扑网络的功率控制问题。文献设定所有的网格节点都配备了多天线并且具备波束成形的功能。为找到更高效的解决方案,在原始的非凸的解决方案中应用了扩展的对偶理论。此外,文献[62]还研究了一种与波束成形协同的简单机会调度方案,使其在认知无线网络中提供时延敏感业务。

13.3.4 协作分布式波束成形

需要注意的是,为实现波束成形器,上述大多数的波束成形方法都设定次级用户拥有多天线。然而,由于成本和复杂性的问题,因此这种设定是不切实际的。另一种实现波束成形器的方法是在协同网络中使用虚拟天线阵列,而该网络中的每个节点只配备单天线[62]。在协作分布式波束成形中,每个分散的用户均配备单天线,多个这样的用户可以通过调整每个发射机的载波相位来协作传输信号,从而抑制对主用户的干扰。换句话说,就是两个或两个以上的信息源同时传输一条公共消息,通过控制其传输的相位,确保信号在特定的方向上有效合并。分布式波束成形方法的主要优势在于提高了作用范围、传输速率和能量效率,并且由于其散射到非期望方向中的传输功率较小,因此它还有安全性和干扰抑制方面的优势。文献[63]综述了分布式波束成形领域中的研究成果及其在未来实际实现中面临的挑战。

在分布式波束成形中,若相位同步不够理想,则在实现波束成形增益时会出现重大问题,因为各个节点的相位共同决定了 CR 网络的波束方向图。在该背景下,文献[64]研究了实际振荡器中的相位噪声对分布式波束成形的影响。结果证明,对于给定数量的用户,相位偏移将显著影响波束的主瓣,但对旁瓣的影响几乎可以忽略。文献[65]在类似的背景下分析了相位误差对分布式波束成形器和主保护的影响。结果表明,相位同步不理想会导致次级接收机方向的远场功率减低及主保护率的降低。

文献[66]专注于为次级用户设计最佳波束成形器,并且分布式地分配速率,从而使各次级用户间的最小加权速率最大化。在这一背景下,文献[66]提出了一个适用于 CR 网络的分布式波束成形算法,该算法可产生一系列全局优化的波束成形器。文献[66]分别考虑了当次级接收机采用单用户解码器、最大似然解码器和无约束组解码器时的优化问题。结果表明,当每个次级接收机都采用单用户编码时,即可获得最佳的方案。通过利用协作波束成形,中继节点可以不受主用户行为的影响随时接入信道[62]。在这一背景下,文献[62]为认知无线网络提出了一个简单机会调度方案来提高次级用户的 QoS。文献[67]在 CR 网络的背景下研究了协作波束成形。结果表明,在主网络干扰约束不变的情况下,使用多个中继节点可以提高次级网络中的目标 SINR。此外,文献[68]还研究了一种跨层方法来实现协作分集增益,它可以在提供充足的主保护的情况下提高次级用户的 QoS。为实现这一目标,该研究中使用了多个中继器形成的虚拟天线阵列来设计一个波束成形器,它可以消除对活跃主用户的干扰,同时实现次级用户的协作分集增益。

13.3.5　鲁棒认知波束成形

与传统的波束成形器类似,认知的波束成形器应在应对用户的 DoA 不匹配、阵列响应矢量和信道的不确定性等问题时保持其鲁棒性。在非认知场景下,通常采用随机或者最坏情况下的处理方法来实现鲁棒优化。大多数文献中的研究工作都是基于假定次级用户发射机上 CSI 是理想的情况下,然而由于训练有限、次级用户和主用户之间的协同较少及量化问题,因此这种理想情况很难实现。在该背景下,许多文献在 CSI 不理想的情况下研究了稳健 CB 的诸多方面[43,46,69,70]。在 MISO 的网络环境下,目前已经开发出一些稳健认知波束成形器,从而在信道不稳定的情况下保证稳健性,其中所有相关信道的不理想 CSI 的情况由欧几里得球型不确定集合进行建模[46,47,71,72]。

文献[43]中的研究工作考查了基于 CR 通信场景的单次级用户的频谱共享,其中次级用户使用 MISO 信道,主用户有一个接收天线。文献中假定次级用户的发射机可以充分了解到次级用户链路的 CSI。然而,由于次级用户和主用户之间的协作并不紧密,因此次级用户的发射机只能知道次级用户和主用户之间的信道均值和协方差。在这些场景下,文献[43]的目标是在给定的传输功率约束下的不确定集合内并确保对主用户的干扰在阈值以下的情况下,确定使次级用户速率最大的传输信号协方差矩阵。在相似的背景下,文献[69]通过使用信道或信道协方差矩阵中的椭圆形区域对 CSI 误差进行了建模,为带有多个主用户和次级用户的 CR 场景提出了鲁棒波束成形解决方案。

目前已有的认知波束成形技术有的假定可接收到完备的 CSI,有的则基于 CSI 估计所需的信道交互性。在实际的系统中,反馈是发射机获得 CSI 信息的一种方法。然而,在基于 MIMO 的 CR 网络中,由于 MIMO 信道系数较多,因此 CSI 反馈会带来较大的开销,这一情况推动了受限反馈概念的研究。近期关于无线系统中受限反馈的研究工作大都集中在 MU－MIMO系统。在 CR 网络环境下,文献[73]统计出了一个认知受限反馈框架。其中,主用户的收发信机通过发送用以调节 CB 泄露干扰的次级用户到主用户信道方向的量化信息和干扰功率控制信号,协助次级用户的波束成形器的设计。

13.3.6　多播认知波束成形

人们认为多播波束成形是下一代蜂窝无线服务的一项重要技术[74]。在认知多播网络中,一个配备多天线的次级发射机向一些次级接收机传输承载着同样信息的信号,这些次级接收机只配备一个单天线。这类网络中的波束成形器的目标在于找出一个最优的波束成形加权矢量,使得在以下约束条件下可以使总辐射功率最小:每个次级接收机的可接受 SINR 下限;主接收机可容许干扰水平的上限[75]。文献[75]表明,诸如多播系统波束成形这种非凸的二次约束优化问题通常无法得到最优解法。此外,该文献还指出,从随机化技术得到的近似解与最优解相差甚远。文献[76]考虑了 MIMO CR 网络频谱共享的次级多播波束成形器的鲁棒性设计问题。针对该问题,文献[76]提出了两种随机近似算法,相较于文献[46]中的方法,这两种算法可以提供更高的近似精确度。在这些研究之外,文献[77,78]最近解决了在 CR 网络多播波束成形背景下的波束成形问题。

13.4　SatComs 的认知波束成形技术

最近,认知 SatComs 被认为是解决卫星频谱资源稀缺问题最有前景的技术。在此前提下,最近的文献对混合星地和双星共存场景进行了研究。学者已经研究了诸如 SS 和底层技术的几种认知技术在不同场景的应用。本章将重点放在混合星地共存场景,把卫星链路视为一级链路,把地面链路视为二级链路。作为示例,可以考虑 FSS(其固定地面终端(如碟形天线)工作在 C 波段)与为固定用户提供多播服务的地面 WiMax 网络的实际共存。这种共存场景通过重用卫星频谱提高了系统吞吐量,因此对地面运营商是有益的。

如 13.3 节所述,CB 在地面网络的不同场景下的应用得到了广泛的研究,但在卫星背景下的应用得到的关注较少。通过利用 GEO 的基础知识,文献 [13] 提出了用于上行链路共存场景的不同的接收波束成形技术,文献[14]提出了用于下行链路共存情景的不同的发射波束成形技术。本章将波束成形技术应用于与卫星系统共享相同频率的地面系统(而不是卫星系统)。下面首先提供了其在混合卫星地面网络中应用的动机,然后描述了上行链路和下行链路共存情况。

GEO 卫星终端具有特殊的传播特性,始终指向 GEO 卫星(如果考虑不包括靠近赤道地区的欧洲大陆,则始终朝南)。由于 GEO 卫星位于赤道上方的地球同步轨道,因此信号沿朝北方向传输。在考虑卫星网络与地面蜂窝网络的共存场景的正常前向模式下(两种系统都运行在下行),所有卫星终端的接收范围都集中在一个扇形区域内。类似地,在共存场景的反向模式下(两种系统都运行在上行),地面 BS 接收的干扰也集中在一个特定的扇形区域内。此外,当从赤道向两极移动时,由于卫星移动终端的低仰角,这种干扰也变得更加突出,因此 BS 与卫星终端间的干扰取决于 BS 处传输波束的方向特性。

13.4.1　上行共存场景

图 13.1 所示为混合混合卫星－地面上行链路共存场景,其中两个网络均处于正常反向模式。卫星链路视为一级链路,地面链路视为二级链路。也就是说,卫星终端是 PU,地面终端是 SU。由于地面终端的传播距离远,指向性较弱,因此地面终端对卫星产生的干扰也可能较为微弱。但是如果有多个地面终端同时复用卫星频谱,那么这些地面终端对卫星的累

积干扰将构成问题,且这种累积干扰是应该考虑的。此外,为保障二级链路的 QoS,还需考虑卫星对地面 BS 的干扰[79,85]。本章致力于使用空间滤波技术来抑制二级干扰,即卫星终端对 BS 的干扰。

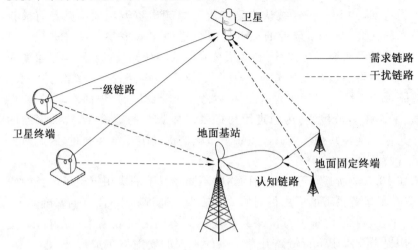

图 13.1　混合卫星－地面上行链路共存场景

正如前面提到的,由于 GEO 卫星终端独特的传播特征,且 BS 从其北区接收干扰,因此 BS 接收到的干扰集中在特定的扇形区域中。在该背景下,最初由文献[13]提出的接收波束成形方法可用来实现以下目标。

(1)最大化对期望用户(位于南面)的 SINR。

(2)缓解来自北区的干扰。

该场景的具体布局请参见文献[13]中的描述。应指出,一个特定 BS 的位于干扰区(北区)中的地面终端可由比位置更向北偏向该终端的其他 BS 提供服务。此外,通过使用一些形式的用户调度技术,该系统模型将可支持多个地面用户。在该考虑的接收波束成形方法中,波束成形器不一定要了解干扰卫星终端的准确位置和数量。

13.4.2　下行共存场景

图 13.2 所示为混合卫星－地面下行链路共存场景,其中两个网络均处于正常前向模式。下行共存场景模型如图 13.3 所示。在该场景下,一个卫星终端的接收范围集中在一个扇形区域内,且卫星终端会接收来自位于其南面的 BS 的地面干扰。为实现该共存,需处理以下方面问题。

(1)基于对 GEO 卫星终端传播特征的基础知识,抑制指向特定扇形区域的干扰。

（2）设计波束成形权值，以确保最大化期望 SU 的 SINR，从而最大化对认知传输的利用。

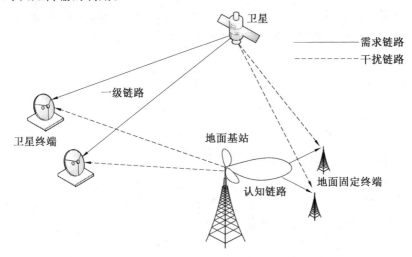

图 13.2　混合卫星－地面下行链路共存场景

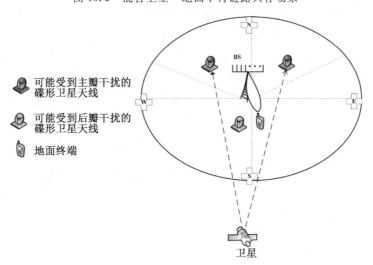

图 13.3　下行共存场景模型

（3）位于目标区域外的卫星终端可能接收到来自其副瓣的干扰，从而影响主系统的运行。

（4）问题（3）可通过控制 BS 上的传输功率来解决，但这可能影响二级用户的传输速率，因此需要定义优化问题，并加以解决。

为处理上述问题，可根据容许的系统复杂性和期望性能水平，应用文献[14]中提出的不同传输波束成形方法。在该考虑的 CB 系统中,对于上述卫星通信固有特征的基础知识是认知,而且无须主系统和二级系统间的其他交互。下面将对文献[13]中针对上行链路共存提出的技术和文献[14]中针对下行链路共存提出的技术进行描述。

13.5　上行链路共存 CB

13.5.1　信号模型

令 M 为 BS 天线阵列中的天线数量,K 为所考虑系统中的用户数量(包括 PU 和 SU)。在这一场景下,每个用户均可视为点对点 MIMO 系统中的一根传输天线,BS 上可以采用相同的接收机结构,以通过利用接收波束成形技术分隔各个用户的数据。

BS 上的接收信号矢量可写为

$$y = \sum_{k=1}^{K} h_k a(\theta_k) s_k + z \qquad (13.1)$$

式中,h_k 代表给第 k 个用户带来的信道增益,并在阵列中每个传感器保持恒定(假定阵列天线和用户天线间的 LoS 路径较强的情况下);s_k 是第 k 个用户传输的符号;$a(\theta_k)$ 是一个 $M \times 1$ 阵列响应矢量,其中 θ_k 为第 k 个用户的波束角;z 是一个 $M \times 1$ 的 i.i.d. 高斯噪声矢量。阵列响应矢量 $a(\theta_k)$ 可写为[9]

$$a(\theta_k) = [1, e^{\frac{-j2\pi d \sin \theta_k}{\lambda}}, \cdots, e^{\frac{-j2\pi(M-1)d \sin \theta_k}{\lambda}}]^T \qquad (13.2)$$

式中,d 是 BS 阵列天线上的阵元间隔;λ 代表一个 RF 信号的波长。BS 上的接收机可分隔不同空间位置用户传输的信号,因为这些用户在接收天线阵列上的响应矢量互有差异。不妨设想现只有一个期望用户,即一个二级用户和 $(K-1)$ 个干扰用户,即主用户。此时,y 可以写为

$$y = h_1 a(\theta_1) s_1 + q \qquad (13.3)$$

式中,h_1 是连接期望用户的信道矩阵;$a(\theta_1)$ 是期望用户的阵列响应矢量;s_1 是期望用户的传输符号,并且

$$q = \sum_{k=2}^{K} h_k a(\theta_k) s_k + z \qquad (13.4)$$

对于接收波束成形,随后使用一个加权复矢量 $w \in C^M$ 对接收信号矢量 y 进行线性合并,得到阵列输出 $\hat{s_1}$,即

$$\hat{s}_1 = \boldsymbol{w}^{\mathrm{H}} \boldsymbol{y} \tag{13.5}$$

波束加权矢量 $\boldsymbol{w}$ 的选择应使式(13.3)中的第一项最大化,第二项最小化。

13.5.2　适用技术

1. MVDR 技术

从式(13.1)获得的 BS 天线阵列上的接收信号还可写为

$$\boldsymbol{y} = \boldsymbol{As} + \boldsymbol{z} \tag{13.6}$$

式中,$\boldsymbol{A}$ 称为信号方向矩阵(Signal Direction Matrix,SDM),$\boldsymbol{A} = [\boldsymbol{a}(\theta_1), \boldsymbol{a}(\theta_2), \cdots, \boldsymbol{a}(\theta_K)]$;$\boldsymbol{s} = [s_1, s_2, \cdots, s_k]^{\mathrm{T}}$,每个 s_k 都是与第 k 个用户相关的符号。

对位于角 θ_d 方向的期望用户,波束成形器的响应为 $\boldsymbol{w}^{\mathrm{H}} \boldsymbol{a}(\theta_d)$。最小方差无失真响应(Minimum Variance Distortionless Response,MVDR)波束成形器的优化问题可写为

$$\min_{\boldsymbol{w}} \boldsymbol{w}^{\mathrm{H}} \boldsymbol{R}_{i+n} \boldsymbol{w}$$
$$\mathrm{s.\,t.} \quad \boldsymbol{w}^{\mathrm{H}} \boldsymbol{a}(\theta_d) = 1 \tag{13.7}$$

在实际情况下,$\boldsymbol{R}_{i+n}$ 是无法获得的,只有协方差矩阵 $\boldsymbol{R}_y$ 可通过 $\boldsymbol{R}_y = \dfrac{1}{N} \sum_{i=1}^{N} \boldsymbol{y}(n) \boldsymbol{y}^{\mathrm{H}}(n)$ 获得。用 $\boldsymbol{R}_y$ 代换 $\boldsymbol{R}_{i+n}$,MVDR 波束成形器的优化问题可表示为

$$\min_{\boldsymbol{w}} w^{\mathrm{H}} \boldsymbol{R}_y \boldsymbol{w}$$
$$\mathrm{s.\,t.} \quad \boldsymbol{w}^{\mathrm{H}} \boldsymbol{a}(\theta_d) = 1 \tag{13.8}$$

当期望信号与干扰无关时,式(13.8)中的最小化问题等同于式(13.7)中的最小化问题[91]。使用拉格朗日乘数法解决约束优化问题,式(13.8)的解可根据以下等式获得,即

$$\boldsymbol{w} = \frac{\boldsymbol{R}_y^{-1} \boldsymbol{a}(\theta_d)}{\boldsymbol{a}^{\mathrm{H}}(\theta_d) \boldsymbol{R}_y^{-1} \boldsymbol{a}(\theta_d)} \tag{13.9}$$

2. LCMV 技术

在线性约束最小方差(Linear Constraint Minimum Variance,LCMV)波束成形器中,通过选择权值来最小化输出方差,或最小化受多响应约束的功率。与 MVDR 波束成形器不同,此波束成形器中包括多响应约束,即在期望方向上的联合响应和在干扰方向的零陷。为在式(13.8)所述的方差最小化问题中包含多约束,可将约束方程写为

$$\boldsymbol{C}^{\mathrm{H}} \boldsymbol{w} = \boldsymbol{f} \tag{13.10}$$

式中,C 是一个 $M \times L$ 约束矩阵;f 是一个 $L \times 1$ 响应矢量,L 是约束条件的数量,$L = K$。式(13.10) 可写为

$$\begin{bmatrix} a^{\mathrm{H}}(\theta_1) \\ a^{\mathrm{H}}(\theta_2) \\ \vdots \\ a^{\mathrm{H}}(\theta_K) \end{bmatrix} w = \begin{bmatrix} 1 \\ 0 \\ \vdots \\ 0 \end{bmatrix} \tag{13.11}$$

那么,LCMV 波束成形问题可写为

$$\min_{w} w^{\mathrm{H}} R_y w$$
$$\text{s. t.} \quad C^{\mathrm{H}} w = f \tag{13.12}$$

文献 [92] 给出了上述问题的解,即

$$w = R_y^{-1} C (C^{\mathrm{H}} R_y^{-1} C)^{-1} f \tag{13.13}$$

13.5.3　研究的场景中的应用

正如前面提到的,在此研究的场景中,波束成形器事先了解了干扰卫星终端所在的角度范围,但不知道干扰终端的数量及其精确位置。在此背景下,BS 上接收波束成形器的目标是抑制干扰区产生的干扰,并最大化期望用户方向上的 SINR。假设有一个期望用户位于 BS 南面角 θ_d 处,此用户的 DoA 已知。 在实际应用中,可使用多重信号分类(Multiple Signal Classification,MUSIC) 算法等 DoA 估计算法对期望用户的 DoA 进行估测。不妨定义卫星终端产生干扰信号的 DoA 范围落在区间[$\theta_{\min}, \theta_{\max}$]中。对 GEO 卫星链路进行几何分析,可计算得到特定地理位置上的 $\theta_{\max}$ 和 $\theta_{\min}$[2]。为设计波束成形器,以 $\theta_i = \Delta/(K-1)$ 的间隔对这一区域统一采样,其中 $\Delta = \theta_{\max} - \theta_{\min}$。卫星终端的方位在 $0° \sim 90°$ 的角度范围内随机生成,并且均匀分布。基于接收信号的协方差矩阵,MVDR 和 LCMV 波束成形器的波束成形权值分别通过式(13.9) 和式(13.13) 计算获得。随后,使用这些权值计算所研究的仿真环境下的 SINR。 如果 BS 上的接收 SINR 高于目标 SINR,则该特定 BS 可服务期望用户,否则将由附近的其他 BS 为期望用户提供服务。

波束成形器的性能可通过响应方向图和输出 SINR 的形式予以说明。响应方向图详细说明了波束成形器作为 DoA 和频率的函数对输入信号的响应。可以计算 θ 方向上的响应方向图(考虑单 RF 信道)为

$$G(\mathrm{dB}) = 20\lg(|w^{\mathrm{H}} a(\theta)|) \tag{13.14}$$

在此研究的场景中,干扰用户的实际阵列响应不同于设计波束成形器时使用的阵列响应矢量,这造成了干扰用户的阵列响应矢量的不确定性。

在该背景下,在计算波束成形器权值时,考虑了每个量化角度上的一个干扰源,并假定期望用户和干扰用户的阵列响应矢量是准确已知的。随后,可针对研究的场景应用这些权值,以评估 LCMV 和 MVDR 波束成形器的性能。对于特定的波束成形器,可通过多次蒙特卡罗仿真计算平均 SINR,即

$$\overline{\text{SINR}} = \frac{1}{N_s} \sum_{n=1}^{N_s} \frac{\gamma \mid w^{\text{H}} a(\theta_d) \mid^2}{w^{\text{H}} R_{i+n} w} \tag{13.15}$$

式中,N_s 是蒙特卡罗仿真次数。使用弗里兹(Friss)传输公式,BS 上来自距离为 d 处的卫星/地面终端的接收功率(P_r)可计算为

$$P_r = \frac{P_t G_t G_r}{(4\pi d/\lambda)^2} = P_t G_t G_r L_p^{-1} \tag{13.16}$$

式中,G_t 和 G_r 分别为发送天线和接收天线的增益;P_t 为发送功率;项 L_p 代表自由空间路径损耗,$L_p = (4\pi d/\lambda)^2$。不妨定义 β_k 为第 k 个用户和地面 BS 间链路的路径损耗系数。考虑路径损耗后,式(13.6)可改写为

$$y = A\text{diag}(\boldsymbol{\beta})s + z \tag{13.17}$$

式中

$$\boldsymbol{\beta} = [\beta_1, \beta_2, \cdots, \beta_K]$$

13.5.4　数值结果

在下面的仿真结果中,使用了表 13.1 中所列出的仿真参数和链路预算参数。从 BS 处可观察到所有卫星终端均位于 $10° \sim 85°$ 的方位角范围内。考虑在 $-30°$ 角度上的单一期望用户和 BS 上的一个均匀线性阵列(Uniform Linear Array,ULA)。为设计 LCMV 波束成形器,需要知道干扰用户的 DoA。为此,将考虑到的干扰区域以 $5°$ 为间隔进行量化,并假定在每个量化角度内只有一个终端。

表 13.1　仿真结果和链路预算参数

参数	值
卫星经度	$28.2°\text{E}$
考虑的纬度范围	$35° \sim 70°$
考虑的经度范围	$-10° \sim 45°$
仰角范围	$7.07° \sim 49.40°$

续表13.1

参数	值
载波频率	4 GHz
卫星终端到基站的链路	值
卫星终端 Tx 功率	30 dBm
卫星终端增益范围	20～9.504 7 dB
卫星终端 EIRP 范围	50～21.50 dBm
卫星终端和基站之间的距离	0.5～10 km
路径损耗范围$\propto r^{-2}$	98.47～124.49 dB
基站天线增益	10 dB
噪声功率@ 8 MHz	−104.96 dBm
基站 INR 范围	11.97～66.49 dB
地面终端到基站的链路	值
地面终端 Tx 功率	20 dBm
地面终端天线增益	10 dB
所需终端和基站之间的距离	0.05～5 km
路径损耗范围$\propto r^{-2}$	78.46～118.48 dB
基站天线增益	10 dB
噪声功率@ 8 MHz	−104.96 dBm
基站所需信号的信噪比范围	26.48～66.5 dB

图 13.4 所示为仿真参数 $M=20, K=17$ 的条件下, MVDR 和 LCMV 波束成形器的阵列响应随方位角变化的性能图。可以看出, 在干扰范围是 $10°～85°$ 时, 可以得到比 MVDR 波束成形器的期望响应低约$-50～-110$ dB 的阵列响应; 可以得到比 LCMV 波束成形器的期望响应低约$-80～-200$ dB 的阵列响应。图 13.5 所示为仿真参数 $M=20, K=17$ 的条件下, LCMV 和 MVDR 波束成形器的 SINR 随方位角变化的曲线。由于每个终端的 DoA 不同及其到 BS 距离不同, 因此这些终端对 BS 施加的干扰功率不同。由该图可知, 从期望的用户方面来说, LCMV 波束成形器和 MVDR 波束成形器提供了相近的 SINR, 且前者比后者能更好地抑制干扰区的干扰。根据这一结果可以得出, 在上述场景中, LCMV 波束成形器可比 MVDR 波束成形器更有效地抑制干扰。

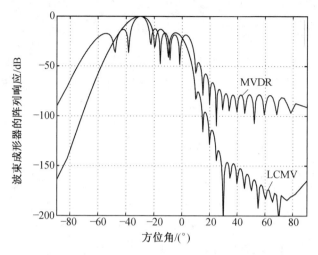

图 13.4　仿真参数 $M = 20, K = 17$ 的条件下,MVDR 和 LCMV 波束成形器的阵列响应随方位角变化的性能图

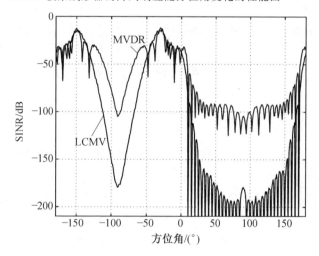

图 13.5　仿真参数 $M = 20, K = 17$ 的条件下,LCMV 和 MVDR 波束成形器的 SINR 随方位角变化的曲线

如文献[13]中所描述的,当假定的干扰源数量较少时,LCMV 波束成形器的性能优于 MVDR 波束成形器的性能;而当假定的干扰源数量较多时,情况相反。此外,文献[13]中已指出,在用户的 DoA 不匹配角度小于 3°时,MVDR 波束成形器的性能稍微优于 LCMV 波束成形器的性能;当该不匹配角度大于 3°时,MVDR 波束成形器的性能则劣于 LCMV 波束成形器的性能。

13.5.5　讨论

在所涉及的场景中,对波束成形器来说,用户的 DoA 和干扰源位置所在的区域是已知的,但是干扰源的准确位置是未知的。仿真结果表明,在期望的方向上,两种波束成形器的性能类似;但从抵抗干扰区上的干扰上而言,LCMV 波束成形器的性能要好得多。此外,根据结果可知,即使是在干扰用户准确位置不确定的情况下,LCMV 波束成形器也能对该干扰区域做出微弱响应。在实际情境中,期望信号的准确 DoA 可能会偏离估计值,导致期望信号的 DoA 不匹配。在角度不匹配的情况下,通过施加多单元响应指向约束,可最大化 LCMV 波束成形器的响应,而 MVDR 波束成形器的性能将变差。然而,当存在大量干扰源时,LCMV 波束成形器的性能将变得更加糟糕,当天线数量少于干扰源数量时,其性能快速恶化,在该条件下,MVDR 波束成形器的性能优于 LCMV 波束成形器的性能。因此,当存在少量干扰源时,适宜使用 LCMV 波束成形器;当存在在大量干扰源时,适宜使用 MVDR 波束成形器。

13.6　下行链路共存发送波束成形

13.6.1　信号模型

对于图 13.2 所示的上行链路共存的场景,在考虑的干扰区域内,针对地面链路,考虑一个 SU 和多个 PU,而在干扰区域外,只考虑一个 PU。此外,令二级用户和主用户终端配备单天线,令 M 为二级 BS 天线阵列中的天线数量,K 为所分析区域中的主用户数量。特定时刻二级 BS 天线传输的信息用 s 表示,其中 $E[ss^H]=1$,w 为 BS 天线阵列上 $M\times1$ 波束成形权值矢量。随后,二级 BS 天线阵列的传输信号矢量可写作 $x_s=ws$。w 的值可写为 $w=\sqrt{p}v$,p 代表每条天线的功率,$\|v\|=1$。

令 h_p 为从 BS 到卫星终端(即主用户)的信道矢量,h_s 为从 BS 到地面终端(即二级用户)的信道矢量。那么二级用户上的接收信号可写为

$$y_s=h_s^H x_s+z_s \tag{13.18}$$

式中,$h_s=\alpha_s a(\theta_s)$。类似地,主用户终端上的干扰信号可写为

$$y_p=h_p^H x_s+z_s \tag{13.19}$$

式中,$h_p=\alpha_p a(\theta_p)$,$a(\theta_p)$ 代表 DoA θ_p 的阵列响应矢量,θ_p 为主用户信号的

DoA，$\alpha_p \propto d_p^{-n}$ 为二级 BS 和主用户终端间的路径损耗系数，其中 d_p 为距离，n 为路径损耗指数。

13.6.2　发送波束成形技术

1. 扩展 LCMV 技术

标准 LCMV 波束成形问题可写为

$$\min_{\boldsymbol{w}} \boldsymbol{w}^{\mathrm{H}} \boldsymbol{R}_{\mathrm{d}} \boldsymbol{w}$$
$$\text{s. t.}\quad \boldsymbol{C}^{\mathrm{H}} \boldsymbol{w} = \boldsymbol{f} \tag{13.20}$$

上述问题的解可写为[92]

$$\boldsymbol{w}_{\mathrm{LCMV}} = \boldsymbol{R}_{\mathrm{d}}^{-1} \boldsymbol{C} (\boldsymbol{C}^{\mathrm{H}} \boldsymbol{R}_{\mathrm{d}}^{-1} \boldsymbol{C})^{-1} \boldsymbol{f} \tag{13.21}$$

式中，$\boldsymbol{R}_{\mathrm{d}}$ 是一个 $M \times M$ 阶的下行链路空间协方差矩阵[93]。对于尺度变换 LCMV，由式(13.21)给出的 LCMV 波束赋形器的权值可变换为 $w_{\mathrm{LCMVs}} = \varepsilon \times w_{\mathrm{LCMV}}$，$\varepsilon$ 为尺度变换参数，它的值应大于一个很小的非零正数但小于 1。当 $\varepsilon = 0$ 时，波束赋形器在所有方向的响应为 0，因此 ε 的值应大于零。可以看出随着 ε 值的增加，必须提高在期望方向上的发射功率。

2. 改进 LCMV 技术

为保护位于涉及区域外的主用户，可通过增加一个约束条件改进标准 LCMV 的优化方法，加入新的约束条件后就产生了一个新的优化问题。新的约束条件可通过卫星终端后瓣的干扰低于终端的干扰门限这一原则确定。根据后瓣可能接收到的干扰大小，卫星终端的设计者定义一个适合的干扰门限 I_{T}。可以看出，只要终端后瓣受到的干扰低于该门限，在相同频谱内，对主系统的常规操作便不会受到二级系统操作过程的干扰。

改进 LCMV 的优化问题可表示为

$$\min_{\boldsymbol{w}} \boldsymbol{w}^{\mathrm{H}} \boldsymbol{R}_{\mathrm{d}} \boldsymbol{w}$$

受制于

$$\boldsymbol{C}^{\mathrm{H}} \boldsymbol{w} = \boldsymbol{f}$$
$$\boldsymbol{w}^{\mathrm{H}} \boldsymbol{R}_p \boldsymbol{w} \leqslant I_{\mathrm{T}} \tag{13.22}$$

$\boldsymbol{R}_p$ 为在涉及区域外 θ_b 的 DoA 区域的主用户响应矢量矩阵，$\boldsymbol{R}_p = \boldsymbol{a}(\theta_b) \boldsymbol{a}^{\mathrm{H}}(\theta_b)$。使用文献[14]中的拉格朗日乘子法或简单迭代算法，可解决上述优化问题。

3. 二级用户速率最大化

使用 $\boldsymbol{R}_t$ 表示传输信号协方差矩阵，并定义其为

$$\boldsymbol{R}_t = E[\boldsymbol{x}_s \boldsymbol{x}_s^{\mathrm{H}}] = p \boldsymbol{v} \boldsymbol{v}^{\mathrm{H}} = \boldsymbol{w} \boldsymbol{w}^{\mathrm{H}} \tag{13.23}$$

最大化二级速率,同时为主用户提供充分保护的优化问题可表示为

$$\max_{p \geqslant 0 \, \| v \| = 1} \log(1 + \mathrm{SINR}(\theta_s, p, d_s))$$

$$\mathrm{s.t.} \quad \sum_{i=1}^{M} p_i \leqslant P_{\mathrm{T}}$$

$$I_p(\theta_p^{(j)}, p, d_p) \leqslant I_{\mathrm{TH}}, \quad j = 1, \cdots, K \tag{13.24}$$

式中,$\mathrm{SINR}(\theta_s, p, d_s)$ 代表期望二级用户的信干噪比,它是关于 θ_s、每条天线 p 的发射功率以及 BS 和期望二级用户间的距离 d_s 的函数;P_{T} 是总功率预算;$I_p(\theta_p^{(j)}, p, d_p)$ 是第 j 个主用户由于二级传输而接收到的干扰,它是 θ_p、p 及 BS 与主用户间距离 d_p 的函数;I_{TH} 是主用户的可容忍干扰门限。

考虑在多天线条件下进行功率平均分配的单个 BS 情况,二级期望用户的信干噪比可表示为

$$\mathrm{SINR}(\theta_s, p, d_s) = \boldsymbol{h}_s^{\mathrm{H}} \boldsymbol{R}_t \boldsymbol{h}_s = \frac{p \lambda^2 d_s^{-n}}{(4\pi)^2} \{\boldsymbol{a}^{\mathrm{H}}(\theta_s) \boldsymbol{w} \boldsymbol{w}^{\mathrm{H}} \boldsymbol{a}(\theta_s)\} \tag{13.25}$$

同样地,主用户由于二级传输所接收到的干扰可表示为

$$I_p(\theta_p^{(j)}, p, d_p) = \boldsymbol{h}_p^{\mathrm{H}} \boldsymbol{R}_t \boldsymbol{h}_p = \frac{p \lambda^2 d_p^{-n}}{(4\pi)^2} \{\boldsymbol{a}^{\mathrm{H}}(\theta_p^{(j)}) \boldsymbol{w} \boldsymbol{w}^{\mathrm{H}} \boldsymbol{a}(\theta_p^{(j)})\} \tag{13.26}$$

使用式(13.25)和式(13.26),并考虑到对目标区外主用户的附加约束条件,式(13.26)的优化问题可表示为[14]

$$\max_{\boldsymbol{w}} \mathrm{Re}[\boldsymbol{a}^{\mathrm{H}}(\theta_s) \boldsymbol{w}]$$

$$\mathrm{s.t.} \quad \|\boldsymbol{w}\| \leqslant \sqrt{P_{\mathrm{T}}}$$

$$\mathrm{Im}[\boldsymbol{a}^{\mathrm{H}}(\theta_s) \boldsymbol{w}] = 0$$

$$|\alpha_b \boldsymbol{a}^{\mathrm{H}}(\theta_p^{(j)}) \boldsymbol{w}| \leqslant \sqrt{I_{\mathrm{TH}}}, \quad j = 1, \cdots, K \tag{13.27}$$

上述优化问题是一个二次锥规划(Second Order Cone Programming,SOCP)问题[94],可使用标准凸优化软件 CVX 解算[95]。

4. 数值结果

在列出的数值结果中,假定的仿真参数和链路预算参数见表 13.2。不妨构想一个以二级 BS 为参照,角度范围为 $10° \sim 85°$ 的地理区域。该区域内的所有对地静止卫星终端都朝向正南方向(以 BS 为参照),用以与 GEO 卫星通信。构想 $-30°$ 方向存在一个期望用户和 BS 的一个 ULA,相关布局如图 13.3 所示。此外,再构想一个角为 $-15°$ 的卫星终端,用以分析二级传输对卫星终端后瓣的影响。

表 13.2　仿真参数和链路预算参数

参数	值
载波频率	4 GHz
基站到卫星终端的链路	值
基站发送功率	20 dBm
基站天线增益	10 dB
卫星和基站之间的距离	0.5～10 km
路径损耗范围 $\propto d^{-2}$	98.47～124.49 dB
卫星终端增益范围	20～9.5047 dB
噪声功率@ 8 MHz	−104.96 dBm
卫星终端的干噪比范围	0.96～56.49 dB
基站到地面终端链路	值
基站发送功率	20 dBm
基站天线增益	10 dB
所需终端和基站之间的距离	0.05～5 km
路径损耗范围 $\propto d^{-2}$	78.46～118.48 dB
地面终端天线增益	5 dB
噪声功率@ 8 MHz	−104.96 dBm
基站目标信号的信噪比范围	21.48～61.50 dB

图 13.6 所示为不同传输波束成形技术的波束图，$M=20$，$K=17$，期望 DoA 为 $-30°$，干扰部分为 $10°\sim85°$，终端（接收来自其后瓣的干扰）位置为 $-15°$。对于尺度变换 LCMV 技术，考虑尺度变换参数 $\varepsilon=0.1$ 的情况。从图中可以看出，对于所有考虑到的角度范围，尺度变换 LCMV 波束方向图的增益为 20 dB，低于标准 LCMV 情况。标准 LCMV 的波束赋形权值使用式(13.21)计算，改进波束赋形器的波束赋形权值使用文献[14]中列出的迭代算法计算。此外，二级用户速率最大化方法的波束赋形权值矢量通过使用软件 CVX 求解优化问题式(13.27)获得[95]。位于 $-15°$ 的主用户终端(I_T)的后瓣干扰门限设定为 -50 dB，而位于假定角度范围内

的主用户终端(I_{TH})[①]的干扰门限设定为 -80 dB。

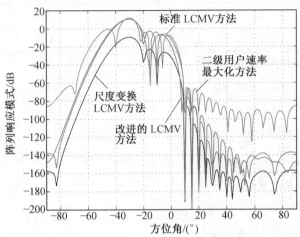

图 13.6 不同传输波束成形技术的波束图(见附录 部分彩图)

图 13.7 所示为改进的 LCMV 和标准 LCMV 场景下的信干噪比性能比较,$M=20$,$K=17$,期望 DoA 为 $-30°$,干扰部分为 $10°\sim85°$,终端(接收来自其后瓣的干扰)位置为 $-15°$。在波束赋形器不了解主用户终端的准确位置和数量时,上述计算得到的波束赋形权值可应用于给定的仿真环

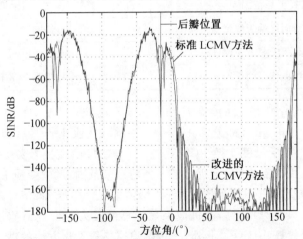

图 13.7 改进的 LCMV 和标准 LCMV 场景下的信干噪比性能比较(见附录 部分彩图)

---

① 应指出,在基于 LCMV 方法的例子中,对主用户终端的响应约束为零。

境。在仿真过程中,假定 I_T 的值比期望方向上的发射功率低,为 80 dB。由图 13.7 可以看出,改进波束赋形器降低了对位于 DoA 为 $-15°$ 方向卫星终端的信干噪比,从而避免了卫星终端受到二级干扰。主卫星终端方向上的信干噪比值的降低多少取决于参数 I_T 的选择。

在二级用户速率最大化方法中,期望方向上的传输功率取决于选择的主用户终端方向上功率门限的约束条件。为估算功率门限变化对期望方向上的波束赋形器响应性能的影响,对主用户 DoA $-50 \sim 0$ dBW 范围进行仿真。为此,假定主用户终端角度范围为 $45° \sim 85°$,每个终端彼此间隔 $5°$。图 13.8 所示为期望方向上的传输功率与使用优化问题的功率阈值的对比。此外,考虑到位于不同角方位($30°$、$20°$、$10°$、$0°$)的期望用户,绘制出不同的曲线。可以看出,在所有的情况下,当约束门限功率保持在 -10 dBW 时,期望用户方向上的传输功率最大。此外可以看出,随着期望二级用户和给定区间的角度差的增大,期望方向上的传输功率也增大(即在图 13.8 中的 $0°$ 达到最大值)。

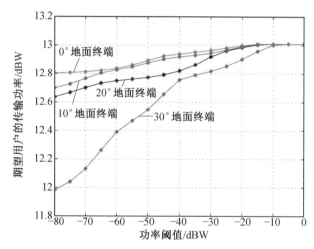

图 13.8　期望方向上的传输功率与使用优化问题的功率阈值的对比

为体现主用户离 BS 的距离和给定区域角度偏离程度的总体影响,最糟糕情况下二级用户速率关于主用户距离目标区域的距离长度和角度偏差的关系如图 13.9 所示。假定距离为 $0.5 \sim 5$ km,角度偏离为 $5° \sim 30°$,也就是二级用户的 DoA 为 $40° \sim 15°$。主用户终端的干扰功率门限[1]假定

---

[1]　应指出,这是考虑路径损耗的影响后,主用户终端上的最大容许干扰功率。

为—150 dBW。通过假定二级用户的最坏放置位置（即距离 BS 5 km），计算二级用户速率。随着对主用户的干扰门限的降低，波束赋形器也应减小其传输功率，因此二级传输速率也将降低。

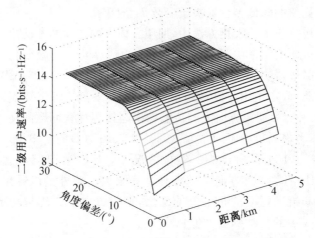

图 13.9　最糟糕情况下二级用户速率关于主用户距离目标区域的距离长度和角度偏差的关系

5. 讨论

通过比较图 13.6 中的 LCMV 方法和 SU 速率最大化方法的性能，可以得出结论：SU 速率最大化方法可在期望方向上提供更高的传输功率，然而，LCMV 方法可以使位于目标区域中的 PU 终端的干扰降到很低。可以注意到，在 LCMV 方法中，由于功率预算、干扰阈值等额外约束的引入，因此较不灵活。此外，LCMV 方法的另一个难点在于下行链路协方差矩阵的获得。在 SU 速率最大化方法中，尽管 SU 速率取决于 PU 距离、干扰阈值和对目标区域的角度偏离，但新约束的引入使其有了更高的灵活性。由此可以推导得出，特定方法的选择主要是由新约束的引入灵活性、技术的复杂性和所需性能水平决定的。

13.7　实际挑战与未来问题

本节将重点分析 CB 技术的实际挑战，并提出几个未来研究的方向。

（1）CB 是一项可实现高速率认知传输及在共存主接收机上提供有效干扰抑制的颇具前景的技术。为此，认知发射器应了解面向主终端及二级终端的各自的 CSI，而这在实际操作中难以做到。在该背景下，如何在认知发射器上获得理想的 CSI 是一个重大挑战。

（2）对于不理想的 CSI 案例，很多现有技术都不具有鲁棒性，可能无法实现期望的波束样式，且会对授权的主用户造成有害干扰。此外，鲁棒性的引入可能会给波束成形设计问题带来额外的复杂性。在这一背景下，对鲁棒的且实际可行的技术进行研究是最重要的挑战之一。此外，对可以将 CSI 从二级/主接收机到二级发射机的反馈负担减小的有效反馈技术的探究也是一个新兴的研究问题。除 CSI 的鲁棒性外，波束成形解决方案也应对期望用户和干扰用户的阵列响应矢量的不确定性保持稳定。由于实际系统中所遭受的延迟的/量化的/错误的 CSI 和不准确的 DoA 信息，因此在波束成形解决方案的相关研究中，鲁棒问题在未来可能需要被优先解决。此外，上述参数在准确性和鲁棒性之间的权衡也是值得深入探究的一个方面。

（3）可以注意到，现有研究工作在设计波束成形解决方案时，大多数考虑的是频率平坦信道。频率选择性场景的波束成形器设计会是未来一个颇具前景的研究方向[16]。此外，涵盖调制编码、同步等诸多实际因素的波束成形解决方案的设计是未来研究中值得考虑的一个重要方面。

（4）天线阵列的准确协极极为关键，尤其是当在干扰源方向生成零陷时。

（5）一般认为，二级系统是低功率的小型设备，而波束成形需要较高的信号处理功率，可能难以应用于小型移动设备。然而，卫星 — 地面混合场景似乎是一个可以考虑的场景，因为波束成形是应用在基站上而非在地面终端上的。此外，另一个有待考虑的问题是如何保障二级用户的服务质量。对此，一个可能的办法是通过设置二级用户所需的最小速率约束，从而列方程来求最值问题。

（6）另一个约束（即 CB 所需的主干扰阈值）使得这个问题比传统波束成形问题更加复杂。在这一背景下，需要研究具备计算效率的解决方案来求解 CB 问题。以此方向为指导，未来的研究将把焦点放在 CR 网络环境下的实时凸优化理论上。

（7）CR 网络的多组多播波束成形器的稳健设计也是颇具前景的研究方向之一[76]。

（8）当前，波束成形器作为一项通过在网络中应用认知来提高蜂窝网络的容量，从而提高频谱效率并降低干扰的技术，正被广泛地研究和开发。可与主用户系统共存的未来 CR 网络的 CB 也可实现这一点。实现这一点要针对主 — 二级共存场景创建一个合适的商业规划，以及使运营商相信使用这些场景的好处。

（9）此外，期望用户和干扰源的准确 DoA 信息的获得对于实现 CB 极为关键。在实际应用中，这个信息既可以从数据库中获得，也可以通过使用合适的 DoA 估计算法在无线信道一端进行估计。

（10）为解决卫星频谱资源稀缺的问题，不同混合/双卫星场景中认知技术的研究仍处于起步阶段。在该背景下，可以使用已经应用现有的波束成形解决方案的不同混合/双卫星共存场景。此外，未来可专门为混合/双卫星场景研究新技术。

（11）在本章中可以注意到，在地面基站上应用 CB 可以有效地抑制卫星终端上受到/产生的干扰。未来，CB 应用的另一个有趣的方向是分析系统层级地面系统上 CB 的应用造成的卫星系统性能下降的问题。

13.8　本章小结

认知波束成形技术可成为一项允许不同无线网络共存的颇具前景的未来解决方案之一。在该背景下，本章在阐述了波束成形准则及其在一般环境下的分类的同时，概述了现有的 CB 技术。此外，本章还介绍了可在其中研究不同 CB 技术的上行链路与下行链路卫星－地面混合共存场景，并借助理论和数值分析讨论了多项接收与传输波束成形技术。为促进这一领域日后的研究，本章提出了 CB 在实际应用中的诸多挑战。

本章参考文献

[1] A. Goldsmith, S. Jafar, I. Maric, S. Srinivasa, Breaking spectrum gridlock with cognitive radios: an information theoretic perspective, Proc. IEEE 97(5)(2009)894-914.

[2] S. K. Sharma, S. Chatzinotas, B. Ottersten, Satellite cognitive communications: interference modeling and techniques selection, in: 6th ASMS/SPSC Conf. ,2012,pp. 111-118.

[3] H. Sarvanko, M. Hoyhtya, M. Matinmikko, A. Mammela, Exploiting spatial dimension in cognitive radios and networks, in: Proc. 6th Int. Conf. CROWNCOM,2011,pp. 360-364.

[4] J. Xie, Z. Fu, H. Xian, Spectrum sensing based on estimation of direction of arrival, in: Int. Conf. on Computational Problem-Solving (ICCP),2010,pp. 39-42.

［5］ E. Tsakalaki，D. Wilcox，E. de Carvalho，C. Papadias，T. Ratnarajah，Spectrum sensing using single-radio switched-beam antenna systems，in：7th Int. Conf. CROWNCOM，2012.

［6］ B. Van Veen，K. Buckley，Beamforming：a versatile approach to spatial filtering，IEEE ASSP Mag. 5(2)(1988)4-24.

［7］ F. Rashid-Farrokhi，K. Liu，L. Tassiulas，Transmit beamforming and power control for cellular wireless systems，IEEE J. Selected Areas Commun. 16(8)(1998)1437-1450.

［8］ X. Wang，H. Poor，Robust adaptive array for wireless communications，IEEE J. Selected Areas Commun. 16(8)(1998)1352-1366.

［9］ V. Katkovnik，M.-S. Lee，Y.-H. Kim，Performance study of the minimax robust phased array for wireless communications，IEEE Trans. Commun. 54(4)(2006)608-613.

［10］ S. Yiu，M. Vu，V. Tarokh，Interference and noise reduction by beamforming in cognitive networks，IEEE Trans. Commun. 57 (10)(2009)3144-3153.

［11］ T. Luan，F. Gao，X.-D. Zhang，J. Li，M. Lei，Rate maximization and beamforming design for relay-aided multiuser cognitive networks，IEEE Trans. Veh. Technol. 61(4)(2012)1940-1945.

［12］ K. Cumanan，L. Musavian，S. Lambotharan，A. Gershman，SINR balancing technique for downlink beamforming in cognitive radio networks，IEEE Signal Process. Lett. 17(2)(2010)133-136.

［13］ S. K. Sharma，S. Chatzinotas，B. Ottersten，Spatial filtering for underlay cognitive satcoms，in：R. Dhaou，et al. (Eds.)，Personal Satellite Services，vol. 123 of Lecture Notes of the Institute for Computer Sciences，Social Informatics and Telecommun. Engg.，Springer International Publishing，Switzerland，2013，pp. 186-198.

［14］ S. Sharma，S. Chatzinotas，B. Ottersten，Transmit beamforming for spectral coexistence of satellite and terrestrial networks，in：Int. Conf. CROWNCOM，2013，pp. 275-281.

［15］ H. Krim，M. Viberg，Two decades of array signal processing research：the parametric approach，IEEE Signal Process. Mag. 13 (4)(1996)67-94.

［16］ A. Gershman，N. Sidiropoulos，S. Shahbazpanahi，M. Bengtsson，

B. Ottersten, Convex optimization-based beamforming, IEEE Signal Process. Mag. 27(3)(2010)62-75.

[17] H. Cox, R. Zeskind, M. Owen, Robust adaptive beamforming, IEEE Trans. Acoust. Speech Signal Process. 35 (10) (1987) 1365-1376.

[18] S. Vorobyov, A. Gershman, Z.-Q. Luo, Robust adaptive beamforming using worst-case performance optimization: a solution to the signal mismatch problem, IEEE Trans. Signal Process. 51 (2) (2003) 313-324.

[19] S. Vorobyov, A. Gershman, Z.-Q. Luo, N. Ma, Adaptive beamforming with joint robustness against mismatched signal steering vector and interference nonstationarity, IEEE Signal Process. Lett. 11(2)(2004)108-111.

[20] R. Lorenz, S. Boyd, Robust minimum variance beamforming, IEEE Trans. Signal Process. 53(5)(2005)1684-1696.

[21] S.-J. Kim, A. Magnani, A. Mutapcic, S. Boyd, Z.-Q. Luo, Robust beamforming via worst-case sinr maximization, IEEE Trans. Signal Process. 56(4)(2008)1539-1547.

[22] S. Vorobyov, Y. Rong, A. Gershman, Robust adaptive beamforming using probability-constrained optimization, in: 13th Workshop on Statistical Signal Process. , 2005,pp. 934-939.

[23] S. Vorobyov, H. Chen, A. Gershman, On the relationship between robust minimum variancebeamformers with probabilistic and worst-case distortionless response constraints, IEEE Trans. Signal Process. 56(11)(2008)5719-5724.

[24] M. Kobayashi, G. Caire, A practical approach for weighted rate sum maximization in mimo-ofdm broadcast channels, in: 41st Asilomar Conference on Signals, Systems and Computers, 2007, pp. 1591-1595.

[25] P. C. Weeraddana, et al. , A practical approach for weighted rate sum maximization in MIMO-OFDM broadcast channels, Foundat. Trends Network. 6(1-2)(2011)1-163.

[26] S.-H. Park, H. Park, I. Lee, Distributed beamforming techniques for weighted sum-rate maximization in MISO interference

channels, IEEE Commun. Lett. 14 (12) (2010)1131-1133.

[27] Y. He, S. Dey, Weighted sum rate maximization for cognitive MISO broadcast channel: large system analysis, in: IEEE ICASSP, 2013, pp. 4873-4877.

[28] J. Kaleva, A. Tolli, M. Juntti, Primal decomposition based decentralized weighted sum rate maximization with QoS constraints for interfering broadcast channel, in: IEEE 14th Workshop SPAWC, 2013, pp. 16-20.

[29] F. Negro, M. Cardone, I. Ghauri, D. T. M. Slock, SINR balancing and beamforming for the miso interference channel, in: IEEE 22nd Int. Symp. PIMRC, 2011, pp. 1552-1556.

[30] X. Gong, M. Jordan, G. Dartmann, G. Ascheid, Max-min beamforming for multi- cell downlink systems using long-term channel statistics, in: IEEE PIMRC, 2009, pp. 803-807.

[31] K. Cumanan, L. Musavian, S. Lambotharan, A. Gershman, SINR balancing technique for downlink beamforming in cognitive radio networks, IEEE Signal Process. Lett. 17(2)(2010)133-136.

[32] H. Park, S.-H. Park, J.-S. Kim, I. Lee, SINR balancing techniques in coordinated multi-cell downlink systems, IEEE Trans. Wireless Commun. 12(2)(2013)626-635.

[33] Z. Xiang, M. Tao, X. Wang, Coordinated multicast beamforming in multicell networks, IEEE Trans. Wireless Commun. 12(1)(2013) 12-21.

[34] Q. Spencer, A. Swindlehurst, M. Haardt, Fast power minimization with QoS constraints in multi-user mimo downlinks, in: IEEE ICASSP, vol. 4, 2003, pp. IV-816-819.

[35] M. Zaeri-Amirani, S. Shahbazpanahi, T. Mirfakhraie, K. Ozdemir, Performance tradeoffs in amplify-and-forward bidirectional network beamforming, IEEE Trans. Signal Process. 60 (8) (2012) 4196-4209.

[36] R. Masmoudi, E. Belmega, I. Fijalkow, N. Sellami, A closed-form solution to the power minimization problem over two orthogonal frequency bands under QoS and cognitive radio interference constraints, in: IEEE Int. Symp. DYSPAN, 2012, pp.

212-222.

[37] S. Chatzinotas, G. Zheng, B. Ottersten, Energy-efficient MMSE beamforming and power allocation in multibeam satellite systems, in: Signals, Systems and Computers (ASILOMAR), 2011 ConferenceRecord of the Forty Fifth Asilomar Conference on, 2011,pp. 1081-1085.

[38] S. He, Y. Huang, S. Jin, F. Yu, L. Yang, Max-min energy efficient beamforming for multicell multiuser joint transmission systems, IEEE Commun. Lett. 17 (10) (2013)1956-1959.

[39] S. Yiu,M. Vu,V. Tarokh,Interference reduction by beamforming in cognitive networks,in: IEEE GLOBECOM,2008,pp. 1-6.

[40] S. Yiu, M. Vu, V. Tarokh, Interference and noise reduction by beamforming in cognitive networks, IEEE Trans. Commun. 57 (10)(2009)3144-3153.

[41] K. Gomadam, V. Cadambe, S. Jafar, A distributed numerical approach to interference alignment and applications to wireless interference networks, IEEE Trans. Informat. Theory 57 (6) (2011)3309-3322.

[42] F. Sun, E. De Carvalho, A leakage-based mmse beamforming design for a MIMO interference channel, IEEE Signal Process. Lett. 19(6)(2012)368-371.

[43] R. Zhang, Y.-C. Liang, Y. Xin, H. Poor, Robust cognitive beamforming with partial channel state information, IEEE Trans. Wireless Commun. 8 (8)(2009)4143-4153.

[44] G. Zheng, K.-K. Wong, B. Ottersten, Robust cognitive beamforming with bounded channel uncertainties, IEEE Trans. Signal Process. 57(12)(2009)4871-4881.

[45] A. Tajer,N. Prasad,X. Wang,Beamforming and rate allocation in miso cognitive radio networks,IEEE Trans. Signal Process. 58(1) (2010)362-377.

[46] K. Phan, S. Vorobyov, N. Sidiropoulos, C. Tellambura, Spectrum sharing in wireless networks via QoS-aware secondary multicast beamforming, IEEE Trans. Signal Process. 57 (6) (2009) 2323-2335.

［47］ E. Gharavol, Y. -C. Liang, K. Mouthaan, Robust downlink beamforming in multiuser miso cognitive radio networks with imperfect channel-state information, IEEE Trans. Veh. Technol. 59(6)(2010)2852-2860.

［48］ H. Du, T. Ratnarajah, M. Pesavento, C. Papadias, Joint transceiver beamforming in mimo cognitive radio network via second-order cone programming, IEEE Trans. Signal Process. 60 (2)(2012)781-792.

［49］ K. Hamdi, W. Zhang, K. Letaief, Joint beamforming and scheduling in cognitive radio networks, in: IEEE GLOBECOM, 2007, pp. 2977-2981.

［50］ L. Zhang, Y. -C. Liang, Y. Xin, Joint beamforming and power allocation for multiple access channels in cognitive radio networks, IEEE J. Selected Areas Commun. 26(1)(2008)38-51.

［51］ S. -M. Cai, Y. Gong, Cognitive beamforming with unknown cross channel state information, in: IEEE Int. Conf. Commun. , 2013, pp. 4931-4935.

［52］ M. Pesavento, D. Ciochina, A. Gershman, Iterative dual downlink beamforming for cognitive radio networks, in: Proc. Fifth Int. Conf. CROWNCOM, 2010, pp. 1-5.

［53］ A. Zarrebini-Esfahani, T. A. Le, M. R. Nakhai, A power-efficient coverage scheme for cell-edge users using cognitive beamforming, in: IEEE 24th International Symposium on PIMRC, 2013, pp. 3028-3032.

［54］ R. Zhang, Y. -C. Liang, Exploiting multi-antennas for opportunistic spectrum sharing in cognitive radio networks, IEEE J. Selected Topics Signal Process. 2 (1)(2008)88-102.

［55］ R. Zhang, F. Gao, Y. -C. Liang, Cognitive beamforming made practical: effective interference channel and learning-throughput tradeoff, IEEE Trans. Commun. 58(2)(2010)706-718.

［56］ W. Zong, S. Shao, Q. Meng, W. Zhu, Joint user scheduling and beamforming for underlay cognitive radio systems, in: 15th Asia-Pacific Conference on Communications, 2009, pp. 99-103.

［57］ A. Massaoudi, N. Sellami, M. Siala, A two-phase scheduling scheme for cognitive radio networks based on opportunistic beamforming, in: IEEE 77th Vehicular Technology Conference (VTC Spring),2013,pp. 1-5.

[58] A. T. Hoang, Y. -C. Liang, M. Islam, Power control and channel allocation in cognitive radio networks with primary users' cooperation, IEEE Trans. Mobile Comput. 9 (3)(2010)348-360.

[59] W. Su, J. Matyjas, S. Batalama, Active cooperation between primary users and cognitive radio users in heterogeneous ad-hoc networks, IEEE Trans. Signal Process. 60(4)(2012)1796-1805.

[60] C. Liu, X. Lin, J. Lin, User scheduling schemes based on limited feedback in cognitive radio networking, in: 3rd IEEE Int. Conf. on Network Infrastructure and Digital Content, 2012, pp. 139-142.

[61] M. Islam, Z. Dziong, Joint link scheduling, beamforming and power control for maximizing the sum-rate of cognitive wireless mesh networks, in: IEEE 73rd Veh. Technol. Conf. (VTC Spring), 2011, pp. 1-5.

[62] J. Liu, W. Chen, Z. Cao, Y. Zhang, An opportunistic scheduling scheme for cognitive wireless networks with cooperative beamforming, in: IEEE GLOBECOM, 2010, pp. 1-5.

[63] R. Mudumbai, D. Brown, U. Madhow, H. Poor, Distributed transmit beamforming: challenges and recent progress, IEEE Commun. Mag. 47(2)(2009)102-110.

[64] Y. Deng, A. Burr, D. Pearce, D. Grace, Distributed beamforming for cognitive radio networks, in: Third Int. Conf. on Communications and Networking in China, 2008, pp. 1206-1210.

[65] A. Minturn, D. Vernekar, Y. Yang, H. Sharif, Distributed beamforming with imperfect phase synchronization for cognitive radio networks, in: IEEE ICC, 2013, pp. 4936-4940.

[66] A. Tajer, N. Prasad, X. Wang, Distributed beamforming and rate allocation in multi-antenna cognitive radio networks, in: IEEE ICC, 2009, pp. 1-6.

[67] M. Beigi, S. Razavizadeh, Cooperative beamforming in cognitive radio networks, in: 2nd IFIP Wireless Days, 2009, pp. 1-5.

[68] A. Alizadeh, H. R. Bahrami, Optimal distributed beamforming for

cooperative cognitive radio networks, in: IEEE 77th VTC Spring, 2013, pp. 1-5.

[69] G. Zheng, S. Ma, K. -K. Wong, T. -S. Ng, Robust beamforming in cognitive radio, IEEE Trans. Wireless Commun. 9 (2) (2010) 570-576.

[70] G. Zheng, K. -K. Wong, B. Ottersten, Robust cognitive beamforming with bounded channel uncertainties, IEEE Trans. Signal Process. 57(12)(2009)4871-4881.

[71] L. Zhang, Y. -C. Liang, Y. Xin, H. V. Poor, Robust cognitive beamforming with partial channel state information, IEEE Trans. Wireless Commun. 8(8)(2009)4143-4153.

[72] I. Wajid, M. Pesavento, Y. Eldar, A. Gershman, Robust downlink beamforming for cognitive radio networks, in: IEEE GLOBECOM, 2010, pp. 1-5.

[73] K. Huang, R. Zhang, Cognitive beamforming with cooperative feedback, in: Int. Conf. WCSP, 2010, pp. 1-5.

[74] A. Lozano, Long-term transmit beamforming for wireless multicasting, in: IEEE ICASSP, vol. 3, 2007, pp. 417-420.

[75] A. Phan, H. Tuan, H. Kha, D. T. Ngo, A reverse convex programming for beamforming in cognitive multicast transmission, in: Third Int. Conf. Commun. and Electronics(ICCE), 2010, pp. 211-215.

[76] Y. Huang, Q. Li, W. -K. Ma, S. Zhang, Robust multicast beamforming for spectrum sharing-based cognitive radios, IEEE Trans. Signal Process. 60(1)(2012)527-533.

[77] M. Beko, Efficient beamforming in cognitive radio multicast transmission, IEEE Trans. Wireless Commun. 11(11)(2012)4108-4117.

[78] A. H. Phan, H. D. Tuan, H. H. Kha, D. T. Ngo, Nonsmooth optimization for efficient beamforming in cognitive radio multicast transmission, IEEE Trans. Signal Process. 60 (6) (2012) 2941-2951.

[79] S. K. Sharma, S. Chatzinotas, B. Ottersten, Spectrum sensing in dual polarized fading channels for cognitive SatComs, in: IEEE GLOBECOM Conf. , 2012, pp. 3443-3448.

[80] S. Kandeepan, L. De Nardis, M. -G. Di Benedetto, A. Guidotti, G.

Corazza, Cognitive satellite terrestrial radios, in: IEEE GLOBECOM,2010,pp. 1-6.

[81] S. Vassaki,M. Poulakis,A. Panagopoulos,P. Constantinou,Power allocation in cognitive satellite terrestrial networks with QoS constraints,IEEE Commun. Lett. 17(7)(2013)1344-1347.

[82] S. K. Sharma, S. Chatzinotas, B. Ottersten, Cognitive radio techniques for satellite communication systems,in: IEEE VTC-Fall 2013,2013.

[83] S. K. Sharma,S. Maleki,S. Chatzintoas,J. Grotz,B. Ottersten, Implementation aspects of cognitive techniques for Ka band (17. 7-19. 7 GHz) SatComs, in:7th ASMS/13th SPSC,2014.

[84] S. K. Sharma,S. Chatzinotas,B. Ottersten,Interference alignment for spectral coexistence of heterogeneous networks,EURASIP J. Wireless Commun. Network. 2013(46)(2013)1-14.

[85] S. K. Sharma,S. Chatzinotas,B. Ottersten,Exploiting polarization for spectrum sensing in cognitive SatComs, in: 7th Int. Conf. CROWNCOM,2012,pp. 36-41.

[86] Y. H. Yun,J. H. Cho,An orthogonal cognitive radio for a satellite communication link,in: IEEE 20th Int. Symp. PIMRC,2009,pp. 3154-3158.

[87] L. N. Wang, B. Wang,Distributed power control for cognitive satellite networks,Adv. Mater. Res. Mechatron. Intell. Mater. Ⅱ (71)(2012)1156-1160.

[88] S. K. Sharma,S. Chatzinotas,B. Ottersten,Cognitive beamhopping for spectral coexistence of multibeam satellites, Int. J. Satellite Commun. Network. 33 (1 (January/ February))(2015)69-91.

[89] S. K. Sharma, S. Chatzinotas, B. Ottersten, Inline interference mitigation techniques for spectral coexistence of GEO and NGEO satellites,in: 31st AIAA ICSSC,2013,pp. 1-12.

[90] S. K. Sharma,D. Christopoulos,S. Chatzinotas,B. Ottersten,New generation cooperative and cognitive dual satellite systems: performance evaluation,in: 32nd AIAA ICSSC,2014.

[91] E. Santos,M. Zoltowski,M. Rangaswamy,Indirect dominant mode rejection: a solution to low sample support beamforming, IEEE

Trans. Signal Process. 55 (7)(2007)3283-3293.

[92] R. Lorenz, S. Boyd, Robust minimum variance beamforming, IEEE Trans. Signal Process. 53(5)(2005)1684-1696.

[93] D. Z. Filho, C. C. Cavalcante, J. M. T. Romano, L. S. Resende, An LCMV-based approach for downlink beamforming in fdd systems in presence of angular spread, in: Proc. EUSIPCO, 2002.

[94] W. Zhi, Y.-C. Liang, M. Chia, Robust transmit beamforming in cognitive radio networks, in: IEEE Singapore Int. Conf. on Communication Systems, 2008, pp. 232-236.

[95] S. B. M. Grant, Y. Ye, CVX: Matlab software for disciplined convex programming, online, www. stanford. edu. / boyd/cvx(Nov 2007).

第 14 章　认知卫星系统中动态频谱
管理的数据库使用

14.1　引　　言

　　世界各地大量的频谱使用情况测量表明,当前分配给无线通信系统的频谱尚未被充分使用,相关情况可见文献[1,2]及其引用的参考文献等。尽管频谱被分配给不同业务,但在不同位置,该部分频谱仅在部分时间内被使用,这导致过去十年中有大量的学者研究频率共享问题。当前,在Yun 和 Cho[3]、Biglieri[4]、Höyhtyä[5]和 Liolis[6]等的研究中,频率共享已从地面频段扩展到卫星频段。由于容量需求的大幅增加,因此需要尽可能高效地使用卫星频段以为无线设备用户提供必需的业务,并需要在多种业务间共享频段。

　　现已有不同的卫星频段频率共享场景和使用案例被提出,相关情况可见 Höyhtyä[7]和 Liolis[6]等的研究。一般来说,卫星系统可以作为 PU 或频谱的授权用户,或可在不干扰在相同频段享有更高优先级或继承权的主用户的情况下动态利用地面系统临时可用的 SU 的频谱。在监管机构定义的共享规则下,地面系统和卫星系统也可在混合系统中相同频段共存。此外,若使用恰当的认知无线电技术,两个卫星系统可共享同一段频谱。研究卫星频段中的频率共享问题时提出了多项用以管理和避免共存系统间干扰的技术,如频谱感知[8]、功率控制[9,10]和自适应天线技术[7,11]等。Sharma 等[12]讨论了卫星系统和地面系统间的干扰模型。Höyhtyä[5]、Sharma 等[12]和 Kandeepan 等[13]研究了认知卫星系统中数据库的使用,主要讨论了星地共享场景中位置信息的重要性。实际上,在一些场景中,具备空间意识即对同一区域中所有设备位置的了解将是有优势的[14]。了解主用户和二级用户的位置将可以以最佳的方式形成天线波束,从而提升空间域中有效的干扰管理水平。

　　在卫星通信环境中提出数据库方法的原因本质上与地面系统中的相同。在许多实际场景中,单单使用频谱感知技术无法保障授权用户和二级用户的 QoS[15]。由于感知设备无法检测接收机,因此其极有可能产生干扰问题。频谱感知的目标在于检测发送机,但实际上遭受干扰的是接收机。使用协同感知技术将可获得一些增益,但仍无法彻底解决上述问题。频谱占用测试对频段可用性的预测经常太过乐观。真正令频率可用的不是没有测量到发射器,而是没有测量到近中心的接收机。尽管也有多种测量活动涉及了一些卫星频段,但由于测量的局限,因此这些行为并无法提供这些频段中的可靠结果。使用能量检测技术的设备可能需要使用高指向性的卫星天线来可靠地检测卫星信号[5],这可能需要使用空间分离且采用抛物面天线进行检测的感知站。特征检测和匹配滤波器方法能够在本底噪声下检测信号,但这些方法需要事先了解待检测信号的相关信息。

在当前,鉴于频谱感知方法的不确定性和难点,数据库被视为地面域中最有利的频谱感知方法。数据库的使用尽管在动态程度较高的频谱共享场景中受到限制,但也为频谱的授权用户提供了更好的保护。此外,最新的被称为许可共享接入(Licensed Shared Access,LSA)的产业驱动频谱共享方法是基于不同监管机构间 LSA 库的地理定位数据库[16,17]。尽管在地面系统中,频谱数据库已经被讨论、分析和实际测试,但由于特定的系统性质,因此卫星系统的频谱数据库还存在许多尚待解决的问题。例如,在卫星系统中,接收信号更弱,覆盖范围更广,更新基础设施的能力尤其是轨道内更新极为有限。因此,将数据库应用于卫星频段中的频率共享前需重新设计。

下面将概述地面系统中现有的频谱数据库方法,并讨论数据库在卫星频段中的应用。本章最后将概述卫星领域中的新兴频谱管理技术。

14.2　地面系统中的频谱数据库

频谱数据库方法的基本原理是在成功接收到表明其有意运行的信道在设备所在位置为空闲的数据库信息前,二级设备不得接入频谱。首先回顾一般的频谱数据库模型,然后聚焦世界上最先进的频谱数据库方法,即电视空白频段(TV White Space,TVWS)操作,用以获得对这个领域的深刻理解。美国的监管机构已在电视信道中实施、测试并认证了频谱数据库[18-20]。本章还将审视并分析工业和研究领域中应用的其他动态频谱共享数据库方法。

图 14.1 所示为一般频谱数据库模型,其展示了通过它可存储和共享的信息类型,并定义了信息提供商。频谱测量可用于从目标频率信道获得

具备一定时间分辨率的占用信息。更为重要的是,运营商可根据频段的可用性提供实际数据并收取费用,因为他们已支付了一大笔费用来获得了在频段中运营的许可证。地理数据可包括地形数据和设备位置,包括有关设备是位于室内还是室外的额外位置信息。地形数据可从美国国家地理空间情报局等服务提供商获得。数据库还包括相关政策和频谱管理的数据,且二级用户能获得这些数据。政策可能指明特定位置上特定信道中的最大许可传输功率等。现有性质如使用标准、接收机干扰容限和 BS 覆盖范围允许数据库为请求服务的二级用户进行计算,并告诉它们在其位置上其能够接入的信道。不同频段中的可用频率信道可提供多个带宽,即数据库能够根据请求设备带宽提供一组信道[21]。此外,可使用历史数据预测未来频谱占用情况,为请求服务用户分配最理想的信道。

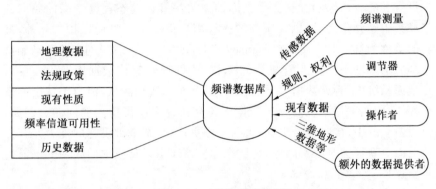

图 14.1　一般数据库模型

14.2.1　不同方法

1. 无线电环境地图

无线电环境地图(Radio Environment Map,REM)是一个集中式或分布式数据库,汇集了环境信息、以往经验和无线电知识[22,23]。REM 包括有关设备位置及其活动、频谱使用、覆盖范围或干扰水平、相关规定和政策,以及服务与网络的信息。REM 是通过结合并处理多个网络节点实体的测量值和观察值及这些节点的坐标获得有关无线电环境特征的地理定位信息的。这个信息构成了规划、无线电资源管理和故障排除等环境意识网络运行的基础。通过在数据中包含主用户的占用模式[24],可赋予二级用户实施信道优化选择的能力,以提高 REM。除真实测量数据外,通过内插测量值来获得在无报告可用的测量值位置上数据的预测值,可进一步对 REM 进行构建[22]。

REM 可应用于不同类型频谱共享场景中,也可应用于 TVWS[23]。然而,REM 也可用于其他多个系统和不同的频带中。在无授权频段中的多个自组网络间的协同频谱接入是一个可通过连接网络并由覆盖这些互相竞争网络运行所在区域的 REM 所支持的场景。小蜂窝协同,如在二级(Secondary Basis)中接入 TVWS 或在其他授权频段中接入时也可按这种方法使用 REM。Zhao 等[23]和 Sayrac 等[22]描述了其在电视频段和国际移动通信(International Mobile Telecommunication,IMT)系统中的多个应用场景。REM 实际可视为通用频谱数据库模型,其他模型是其特例。为缩小范围以更好地描述实际挑战,本章将聚焦这些其他模型。鉴于 TVWS 能够提供的容量、可预测的传输、长空闲的时段和良好的传播等特性,许多研究人员都将注意力投入到了 TVWS 的未授权使用中。TVWS 涵盖 UHF/VHF 频段中当时或当地未使用的广播电视信道。监管机构如美国的联邦通信委员会(Federal Communications Commission,FCC)和英国的 Ofcom 已制定了有关允许使用 TVWS 来为乡村区域提供无线网络接入的规则。针对电视信号检测,频谱感知方法已被开发并实施[25],多家公司已将其原型设备送去美国的 FCC 做测试。随着监管机构确定将频谱感知作为独立的方法使用并不足以保护现有的电视频谱用户,对频谱数据库使用的研究开始兴起,其中代表有 Harrison 和 Sahai[14]、Gurney 等[26]和 Murty 等[27]。当前,在 TVWS 的动态频谱共享中,数据库占据了主导地位。

在美国,FCC 为电视宽带设备设定了极为严苛的要求,发布了电视宽带设备的相关规则[28]。这些规则涵盖共信道操作及邻近与非邻近信道。有以下两类设备可接入 TVWS。

(1)可在 6 MHz 信道使用高达 1 W 传输功率的固定、非移动设备,其适用于蜂窝设施等。固定设备需要使用数据库来完成频谱接入。

(2)可在移动中或不确定的位置上进行传输和接收的个人/移动设备,如笔记本电脑和智能手机。

如果能够使用地理定位和数据库接入,这些设备的最大传输功率将高达 100 mW。仅通过感知接入频谱的设备的传输功率受限于 50 mW。便携式设备可在固定设备的控制下运行,其他多条规则涉及定位准确性和频率、天线增益及感知设备的检测能力。因此,TVWS 数据库的要求中包含了这样的规定:TVWS 数据库应能够在提供特定位置上的系列可用信道时,同时考虑设备的类型。FCC 正在美国进行数据库认证工作,目前已认证的数据库包括 Spectrum Bridge[19]、Google[18] 和 Telcordia[20]。

图 14.2 所示为含数据库接入的 TVWS 网络。想要接入电视频谱的设备将向数据库发送请求来获得可能的运行信道，请求消息包括设备的位置、设备类型及固定设备场景中的天线高度。除这些技术参数外，每个设备还需要在其发送的请求消息中包含设备标识符，固定设备还需要提供其自身信息。在接收到包含这些参数的请求后，频谱数据库将为请求设备类型提供给定位置上可用的系列授权信道。对于给定的信道，还将施予传输功率限制，如邻近信道运行所需的较低功率。

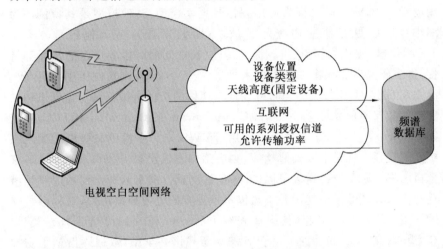

图 14.2　含数据库接入的 TVWS 网络

由于对给定位置进行了大量的干扰计算，因此数据库能够提供必要的信息。计算是通过一个与数据库连接的中央实体完成的。数据库中包含所有电视站的信息，包括其位置、天线、高度、天线辐射方向图和使用的信道及传输功率。因此，数据库能够使用适当的路径损耗模型来执行覆盖范围和干扰水平预测，以保护该领域中的现有接收机[26,27]。对于每个站，可通过计算保护服务轮廓线来获得监管机构规定的已知接收机的干扰容忍性。当一个二级设备在某个位置上请求频谱接入时，数据库将基于请求设备和保护轮廓线间的距离，计算确定其是否可允许设备运行，详情请参考 Gurney 等[26]和 Murty 等[27]的相关文献。在最近的轮廓线边缘位置，因受影响，故现有接收机必须满足共信道和邻近信道干扰保护要求[26,29,30]。需要注意的是，到电视发射器的直接路径并非到最近轮廓线的路径，如天线方向图等。

频谱数据库涵盖的地理区域可用一个正方形，即用像素代表[29,30]。基于覆盖计算，每个像素与电视发射器的系列使用信道有关。基于此，一系列可用信道可被确定为二级设备所使用。像素的大小需结合各方面权衡。一方面,如果像素太大,将因处理的区域比所需要的大而限制了频谱可用性,导致数据库效率降低;另一方面,如果像素太小,将导致数据库所需的计算量过大,向设备的数据传输比实际所需的更大。像素的大小取决于规划决策,但对于欧洲邮电通信管理协会,预期像素大小将为 100 m ×100 m[29,30]。这个大小比多径衰落或遮蔽的相干距离大得多。因此,计算中将无法考虑这些小尺度变化。实际上,这些计算依赖于路径损耗模型。

电子通信委员会(Electronic Communication Committee,ECC)给出了在欧洲使用地理定位数据库方法的空白频带设备的要求[29,30]。ECC 规则与 FCC 规则相近,但前者对数据库提供的信息设定了更多要求。"作为最低要求,运行参数包括系列可用频率、当前空白频段设备(White Space Device,WSD)位置、相关最大传输功率、最大连续数字地面电视(Digital Terrestrial Television,DTT)信道和 WSD 可传输的总 DTT 信道数量限制及这些参数对于主 WSD 和相关隶属 WSD 的有效期。此外,数据库可与主 WSD 交流适当待咨询的国家/区域数据库和与频谱感知有关的任何信息(如有需要)。"目前,欧洲国家中没有运行任何认证的频谱数据库,但 FP7 研究项目中正在进行开发工作。此外,谷歌在谷歌项目[18]中提到,尽管其服务当前仅限于美国,但其计划在未来扩展至更多国家。

2. 授权共享访问/授权共享接入

除多个频谱共享场景外,如 TVWS 中考虑的许可证豁免频谱接入,最近还提出,在授权共享访问(Licensed Shared Access,LSA)方法下,可根据许可证共享频谱[17,31]。授权共享接入(Authorize Shared Access,ASA)是 LSA 的特例,指现有用户(除移动通信系统)和移动通信系统间的共享,后者是该频谱的授权二级用户。LSA 的目标是在特定的频段中授予有限数量的额外频谱使用权利,同时通过单独授权方案,为所有频谱权利持有者确保可预测的 QoS。LSA 概念基于被称为 LSA 库的频谱数据库,该数据库包含 LSA 被许可人(即现有频谱的授权二级用户)可使用的频谱的相关信息。数据库由现任公司保持最新。然后,需要 LSA 控制器从存储库检索信息,并向 LSA 许可证持有者提供关于哪个频谱部分何时何地可以使用的信息。LSA 控制器具有关于其 BS 所在位置的任何给定位置处的可用频谱信息,并将该信息提供给存储库以使数据库保持最新。LSA 功能架构如图 14.3 所示。

频谱在 LSA 概念中与一组可以是静态或动态的预定义条件共享。静态条件可能是基于给定传输功率的典型保护区(禁区),而动态条件可能包

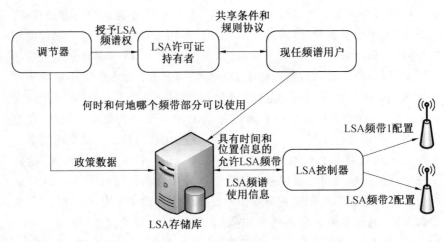

图 14.3　LSA 功能架构

括由授权系统设定的时间变化或按需限制。LSA 的动态实现最可能包括一些认知无线电技术，允许时间、频率和空间域中的频谱共享。2.3 GHz 频带的 LSA 概念已经在欧洲被提出，其中诸如 LTE 的移动通信系统与主要无线系统共享该频带。这需要 PU 将其位置和频率分配告知存储库，以实现无干扰共享。

3. 频谱观测站

频谱数据库可通过进行频谱测量活动并将测量结果存储在数据库中，来研究特定频段的短期频谱使用和长期频谱使用。该数据可用于评估频谱使用的当前状态，以模拟不同频带和频道中的占用模式，并研究不同频带和位置之间或频谱使用与特定事件之间的相关性。特别是在多个地点进行的长期测量为监管机构提供了有关频谱分配当前使用效率的宝贵信息。基于测量的频谱数据库和相关研究可参见文献[2]和文献[32]。

4. U－map（QoE 方面）

除以频谱为中心的方法外，相关文献还提出了其他用于地理位置数据库的观点。Fortetsanakis 等在文献[33]中描述了基于用户体验质量（Quality of Experience, QoE）的 U－map 概念的地理数据库。它旨在将跨层测量、价格、用户偏好和约束集成在数据中，使无线用户等能够在数据库中上传他们对服务 QoE 的反馈。来自用户的收集的数据和反馈被用于基于诸如网络条件和提供的价格的各种标准，在不同的环境中选择适当的访问选项。U－map 方法使用户不仅可以根据网络措施，还可以根据用户反馈选择合适的运营商/提供商。该方法可用于丰富频谱数据库，并为动态环境中的频谱用户提供新的手段。

14.2.2　频谱感知中数据库的使用

数据库可以作为频谱接入的独立方法,但在许多情况下,它们与频谱感知结合使用。与单独使用任一方法相比,当同时在系统中使用这两种方法时,可以获得更精确和更动态的无线电环境模型,文献[34]中便给出了具有不同能力的几种不同的频谱感知装置用于数据库构建。考虑到每种类型的感知装置的能力和限制,本章提出了可以存储和处理感知数据的架构。Ruby 等在文献[35]中描述了基于 Wi-Fi 的认知网络的另一种实用的方法。该系统独立于自身的传输来感知频谱,因此可以连续感知并将测量数据存储到数据库中,然后将所存储的数据用于信道选择过程。

Höyhtyä 等在文献[36]中已经给出了在数据库系统中使用感知和不同时间尺度的另一个例子。数据库信息可以大致分为短期(Short-Term,ST)和长期(Long-Term,LT)数据。大多数提出的方法都考虑将 LT 数据用于频谱管理,如检查最合适频道的日期和时间(如星期三下午 3 点)。LT 数据库可以包含几个星期或几个月的信息;相比之下,ST 数据库可能只包括有关当前传输的频谱使用的最新信息[36],即几分钟时间。当感知与 LT 和 ST 数据库相结合时,在频谱管理中使用三个不同的时间尺度:长期、短期和瞬时。

在文献[36]和文献[37]提出的方法中,长期数据库通过基于历史信息来优化信道从而辅助并加速感知过程。只有最优的才能感知到,即 LT 数据库预先选择用于感知的一组通道。短期数据库[36]可用于对本地域感兴趣的频段提供更详细的信息。与 LT 数据相比,ST 数据使用明确的时间分辨率采集周期性检测。更精确的分辨率可以让 SU 对不同 PU 的业务模式进行分类,并对不同类型的业务使用特定的预测方法[36,38]。传输模式的预测提供了传输信道选择过程的可用信息,即信道中空闲时间的长度。空闲时间越长,二次操作越好。即使通道中的频谱占用率相当低,也应避免非常短的空闲时间。在频谱管理中使用 LT 和 ST 数据组合的数据库方法可以在数学上概括如下[36]。

(1)使用 LT 数据库在 M 个信道中预选择 N 个,其他用户在保留这些 N 个通道时不能利用这 N 个通道。

(2)使用 ST 数据库最终选择 N 个通道中的 P 个,并感知 $1 \leqslant P < N$。

(3)将剩余的 $N-P$ 个通道返还给其他用户使用。

组合方法对 SU 帧结构的影响如图 14.4 所示。LT 数据库通过减少要感知的信道数量来减少感知时间 T_s。当应用 ST 数据库时,由于信道切换速率的降低,因此传输时间中用于重新配置的 T_r 更少。T_s 和信道数量减少在一个帧中为数据传输周期 T_d 留下更多的时间,增加了二级系统的容量。同时,由于合适的信道选择,因此对频谱的 PU 造成的干扰更小。

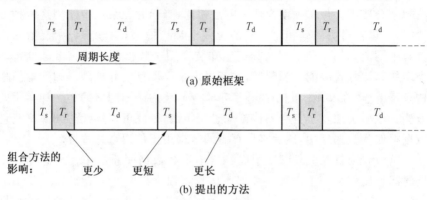

图 14.4　组合方法对 SU 帧结构的影响

14.2.3　数据库的局限性和挑战

即使频谱数据库为各种频谱共享使用提供了有效的方法,但仍然存在影响操作性能和可靠性的几个限制和挑战。常用的长期数据库模型的局限性之一是支持动态频谱共享场景的能力有限。当主频谱使用极为静态时,如在 TVWS 案例中,数据库是最高效的。但当频谱使用极具动态性时,要保持数据库更新,并向所有请求用户传递频繁的变化,将会变得特别困难。正如之前章节中讨论的,通过结合使用频谱感知和数据库,可改善运行情况。

1. 大数据

如果空间域、频域和时域的分辨率变得太过精细,频谱数据库中的数据将可能急剧增长。例如,考虑 100 m×100 m 的通常像素大小、50 kHz 的频率分辨率和 1 s 的采样时间,可以计算出 0~6 GHz 频率范围内的必要频谱数据量。假定有一个单频率池的单功率样本,其特征为 1 B、总地理面积为 10 km×10 km、涵盖一周的时间周期所需的数据总量为 $7×24×3\ 600\ s×6\ GHz/50\ kHz×(10\ 000\ m×10\ 000\ m)/(100\ m×100\ m)×1\ B=726\ TB(1\ TB=1\ 024\ GB=2^{40}\ B)$。因此,需要极为谨慎地设计数据库中须包含什么数据,以及这些数据需具备怎样的分辨率。此外,收集到的数据将用于干扰计算,如果需处理的数据过多,可能需要耗费过长的时间,这是难以接受的。因此,需要某种程度的降采样来保持信息及时更新。

2. 安全考虑

频谱数据库需确保数据库中存储的数据足够安全。它需要保障运营商的隐私,因此需要采用安全协议来保持运行的可靠性和安全性。协议还需防止恶意攻击者蓄意改变数据库中的数据,确保频谱用户在正确的数据下工作。

14.3　数据库在卫星系统中的应用

14.3.1　当前管理领域中的频谱管理方法

国际电信联盟(International Telecommunication Union,ITU)的无线电规则从一般意义上定义了全局无线电频谱管理。在世界无线电通信会议上,定义了 ITU 层级的业务间频率共享规则;然而,在地区和国家层级则具备一定的灵活性。在欧洲,CEPT 持续更新欧洲共同分配表,以协调各国内的频谱使用。具备自身频率分配表的国家间可能相互存在一些微小变化,但大体遵循同样的分配。参见 ERC 中的 5.536B 条规定[39]等,其针对包括芬兰在内的一些国家规定:运行于 25.5～27 GHz 中地球探索卫星业务中的地球站(Earth Station,ES)不得要求针对固定和移动业务的保护或约束固定和移动业务站的使用及部署。

由于需要各监管当局协作,因此卫星领域中的许多规范活动需要更长的时间周期。考虑到诸如新 GEO 卫星等的添加的情况,采用各自国内频率规范的国家间的协调可能持续数年。这样协作的一个优势是,其可带来多个卫星系统对同一个频带的协调使用。然而,为满足未来需求,需要更为动态的频谱共享方案。当前卫星领域中的规范已包括适用于二级和主服务的规则。如 ITU 无线电规范所规定的,二级业务必须接受来自主业务的干扰,但不得对同样波段中分配的主服务造成有害干扰(见文献[40]中第 5 条)。但二级业务站可要求有针对相同业务或其他二级业务的业务站产生的有害干扰的保护,这同样适用于多个主用户之间。此外,规范定义,发射站须仅按需辐射功率,以确保适宜的服务。将来的动态频谱管理方法也需遵循这些规则。

14.3.2　在卫星通信中使用数据库的挑战和要求

1. 卫星系统特征

尽管过去十年中对地面系统中的动态频谱管理技术已有大量的研究，且正如 14.2.1 节中讨论的，现已完成了第一个频谱数据库的部署，但这些技术在卫星系统中的应用还存在诸多挑战。尽管已有众多努力来界定最适宜的共享技术，包括安全边界和采取预防措施，但卫星服务易受地面干扰，需要为此得到充分的保护。实际上，至少出于以下几个原因，卫星系统不等同于地面系统。

（1）信号电平。卫星系统中接收的无线信号电平比地面系统中接收的无线电电平小几个数量级。因此，不同于许多地面系统中使用的全向天线，卫星接收机通常使用强指向性的抛物线天线。

（2）蜂窝大小。卫星的波束覆盖范围比地面蜂窝的覆盖范围大几个数量级。因此，来自于 UL 地面源中的潜在累积干扰极高。

（3）时延。卫星链路通常比地面链路长，导致了较长的传输延迟，从而限制了系统的动态无线资源管理能力，即使 LEO 链路相较于蜂窝系统的传播延迟甚至明显达到数量级级别的差异。

（4）基础设施灵活性。考虑设计中的所有阶段和卫星的工作寿命，有理由认为，需要在服务开始前约三年完成技术解决方案的定义，且空间段在其完整使用寿命（对于 GEO 业务，约为 15 年）中只需设计一次，而在投入使用后，无须再进行过多的维护（无须进行轨道内硬件升级，有限的软件升级可从地面上传）。

（5）除宽带接入和卫星广播部门外，不存在与地面系统相比，开发和更新周期更长的大规模市场。

这些差异意味着，在可以应用于卫星领域之前，频谱数据库需先经过认真的再设计。此外，不同类型卫星系统的特征，如使用的轨道对数据库的正确部署和使用方式有很重要的影响。表 14.1 对 LEO、中轨道（Medium Earth Orbit，MEO）和 GEO 卫星系统进行了比较。现已定义了几个重要参数，并讨论其对数据库设计的影响。覆盖范围定义了卫星提供覆盖的地面面积。Ghasemi 等在文献[41]中给出了最大理论直径，即

$$D = 2R_e \arccos \frac{R_e}{R_e + h} \tag{14.1}$$

式中，R_e 为地球半径，$R_e = 6\ 378$ km；h 为轨道高度，代表了地面站和卫星间的距离。因此，最大总覆盖面积可定义为

$$S_M = 2\pi R_e^2 \left(1 - \frac{R_e}{R_e + h}\right) \qquad (14.2)$$

轨道周期可使用开普勒第三定律计算(单位为 s)[42],即

$$T = 2\pi \sqrt{(R_e + h)^3 / \mu} \qquad (14.3)$$

式中,μ 为地球的地心引力常数,$\mu = 398\,600.5\ \text{km}^3/\text{s}^2$。过顶时间或从地面上特定位置到相对的两条地平线间经过的卫星的可能连接时间为

$$T_p = \frac{T}{\pi} \arccos \frac{R_e}{R_e + h} \qquad (14.4)$$

表 14.1　假定 3.4 GHz 载波频率下计算所得卫星轨道、路径损耗比较总结

轨道	LEO	MEO	GEO
标准轨道高度/km	200～1 400	10 000～20 000	35 786
路径损耗/dB	149～166	183～189	194
理论最大覆盖半径/km	3 150～8 000	14 900～16 900	18 100
覆盖全球卫星数量	40～70	10～12	3
轨道周期/h	1.5～2	6～12	24
过顶时间/min	7～22	130～300	—
单路时延/ms	0.7～5	33～67	119

传递时间还定义了从一颗卫星到另一颗卫星的最大切换时间。前者通常在某种程度上小于后者,因为需要一定的安全边界来保证连接性。

2. 数据库的要求

显然,频谱数据库的使用依赖于卫星系统的特征。例如,LEO 卫星的短传输时间相比 GEO 卫星的长传输时间案例可带来更多的动态数据库,在后者中,卫星的覆盖范围和可视性几乎是固定的。当然,天气条件也可带来显著的影响。另外,还有覆盖范围和该覆盖范围内干扰站产生的相关累积干扰。特定频率信道中的点波束覆盖范围会因使用不同的大功率天线产生显著的不同。例如,在 Inmarsat I—4 卫星中,可使用 228 个 L 波段的点波束覆盖整个 GEO 范围[43]。波束的直径为 1 000 km。I—4 卫星系统能够在频率复用中使用四色方案。对于大多数欧洲国家,直径为 1 000 km 的点波束的大小意味着单个点波束即可覆盖整个国家。一些系统使用了直径更小的点波束。例如,MEO 中的 O3b 卫星的点波束直径为 700 km[44,45]。在运行于 LEO 中的铱系统中,有 48 个波束,每个波束的直径约为 400 km[46]。在 Terrestar 卫星系统中,一颗大功率的 GEO 卫星的

500 个可动态配置点波束的直径通常在 $100\sim200$ km[47]。因此,轨道并非计算覆盖范围的唯一主要因子,点波束直径同样是数据库的重要参数。

由于卫星系统易受 UL 波段中卫星波束覆盖的大面积区域上的累积干扰影响,因此大量的频谱二级用户间需相互协调。需要考虑二级用户的传输特征,如传输功率,为不同的卫星波段执行有关许可二级用户数量的分析。然后,将可使用 LSA 型许可和授权将用户数量限制在可接受水平。

Bräsy 等在文献[48]中提到了这样一个挑战:数据库系统中需要公认的专用信道来评估并传递频谱可用性信息。该操作依赖于数据库的位置和管理器。如果管理器是商用的,则可使用波段内解决方案。政府管理的数据库在波段外运行[48]。基于 Höyhtyä 在文献[5]中的分析和讨论,该操作需要解决以下要求和挑战。

(1)位置/空间感知。二级节点需能够获取提供位置信息。否则,它们将不可使用频谱数据库来接入频带。最低要求是了解自身的位置。在一些情况下,可能也需要其他设备的位置。

(2)卫星覆盖范围/点波束。除了解设备的位置外,了解该位置上什么卫星系统在保留频谱,以及其点波束使用的是哪种频率同样重要。

(3)向频谱管理组织提供信息的卫星/地面系统/运营商。在未掌握对当前频谱使用及限制的情况下,像 LSA 管理委员会这种频谱管理组织无法对请求该资源的用户分配频谱。频谱感知可用于支持基于数据库的接入,但不得在卫星波段中作为独立的方法使用。

(4)天线信息。数据库中有关传输和接收天线的指向及其天线方向图的信息使得可在空间域中高效地共享频谱。

(5)二级用户的许可和授权。由于卫星系统的覆盖范围较大且易受累积干扰,因此需要控制二级用户类型及数量。只有授权的二级系统才被允许接入波段。

(6)分析和实验需要为二级操作提供时间和功率限制的信息。当使用数据库接入时,可接受的传输功率和持续传输时间是多少?移动性对卫星波段的影响有多大?二级用户需要连接数据库来更新信息的频率应为多少?这些问题需要分别依据不同的案例或场景回答。

14.4 实际场景

卫星波段频率共享可分为四大类。该划分方法是对 Höyhtyä 等[7]的方法的完善,具体如下。

①地面系统对卫星频谱的二级使用。

②卫星系统对地面频谱的二级使用。

③地面和卫星链路,即主要卫星和地面系统的协作传输。

④卫星系统间的频谱共享。

这些类别中,每个类别都有自身特定的要求和属性。详细分析前两种场景,其中频谱是在带有一级和二级属性的地面和卫星系统间共享。

14.4.1　附带二级地面系统的主卫星系统

不妨假定有一个运行于 C 波段(DL 中 3 400～4 200 MHz)的 FSS 主系统,其借助频谱数据库,与地面 3GPP LTE 系统共享频谱。C 波段已被分配给 IMT 系统,因此必须研究是否可在当前 FSS 卫星和地面用户间共享波段。在 2015 年召开的世界无线电通信会议上还需考虑 C 波段的二级使用(WRC−15 议程项 1.1)。已有研究在 ITU 层级探究了 C 波段频率共享[49,50],结果表明,有可能受到干扰的地面 IMT 基站和卫星站间需要保留较长的分隔距离。这些距离依赖于地形和天线类型,但当使用了强有力的大型基站时,分隔距离的数量级可在数十千米乃至超过 100 km。文献[51]中对 C 波段和 WiMAX 的研究得出了同样的结论。

因为之前的研究都是使用相当强有力的 BS 进行的,所以对于在小蜂窝运行和低功率发射器中使用该波段的可能性还有待研究。图 14.5 所示为 C 波段 FSS 频谱的二次利用。主卫星系统在地面、海洋和空中提供电信服务。二级地面系统需要在不违反主 FSS 系统的干扰容忍性下运行。提出的第五代(5G)移动卫星网络将能够使用大型 BS、小蜂窝 BS 甚至是终端间的设备对设备(Device-to-Device,D2D)通信运行。这在 3GPP 标准化下,被以邻近服务(Proximity Service,ProSe)的名义加以考量(参见 3GPP[52])。设备间的直接通信被用于降低能量消耗,降低干扰,同时在蜂窝系统中赋予更好地负载均衡。D2D 通信提高了使用资源的效率,因为与集中通信相比,只需用到将近一半的资源。在某种程度上,小蜂窝也因为同样的原因而运行,因为在具备较低的传输功率时,也将产生较少的干扰,同时能够提高系统的容量。未来,小蜂窝将需要承载总流量的大部分[53]。

与 ITU−R M.2109[49] 和 ITU−R S.2199[50] 中的研究相比,假定共享 C 波段中只允许小蜂窝和 D2D 运行,而大规模 BS 在不同的频带中发送数据,如当前考虑用于 LSA 运行的 2.3 GHz 波段[31]。然后,次级地面系统的有效各向同性辐射功率(Effective Isotropic Radiated Power,

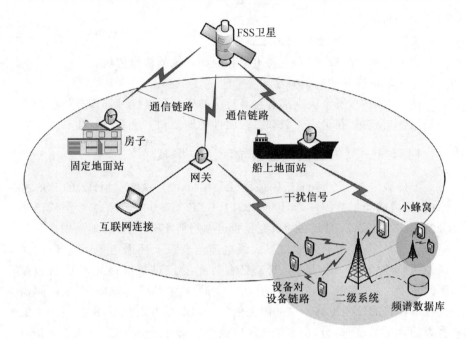

图 14.5　C 波段 FSS 频谱的二次利用

EIRP)限制在 10～20 dBm。由于是在室内运行,因此信号将在干扰卫星接收机之前在墙壁处显著减弱,从而使得小蜂窝产生的干扰进一步降低。

1. FSS ES 周围的保护距离

该场景的一个重要参数是 FSS ES 周围的保护距离。正如 ITU－R S. 2199[50]中描述的,次级小蜂窝发射机和卫星站间的分隔距离根据 FSS ES 的干扰容忍性推导出。路径损耗必须满足

$$\mathrm{PL}(d) \geqslant P_{\mathrm{Tx}} + G_{\mathrm{Tx}} - \mathrm{Tx_{FL}} + G_{\mathrm{Rx}} - \mathrm{ACLR} - L_{\mathrm{p}} - I_{\mathrm{t}} \, (\mathrm{dB}) \quad (14.5)$$

式中,PL(d)是次级 5G Tx 和主 FSS ES 间的路径损耗;d 是次级 5G Tx 和主 FSS ES 间的分隔距离;P_{Tx} 是 5G Tx 功率;G_{Tx} 是 5G Tx 天线增益;$\mathrm{Tx_{FL}}$ 是 5G 发射器馈线损耗;G_{Rx} 是 FSS ES 天线增益;ACLR 是 5G Tx 邻近信道泄漏比率,对于共信道场景,设定为 0;L_{p} 是穿透损耗,只适用于室内场景;I_{t} 是 FSS ES 可容忍的最大干扰。

共存计算参数见表 14.2,可计算得到小型蜂窝和 D2D 运行的禁区或保护距离。卫星系统的天线增益使用 ITU－R S. 465－6 中提供的方法计算[54]。对次级用户的增益通过假定卫星接收机的天线指向卫星,且具备 20°～50°的标准欧洲仰角。辐射功率为 EIRP＝P_{Tx}＋G_{Tx}－$\mathrm{Tx_{FL}}$。现在,可计算得到共信道和邻近信道的保护距离。路径损耗模型采用城市环境

中从 Jo 和 Yook[58]到 3.4 GHz 信道的改进哈塔模型,其可表示为

$$PL(d) = A + B + (C + \delta_1)\lg d + \delta_2 \tag{14.6}$$

表 14.2　共存计算参数

		系统参数	
卫星系统	频段	3 400～4 200 MHz(计算时 $f = 3\ 600$ MHz)	
	带宽	40 kHz～72 MHz(计算时为 5 MHz)	
	优先级	主要用户	
	轨道	GEO	
	天线直径/m	2.4	
	天线高度 h_r/m	5	
	仰角 α/(°)	20～50(欧洲)	
	地球站天线方向图和天线增益	-0.5 dB$(\alpha = 20)$～-10 dB$(\alpha = 50)$	
	允许的干扰	$I_t = -117.0$ dBm,建议[55]	
地面系统 LTE		小蜂窝基站、终端的参数	
	EIRP/dBm	10～20(小蜂窝基站)达到 23 (终端/D2D 通信)	
	馈电损失	1	
	穿透损耗	10 dB	
	带宽	1,4,5,10,20(计算时为 5 MHz)	
	优先级	次级系统	
	天线方向图和增益	全向(终端、小蜂窝)3 dB	
	天线高度 h_t/m	1.5/1.5	
	ACLR	45 dB(基站),35 dB(典型终端)	

式中

$$A = 46.3 + 33.9\lg f - 13.28\lg h_t$$

$$B = -3.2\lg(11.75 h_r)^2 + 4.97$$

$$C = 44.9 - 6.55\lg h_t$$

$$\delta_1 = -3.53\lg h_t$$

$$\delta_2 = -10\lg(f/1\ 000) - 9$$

式中,h_t 和 h_r 分别为发射天线和接收天线的高度(单位为 m);f 是以

MHz 为单位的载波频率;d 是发射机和接收机间的距离(单位为 km)。图 14.6 所示为城市环境中小功率 5G 发射机和 FSS 地面站间的保护距离。

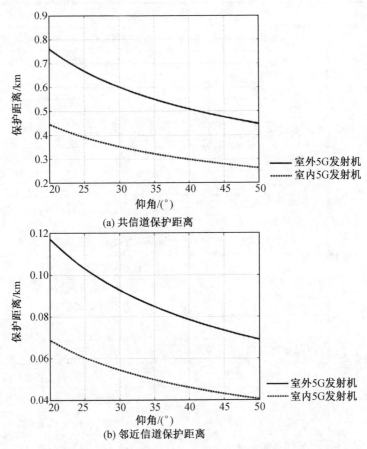

(a) 共信道保护距离

(b) 邻近信道保护距离

图 14.6　城市环境中小功率 5G 发射机和 FSS 地面站间的保护距离

　　由于存在明显的链路预算不平衡,因此频谱共享存在一个挑战:在地面上,接收卫星信号比地面信号要弱得多,这导致次级系统需要满足严格的保护要求。然而,与 ITU－R M.2109[49] 和 ITU－R S.2199[50] 中报告的结果相比,这些结果表明,在城市环境中,FSS ES 接收机周围需要的保护区域相当小。在计算中使用了小功率发射机,当然,与报告中使用的纯粹自由空间损耗模型相比采用了更接近现实的路径损耗模型,也显著影响了结果。之前 Murty 等[27] 强调了使用真实地形和路径损耗模型的重要性,这里只给出了单干扰源场景中的结果。在实践中,还需要考虑多个同时发射机的累积干扰,但将得出的结果与上述 ITU 报告的结果直接对比也可达到同样的目的。

2. 该场景中的频谱数据库

频谱数据库必须考虑保护距离,但由于累计干扰在计算时一般考虑了 $10\lg K(\mathrm{dB})$ 的额外增益(K 是干扰卫星接收机的总发射机的数量),因此其实际上增加了余量[50]。因此,遵照以下图 14.1 描述的基本频谱数据库模型,可给定数据库建构的规则,其详情如下。

(1)地理数据。必须了解受损 ES 的位置。这需要使用授权 C 波段站来了解主设备的位置。次级用户也需要使用全球定位系统等本地感知技术。

(2)规范与政策。次级设备的数量需加以限制,然后使用该数字计算累积干扰增益。这自然而然地催生了如 LSA 模型中的授权次级用户。设备只有获得授权才可接入 C 波段。

(3)现有数据。为令数据库计算出保护距离,必须向数据库提供 ES 的性质(干扰容忍性、天线直径和方向图(包括指向等))。

(4)频率信道的可用性。不同地形和次级传输功率的保护轮廓线使用实际路径损耗模型计算。根据计算结果,给定次级用户需在某个位置接入可能信道子系列,其中必须包含当前保留供次级用户使用的信道的相关信息,以避免次级用户间的重叠分配。

(5)历史数据。这些数据可能包括不同位置上的主、次级使用。最可能保持可用的信道应优先分配,尤其是在信道分配不是基于运营商提供的数据时。

14.4.2　主要地面系统次级卫星系统:Ka 波段场景

本节中的另一个实际场景聚焦于更高的频带,显示了卫星系统频谱数据库使用的另一种可能的观点。Ka 波段频谱的主用户是一个地面固定服务(Fixed Service,FS)系统,FSS 卫星作为次级用户接入频谱。除了解 FSS 是否可在不对 FS 系统造成过多的干扰的情况下在该波段内传输外,更为重要的是确定如果被主 FS 系统使用,FSS 系统本身是否能够在频段内运行。因此,还需要考虑 FS 系统对 FSS 系统的地面干扰。图 14.7 所示为卫星系统对地面频谱的二次使用。

该系统做了如下假定。

(1)FS 和 FSS UL 使用 27～29.5 GHz 频带,DL 使用 17.7～19.7 GHz范围的频带。

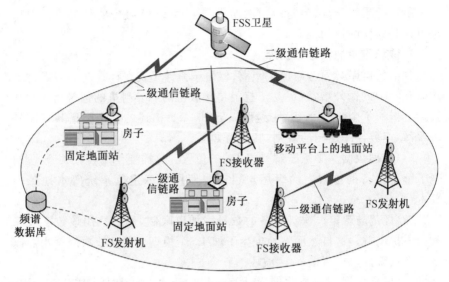

图 14.7　卫星系统对地面频谱的二次使用

（2）地面和卫星天线链路中应用的天线是高增益抛物面天线，专为长链路设计，这意味着波束是窄且定向性的。地面碟形天线的典型 3 dB 波束宽度可假定为 2°，先进的卫星点波束则更窄。

（3）地面使用仅限于具有窄波束的水平 LoS 微波链路。

（4）FSS UL 也是 LoS 窄带链路，但在欧洲具有 20°～50° 的典型仰角。

（5）静态或动态用户终端的应用方式使得能够准确地对卫星发送 Tx/Rx 波束方向进行跟踪。

（6）已知卫星和 FS 站和用户设备的位置，这意味着可以部署频谱数据库来提供空间意识[14]，即频谱知识存在于网络中所有位置和所有设备上，这些要求可能不适用于当前未协调的电台。

Ka 波段 FSS 卫星波束中心的典型 EIRP 为 44.5 dBW/MHz，边缘波束覆盖区域的 EIRP 为 40 dBW/MHz。对于用户终端，典型的 EIRP 值为 46 dBW，其中假设终端天线直径为 60 cm。因此，FSS 终端对 FSS 卫星具有大的有效辐射功率，这主要是因为其窄波束高增益天线（如 43 dBi 天线增益）。先进的波束成形通过在这些方向设置零点来实现对地面 FS 系统的干扰有效减少[59]。

ERC/DEC /(00)07[60] 和 ECC/DEC /(05)01[61] 中给出了 Ka 频带共存的若干规则和要求。确保 FSS 对 FS 接收机的干扰可忽略是重要的。FS 和 FSS 链路之间的隔离依赖于适当的天线方向性。在这里，主要关注从 FSS ES 到 28 GHz 频段上 FS 接收机的 FSS UL 干扰场景,因为它更关键。由于 FSS 卫星信号在地球表面较弱,FS 接收机天线方向性进一步降低,因此 FSS 对 17.7~19.7 GHz DL 频段 FS 接收机的干扰并不重要[7]。

ITU-R SF.1006[55] 提供 FSS 地面站传输的 FS 接收机的干扰容忍度的计算方法和参数,计算结果提供了一个干扰源允许的最大干扰电平。预期的具有相同水平的干扰源(n_1 附近的干扰源)的有效数量被设置为 10,远端干扰源(n_2)的数量被设置为 1。FS 接收机上的最大允许干扰功率为 -142.1 dBW/MHz,其存在的时长不得超过总时长的 20%。当 FSS ES 的发射功率设置为每 1 MHz 带宽 3 dBW(46 dBW~43 dBi)时,FSS 和 FS 站之间的最大允许传输增益为 -145.1 dB。

使用自由空间路径损耗模型计算得的卫星仰角 40°,方位角为 180° 下,干扰 FSS 地球站和 FS 接收机之间的链路传输增益如图 14.8 所示。在这种最坏场景下,FS 接收机天线指向干扰 FSS ES 天线。根据 ITU-R F.699-7[62] 选择其天线方向图,使得最大增益为 36 dBi,而 FSS 天线方向图由 0.6 m 直径的碟形天线[63] 确定。FS 接收机的天线高度为 40 m,FSS 发射机的天线高度为 2 m。结果表明,FSS 和 FS 站之间所需的保护距离很大程度上取决于 FS 天线辐射方向图。如图 14.8 所示,FSS 站无法覆盖的区域(-145 dB 轮廓内)在 y 轴方向(宽度)上大致为 1 km。FS 接收机主波束区域的干扰明显最严重,其所需的保护距离大于 25 km。另外,FS 接收机后,保护距离小于 0.5 km。对于其他方位角和仰角,也可以得到相同的结果,即 FS 接收机天线辐射图决定所需的保护距离。实际上,FS 发射机和 FSS ES 之间的干扰链路几乎与这里分析的 UL 场景相反,并且观察到所需距离与给出场景中的所需距离相同。

在该场景中,频谱数据库的主要功能是获取所有设备的位置,并基于计算构建图 14.8 所示的地图。地图还应包括基于天线指向(如 FSS 仰角和方位角)的现成计算结果。然后,可以基于 FSS 站的发射功率给出 FS 接收机周围的保护区域。在这些区域之外,FSS ES 可以以给定的最大传输功率值运行。所示的方法可以直接用于数据库的构造,因为它提供了特定衰减值的轮廓。如果 FSS 系统参数定义为与计算中使用相同参数,则 -145 dB 轮廓定义了保护区域,该保护区域会被包括在数据库中。有兴趣的读者还可以参考欧盟项目 CoRaSat 文件,该文件讨论 CORASAT 中的 Ka 频带共享问题[64]。

该数据库可用于规划新的固定 ES 的位置,并提供一种适用于更动态场景的方法。在更为动态的场景中,各 FSS 终端可能没有协同,或是所谓

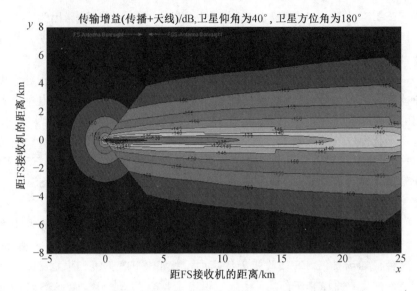

图 14.8 干扰 FSS 地球站和 FS 接收机之间的链路传输增益

的地面站处于移动平台上[29]。实际上，这样的操作很接近于图 14.2 所示的 TVWS 操作，唯一的区别可能来自天线指向信息。例如，仰角和方位角也应发送到数据库。

14.5 卫星频段的新兴频谱管理技术

更高效地使用频率将是未来的一个必然趋势，但要在实践中进行大规模频谱共享，目前还有许多问题要解决。现在，无线频率已分配给专用用户和应用程序，通常这些用户已经花费了大量资金来获取频率牌照。频率牌照已经成为其业务的一部分。因此，频率共享可能从监管的角度来看不仅是困难的，而且还可能产生业务冲突。在某些场景下，如 Ka 频段的主干分配已经按照干扰阈值包含在 ITU 规则中。因此，可以认为将来频率共享最有可能是计费授予。这意味着使用动态频谱租赁，其中 PU 将其部分频谱主要以长期方式（如几周或几个月）租赁给 SU。然后，SU 可以在其他 SU 在更精确的时间尺度（如几分钟）上交换资源，以适应时变需求和信道条件[65,66]。

未来在美国中短期牌照模式会被视为频谱使用的重要方法[67]。由于同时期内即将到来的 LSA 概念[17]，因此欧洲将会迎来同类型的短期牌照。最有可能的是，卫星频段将遵循这一发展规律，其中更多的动态频谱共享是可能的,但由于采用了授权频谱使用,因此依然可为所有用户提供 QoS 保障。

14.6　本章小结

　　数据库已被提出用于频谱共享,由于频谱的使用受到更多的控制,因此它们目前被视为比频谱感知更有利的技术。本章回顾了不同频谱数据库技术的局限性和优势,并对其对卫星系统的适用性进行了讨论。有一些关于频谱数据库的免授权操作问题受到关注,如在美国的电视频段,在 2015 年举行的所谓的 600 MHz 频段激励拍卖[68]。在此之前,TVWS 设备的技术开发和经济投资将非常有限。

　　由于偏向保守的基于授权的频谱接入,因此本章提出了另一种被称为 LSA 的频谱数据库,用于频谱共享,特别是在欧洲。LSA 是一种有望实现受控频谱共享的方式,使用 LSA 意味着数量受控的优先级较低的用户同时操作。另外,可以在频谱共享的各方之间实施经济谈判和协议。然而,目前的研究只考虑了地面系统。由于卫星系统的特殊性,如接收信号电平低、覆盖范围广、系统更新方面的灵活性有限,因此要将 LSA 概念引入卫星使用需要新的研究和规则。频谱数据库的研究将需要解决如下研究问题。

　　(1)数据库的覆盖和可扩展性。本地数据库可用于小面积覆盖,全球数据库用于广域覆盖。然而,如何定义适当覆盖范围的本地数据库及如何维护可靠的全球数据库仍然是一个开放的问题[69]。由于大数据问题,因此数据分辨率也需要优化。

　　(2)快速、可靠的操作。数据库的建设和运行应基于近期、可靠、相关的信息。另外,数据库应该较快地响应请求,并提供即时的信息,因为过时的信息将导致操作不良。数据量和算法的复杂度需要被限制,以便及时响应需求。因此,需要在准确性和有效性之间进行权衡。

　　(3)专门针对卫星环境的数据库发展。为在数据库设计中考虑到有效的卫星系统特性,需要进行研究工作。本章可以看作朝着这个方向迈出的第一步,为卫星频段中频谱数据库的使用提供指导。

本章参考文献

[1] V. Kone,L. Yang,X. Yang,B. Y. Zhao,H. Zheng,The effectiveness of

opportunistic spectrum access: a measurement study, IEEE/ACM Trans. Netw. 20(2012)2005-2016.

[2] T. Taher, et al., Global spectrum observatory network setup and initial findings, in: Proc. CrownCom, 2014.

[3] Y. H. Yun, J. H. Cho, An orthogonal cognitive radio for a satellite communication link, in: Proc. PIMRC, 2009, pp. 3154-3158.

[4] E. Biglieri, An overview of cognitive radio for satellite communications, in: Proc. ESTEL, 2012, pp. 1-3.

[5] M. Höyhtyä, Secondary terrestrial use of broadcasting satellite services below 3 GHz, Int. J. Wireless Mob. Netw. 5(2013)1-14.

[6] K. Liolis, et al., Cognitive radio scenarios for satellite communications: the CoRaSat approach, in: Proc. Future Network and Mobile Summit, 2013.

[7] M. Höyhtyä, J. Kyröläinen, A. Hulkkonen, J. Ylitalo, A. Roivainen, Application of cognitive radio techniques to satellite communication, in: Proc. DySPAN, 2012, pp. 540-551.

[8] H. Li, Q. Guo, Q. Li, Satellite-based multi-resolution compressive spectrum detection in cognitive radio networks, in: Proc. IMCCC, 2012, pp. 1081-1085.

[9] E. DelRe, et al., Power allocation strategy for cognitive radio terminals, in: Proc. CogART, 2008, pp. 1-5.

[10] S. Vassaki, M. I. Poulakis, A. D. Panagopoulos, P. Constantinou, Power allocation in cognitive satellite terrestrial networks with QoS constraints, IEEE Commun. Lett. 17(2013)1344-1347.

[11] S. K. Sharma, S. Chatzinotas, B. Ottersten, Transmit beamforming for spectral coexistence of satellite and terrestrial networks, in: Proc. CrownCom, 2013, pp. 275-281.

[12] S. K. Sharma, S. Chatzinotas, B. Ottersten, Satellite cognitive communications: interference modeling and techniques selection, in: Proc. ASMS, 2012, pp. 111-118.

[13] S. Kandeepan, et al., Cognitive satellite terrestrial radios, in: Proc. Globecom, 2010.

[14] K. Harrison, A. Sahai, Seeing the bigger picture: context-aware regulations, in: Proc. DYSPAN, 2012, pp. 21-32.

[15] T. Yücek, H. Arslan, A survey of spectrum sensing algorithms for cognitive radio applications, IEEE Commun. Surv. Tutorials11 (2009)116-130.

[16] ECC, Frequency Management Working Group(WG FM), Report on ASA concept, FM(12)084 Annex 47, 2012.

[17] RSPG. Draft RSPG opinion on licensed shared access, RSPG 13-529 rev1, European Commission, Radio Spectrum Policy Group, 2013.

[18] Google spectrum database, Available: http://www. google. org/spectrum/whitespace/, 2014(accessed 20. 05. 14).

[19] Spectrum bridges white space database, Available: http://whitespaces. spectrumbridge . com/Main. aspx, 2014(accessed 20. 05. 14).

[20] Telcordia(now iconectiv) white space database, Available: https://prism. telcordia. com/tvws/main/home/index. shtml, 2014 (accessed 20. 05. 14).

[21] M. Höyhtyä, J. Lehtomäki, J. Kokkoniemi, M. Matinmikko, A. Mämmelä, Measurements and analysis of spectrum occupancy with several bandwidths, in: Proc. IEEE ICC, 2013, pp. 4682-4686.

[22] B. Sayrac, H. Uryga, W. Bocquet, P. Cordier, S. Grimoud, Cognitive radio systems specific for IMT systems: operators view and perspectives, Telecommun. Policy 37(2013)154-166.

[23] Y. Zhao, L. Morales, J. Gaeddert, K. K. Bae, J.-S. Um, J. H. Reed, Applying radio environment maps to cognitive wireless regional area networks, in: Proc. DySPAN, 2007, pp. 115-118.

[24] F. Bouali, O. Sallent, J. Perez-Romero, R. Agusti, Strengthening radio environment maps with primary-user statistical patterns for enhancing cognitive radio operation, in: Proc. CROWNCOM, 2011, pp. 256-260.

[25] C. Cordeiro, M. Ghosh, D. Cavalcanti, K. Challapalli, Spectrum sensing for dynamic spectrum access of TV bands, in: Proc. CROWNCOM, 2007, pp. 225-233.

[26] D. Gurney, G. Buchwald, L. Ecklund, S. Kuffner, J. Grosspietsch, Geo-location database techniques for incumbent protection in the TV white space, in: Proc. DySPAN, 2008, pp. 1-9.

[27] R. Murty, R. Chandra, T. Moscibroda, P. Bahl, Senseless: a

database-driven white spaces network,IEEE Trans. Mob. Comput. 11(2012)189-203.

[28] FCC,Small Entity Compliance Guide: Part 15 TV Bands Devices, DA13-808,2013.

[29] ECC,Report 184,The use of earth stations on mobile platforms operating with GSO satellite networks in the frequency range 17.3—20.2 GHz and 27.5—30.0 GHz,2013.

[30] ECC,Report 186,Technical and operational requirements for the operation of white space devices under geo-location approach,2013.

[31] M. Matinmikko,et al. ,Cognitive radio trial environment: first live authorised shared access (ASA) based spectrum sharing demonstration,IEEE Veh. Technol. Mag. 8(2013)30-37.

[32] G. Noorts, J. Engel, J. Taylor, R. Bacchus, T. Taher, D. Roberson,K. Zdunek,AnRF spectrum observatory database based on a hybrid storage system,in: Proc. DySPAN,2012,pp. 114-120.

[33] G. Fortetsanakis,M. Katsarakis,M. Plakia,N. Syntychakis,M. Papadopouli,Supporting wireless access markets with a user-centric QoE-based geo-database,in: Proc. MobiArch,2012,pp. 29-36.

[34] D. Denkovski,V. Rakovic,M. Pavlovksi,K. Chomu,V. Atanasovski, L. Gavrilovska, Integration of heterogeneous spectrum sensing devices towards accurate REM construction, in: Proc. WCNC, 2012,pp. 798-802.

[35] R. Ruby,S. Hanna,J. Sydor,V. C. M. Leung,Interference sensing using CORAL cognitive radio platforms, in: Proc. CHINACOM, 2011,pp. 949-954.

[36] M. Höyhtyä,J. Vartiainen,H. Sarvanko,A. Mämmelä,Combination of short term and long term database for cognitive radio resource management,Invited paper,in: Proc. ISABEL,2010.

[37] J. Vartiainen, M. Höyhtyä,J. Lehtomäki, T. Bräysy, Proactive priority channel selection based on detection history database, in: Proc. CROWNCOM,2010.

[38] M. Höyhtyä,S. Pollin,A. Mämmelä,Improving the performance of cognitive radios through classification, learning, and predictive channel selection,Adv. Electron. Telecommun. 2(2011)28-38.

[39] ERC, Report 25, The European table of frequency allocations and applications in the frequency range 8. 3 kHz to 3 000 GHz, 2013.

[40] ITU—R, The Radio Regulations, Edition of 2012. Available: http://www. itu. int/pub/R-REG-RR-2012.

[41] A. Ghasemi, A. Abedi, F. Ghasemi, Propagation Engineering in Radio Links Design, Springer, New York, 2013.

[42] D. Roddy, Satellite Communications, fourth ed. , McGraw-Hill, OH, USA, 2006.

[43] Inmarsat satellites, Available: http://www. inmarsat. com/, 2014 (accessed 20. 05. 14).

[44] 03b Networks, Available: http://www. o3bnetworks. com/, 2014 (accessed 20. 05. 14).

[45] S. H. Blumenthal, Medium Earth orbit Ka band satellite communication system, in: Proc. MILCOM, 2013.

[46] Iridium satellites, Available: http://www. iridium. com/, 2014 (accessed 20. 05. 14).

[47] Terrestar satellite, Available: http://www. terrestarnetworks. com/, 2014(accessed 20. 05. 14).

[48] T. Bräysy, et al. , Cognitive techniques for finding spectrum for public safety services, in: Proc. Military Communications and Information Systems Conference, 2010.

[49] ITU—R M. 2109, Sharing studies between IMT—advanced systems and geostationary satellite networks in the fixed-satellite service in the 3400—4200 and 4500—4800 MHz bands, 2007.

[50] ITU—R S. 2199, Studies on compatibility of broadband wireless access systems and fixed—satellite service networks in the 3400—4200 MHz band, 2010.

[51] S. Ames, A. Edwards, K. Carrigan, Field test report: WiMAX frequency sharing with FSS earth stations, SUIRG Report, February2008.

[52] 3GPP TR 23. 703, 3rd Generation Partnership Project; Technical Specification Group Services and System Aspects; Study on Architecture Enhancements to Support Proximity Services(ProSe), Release December 12, 2013.

[53] P. Mogensen, et al. , B4G local area: high level requirements and system design, in: Proc. IEEE GLOBECOM Workshop, 2012, pp. 613-617.

[54] ITU — R S. 465-6, Reference radiation pattern for earth station antennas in the fixed-satellite service for use in coordination and interference assessment in the frequency range from 2 to about 30 GHz, 2010.

[55] ITU — R SF. 1006, Determination of the interference potential between fixed satellite service earth stations and stations in the fixed service, 1993.

[56] ETSI TS 136 104, LTE: Evolved Universal Terrestrial Radio Access (E—UTRA); Base Station(BS)Radio Transmission and Reception, Version 11. 2. 0 Release 11, 2012.

[57] Orange, LTE UE parameters, in: SE24 Meeting M71, 2013.

[58] H. -S. Jo, J. -G. Yook, Path loss characteristics for IMT—advanced systems in residential and street environments, IEEE Antennas Wirel. Propag. Lett. 9(2010)867-871.

[59] L. C. Godara, Application of antenna arrays to mobile communications II. Beam-forming and direction-of-arrival considerations, Proc. IEEE 85(1997)1195-1245.

[60] ERC/DEC/(00)07, ERC decision on the shared use of the band 17. 7—19. 7 GHz by the fixed service and Earth stations of the fixed-satellite service, 2000.

[61] ECC/DEC/(05)01, Amendment of The use of the band 27. 5—29. 5 GHz by the Fixed Service and uncoordinated Earth stations of the Fixed-Satellite Service(Earth-to-space), 2013.

[62] ITU — R F. 699-7. Reference radiation patterns for fixed wireless system antennas for use in coordination studies and interference assessment in the frequency range from 100 MHz to about 70 GHz, 2006.

[63] ITU—R S. 1855. Alternative reference radiation pattern for earth station antennas used with satellites in the geostationary-satellite orbit for use in coordination and/or interference assessment in the frequency range from 2 to 31 GHz, 2010.

[64] CORASAT project, Available: http://www. ict-corasat. eu/, 2014.

[65] H. Xu, J. Jin, B. Li, A secondary market for spectrum, in: Proc. INFOCOM, 2010, pp. 1-5.

[66] K. Zhu, D. Niyato, P. Wang, Z. Han, Dynamic spectrum leasing and service selection in spectrum secondary market of cognitive radio networks, IEEE Trans. Wirel. Commun. 11(2012)1136-1145.

[67] PCAST, Realizing the full potential of government-held spectrum to spur economic growth, Presidents Council of Advisors on Science and Technology(PCAST)Report, July 2012.

[68] T. Wheeler, The Path to a Successful Incentive Auction, Available: http://www.fcc.gov, 2014(accessed 20.05.14).

[69] H. B. Yilmaz, T. Tugcu, F. Alagöz, Radio environment map as enabler for cognitive radio networks, IEEE Commun. Mag. 51 (2013)162-169.

名 词 索 引

不鲁棒,13.2

功率最小化,QoS 约束,13.2

主要和次要系统,13.1

无线电应用,13.2

鲁棒,13.2

信号处理技术,13.1

SINR/速率平衡,13.2

空间滤波技术,13.2

和速率最大化,13.2

时延方法,13.2

波束形成误差

幅度和相位偏移,5.3

天线系统,5.3

阵列馈电反射器,5.3

校准回路误差(见校准回路误差)

累积效应,5.3

延迟误差,5.3

直接辐射阵列,5.3

馈电元件信号,5.3

馈线链路传播效应(见馈线链路传播效应)

有效载荷元件不匹配(见有效载荷元素不匹配)

空间/地面架构,5.3

空间/地面多普勒和同步,5.3

传输设置,5.3

波束辐射模式,1.1

盲最小输出能量,1.3

宽带全球区域网(BGAN),9.3

宽带多波束卫星系统,3.1

广播通信见网络编码

编码,9.2

协作技术,9.2

CSI,9.2

解码网络,9.2

DSRC,9.2

双接口终端,9.2

FEC 保护,9.3

线性组合,9.2

多用户网络,9.2

软切换能力,9.3

地面中继器,9.2

车载网络,9.2

C

校准回路误差

特性,5.3

多普勒和振荡器漂移补偿系统,5.3

地面定标,5.3

初始均衡值,5.3

多音均衡,5.3

卫星辅助定标,5.3

载波监听多址(CSMA),2.2

CB 认知波束形成(CB)

C 波段,10.2,10.3

信道估计

环境 1.4

不完美,1.4

LS,1.4

性能,不完美,1.4

编码(见网络编码)

共存卫星

相邻卫星干扰,7.4

宽带多波束卫星通信系统,7.4

合作多波束卫星,7.4

协调星座(见协调星座)

地球同步(GEO),7.4

T

首字母缩略词

3G　第三代移动通信技术

3GPP　第三代合作项目

4G　第四代移动通信技术

5G　第五代移动通信技术

ACeS　亚洲蜂窝卫星

ACI　邻道干扰

ACM　自适应编码和调制

ACRDA　异步竞争解决分集 ALOHA

ACROSS　认知无线电对卫星系统的适用性,ESA 项目

ADC　模数转换

ADST　应用数据子表

ADT　应用程序数据表

AFR　阵列馈电反射器

AGC　自动增益控制

AMR　自适应多速率

AoA　到达角

APP　后验概率

APSK　幅移键控

ARQ　自动重复请求

ARTES　电信系统高级研究,ESA R&D 项目

AS　角扩散

ASA　授权共享访问

ASD　偏离角扩展

ASI　相邻卫星干扰

ATC　辅助地面组件

ATM　异步转移模式

AWGN　加性高斯白噪声

BC　广播频道

BDB　建筑物数据库

BER　误码率

BGAN　宽带全球区域网

BICM　比特交织编码调制

BPSK　二进制相移键控

BS　基站

BSS　广播卫星业务

CA　相关区域

CB　认知波束形成

CCI　同频道干扰

CDF　累积分布函数

CDMA　码分多址

CEPT　欧洲邮电会议行政管理

CF－DAMA　自由组合和按需分配多址接入

CGC　互补地面组件

CME　信道测量设备

CoRaSat　卫星通信认知无线电

CPM　连续相位调制

CPU　中央处理机

CQI　信道质量指示器

CR　认知无线电

CRSD　认知无线电空间分集

CRC　校验冗余码

CRDSA　竞争解决分集时

隙 ALOHA

CRN 认知无线电网络

CRS-i 认知无线电标准化倡议

CSA 编码时隙 ALOHA

CSI 通道状态信息

CSIR 接收端 CSI

CSIT 发送端 CSI

CSMA 载波监听多址接入

CSMA/CA 载波监听多址/冲突避免

CSMA/CD 载波监听多址/冲突检测

CTS 清除以发送

D2D 设备到设备

DAC 数模转换器

DAMA 按需分配多址接入

DARPA 国防高级研究计划局

DAS 分布式天线系统

DC 直流电

DCP 双圆极化

DF 决策反馈

DFT 离散傅里叶变换

DIGI-SAT 数字化卫星

DL 下行链路

DOA 到达方向

DPC 脏纸编码

DPD 数字预失真

DPPB 每波束双极化

DRA 直接辐射阵列

DS 延迟扩散

DSA 分集时隙 ALOHA

DS-CDMA 直接序列码分多址

DSRC 专用短程通信

DSS 双星系统

DS-SS 直接序列扩频

DTH 直接到家

DTN 时延容忍网络

DTT 数字地面电视

DVB-H 手持数字视频广播

DVB-NGH 数字视频广播-下一代手持设备

DVB-RCS 数字视频广播返回通道通过卫星

DVB-RCS2 第二代数字视频广播返回通道通过卫星

DVB-S 卫星数字视频广播

DVB-S2 第二代数字视频广播卫星

DVB-S2X DVB-S2,第二部分：S2 扩展

DVB-SH 手持设备的数字视频广播卫星服务

DVR 数字录像机

EC 欧盟委员会

ECA 排放控制区

ECC 电子通信委员会

ECMA 欧洲计算机制造商协会

ECRA 增强的竞争解决方案 ALOHA

EIC 有效干扰信道

EIRP 等效各向同性辐射功率

EQ 均衡

ES 地球站

ESA 欧洲航天局

ESD 高度的偏离分布

eSFN 增强型单频网络

ESI 编码符号标识符

eSM-PH 增强型空间复用跳相

ESOMP　移动平台上的地面站

ESR5(20)　误差秒比

E－SSA　增强扩频 ALOHA

ETSI　欧洲电信标准协会

EUROCAE　欧洲民用航空设备组织

FCC　联邦通信委员会

FDD　频分双工

FDM　频分复用

FEC　前向纠错

FER　帧错误率

FFT　快速傅里叶变换

FIR　有限脉冲响应

FL　前向链路

FPGA　现场可编程门阵列

FS　固定服务

FSE　分数间隔均衡

FSS　固定卫星业务

GBBF　地基波束形成

GEO　地球静止轨道

GF　伽罗华域

GLONASS　俄罗斯全球导航卫星系统

GMRGEO　移动无线电接口

GMSK　高斯最小移位键控

GNSS　全球导航卫星系统

GP　生成周期

GPRS　通用分组无线业务

GPS　全球定位系统

GPU　图形处理单元

GSM　全球移动通信系统

GSO　地球同步卫星轨道

GUC　地理用户群

GW　网关

HARQ　混合自动重复请求

HD　高清晰度

HDFSS　高密度固定卫星业务

HDTV　高清电视

HEO　高度椭圆轨道

HPA　大功率放大器

HSDPA　高速下行分组接入

HTS　高通量卫星

HW　硬件

IA　干扰对其

IBO　输入后退

IC　干扰消除

IDD　迭代检测与译码

IEEE　电气与电子工程师学会

IETF　互联网工程特别工作组

IFEC　突发间前向纠错

IFS　帧间距

IM　实施利润

IMD　互调产品

IMT　国际移动通信

IMUX　输入多路复用器

IP　因特网协议

IPTV　互联网协议电视

IRD　集成接收解码器

IRSA　不规则重复时隙 ALOHA

ISI　符号间干扰

iSIC　迭代连续干扰消除

ISP　互联网服务提供商

ITS　中间树影

ITU　国际电信联盟

ITU－R　国际电信联盟无线电通信部门

KLT　Karhunen－Loève 变换

KPI　关键性能指标

L2S 链接到系统

LCMV 线性约束最小方差

LDPC 低密度奇偶校验

LDPC 低密度奇偶校验码

LEO 近地轨道

LHCP 左旋圆极化

LLR 对数似然比

LMS 陆地移动卫星

LMS 最小均方

LNA 低噪声放大器

LNB 低噪声模块

LNC 线性网络编码

LoS 视线

LR 晶格还原

LS 最小二乘法

LSA 许可共享访问

LT 长期

LTE 长期演进

LTWTA 线性行波管放大器

LUT 查表

M2M 机器对机器

MAC 介质访问控制

MAC 多址信道

MACA 多址冲突避免

MAP 最大后验概率

MB 多分支

MC 蒙特卡罗

MCS 最大信道范数选择

MEO 中地球轨道

ME－SSAMMSE 增强扩频 ALOHA

METIS 20世纪信息社会的移动和无线通信使能技术,EC项目

MFN 多频网络

MF－TDMA 多频时分多址

MIDO 多输入双输出

MIMO 多输入多输出

MIMOSA 移动卫星系统 MIMO 信道特性分析

MISO 多输入单输出

ML 最大似然

MME 移动性管理实体

MMI 人机接口

MMSE 最小均方误差

MMSE－SIC 最小均方误差－前项纠错

MODCOD 调制和编码

MP 记忆多项式

MPE 多协议封装

MPE－FEC 多协议封装－前向纠错

MSB 移动卫星广播

MSC 多旁瓣对消器

MSE 均方误差

MSGR 修正的平方 Givens 旋转

MSS 移动卫星系统

MT 移动终端

MU 多用户

MUD 多用户检测

MU－MIMO 多用户－多输入多输出

MuSCA 多时隙编码 ALOHA

MVDR 最小方差无失真响应

NASA 美国国家航空航天局

NC 网络编码

NCC 网络控制中心

NCCE 网络编码协同覆盖增强

NCDP 网络编码分集协议

NGEO 非地球静止轨道

NGSO 非地球同步卫星轨道

NLoS 非视线

NP 复杂性非多项式

OBBF 星上波束形成

OBO 输出后退

OBP 机载处理器

OFDM 正交频分复用

OFDMA 正交频域多址接入

OGBF 地基波束形成

OGBFN 地基波束形成网络

OMUX 输出多路复用器

PAC 每天线约束

PAPR 平均功率比峰值

PAS 功率方位扩展

PCMA 成对载波多址

PDA 概率数据关联

PDF 概率密度函数

PHY 物理层

PIC 并行干扰消除

PLL 锁相环

PLR 丢包率

PMI 预编码矩阵指标

PNC 物理层网络编码

ProSe 邻近服务

PSATS 人卫星服务

PSD 功率谱密度

PU 主要用户

QAM 正交幅度调制

QoE 体验质量

QoS 服务质量

QPSK 正交相移键控

QuaDRiGa 准确定性无线信道发生器

RA 随机接入

RACH 随机接入信道

RB 资源块

RCI 正则化信道反演

REM 无线电环境图

RF 无线电频率

RHCP 右旋圆极化

RI 排名指标

RL 返回链路

RLNC 随机线性网络编码

RLS 递推最小二乘法

RMS 均方根

RMT 随机矩阵理论

RRC 根升余弦

RRM 无线资源管理

RTS 请求发送

RX 接收器

S－ALOHA 时隙 ALOHA

SatCom 卫星通信

SBN 源块编号

SC 卫星组件

SCADA 监控和数据采集

SCC 卫星控制中心

SCM 空间信道模型

SCP 单圆极化

SD 球形解码器

SDM 信号方向矩阵

SDR 软件无线电

SESAR 欧洲单一空中 ATM 研究

SF 扩散因子

SFBC 空频分组编码

SFN 单频网络

SFPB 每束单馈

SIC　连续干扰消除

SIMO　单输入多输出

SIMO－MAC　单输入多输出多址信道

SIR　信干比

SISO　软输入软输出

SLNR　信号与漏功率和噪声之比

SM　空间复用

S－MIMS　波段移动交互式多媒体

SNR　信噪比

SOCP　二阶锥规划

SOSF　超级帧开始

SPC　功率约束和

SPS　半并行用户选择

R　比率之和

SS　频谱感知

SSA　扩频 ALOHA

SSS　单卫星系统

ST　短期

STBC　空时分组编码

SU　二级用户

SUMF　单用户匹配滤波器

SVD　奇异值分解

SW　软件

TD　完全退化

TDM　时分复用

TDMA　时分多址

TDRSS　跟踪和数据中继卫星系统

TPE　转发器等效

TS　传输时隙

TTC　遥测跟踪与控制

TVWS　电视白空间

TWT　行波管

TWTA　行波管放大器

TX　发射机

UE　用户设备

UHD　超高清晰度

UHDTV　超高清电视

UHF　超高频

UL　上行链路

ULA　均匀线阵

UMTS　通用移动通信系统

UT　用户终端

UW　独特词

V2V　车辆对车辆

VANETS　车载 ad hoc 网络

VBLAST　垂直分层时空

VHF　甚高频

VMIMO　虚拟多输入多输出

VOIP　互联网语音协议

VSAT　甚小孔径终端

WCDMA　宽带码分多址

WiFi　无线宽带

WINNF　无线创新论坛

WRAN　无线局域网

WRC　世界无线电会议

WSD　空白设备

WSN　无线传感器网络

WSR　加权比率和

XOR　异或

XPD　交叉极化鉴别

XPR　交叉极化比

ZF　迫零

ZFB　迫零波束形成

附录　部分彩图

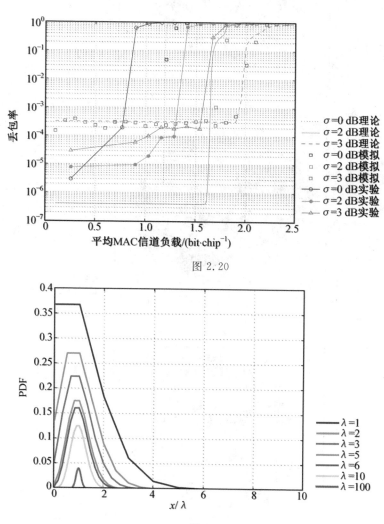

图 2.20

图 2.25

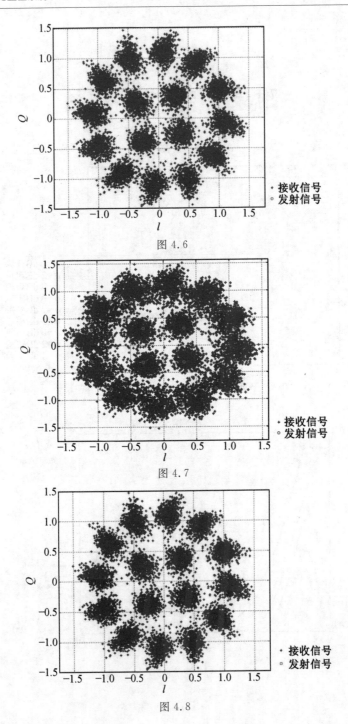

图 4.6

图 4.7

图 4.8

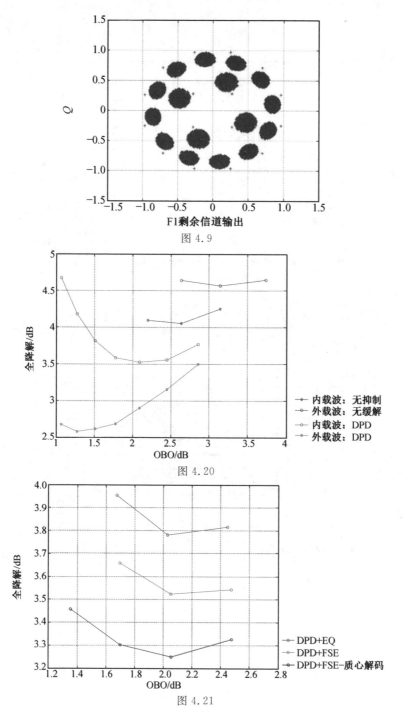

图 4.9

图 4.20

图 4.21

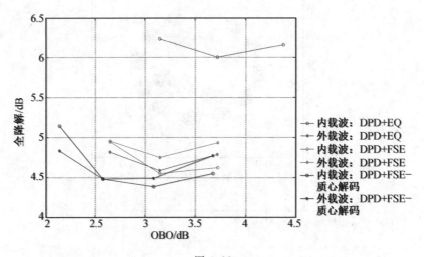

图 4.22

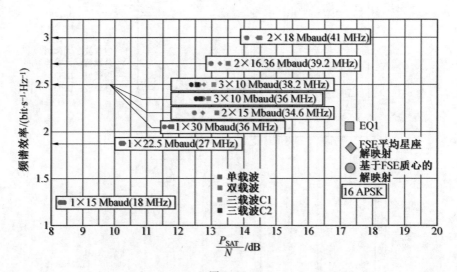

图 4.27

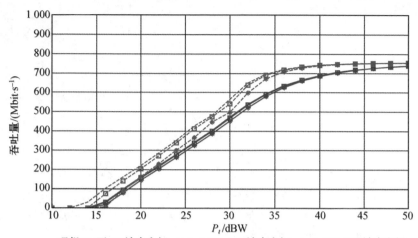

图 5.9

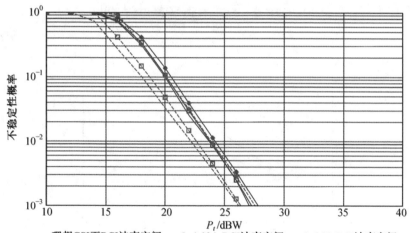

图 5.10

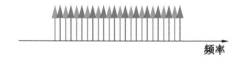

图 8.6

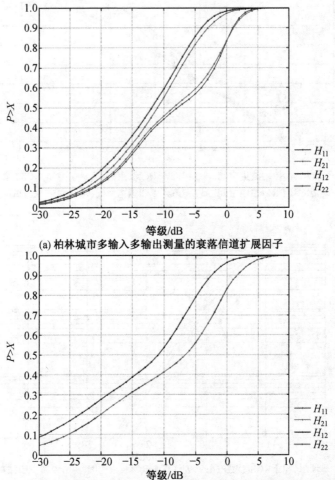

(a) 柏林城市多输入多输出测量的衰落信道扩展因子

(b) 使用环境中具有默认参数的QuaDRiGa模型的模拟数据的衰落信道扩展因子

图 8.13

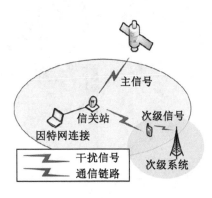

(a) 具有次级地面系统的主要卫星系统

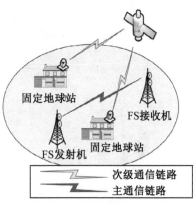

(b) 具有主要地面网络的辅助卫星系统

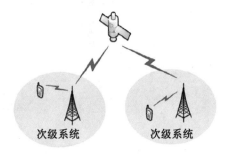

(c) 卫星辅助地面网络

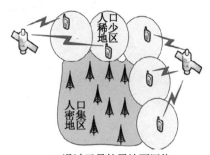

(d) 通过卫星扩展地面网络

图 11.4

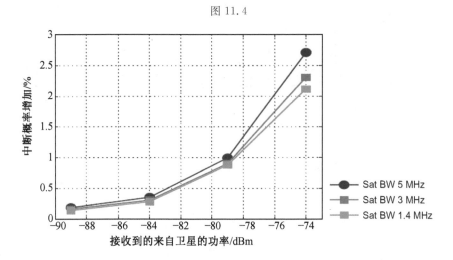

图 11.14

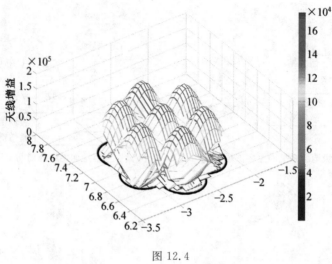

图 12.4

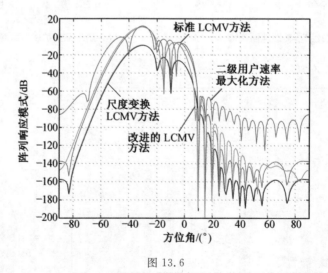

图 13.6

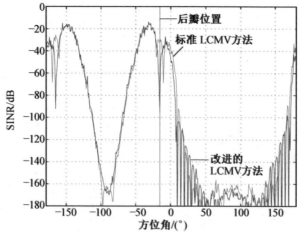

图 13.7